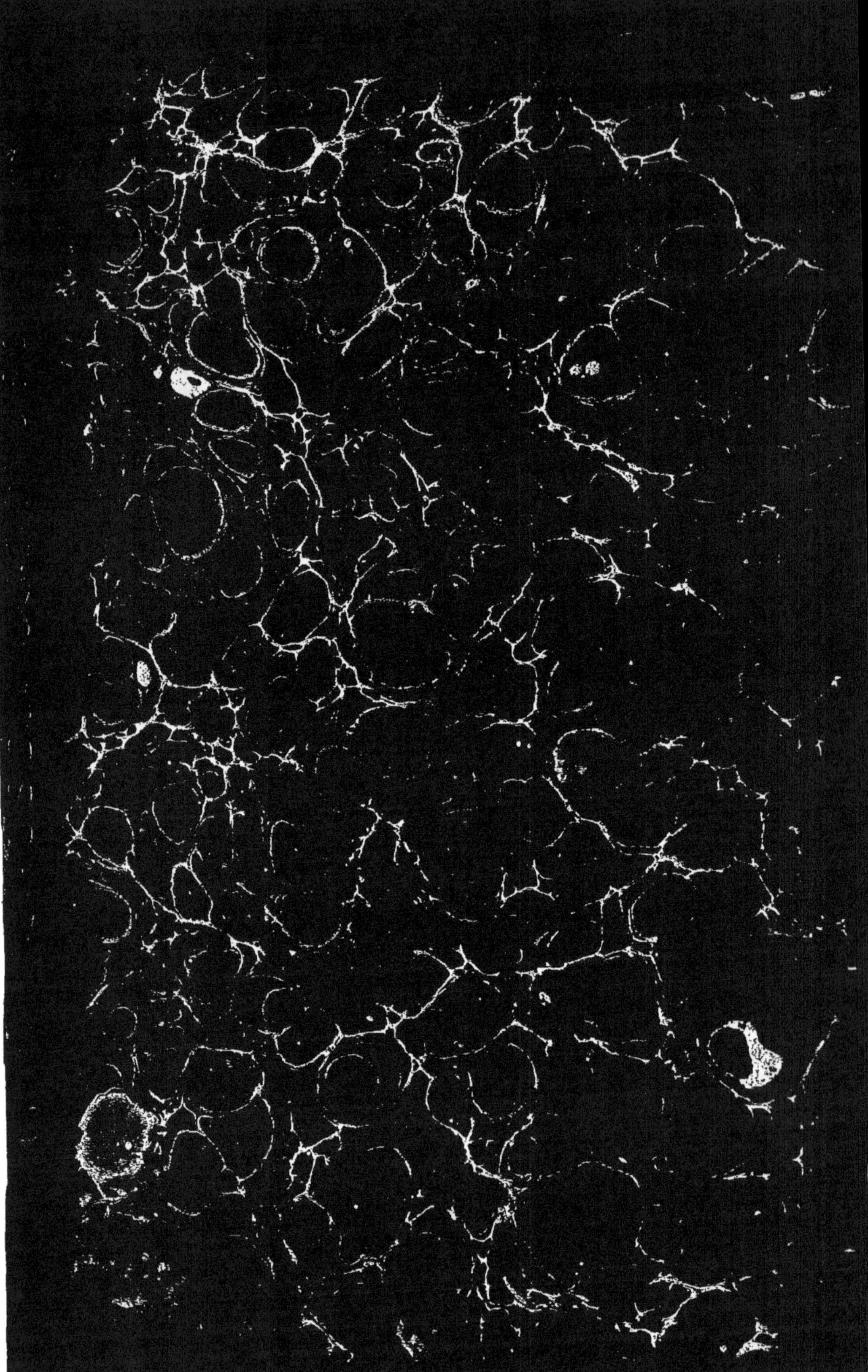

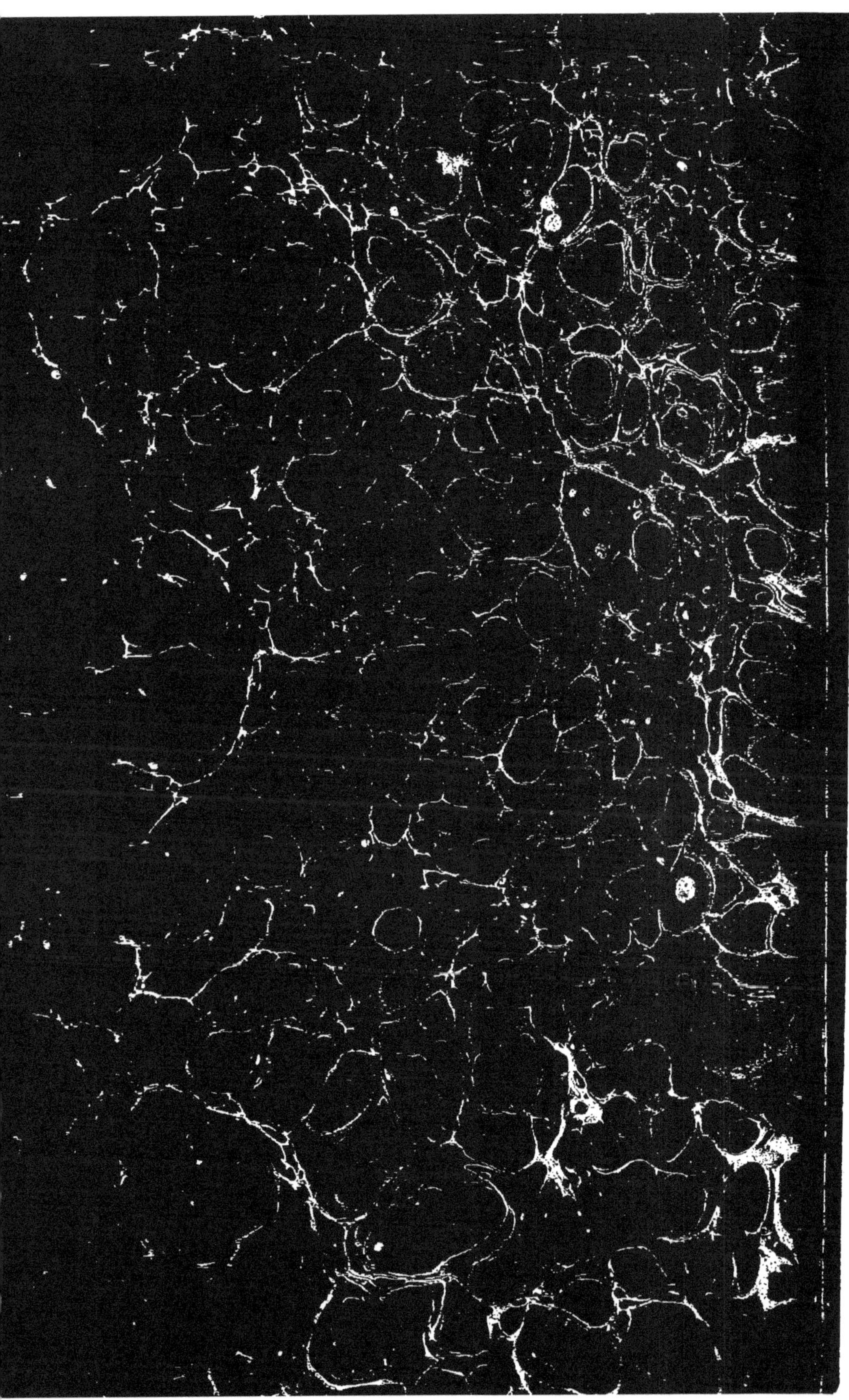

HISTOIRE NATURELLE

DES

ANIMAUX SANS VERTÈBRES.

DE L'IMPRIMERIE D'ABEL LANOE,
RUE DE LA HARPE, N.° 78.

HISTOIRE NATURELLE

DES

ANIMAUX SANS VERTÈBRES,

PRÉSENTANT

LES CARACTÈRES GÉNÉRAUX ET PARTICULIERS DE CES ANIMAUX, LEUR DISTRIBUTION, LEURS CLASSES, LEURS FAMILLES, LEURS GENRES, ET LA CITATION DES PRINCIPALES ESPÈCES QUI S'Y RAPPORTENT;

PRÉCÉDÉE

D'UNE INTRODUCTION offrant la Détermination des caractères essentiels de l'Animal, sa distinction du végétal et des autres corps naturels, enfin, l'Exposition des Principes fondamentaux de la Zoologie.

PAR M. LE CHEVALIER DE LAMARCK,

Membre de l'Académie Royale des sciences de Paris, de la Légion d'Honneur, et de plusieurs Sociétés savantes de l'Europe; Professeur de Zoologie au Muséum d'Histoire naturelle.

Nihil extrà naturam observatione notum.

TOME TROISIÈME.

PARIS,

VERDIÈRE, LIBRAIRE, QUAI DES AUGUSTINS, N.° 27.

Août. — 1816.

HISTOIRE NATURELLE

DES

ANIMAUX SANS VERTÈBRES.

DEUXIÈME SECTION.

LES ÉCHINIDES.

Peau intérieure immobile et solide. Corps subglobuleux ou déprimé, sans lobes rayonnans, non contractile. Un anus distinct de la bouche.

Les tubercules spinifères sont immobiles comme le test solide de la peau, mais leurs épines peuvent se mouvoir.

En comparant aux stellérides, que nous avons déjà exposées, les *échinides* que nous allons voir, on ne peut, d'après leur caractère énoncé, se refuser à reconnaître un progrès très-marqué dans l'organisation de ces derniers animaux.

Ici [dans les échinides], pour la première fois, le canal intestinal a deux ouvertures, un anus très-distinct de la bouche : ce n'est plus un sac soit simple, soit divisé ; c'est un véritable canal ou tube alimentaire, ouvert aux deux extrémités.

Dans les *stellérides*, la peau, quoiqu'opaque et non irritable, n'était que coriace et avait de la mobilité dans ses parties.

Dans les *échinides*, au contraire, la peau pareillement opaque et non irritable, au moins l'intérieure, est crustacée, solide, et n'a aucune mobilité dans ses parties.

On ne voit à la bouche des stellérides, tantôt que 5 colonnes granuleuses et angulaires, et tantôt que 5 petites fourches particulières, propres à presser circulairement les corps ou les matières dont ces animaux se nourrissent.

Mais à la bouche des *échinides*, on voit souvent un appareil beaucoup plus composé. Il consiste en 5 doubles colonnes aplaties, très-solides, comme osseuses, striées transversalement, présentant un tranchant dentelé vers le centre ou l'axe de pression, et se terminant antérieurement en une pointe oblique. Ces 10 lames solides, jointes 2 à 2, sont fortifiées extérieurement et à leur base vers le fond de la bouche, par 15 autres pièces pareillement solides, mais plus étroites : en sorte que les 25 pièces de l'appareil dont il s'agit, sont disposées de manière à représenter dans leur assemblage, une lanterne en cône renversé, dont la base est dans l'intérieur de l'animal, tandis que le sommet pointu se trouve à l'entrée de la bouche où il présente 5 pointes obliques.

La disposition de ces pièces et celle des muscles qui

peuvent les mouvoir, montrent que les 5 colonnes doubles et tranchantes ne peuvent avoir qu'un mouvement commun; qu'aucune d'elles ne saurait avoir des mouvemens particuliers, indépendans, et qu'à leur égard il n'est pas encore question de véritables mâchoires. Ces 5 colonnes solides, en se resserrant toutes ensemble sur l'axe de l'ouverture, peuvent écraser les corps alimentaires introduits dans la bouche, mais n'opèrent point une véritable mastication.

Ainsi, les *radiaires échinides* sont plus animalisées encore que les stellérides, et ont effectivement une puissance musculaire plus grande: leur cavité propre, qui contient les organes intérieurs, est plus marquée; leur peau interne est un test tout-à-fait solide, immobile dans tous ses points, et chargé de tubercules pareillement immobiles, sur lesquels s'articulent des épines de diverses formes et grandeurs selon les espèces. On sait que ces épines se meuvent sur leur articulation, et l'on croit qu'elles le font, la plupart, à l'aide de la peau extérieure qui recouvre le test et enveloppe leur base.

En outre, comme la cause qui a donné une forme générale rayonnante aux radiaires n'a plus ici de pouvoir, cette forme commence à s'altérer dans les *échinides*; et, en effet, beaucoup de ces corps sont irréguliers.

Après la mort des *échinides*, ces animaux perdent assez facilement les épines que soutenaient les tubercules de leur test; ce test, alors à nu, laisse voir qu'il est percé, ainsi que sa peau externe, d'une multitude de petits trous disposés par séries, et qui donnent issue à des tubes très-contractiles, qui rentrent et sortent comme au gré de l'animal.

Ces séries de petits trous forment sur le test de ces radiaires, des bandelettes poreuses, toujours disposées par paires; et ces bandelettes, qui partent deux à deux du sommet du corps, divergent de tous côtés comme des rayons, tantôt se prolongent jusqu'à la bouche, et tantôt sont interrompues avant même d'arriver au bord de l'échinide. On a donné le nom d'*ambulacre*, par comparaison avec une allée de jardin, tantôt à l'espace compris entre les deux bandelettes d'une paire, et tantôt à chaque bandelette elle-même; variation dans la définition du terme employé, qui nuit à l'intelligence des descriptions. Au reste, la considération des *ambulacres*, les uns *complets*, comme lorsqu'ils se prolongent du sommet jusqu'à la bouche, les autres *bornés*, comme ceux qui n'atteignent pas même le bord, est fort utile à employer dans la détermination des genres.

Quant aux tubes très-contractiles qui sortent et rentrent par les petits trous dont la peau est percée, il paraît que les uns servent à la respiration de l'animal, et que les autres lui sont utiles pour se fixer et pour se déplacer, leur extrémité faisant l'office de suçoir. Ces derniers sont comme autant de petits pieds qui l'aident dans ses mouvemens. Cependant je me suis convaincu par l'observation que les mouvemens des épines, dans certaines espèces, contribuent à la locomotion de ces animaux.

Linné réunissait toutes les échinides en un seul genre sous le nom d'*echinus*. Cette réunion n'eut d'autre utilité que de faire remarquer les rapports naturels qui lient entr'elles toutes les échinides. Mais, comme les échinides constituent réellement une grande division dans la classe des radiaires, d'autres naturalistes, surtout Klein et ensuite Leske, sentirent la nécessité de partager ce grand genre *echinus* de Linné en divers genres particuliers; et à cet égard nous les avons imités, en nous efforçant néanmoins de réduire le nombre de ces genres, lorsque nous en avons trouvé la possibilité, et d'en circonscrire les caractères plus nettement et avec plus de précision.

L'on a, comme on sait, de bons moyens pour diviser les échinides et caractériser leurs genres, en employant la considération des différentes positions respectives de la bouche et de l'anus de ces radiaires, et en joignant à cette considération celle des ambulacres complets et des ambulacres bornés qui distinguent divers de leurs genres.

Une détermination précise des genres et des espèces parmi les *échinides*, m'a paru d'autant plus utile, qu'un grand nombre d'espèces de cette famille ne sont connues que dans l'état fossile, et qu'il importe, tant à l'avancement de la Zoologie qu'à celui de la Géologie, qui considère les débris fossiles des corps vivans, que les caractères de ces nombreuses races soient enfin déterminés, ainsi que les lieux de leur habitation.

Voici l'ordre le plus naturel et le nom des genres que j'ai cru convenable d'établir parmi les échinides.

DIVISION DES ÉCHINIDES.

[1] Anus sous le bord, dans le disque inférieur, ou dans le bord.

* *Bouche inférieure, toujours centrale.*

Scutelle. Clypéastre. Fibulaire.	Ambulacres bornés.
Échinonée. Galérite.	Ambulacres complets.

** *Bouche inférieure, non centrale, mais rapprochée du bord.*

Ananchite.
Spatangue.

[2] Anus au-dessus du bord, et par conséquent dorsal.

(*a*) Anus dorsal, mais rapproché du bord.

Cassidule.
Nucléolite.

(*b*) Anus dorsal et vertical; test régulier.

Oursin.
Cidarite.

SCUTELLE. (Scutella.)

Corps aplati, elliptique ou suborbiculaire, légèrement convexe en dessus, plane en dessous, à bord mince, presque tranchant, et garni de très-petites épines.

Ambulacres bornés, courts, imitant une fleur à cinq pétales.

Bouche inférieure, centrale. Anus entre la bouche et le bord; rarement dans le bord.

Corpus complanatum, ellipticum vel suborbiculare, supernè convexiusculum, subtùs planum, spinis minimis echinulatum; margine tenui subacuto.

Ambulacra subquina, brevia, circumscripta, florem pentapetalam œmulantia.

Os inferum, centrale. Anus intrà os et marginem; raro in margine.

OBSERVATIONS.

Les *scutelles* sont les échinides les plus aplaties, celles qui ont les plus petites épines, et que l'on peut en quelque sorte considérer comme formant le passage des astéries aux échinides.

Ce sont des corps un peu irréguliers, suborbiculaires ou elliptiques, toujours très-déprimés, ayant le bord mince, presque tranchant, le disque supérieur légèrement convexe et l'inférieur tout-à-fait aplati.

La figure de ces échinides approche de celle d'un écusson ou de celle d'un disque arrondi, lequel est tantôt entier, tantôt percé de trous oblongs et à jour, tantôt entaillé en son bord, et tantôt digité ou denté sur un de ses côtés. On observe sur le vertex de ces échinides, 4 ou 5 pores plus grands que les autres.

La bouche est armée de 5 pièces à deux branches, en forme d'A ou d'V renversé, et la face interne de chacune de ces branches est lamelleuse.

Des colonnes testacées, verticales et irrégulières, s'observent dans l'intérieur de l'échinide, entre les 2 planchers.

ESPÈCES.

1. Scutelle dentée. *Scutella dentata.*

Sc. orbicularis, depressa; disco integro; margine posteriore serrato.

Echinus orbiculus. Gmel.

Echinodiscus dentatus. Leske apud Klein, p. 212. tab. 22. *fig.* E, F. Encycl. pl. 151. f. 1—2.

Rumph. mus. t. 14. f. 1. Breyn, echin. t. 7. f. 3—4.

2. *var. minor.*

Leske ap. Klein tab. 49. f. 6—7.

Habite les mers de l'Inde. Mon cabinet.

2. Scutelle digitée. *Scutella digitata.*

Sc. orbicularis, depressa; disco anteriore foraminibus binis vel quaternis pervio; margine posteriore inciso, subpalmato, digitato.

(a) *Echinus decadactylos.* Gmel.

Echinodiscus decies digitatus. Leske ap. Klein. p. 209. tab. 22. *fig.* A. B. encycl. pl. 150. f. 5—6.

Mus. n.o

(b) *var. minor.*

Echinus octodactylos. Gmel.

Echinodiscus octies digitatus. Leske ap. Klein, p. 911. tab. 22. *fig.* C, D. encycl. pl. 150. f. 3—4.

Habite. . . Espèce bien singulière par les entailles nombreuses;

inégales et profondes de son bord postérieur ; et par les trous de son disque antérieur. Elle est orbiculaire, très-aplatie, à côté postérieur digité, subpalmé.

3. Scutelle émarginée. *Scutella emarginata.*

Sc. orbiculato-elliptica, depressa; foraminibus sex, quinque marginem attengentibus.

Echinodiscus emarginatus. Leske ap. Klein, p. 200. tab. 50. f. 5—6. encycl. pl. 150. f. 1—2.

Mus. n.o

Habite l'océan austral, les côtes de l'île de Bourbon. Mon cabinet.

4. Scutelle à six trous. *Scutella sexforis.*

Sc. orbicularis, depressa, hinc obsoletè truncata; foraminibus sex, oblongis; ano ori vicino.

Echinus hexaporus. Gmel.

Echinodiscus sexies perforatus. Leske ap. Klein, p. 199. tab. 50. f. 3—4. encycl. pl. 149. f. 1—2.

Knorr delic. tab. D I. f. 17.

Seba mus. 3. tab. 15. f. 7—8.

Mus. n.o

Habite l'océan indien et de l'Amérique. Mon cabinet.

5. Scutelle à cinq trous. *Scutella quinquefora.*

Sc. orbiculata subreniformis depressa; foraminibus quinque oblongis; ano ori proximo.

Echinus pentaphorus. Gmel.

Echinodiscus quinquies perforatus. Leske ap. Klein, p. 197. tab. 21. *fig.* C. D.

Seba mus. 3. tab. 15. f. 9—10.

Encycl. pl. 149. f. 3—4.

Knorr delic. tab. D I. f. 16.

Mus. n.o

Habite. . . Cette espèce semble n'être qu'une variété de la précédente, mais un peu plus petite et n'ayant que cinq trous.

6. Scutelle à quatre trous. *Scutella quadrifora.*

Sc. suborbicularis, sinuosa, subbifissa, foraminibus quatuor pertusa; ano ori vicino.

Echinus tetraporus. Gmel.

Echinodiscus quater perforatus. Leske ap. Klein, p. 204.

Seba mus. 3. tab. 15. f. 5—6.

Encycl. pl. 148,

Habite... Il semble que cette echiuide ne soit qu'une variété de la scutelle émarginée, dont seulement deux des trois trousé postérieurs atteignent le bord.

7. Scutelle à deux trous. *Scutella bifora.*

Sc. obtusè trigona, depressa; foraminibus duobus oblongis, ad disci partem posticam; ano ab ore remoto.

Echinus biforis. Gmel.

Knorr. delic. tab. D I. f. 15.

2. *var. orbiculata, margine sinuato; foraminibus brevibus, subovatis.*

Echinodiscus biperforatus. Leske ap. Klein, p. 196. tab. 21. *fig.* A. B. Encycl. pl. 147. f. 7—8.

3. *var. foraminibus subrotundis.*

Encycl. pl. 147. f. 5—6.

Mus. n.°

Habite.... Le dessous de cette echinide présente des lignes onduleuses qui partent de la bouche en rayonnant vers les bords, et qui se bifurquent vers leur extrémité.

8. Scutelle double-entaille. *Scutella bifissa.*

Sc. cordato-orbiculata, depressa; latere latiore, incisuris binis : lobo intermedio, prominulo, truncato.

Echinus inauritus. Gmel.

Echinus, Rumph. mus. tab. 14. *fig.* F.

Encycl. pl. 152. f. 1—2.

Seba mus. 3. tab. 15. f. 3—4.

2. *Var. lobo truncato, ad angulos aurito.*

Echinus auritus. Leske apud Klein, p. 202.

Seba mus. 3. tab. 15. f. 1—2.

Encycl. pl. 151. f. 5—6.

Mus. n.° Mon cabinet.

Habite l'océan des Grandes-Indes.

9. Scutelle lenticulaire. *Scutella lenticularis.*

Sc. orbicularis, convexiuscula; ambulacris quinque brevibus, apice fissis; ano marginali.

Mon cabinet.

Habite... Fossile de Grignon, près Versailles.

10. Scutelle orbiculaire. *Scutella orbicularis.*

Sc. circularis, versùs marginem depressa, centro dorsi convexiuscula; ambulacris ovato-acutis; ano intrà os et marginem.

Echinus orbicularis. Gmel.

Echinodiscus orbicularis. Leske ap. Klein, p. 208. tab. 45. f. 6—7. Breyn echin. t. 7. f. 1—2.

Gualt. ind. t. 210. *fig.* B. Encycl. pl. 147. f. 1—2.

Mus. n.°

Habite les mers de l'Inde. *Péron* et *le Sueur.*

11. Scutelle fibulaire. *Scutella fibularis.*

Sc. orbicularis, depressa, crassiuscula, minima; margine rotundato; ano intrà os et marginem.

An echinites fistularis minor? Lang. lap. *fig.* tab. 35. *fig.* ult.

Habite... fossile de... Mon cabinet.

12. Scutelle arachnoïde. *Scutella placenta.*

Sc. orbicularis, complanata, centro dorsi subprominula; ambulacris quinis, assulatis, apice divaricatis; ano marginali.

Echinarachnius, Leske ap. Klein, p. 218. tab. 20. *fig.* A. B. Encycl. pl. 143. f. 11—12.

Breyn. echin. tab. 7. f. 7—8. Gualt. ind. tab. 210. *fig.* GG.

Echinus placenta. Lin.

Mus. n.°

Habite l'océan austral. *Péron* et *le Sueur.*

13. Scutelle rondache. *Scutella parma.*

Sc. orbicularis, dorso convexiuscula; ambulacris quinis subovatis, apice disjunctis : subtùs sulcis quinque ramosis; ano marginali.

An Rumph. mus. tab. 14. *fig.* G.

Mus. n.°

Habite l'océan des Indes. Mon cabinet.

14. Scutelle ronde. *Scutella subrotunda.*

Sc. orbicularis, dorso convexiuscula; ambulacris quinis subovatis, apice coarctatis; ano infrà marginem.

Echinodiscus subrotundus. Leske ap. Klein, p. 206. tab. 47. f. 7.
Scilla corp. mar. tab. 8. f. 1—3.
Habite... Fossile des environs de Douai. Mon cabinet.

15. Scutelle placunaire. *Scutella placunaria.*
Sc. elliptica, depressa, anticè latior; ambulacris angustis linearibus, apice disjunctis; ano margini vicino.
Mus. n.o
Habite l'océan austral. *Péron* et *le Sueur.*

16. Scutelle large-plaque. *Scutella latissima.*
Sc. maxima, depressa, elliptica, subpentagona, posticè truncata; ambulacris oblongo-ovalibus; ano margini vicino.
Mus. n.o Mon cabinet.
Habite... l'océan austral? C'est la plus grande des espèces connues de ce genre.

17. Scutelle ambigène. *Scutella ambigena.*
Sc. ovato-elliptica, dorso convexiuscula; lateribus subsinuosis; ambulacris ovato-oblongis, pulvinatis; ano margini vicino.
An echinanthus?.. Leske ap. Klein, p. 188. tab. 19. *fig.* C-D. encycl. pl. 145. f. 3—4.
Seba mus. 3. tab. 15. f. 13—14.
Mus. n.o
Habite... Celle-ci tient de très-près aux clypéastres.

CLYPÉASTRE. (Clypeaster).

Corps irrégulier, ovale ou elliptique, souvent renflé ou gibbeux, à bord épais ou arrondi, à disque inférieur concave au centre; épines très-petites.

Cinq ambulacres bornés, imitant une fleur à cinq pétales.

Bouche inférieure, centrale. Anus près du bord ou dans le bord.

Corpus irregulare, ovatum aut ellipticum, sæpè turgidum vel gibbosum, spinis minimis echinulatum; margine crasso vel rotundato; centro paginæ inferioris concavo.

Ambulacra quina, apice subemarginata, florem pentapetalam œmulantia.

Os inferum, centrale. Anus propè marginem aut in ipso margine.

OBSERVATIONS.

Les *clypéastres* avoisinent sans doute les scutelles par leurs rapports; néanmoins on les en distingue facilement, non seulement parce que leur corps est en général renflé en dessus, que leur forme est elliptique ou ovale dans le plus grand nombre, mais surtout parce que leur bord est épais ou arrondi, et que leur disque inférieur est presque toujours concave au centre. C'est dans la cavité du disque inférieur des clypéastres qu'est située leur bouche.

Ces échinides plus épaisses, plus convexes ou plus renflées que les scutelles, ont plus souvent l'anus dans le bord qu'au-dessous et éloigné du bord, et leur bouche est pareillement armée de 5 pièces osseuses, cunéiformes, comme bilobées postérieurement, et striées d'un côté par des lames étroites et transverses.

ESPÈCES.

1. Clypéastre rosacé. *Clypeaster rosaceus.*

Cl. ovato-ellipticus, pentagonus, dorso convexus; mar-

gine posteriore retuso; paginâ inferiore concavâ; ambulacris amplissimis.

Echinus rosaceus. Lin.

Echinanthus humilis. Leske apud Klein, p. 185. tab. 17. *fig.* A et 18. *fig.* B. Encycl. pl. 145. f. 5—6.

Seba mus. 3. tab. XI. f. 2—3.

Knorr. delic. tab. D I. f. 12.

2. *var. lineis quinque radiata.*

Leske ap. Klein, tab. 19. *fig.* A. B.

Encycl. pl. 145. f. 1—2.

3. *var. assulata.*

Mus. n.o

Habite l'océan indien et américain. Ce clypéastre est une espèce bien connue, et très-commune dans les collections.

2. Clypéastre élevé. *Clypeaster altus.*

Cl. vertice elato, conoideo; ambulacris longis; margine brevi, crasso, rotundato.

Echinus altus. Gmel.

Echinanthus altus. Leske ap. Klein, p. 189. tab. 53. f. 4.

Encycl. pl. 146. f. 1—2.

Scill. corp. mar. tab. 9. f. 1—2. Knorr, petrif. suppl. tab. IX d. *fig.* 1.

Mus. n.o

Habite... fossile d'Italie. Mon cabinet. On ne connaît encore cette espèce que dans l'état fossile.

3. Clypéastre à large bord. *Clypeaster marginatus.*

Cl. vertice convexo, stellifero; ambulacris brevibus, ovato-acutis; margine attenuato, expanso, latissimo.

Scill. corp. mar. tab. XI. *fig. inferior.*

Mus. n.o Knorr., pétr. p. 11. tab. E V. f. 1—2.

Habite... Fossile des environs de Dax.

4. Clypéastre scutiforme. *Clypeaster scutiformis.*

Cl. ellipticus, dorso planulatus, submarginatus; ano margini vicino.

Echinus planus scutiformis. Seba mus. 3. tab. 15. f. 23—24.

Encycl. pl. 147. f. 3—4.

Mon cabinet.

Habite... l'océan indien?

5. Clypéastre bégnet. *Clypeaster laganum.*

Cl. orbiculato-ellipticus, obsoletè pentagonus, utrinque planulatus; ano margini vicino.

Echinodiscus laganum. Leske apud Klein, p. 104. tab. 22. *fig.* a—b—c.

Rumph. mus. tab. 14. *fig.* E.

Seba mus. 3. t. 15. f. 25—26.

Mus. n.o Mon cabinet.

Habite... Cette espèce est en général plus petite que la précédente, et toujours plus orbiculaire, quoiqu'encore elliptique et obscurément pentagone. Elle est aplatie des deux côtés, et néanmoins son bord est plus arrondi que tranchant.

6. Clypéastre excentrique. *Clypeaster excentricus.*

Cl. suborbicularis, depressus, convexiusculus; ambulacris quinque angustis, è vertice excentrico divaricatis; ano marginali.

An echinus orientalis? etc. Seba mus. 3. t. 10. n.o 23. *fig.* a—b. Encycl. pl. 144. f. 1—2.

Mon cabinet.

Habite... Fossile de Chaumont.

7. Clypéastre oviforme. *Clypeaster oviformis.*

Cl. obovatus, convexus, subtùs planulatus; vertice excentrico; ambulacris quinque angustis; ano marginali.

Echinus oviformis. Gmel.

Echinanthus ovatus. Leske apud Klein, p. 191. tab. 20. *fig.* c—d.

Breyn. echin. p. 59. tab. 4. f. 1—2.

2. *var. ad latera latior.*

Mus. n.o

Habite les mers australes. *Péron* et *le Sueur.* La variété 2 se trouve fossile dans les vignes aux environs du Mans, et m'a été communiquée par M. *Ménard.*

8. Clypéastre uni. *Clypeaster politus.*

Cl. ovatus, inflatus, lævis; ambulacris quinque longis, angustis, apice disjunctis.

Mus. n.o

Habite... Fossile de Sienne, rapporté d'Italie par M. *Cu-*

vier. Il est oviforme, enflé, un peu plus gros qu'un œuf ordinaire.

9. Clypéastre hémisphérique. *Clypeaster hemisphæricus.*

Cl. orbiculatus, convexus, semiglobosus; ambulacris quinque longiusculis è vertice excentrico radiantibus; ano marginali.

Mus. n.o

Habite... Fossile... communiqué par M. de *Borda.*

10. Clypéastre stellifère. *Clypeaster stelliferus.*

Cl. ovatus tumidus; ambulacris quinque longis angustis; areâ prominulis; ore transverso pentagono.

An Knorr. petr. p. 11. tab. E. 111. f. 5.

Mus. n.o

Habite... Fossile de...

FIBULAIRE. (Fibularia.)

Corps subglobuleux, ovoïde ou orbiculaire; à bord nul ou arrondi; à épines très-petites.

Cinq ambulacres bornés, courts et étroits.

Bouche inférieure, centrale. L'anus près de la bouche, ou moyen entre la bouche et le bord.

Corpus subglobosum, obovatum aut orbiculare; margine nullo vel rotundato; spinis minimis.

Ambulacra quinque, brevia, angusta, circumscripta.

Os inferum, centrale: ano ori vicino, vel mediano intrà os et marginem.

OBSERVATIONS.

Les *fibulaires* sont les plus petites des échinides, ont en général une forme subglobuleuse ou ovoïde, et se rapprochent singulièrement des échinonées, étant renflées et ayant la plupart l'anus très-près de la bouche. Mais elles tiennent aux clypéastres par leurs ambulacres bornés : ainsi, j'ai dû les distinguer des unes et des autres, ce que *Leske* avait déjà fait sous la dénomination d'*echinocyamus*.

ESPÈCES.

1. Fibulaire trigone. *Fibularia trigona.*

F. exigua, globoso-trigona; ambulacris brevibus apice fissis; ano ori vicino; lateribus subsulcatis.

An echinus lathyrus? Gmel.

Mon cabinet.

Habite... Cette espèce paraît voisine par ses rapports de l'*echinus craniolaris*, et des autres fibulaires représentées dans l'ouvrage de Klein et de Leske, pl. 48.

2. Fibulaire ovule. *Fibularia ovulum.*

F. minima, globoso-ovata; basi subangustata; ambulacris brevibus fissis; ano ori vicino.

An spatagus pusillus? Mull. zool. dan. 3. p. 18. t. 91. f. 5—6.

Mus. n.° Mon cabinet.

Habite... la mer de Norwège? Espèce très-petite, n'excédant pas la grosseur d'un pois ordinaire.

3. Fibulaire de Tarente. *Fibularia Tarentina.*

F. ovato-elliptica, convexiuscula, subtùs plano-concava; ambulacris brevibus, apice disjunctis; ano ori vicino.

Mon cabinet.

Habite la Méditerranée, dans le golfe de Tarente. Celle-ci, aussi petite que la précédente, n'est point aussi renflée, et a la forme d'un petit œuf un peu aplati en dessus, quoique légèrement convexe. Elle n'est point sillonnée sur les côtés.

ECHINONÉE. (Echinoneus.)

Corps ovoïde ou orbiculaire, convexe, un peu déprimé. Ambulacres complets, formés de 10 sillons qui rayonnent du sommet à la base.

Bouche subcentrale. Anus inférieur, oblong, situé près de la bouche.

Corpus obovatum aut orbiculare, subdepressum. Ambulacra sulcis decem radiatìm ab apice ad basim inscripta, non interrupta.

Os subcentrale. Anus inferus, oblongus, ori vicinus.

OBSERVATIONS.

Les *échinonées* constituent évidemment un genre particulier, qui avoisine les fibulaires par ses rapports, ainsi que les galérites. On les distingue des fibulaires, par leurs ambulacres complets, qui rayonnent du sommet à la base, et des galérites, parce qu'elles ont l'anus voisin de la bouche.

ESPÈCES.

1. Échinonée cyclostome. *Echinoneus cyclostomus.*

E. ovato-oblongus, subdepressus, pulvinatus; vertice poris quinis; ore rotundo.

Echinus cyclostomus. Gmel. p. 3183.

Echinoneus cyclostomus. Leske. ap. Klein, p. 173. tab. 37. f. 3—4. encycl. pl. 153. f. 19—20.

Rumph. mus. t. 14. *fig.* D.

Breyn. echin. t. 2. f. 5—6.

Habite... l'océan asiatique?

2. Échinonée semilunaire. *Echinoneus semilunaris.*

E. ovato-oblongus, subdepressus; vertice poris quatuor; ore oblongo, obliquè transverso.

Echinus, Seba mus. 3. tab. 15. f. 37.

2. *idem minor, ano ori remotiore.*

Echinoneus minor. Leske apud Klein, p. 174. t. 49. f. 8—9 encycl. pl. 153. f. 21—22.

Seba mus. 3. t. 10. f. 7. a—b.

Mus. n.o

Habite l'océan des Antilles, à Saint-Domingue. Mon cabinet.

3. Échinonée gibbeuse. *Echinoneus gibbosus.*

E. ovatus, turgidus, irregularis; vertice excentrico; ambulacris undatis; ore ovali, acuto, obliquè transverso.

Mon cabinet.

Habite... les mers d'Amérique? Celle-ci est plus grosse et plus irrégulière que les autres espèces connues.

GALÉRITE. (Galerites.)

Corps élevé, conoïde ou presqu'ovale. Ambulacres complets, formés de 10 sillons, qui rayonnent par paires du sommet à la base.

Bouche inférieure et centrale. Anus dans le bord.

Corpus elatum, conoideum aut subovale. Ambulacra sulcis 10, per paria ab apice ad basim radiatim inscripta, non interrupta.

Os inferum et centrale. Anus in margine vel infrà et propè marginem.

OBSERVATIONS.

Les *galérites*, dont presque toutes les espèces ne sont connues que dans l'état fossile, constituent un genre particulier et très-distinct. Ce sont des corps à dos élevé, le plus souvent conique ou conoïde, quelquefois presqu'ovale. Leurs ambulacres sont complets, et consistent en 5 paires de sillons qui partent du sommet et rayonnent, sans interruption, jusqu'à la bouche qui est inférieure et centrale. Les deux rangées de pores qui forment chaque sillon sont presque confondues. L'anus est dans le bord, ou contigu au bord en dessous. Cette situation de l'anus distingue les galérites des échinonées.

ESPÈCES.

1. Galérite conique. *Galerites albo-galerus.*

G. conicus; ambulacris areisque denis; arearum tuberculis minimis et creberrimis; ano submarginali.

Echinus albo-galerus. Gmel. p. 3181.

Conulus albo-galerus. Leske apud Klein, p. 162. tab. 13. *fig.* A. B. Encycl. pl. 152. f. 5—6.

Mus. n.o

Habite... Fossile de France.

2. Galérite commune. *Galerites vulgaris.*

G. conoideus; ambulacrorum sulcis denis angustis; ambitu subovato; ano marginali.

Echinus vulgaris. Gmel.

Echinites vulgaris. Leske ap. Klein, p. 165. tab. 13. *fig.* C-K? et tab. 14. *fig.* A—K.

Encycl. pl. 153. f. 6—7?

Mus. n.o

Habite... Fossile commun en France et en Allemagne, dans les champs. Mon cabinet.

3. Galérite raccourcie. *Galerites abbreviatus.*

G. conoideus, obtusus; ambitu suborbiculari; ambulacris impressis, subasperis; areis prominulis; ano infrà marginem.

Mon cabinet.

2. *idem? major; ano oblongo.*

Leske ap. Klein, p. 166. tab. 40. f. 1—2.

Habite... Fossile de France et d'Allemagne.

4. Galérite à six bandes. *Galerites sexfasciatus.*

G. orbiculatus, convexus; ambulacris senis; ano propè marginem.

Echinites sexies fasciculatus. Leske ap. Klein, p. 170. tab. 50. f. 1—2. Encycl. pl. 153. f. 12—13.

Echinus sexfasciatus, Gmel. p. 3183.

Habite... Fossile de... Mon cabinet.

5. Galérite fendillée. *Galerites fissuratus.*

G. conoideo-depressus, subhemisphœricus; ambitu orbiculari, margine fissuris crenato; sulcis ambulacrorum denis subcrenatis.

Mon cabinet.

Habite... Fossile du nord de l'Allemagne. Celle-ci est orbiculaire, à dos en cône très-surbaissé, et semble crénelée grossièrement dans sa circonférence.

6. Galérite hemisphérique. *Galerites hemisphœricus.*

G. minor, orbicularis, hemisphœricus, sublœvigatus; ambulacris superficialibus biporosis; ano margini contiguo.

An echinites subuculus? Leske ap. Klein, p. 171. tab. 14. *fig.* L—O.

Mon cabinet.

Habite... Fossile de... Cette échinide est très-différente de la galérite rotulaire.

7. Galérite déprimée. *Galerites depressus*

G. suborbicularis, hemisphœrico-depressus; lineis ambulacrorum decem biporosis; ano ovali maximo.

Echinus depressus. Gmel. p. 3182.

Echinites depressus. Leske ap. Klein, p. 164. tab. 40. *fig.* 5—6. Encycl. pl. 152. f. 7—8.

Mus. n.o

Habite... Fossile de...

8. Galérite rotulaire. *Galerites rotularis.*

G. orbicularis, hemisphœricus, minimus; areis ambulacrorum decem alternè minoribus; ano suborbiculari ab ore remotiusculo.

Echinus subuculus. Gmel. p. 3183.

Echinites subuculus. Leske apud Klein, p. 171. tab. 14. *fig.* L—M—N—O.

Encycl. pl. 153. *fig.* 14—17.

2. *var. areis assulatis, et lineis ambulacrorum numerosioribus.*

Mon cabinet.

Habite... Fossile du département du Gers, etc. Espèce très-petite, sublenticulaire.

9. Galérite conoïde. *Galerites conoideus.*

G. maximus, conoideus, assulatus; ambitu suborbiculari; ore in cavo, transverso, angulis obtusis obvallato.

Habite... Fossile d'Italie, du cabinet de M. *Valenciennes.*

10. Galérite scutiforme. *Galerites scutiformis.*

G. ovato-ellipticus, convexus, subassulatus; vertice excentrico; interstitiis ambulacrorum lineâ flexuosâ divisis; paginâ inferiore subconcavâ.

An Scilla corp. marin? tab. XI. n.° 2. *fig. superiores.*

Mus. n.

Mon cabinet.

Habite... Fossile de... La forme de cette galérite approche de celle figurée dans l'ouvrage de Klein, tab. 42. f. 2 et 3.

11. Galérite ovale. *Galerites ovatus.*

G. ovato-conoideus, ad latera depressus; assulatus; ambulacris quinis; interstitiis ambulacrorum lineâ bipartitis.

Mon cabinet.

Habite... Fossile de... Elle a la forme générale et la taille de l'*echinus ovatus* de Gmelin, qui est une ananchite; mais sa bouche centrale l'en distingue principalement.

12. Galérite demi-globe. *Galerites semi-globus.*

G. orbicularis, hemisphæricus, assulatus; ambulacris quinis, longis, biporosis; vertice excentrico.

Echinocorytes. Leske ap. Klein. p. 179. tab. 42. f. 5.

Mus. n.°

Habite... Fossile d'Italie, des environs de Plaisance. Espèce fort grande.

13. Galérite cylindrique. *Galerites cylindricus.*

G. cylindricus, brevis, dorso retusus; ambulacrorum lineis porosis denis; interstitiis assulatis; ano infero propè marginem.

Mus. n.o

Habite... Fossile de...

14. Galérite patelle. *Galerites patella.*

G. orbiculatus, depressus, convexiusculus; sulcis ambulacrorum eleganter striatis; arearum unâ sinu longitudinali excavatâ.

Encycl. pl. 143. f. 1—2.

Mus. n.o

Habite... Fossile de...

15. Galérite ombrelle. *Galerites umbrella.*

G. hemisphæricus, subtùs plano-concavus; sulcis ambulacrorum angustis biporosis substriatis; arearum unâ sinu longitudinali excavatâ.

An echinus sinuatus? Gmel. p. 3180.

Clypeus sinuatus? Leske ap. Klein, p. 157. t. 12. Encycl. pl. 142. f. 7—8.

Mus. n.o

Habite... Fossile de.... Cette espèce devient presqu'aussi grande que la précédente.

16. Galérite excentrique. *Galerites excentricus.*

G. ovatus convexo-gibbus: ambulacris quatuor è vertice excentrico ortis: paginâ inferiore quinque sulcatâ.

Mus n.o

Habite... Fossile de... Celle-ci est une espèce singulière par le nombre de ses ambulacres, et par son irrégularité. Elle ne le cède point aux précédentes en volume.

ANANCHITE. (Ananchytes.)

Corps irrégulier, ovale ou conoïde, garni de tubercules spinifères dans l'état vivant.

Ambulacres partant d'un sommet simple ou double, et s'étendant, sans interruption, soit jusqu'au bord, soit jusqu'à la bouche.

Bouche près du bord, labiée, subtransverse. Anus latéral, opposé à la bouche.

Corpus irregulare, ovatum vel conoideum, in vivo tuberculis spiniferis obsitum.

Ambulacra radiatìm è vertice subduplicato orta, et usque ad marginem vel ad orem extensa, non interrupta.

Os propè marginem, labiatum, subtransversum, ano laterali oppositum.

OBSERVATIONS.

Les *ananchites* ressemblent beaucoup aux spatangues par leur partie inférieure; car, comme eux, elles ont la bouche latérale, labiée, subtransverse, et l'anus dans le bord opposé à celui de la bouche. Mais les ambulacres des ananchites sont complets, c'est-à-dire, qu'ils partent en rayonnant soit d'un sommet simple, soit d'un sommet double, et s'étendent au moins jusqu'au bord sans interruption, et souvent même en dessous jusqu'à la bouche. Ainsi, au lieu de représenter une fleur à 5 pétales, ces ambulacres allongés imitent les courroies qui sanglent un corps.

Toutes les *ananchites* connues sont dans l'état fossile, ce qui est assez remarquable; tandis que parmi les spatangues, on en connaît beaucoup dans l'état frais ou vivant, et beaucoup d'autres dans l'état fossile. Il est probable que la bouche des ananchites n'est pas plus armée de pièces solides que celle des spatangues.

ESPECES.

1. Ananchite ovale. *Ananchytes ovata.*

A. obovato-conoidea, læviuscula, assulata; assulis serialibus, subhexagonis; ano ovato.

Echinocorytes ovatus Leske ap. Klein, p. 178. tab. 53. f. 3. Encycl. pl. 154. f. 13.

Mus. n.o

Habite... Fossile des environs de Paris à Meudon. Mon cabinet.

2. Ananchite striée. *Ananchytes striata.*

A. ovato-rotundata, elata, multistriata; dorso convexo, subretuso; striis verticalibus areisque numerosis; assulis obsoletis.

Echinocorytes. Leske ap. Klein, p. 176. tab. 42. f. 4. Encycl. pl. 154. f. 11—12.

Mus. n.o

Habite... Fossile de Picardie, trouvé dans le canal.

3. Ananchite bombée. *Ananchytes gibba.*

A. ovata, elata, dorso ventricosa retusa; lateribus infernè depressis; interstitiis ambulacrorum lœvibus; vertice duplicato.

An echinocorys scutatus? Leske ap. Klein, p. 175. tab. 15. *fig.* A–B.

Echinus scutatus? Gmel. p. 3184.

Mus. n.o

Habite... Fossile de Normandie, etc. Mon cabinet.

4. Ananchite pustuleuse. *Ananchytes pustulosa.*

A. ovato-conica, versùs apicem attenuata, lateribus depressa, assulata; ambulacrorum lineis biporosis per paria dispositis; vertice impresso, duplicato.

Echinocorytes pustulosus. Leske ap. Klein, p. 180. tab. 16. *fig.* A—B.

Encycl. pl. 154. f. 16 et 17. et f. 14—15. *specim. junius.*

Mus. n.o

Habite... Fossile de...

5. Ananchite bicordée. *Ananchytes bicordata.*

A. obovata, utrâque extremitate subsinuatâ; dorso lævi; vertice duplicato.

Spatangites bicordatus. Leske ap. Klein, p. 244. tab. 47. f. 6.
Echinus bicordatus. Gmel. p. 3199.

Habite... fossile des environs du Mans. M. *Ménard.* Mon cabinet.

6. Ananchite carinée. *Ananchytes carinata.*

A. cordata, anticè canaliculata, sinuata; dorsi medio carinato.

Spatangites carinatus. Leske ap. Klein, p. 245. tab. 51. f. 2—3.

Echinus carinatus. Gmel. p. 3199.

Habite... fossile des environs du Mans. M. *Ménard.* Mon cabinet.

7. Ananchite elliptique. *Ananchytes elliptica.*

A. ovato-elliptica, pulvinata, integerrima subassulata; verticibus duobus remotis.

Knorr. petr. p. 2. tab. E. 111. f. 6.

Encycl. pl. 159. f. 13—14—15.

Habite... fossile des environs du Mans. *Ménard.* Mon cabinet.

8. Ananchite en cœur. *Ananchytes cordata.*

A. cordato-conica, assulata; parte anteriore retusâ emarginatâ; ambulacris fasciatis, quadrifariam porosis; vertice indiviso.

Spatangus ananchytis? Leske ap. Klein, p. 243. tab. 53. f. 1—2. Encycl. pl. 157. f. 9 et 10.

Habite... fossile de... Mon cabinet. Espèce remarquable, offrant la forme d'un cœur lorsqu'on la regarde en dessous, mais à dos élevé et presque conique.

9. Ananchite spatangue. *Ananchytes spatangus.*

A. cordata, convexa, subassulata; ambulacris quinis, coloratis, impressis: carinâ posticâ sulco exaratâ.

Habite... fossile de France. Mon cabinet. Elle tient de très-près par la forme et la taille au *spatangus cor anguinum*; mais ses 5 ambulacres se continuent jusqu'à la bouche.

10. Ananchite demi-globe. *Ananchytes semi-globus.*

A. ovato-hemisphærica, basi plana; ambulacris angustis; lineis decem biporosis per paria coarctata dispositis; vertice indiviso.

Echinocorytes minor. Leske ap. Klein, p. 183. tab. 16. *fig.* C—D. Encycl. pl. 155. f. 2—3.

Echinus minor. Gmel. p. 3186.

Habite... fossile de... Mon cabinet.

11. Ananchite pillule. *Ananchytes pillula.*

A. minima, ovato-globulosa, subtùs convexiuscula; ano in summo margine.

Habite... fossile des environs de Beauvais. Mon cabinet.

12. Ananchite cœur d'oiseau. *Ananchytes cor avium.*

A. subcordata, convexa; ambulacris quinis laxè striatis: quinto obsoleto.

An echinus teres? Gmel. p. 3200.

Spatangus ovatus? Leske ap. Klein, p. 252. tab. 49. f. 12—13. Seba mus. tab. 15. f. 28—29.

Habite... fossile de...

SPATANGUE. (Spatangus.)

Corps irrégulier, ovale ou cordiforme, subgibbeux, garni de très-petites épines.

Quatre ou cinq ambulacres bornés et inégaux.

Bouche inerme, transverse, labiée, rapprochée du bord. Anus latéral, opposé à la bouche.

Corpus irregulare, ovatum vel cordiforme, subgibbosum, spinis minimis obtectum.

Ambulacra subquina, brevia, inœqualia, circumscripta.

Os inerme, transversum, labiatum, margini vicinum. Ano laterali oppositum.

OBSERVATIONS.

Parmi les échinides, les *spatangues* et les *ananchites* sont les seuls qui aient la bouche latérale, c'est-à-dire, rapprochée du bord ; dans toutes les autres, la bouche est toujours centrale. Outre cette particularité des spatangues et des ananchites, d'avoir la bouche latérale et opposée à l'anus, la bouche des échinides dont il s'agit n'est point armée de pièces solides comme celle des autres échinides en qui on l'a observé ; ce qui constitue un caractère important à considérer dans la détermination des rapports parmi les échinides.

Si les *spatangues* tiennent aux ananchites par les caractères de forme et de situation de la bouche, et par la disposition de l'anus situé dans le bord opposé, ils en sont très-distingués par leur forme générale, et surtout par leurs ambulacres bornés, courts et très-inégaux. Quoique très-voisins par leurs rapports, ces deux genres sont donc éminemment distincts l'un de l'autre.

Le corps des *spatangues* est irrégulier, ovale ou cordiforme, souvent renflé, et toujours moins élevé que large. Les ambulacres sont plus ou moins profondément enfoncés, et au nombre de 4 ou de 5. Comme dans la plupart des espèces, l'anus est dans le haut de l'épaisseur du bord, ces échinides semblent par cette considération faire le passage aux nucléolites en qui l'anus est au-dessus du bord.

Les *spatangues* constituent un genre nombreux en espèces, parmi lesquelles beaucoup sont connues dans l'état frais ou marin ; et d'autres ne le sont que dans l'état fossile ; le plus souvent siliceux.

Les habitudes des *spatangues* sont de s'enfoncer dans le sable, et d'y vivre à-peu-près dans l'inaction, cachés, et à l'abri de leurs ennemis. Comme ils n'ont point leur bouche armée de pièces dures, ils ne se nourrissent que des corpuscules nutritifs que l'eau leur apporte. Leur test ou peau crustacée est mince et a peu de solidité.

ESPÈCES.

* 4 AMBULACRES.

1. Spatangue plastron. *Spatangus pectoralis.*

Sp. ovato-ellipticus, depressus, maximus; ambulacris quaternis; interstitiis eleganter granulatis; assulis elongatis ad marginem.

Echinospatagus. Gualt. ind. tab. 109. *fig.* B. B.

Seba mus. 3. tab 14. f. 5—6. *fig. optimæ.*

Encycl. pl. 159. f. 2—3.

Mus. n.o

Habite... C'est la plus grande et l'une des plus belles espèces de ce genre; elle est fort différente de celles auxquelles on l'a réunie comme variété.

2. Spatangue ventru. *Spatangus ventricosus.*

Sp. ovatus, inflatus, obsoletè assulatus; ambulacris quaternis oblongis, impressis canaliculatis; tuberculis majoribus in zig-zag *positis.*

Brissus ventricosus. Leske ap. Klein, p. 29. tab. 26. *fig.* A. Rumph. mus. t. 14. f. 1.

An Scill. corp. mar? t. 4. f. 1—2. *An* Encycl. pl. 158. f. 11?

Mus. n.o

Habite l'océan des Antilles. Cette espèce devient fort grande, et n'est point rare dans les collections.

3. Spatangue cœur de mer. *Spatangus purpureus.*

Sp. cordatus; ambulacris quaternis, lanceolatis, planis; tuberculis majoribus in zig-zag *positis.*

Echinus purpureus. Lin. Mull. zool. dan. tab. 6.

Spatangus purpureus. Leske ap. Klein, p. 235. tab. 43. f. 3-5. et tab. 45. f. 5.

Encycl. pl. 157. f. 1—4.

Argenv. conch. pl. 25. f. 3. pas de poulain.

Scilla corp. mar. t. II n.o 1. f. 1.

Mus. n.o

Habite l'océan européen, la mer du Nord. Mon cabinet.

4. Spatangue ovale. *Spatangus ovatus.*

Sp. ovatus, semi-cylindricus, antice retusus; ambulacris quaternis excavato-canaliculatis; anticis obliquis.

Spatangus brissus unicolor. Leske ap. Klein, p. 248. tab. 26. *fig.* B—C.

2. *idem assulis coloratis maculatus.*

Encycl. pl. 158. f. 7—8.

Seba mus. 3. tab. 10. f. 22.

Mus. n.o

Habite... probablement les mers d'Amérique.

5. Spatangue cariné. *Spatangus carinatus.*

Sp. ovato-inflatus, ad latera turgidulus; ambulacris quaternis: anticis divaricato-transversis; areâ dorsali posticâ carinatâ, obtusè prominulâ.

Echino-spatagus. Gualt ind. t. 108 *fig.* G. G.

Spatagus brissus, latè carinatus. Leske ap. Klein, p. 249. tab. 48. f. 4—5.

Encycl. pl. 158. f. 11. et pl. 159. f. 1.

Seba mus. 3. tab. 14. f. 3—4.

2. *idem assulis coloratis maculatus.*

Mus. n.o

Habite l'océan austral, aux îles de France et de Bourbon. Mon cabinet.

6. Spatangue colombaire. *Spatangus columbaris.*

Sp. ovalis; vertice retuso; ambulacris quaternis breviusculis: posticis rectis.

Echinus... Sloan. jam. 2. t. 242. f. 3—4—5.

Seba mus. 3. tab 10. f. 19.

Encycl. pl. 158. f. 9—10.

Mus. n.o

Habite l'océan américain. Mon cabinet.

7. Spatangue comprimé. *Spatangus compressus.*

Sp. minor, ovatus, ad latera compressus, immaculatus;

dorso carinato ; ambulacris quaternis impressis.

Mus. n.o

Habite les mers de l'Ile-de-France. M. *Mathieu.*

8. Spatangue Croix de Saint-André. *Spatangus Crux Andreæ.*

Sp. ovatus , depressus : ambulacris quaternis lanceolatis, obliquè divaricatis : interstitiis ocellatis.

Mus. n.o

Habite l'océan austral. *Péron* et *le Sueur.* Espèce très-rapprochée par ses rapports du spatangue plastron (n.o 1), mais beaucoup plus petite, et qui en est très-distincte.

9. Spatangue sternale. *Spatangus sternalis.*

Sp. ovatus , assulatus , maculatus : ambulacris quaternis : sterno paginæ inferioris carinato.

Mus. n.o

Habite l'océan austral. *Péron* et *le Sueur.*

10. Spatangue planulé. *Spatangus planulatus.*

Sp. ellipticus , depressus ; ambulacris quaternis , angusto lanceolatis , obliquè divaricatis ; interstitiis subocellatis.

Mus. n.o

Habite les mers australes. *Péron* et *le Sueur* Cette espèce tient de très-près au spatangue Croix-de-Saint-André , et néanmoins en est très-distincte.

** 5 AMBULACRES.

11. Spatangue à gouttière. *Spatangus canaliferus.*

Sp. cordato-oblongus , basi postica gibbus ; ambulacris quinis impressis patulis : antico profundiore canaliformi.

Spatangus... Leske ap. Klein, tab. 27. *fig.* A.

Rumph. mus. tab. 14. f. 2.

Encycl. pl. 156. f. 3. Scilla, tab. 25. f. 2.

Mus. n.o

Habite l'océan indien. Mon cabinet. Cette espèce est une de celles qui , quoique très-différentes , ont été confondues en une seule , sous le nom d'*echinus lacunosus.*

12. Spatangue tête-morte. *Spatangus atropos.*

Sp. ovato-globosus, gibbus; ambulacris quinis angustatis; profundè impressis; antico magis excavato, subcavernoso.

Knorr. delic. tab. D III. f. 3.

Encycl. pl. 155. f. 9—11.

An spatangus lacunosus? Leske apud Klein, tab. 23. X. *fig.* A—B. foss.

Habite l'océan européen, la Manche. Mon cabinet.

13. Spatangue arcuaire. *Spatangus arcuarius.*

Sp. cordatus, inflatus, posticè gibbus; ambulacris quinis: lateralibus arcus duplicatos æmulantibus; ore subcentrali.

Spatangus pusillus. Leske apud Klein, p. 230. tab. 24. *fig.* C—D—E, et tab. 38. f. 5.

Seba mus. 3. t. 10. *fig.* 21. A—B.

Encycl. pl. 156. f. 7—8. Argenv. conch. tab. 25. *fig.* I.

Knorr. delic. tab. D—I. f. 14.

Mus. n.o

Habite l'océan atlantique austral, les côtes de Guinée. Mon cabinet.

14. Spatangue ponctué. *Spatangus punctatus.*

Sp. cordatus, convexus, subassulatus, dorso posticè carinatus; tuberculis minimis punctiformibus; ambulacris crenulatis.

An spatangus cor anguinum? Leske apud Klein, tab. 23. * *fig.* C.

Mon cabinet.

Habite . . . fossile de . . .

15. Spatangue cœur d'anguille. *Spatangus cor anguinum.*

Sp. cordatus, subconvexus; ambulacris quinis impressis, quadrifariam porosis; poris biserialibus ultrà ambulacra extensis.

Spatangus cor anguinum. Leske ap. Klein, p. 221. tab. 23. *fig.* A. B. C. D. et tab. 45 f. 12.

Encycl. pl. 155. f. 4—5—6.

Breyn. echin. tab. 5. f. 5—6.

2. *idem? oblongo cordatus.*

Spatangus, etc. Leske ap. Klein, p. 225. tab. 23. *fig.* e. f. Encycl. pl. 155. f. 7—8.

Mus. n.o

Habite..... fossile de France, d'Allemagne, etc., dans les champs crétacés. Mon cabinet.

16. Spatangue écrasé. *Spatangus retusus.*

Sp. cordiformis, dorso postico elatus, convexus et angustior, anticè depressus, canaliculatus; ambulacris quinis: quinto in lacunâ dorsi.

Echino-spatagus. Breyn. echin. tab. 5. f. 3—4.

Echinus complanatus. Gmel. *synonymis exclusis.*

Habite... fossile de France, etc. Mon cabinet.

17. Spatangue subglobuleux. *Spatangus subglobosus.*

Sp. cordato-orbiculatus, utrinque convexus, assulatus; ambulacris quinis, duplicato-biporosis; ano ovato.

Spatangus subglobosus. Leske apud Klein, p. 240. tab. 54. f. 2—3. Encycl. pl. 157. f. 7—8.

Habite... fossile de Grignon, près Versailles. Mon cabinet.

18. Spatangue bossu. *Spatangus gibbus.*

Sp. cordato-abbreviatus, convexus, subgibbosus, antice retusus; vertice elato; ambulacris quinis, duplicato-biporosis; ano ovato.

Encycl. pl. 156. f. 4—5—6.

Habite... fossile de... Mon cabinet.

19. Spatangue prunelle. *Spatangus prunella.*

Sp. subglobosus, posticè gibbosus; ambulacris quinis brevibus, quadrifariam porosis; ano ad aream marginalem altissimo.

Encycl. pl. 158. f. 3—4. *è specimine juniore.*

Habite... fossile de Maestricht. Mon cabinet.

20. Spatangue de Maestricht. *Spatangus radiatus.*

Sp. ovatus, elatus, anticè canaliferus, retusus; ambulacris quinis: quinto lacunali obsoleto.

Spatangus striato-radiatus. Leske ap. Klein, p. 234. tab. 25. Encycl. pl. 156. f. 9—10.

Echinus radiatus. Gmel. p. 3197.

Knorr. pétr. p. 11. pl. E IV. f. 1—2.

Habite... fossile des environs de Maestricht. Mon cabinet.

CASSIDULE. (Cassidulus.)

Corps irrégulier, elliptique, ovale ou subcordiforme, convexe ou renflé, garni de très-petites épines.

Cinq ambulacres bornés et en étoile.

Bouche subcentrale; anus au-dessus du bord.

Corpus irregulare, ellipticum, ovatum aut subcordatum, convexum vel turgidum, spinis exiguis obsitum.

Ambulacra quinque, stellata, circumscripta.

Os inferum, subcentrale. Anus suprà marginem.

OBSERVATIONS.

Les *cassidules* seraient des clypéastres, si elles n'avaient l'anus évidemment au-dessus du bord, et par-là véritablement dorsal. Ceux des spatangues qui ont l'anus élevé dans le bord, pourraient être considérés comme ayant l'anus au-dessus du bord. Cependant ce serait à tort; car, dans ces spatangues, l'anus est situé dans le haut d'une *facette marginale*, mais n'est pas réellement au-dessus du bord.

C'est avec les nucléolites que les cassidules ont le plus de rapports, et peut-être devrait-on les réunir en un seul genre. Elles n'en diffèrent effectivement que par les ambulacres, lesquels sont bornés dans les cassidules, tandis que dans les nucléolites ils ne le sont pas. Mais sur les individus fossiles, il n'est pas toujours aisé de déterminer ce caractère des ambulacres.

Je ne connais encore qu'un petit nombre d'espèces de cassidules; en voici la citation.

ESPECES.

1. Cassidule scutelle. *Cassidulus scutella.*

C. ellipticus, convexus, maximus; ambulacris quinis, ad latera transversim striatis; ano suprà marginem.

Mus. n.o

Habite.... fossile d'Italie, dans le Véronais. Mon cabinet. Grande et belle espèce, que l'on ne connaît que dans l'état fossile, et qui a la forme d'un clypéastre.

2. Cassidule australe. *Cassidulus australis.*

C. obovatus, posticè latior, spinis minimis obsitus; vertice excentrico, prominulo, subcarinato; anô ovato transverso.

Mus. n.o Encycl. pl. 143. *fig.* 8—9—10.

Habite les mers de la Nouvelle-Hollande, baie des chiens marins. *Péron* et *le Sueur*. Elle se trouve aussi dans l'océan des Antilles, près de Spanis-Town, où M. *Richard* l'a recueillie.

3. Cassidule pierre de crabe. *Cassidulus lapis cancri.*

C. ovato-ellipticus, convexus; ambulacris quinis in stellam dorsalem radiantibus; ore quinquelobo.

Echinites lapis cancri. Leske apud Klein, p. 256. tab. 49. *fig.* 10—11. Encycl. pl. 143. f. 6—7.

Echinus lapis cancri. Gmel. p. 3201.

Mus. n.o

Habite... fossile de la montagne de Saint-Pierre à Maestricht. *Faujas.*

4. Cassidule aplatie. *Cassidulus complanatus.*

C. ellipticus, planulatus, assulato-maculosus; assulis se-

riatis è vertice quinqueporo radiantibus; ambulacris quinque breviusculis.

Habite... fossile de Grignon. Mon cabinet. Elle est elliptique, aplatie, à peine un peu convexe sur le dos, parquetée, et élégamment panachée de taches sériales et rayonnantes. Cette échinide se rapproche beaucoup de l'*echinus patellaris*.

NUCLÉOLITE. (Nucleolites.)

Corps ovale ou cordiforme, un peu irrégulier, convexe.

Ambulacres complets, rayonnant du sommet à la base.

Bouche subcentrale. Anus au-dessus du bord.

Corpus ovatum vel cordatum, convexum, subirregulare.

Ambulacra quinque, è vertice ad basim radiatìm extensa, non interrupta.

Os inferum, subcentrale. Anus suprà marginem.

OBSERVATIONS.

Les *nucléolites*, par la situation de l'anus, ressemblent beaucoup aux cassidules; mais celles-ci ont des ambulacres incomplets qui les distinguent, tandis que les ambulacres des nucléolites rayonnent du sommet à la base.

Je n'en connais encore que peu d'espèces qui toutes se trouvent dans l'état fossile.

ESPECES.

1. Nucléolite écusson. *Nucleolites scutata.*

N. elliptica subquadrata, convexo-depressa, posticè latior; ambulacris quinis completis; ano dorsali.

Echinobrissus. Breyn, echin. p. 63. tab. 6. f. 1—2.
Spatangus depressus. Leske ap. Klein, p. 238. tab. 51. f. 1—2.
Encycl. pl. 157. f. 5—6.
Echinites. lang. lap. f. tab. 120. f. 1—2.
2. *var. dorso elatiore, areis assulatis.*
An Breyn. echin. tab. 6. f. 3.

Habite .. fossile de... Mon cabinet. Espèce remarquable que l'on a confondue, ainsi que sa synonymie, avec le spatangue écrasé, n.° 16.

2. Nucléolite colombaire. *Nucleolites columbaria.*

N. obovata, turgida, posticè latior; lineis ambulacrorum denis biporosis, substriatis; ore pentagono.

Habite... fossile des environs du Mans. *Ménard.*

3. Nucléolite ovule. *Nucleolites ovulum.*

N. ovata, pulvinata; tuberculis superficialibus sparsis, et annulo impresso circumdatis; lineis ambulacrorum denis, subbiporosis.

Habite... fossile de... Mon cabinet. Celle-ci est un peu plus petite que celle qui précède, et n'est pas plus large postérieurement qu'antérieurement. Elle a la forme d'un œuf de moineau.

4. Nucléolite amande. *Nucleolites amygdala.*

N. ovata, gibbosula; vertice prominente; ambulacris quinque perangustis; ano suprà marginem, lobo prominulo obumbrante.

Habite..... fossile des provinces du nord de la France. Mon cabinet.

OURSIN. (Echinus.)

Corps régulier, enflé, orbiculaire, globuleux ou ovale, hérissé ; à peau interne solide, testacée, garnie de tubercules imperforés, sur lesquels s'articulent des épines mobiles, caduques.

Cinq ambulacres complets, bordés chacun de deux bandes multipores, divergentes, et qui s'étendent, en rayonnant, du sommet jusqu'à la bouche.

Bouche inférieure, centrale, armée de cinq pièces osseuses, surcomposées postérieurement. Anus supérieur, vertical.

Corpus regulare, inflatum, orbiculato-globosum aut ovale, echinatum; cute internâ solidâ, testaceâ, tuberculis imperforatis instructâ. Spinæ mobiles suprà tubercula articulatæ, deciduæ.

Ambulacra quina completa, è vertice ad os radiantia, singulis fasciis multiporis binis et divergentibus marginatis.

Os inferum, centrale, ossiculis quinque posticè supracompositis armatum. Anus superus, verticalis.

OBSERVATIONS.

Jusqu'à présent, j'avais circonscrit le genre de l'*oursin* par le caractère de l'anus vertical, et cette coupe assurément embrassait une série d'objets convenablement rapprochés, et très-distincts des autres échinides. Ayant cependant considéré depuis, qu'un grand nombre de ces oursins ne pouvaient mouvoir leurs épines qu'à l'aide de leur peau externe qui vient se fixer autour de leur base, les tubercules solides qui portent ces épines n'étant jamais perforés; tandis que beaucoup d'autres paraissent mouvoir leurs épines au moyen d'un cordon musculaire qui traverse les tubercules qui les soutiennent; j'ai cru devoir distinguer ces deux sortes d'échinides, et en former deux genres particuliers. Il me semble que je suis d'autant plus autorisé à établir cette distinction, que chacun de ces genres est facile à reconnaître par le seul examen des tubercules du test, et que chaque genre offre d'ailleurs plusieurs particularités propres aux objets qu'il embrasse. Les ambulacres de nos oursins actuels sont en effet bien moins réguliers que ceux de nos cidarites; et la plupart des espèces ont toutes leurs épines subulées, sans troncature au bout, souvent même très-fines et aigues; ce dont je ne vois aucun exemple parmi celles des cidarites.

La considération de l'anus vertical avait déjà été employée par *Breynius*, pour distinguer, sous le nom d'*echinometra*, les échinides qui ont l'anus ainsi disposé. Ce sont donc ces mêmes *echinometra* que je divise d'après le caractère principal des tubercules qui soutiennent les épines.

Les *oursins* constituent, avec les cidarites, les échinides les plus perfectionnées. Ils offrent un corps régulier, enflé, globuleux ou orbiculaire, quelquefois ovale, plus ou moins déprimé selon les espèces, mais rarement aplati en dessus. Leur peau interne est solide, testacée, et peut être plutôt considérée comme l'analogue de cet assemblage de pièces pierreuses qui affermit les rayons des astéries, que comme une véritable peau. Cette fausse peau interne et solide semble en effet divisée comme par compartimens, et plusieurs naturalistes l'ont à tort regardée comme une coquille multivalve. Ce même corps testacé est chargé de tubercules nombreux, inégaux en grandeur, solides, immobiles, jamais perforés ; et sur ces tubercules, des épines mobiles, grandes ou petites, toujours simples, soit lisses, soit finement granuleuses, sont articulées, et hérissent de tous côtés le corps de l'animal. Ces épines ont à leur base un rétrécissement en gorge courte, surmonté d'un rebord auquel la véritable peau paraît se fixer.

Les pointes ou épines dont le corps de l'*oursin* est hérissé donnent à beaucoup d'espèces l'aspect d'une châtaigne ou du moins de l'enveloppe de ce fruit ; ce qui a fait donner aux oursins le nom de *châtaignes de mer*. Ces pointes ou épines sont plus ou moins longues, grosses ou pointues selon les espèces. Sur le même test, il y en a quelquefois non seulement de tailles différentes, mais même de diverses formes. Ce n'est cependant que parmi les *oursins* à test ovale qu'on observe cette particularité ; aussi ces espèces singulières terminent-elles le genre, et annoncent le voisinage des cidarites.

Les *oursins* ont une quantité prodigieuse de tentacules ou petites cornes tubuleuses, simples, terminées en suçoir, rétractiles, et qu'ils font sortir et rentrer à leur gré par les pores ou petits trous qu'on observe sur leur test. Ces trous sont disposés entre les piquans par rangées longitudinales, doubles ou triples, régulières ou irrégulières. Enfin ces rangées de trous vont depuis la facette de l'anus jusqu'à la bouche, en divergeant de tous côtés comme des rayons, forment des bandelettes régulières ou irrégulières, et ces bandelettes, toujours au nombre de 10, et disposées par paires, constituent entr'elles des compartimens allongés qu'on a nommés *ambulacres*, en les comparant à des allées de jardin.

Plusieurs naturalistes ont confondu les bandelettes elles-mêmes avec les ambulacres, tandis qu'elles n'en sont que les bordures. Ainsi, dans les *oursins* et les cidarites, il y a constamment 10 bandelettes multipores et 5 ambulacres ; mais dans les oursins ils ne forment point d'allées régulières comme ceux des cidarites. Ces ambulacres vont en s'élargissant, et ne se rétrécissent ensuite qu'en se rapprochant de la bouche.

Les tentacules qui sortent par les trous des bandelettes servent à l'animal à reconnaître ou sonder le terrein; ils lui servent aussi à se fixer contre les corps, et peut-être à se déplacer.

Outre les trous qui forment les bandelettes longitudinales, on en observe cinq isolés qui bordent la facette de l'anus. Peut-être que ces cinq trous donnent passage à des tubes rétractiles qui aspirent l'eau pour l'introduire dans l'organe respiratoire intérieur; on croit néanmoins que ces trous sont les orifices des cinq ovaires.

Les tentacules qui sortent par les trous des bandelettes peuvent s'allonger assez pour égaler ou même surpasser la longueur des épines, lorsque cette longueur n'est pas très-grande; mais dans les *oursins* qui ont de grandes épines, comme dans l'oursin mamelonné et l'oursin trigonaire, il n'y a que les tentacules de la partie inférieure de l'animal qui puissent servir à le fixer; car toujours les épines de sa partie inférieure sont courtes, quoique celles des côtés et quelquefois du dos puissent être très-longues.

C'est en partie par le moyen de leurs épines, surtout des inférieures, que les *oursins* marchent ou se déplacent dans la mer. L'animal les meut à son gré, en tout sens, sur leur articulation. Aussi le mouvement de ces animaux consiste-t-il à tourner sur eux-mêmes, en s'avançant néanmoins dans une direction quelconque; et quoique ce moyen soit peu favorable à leur mouvement progressif, ce mouvement est encore assez prompt pour qu'il soit un peu difficile de les attraper.

La bouche des *oursins* offre, sous la forme d'une lanterne en cône renversé, un appareil très-composé pour une opération utile à la digestion. Elle est en effet armée de 5 osselets dentiformes et obliques, réunis en cercle à son entrée ; et ces osselets se divisant chacun postérieurement en deux branches aplaties, forment un assemblage de 10 colonnes plates et osseuses qui, jointes 2 à 2, sont fortifiées par 15 autres pièces, et vont former, dans l'intérieur de l'animal, la base du cône que constitue cet assemblage de pièces solides.

Par le jeu de la membrane et des fibres musculaires qui environnent et enveloppent cet assemblage, les pièces dentiformes qui sont à l'entrée de la bouche, s'écartent ou se rapprochent toutes ensemble au gré de l'animal, et servent à écraser les parties dures des corps dont il se nourrit.

La bouche inférieure et centrale des oursins, communique immédiatement avec un intestin qui serpente dans la cavité du corps de l'animal, offre divers élargissemens comme autant d'estomacs, et va se terminer à l'anus qui est vertical et opposé à la bouche.

Le pourtour de la bouche et celui de l'anus dans les *oursins*, sont constitués par une peau molle, susceptible de s'étendre et de se contracter, et par-là de resserrer ou d'agrandir l'ouverture. Ainsi, dans les individus desséchés qui ont perdu leurs parties molles et leurs épines, on voit à la place qu'occupait la bouche une ouverture orbiculaire, avec des lobes et des fissures ; or, cette ouverture n'est point celle de la bouche, mais celle du lieu que la bouche et ses dépendances occupaient. On observe très-souvent de même une ouverture au sommet du test, qu'on ne doit encore regarder que comme le lieu où l'anus se trouvait.

On voit dans l'intérieur des *oursins*, cinq grands lobes en massue, rouges, granifères, formant comme 5 grappes, qui viennent se réunir à l'anus, et en divergent comme des rayons. Ces lobes ont une chair mollasse, et sont remplis d'une multitude innombrable de petits grains rouges, que l'on prend pour des œufs. Ces mêmes lobes sont des espèces d'ovaires, et ce sont ceux dont j'ai parlé ci-dessus. On sait que ces corps charnus sont très-bons à manger lorsqu'ils sont cuits, et qu'ils ont un goût approchant de celui de l'écrévisse.

Les *oursins* sont communs sur les bords de la mer. Il y en a de noirs, de verdâtres, de rouges purpurins ou violets; mais ces couleurs s'altèrent après la mort de l'animal.

On prétend que ces animaux présagent la tempête; car alors ils s'éloignent des bords et gagnent le fond. Pendant l'orage, ils se tiennent constamment attachés sur différens corps au fond de l'eau, par le moyen de leurs tentacules.

Les espèces du genre de l'*oursin* sont très-nombreuses, mais fort difficiles à déterminer. Je regrette d'avoir été forcé de supprimer les notes descriptives de celles que je vais citer.

ESPÈCES.

[1] *Test orbiculaire dans son pourtour.*

1. Oursin comestible. *Echinus esculentus.*

Ech. hemisphærico-globosus; fasciis porosis indivisis, obsoletè verrucosis; spinis brevibus.

Echinus esculentus. Lin.

(a) *Ech. esculentus subglobosus, spinis violaceis.*

Leske apud Klein, p. 74. tab. 38. f. 1.

Encycl. pl. 132. f. 1. Seba mus. 3. tab. 12. f. 8—9.

(b) *Idem, spinis albidis.*

(c) *Idem, globoso-elongatus, subviolaceus.*

An Knorr delic. tab. D. f. 1.

Mus. n.°

Habite la Méditerranée, l'océan atlantique, les côtes de l'Ile-de-France, etc. Mon cabinet. C'est plus particulièrement cette espèce que l'on mange; et quoiqu'elle soit assez commune, ses variétés rendent difficile la détermination de ses limites.

2. Oursin ventru. *Echinus ventricosus.*

Ech. hemisphærico-elatus, ventricosus, granulis serialibus scaber; fasciis porosis, seriebus, triplicibus, divisis, ad interstitias verrucosis; basi pulvinatâ.

Cidaris miliaris. Leske ap. Klein, p. 11. tab. 1. *fig.* A. B.

Encycl. pl. 132. f. 2—3.

Rumph. mus. tab. 13. *fig.* B. C.

Mus. n.°

Habite l'océan des Grandes-Indes. Mon cabinet. Cet oursin devient grand, large, ventru, et est plutôt pulviné qu'aplati en dessous.

3. Oursin granulaire. *Echinus granularis.*

Ech. hemisphærico-depressus, granulis creberrimis, undique scaber; fasciis porosis, indivisis, verrucosis et irregularibus; basi planulatâ.

Habite... Mon cabinet. Celui-ci semble avoisiner l'*echinus esculentus*, mais il est hemisphérique, déprimé, plus éminemment granuleux, etc.

4. Oursin flammulé. *Echinus virgatus.*

Ech. hemisphærico-elatus, subventricosus, assulatus; violaceo-virgatus; arearum medio denudato; fasciis porosis, seriebus, triplicibus, divisis.

Confer cum echino flammeo. Gmel. p. 3178.

Mus. n.°

Habite... Cet oursin me paraît particulier; il tient de l'oursin ventru par ses bandelettes poreuses, et de l'*echinus sardicus* (oursin enflé) par son parquetage.

5. Oursin globiforme. *Echinus globiformis.*

Ech. sphæroideus, assulatus, aurantius aut ruber, tuberculis albis oculatus; fasciis porosis, subquadriporis.

An echinus sphæra? Gmel. p. 3169.

Mus. n.°

Habite... Cette espèce, assez jolie par les couleurs de son test, semble tenir à l'oursin comestible par ses rapports, et néanmoins en est bien distincte.

6. Oursin à bandes. *Echinus fasciatus.*

Ech. hemisphæricus, subglobosus; fasciis ambulacrorum quinqueporis, indivisis; spinis tenuibus, albis, fasciatim dispositis.

Mus n.o

Habite sur les côtes de l'Ile-de-France. M. *Mathieu.*

7. Oursin calotte. *Echinus pileolus.*

Ech. orbicularis, convexus; subtùs concavus, rubro et viridi albescente variegatus; fasciis sexporis; seriebus obliquatis; spinis brevibus.

Mus. n.o

Habite les côtes de l'Ile-de-France. M. *Mathieu.*

8. Oursin melon de mer. *Echinus melo.*

Ech. globoso-conicus, assulatus, ex luteo et rubro variegatus et fasciatus; fasciis porosis, angustis, flexuosis; pororum paribus transversè binis.

Echinometra. Gualt. ind. tab. 107. *fig.* E. (non B).

An Knorr delic. tab. DII. f. 1—2.

Mus. n.o

Habite la Méditerranée. Mon cabinet. Cette espèce, qu'il paraît que l'on a confondue avec l'*echinus sardicus*, est la plus grande de toutes celles que je connais, et l'une des plus remarquables.

9. Oursin enflé. *Echinus sardicus.*

Echin. orbicularis, ventricosus, conoideus, assulatus, luteo-purpurascens; fasciis porosis rectis: pororum paribus transversè ternis.

Cidaris sardica. Leske ap. Klein, p. 146. tab. 9. *fig.* A. B. Encycl. pl. 141. f. 1—2.

Scill. corp. mar. tab. 13. f. 1.

Mus. n.o

Habite la Méditerranée. Cet oursin ne vient jamais de la taille du précédent, s'en écarte par sa forme générale, et en diffère en outre par les 10 fascies poreuses de ses ambulacres.

10. Oursin pointu. *Echinus acutus.*

Ech. orbiculato-conicus, subpyramidatus, assulatus, ex albo et rubro radiatim fasciatus; vertice subacuto; areis bifariam verrucosis.

Mus. n.o

Habite... Cet oursin me paraît très-distinct de l'*echinus melo* et de l'*echinus sardicus.*

11. Oursin pentagone. *Echinus pentagonus.*

Ech. globoso-depressus, pentagonus, aurantio-fulvus; fasciis porosis, seriebus, triplicibus, divisis, ad interstitias verrucosis; spinis exiguis albidis.

Mus. n.o

Habite... Belle et singulière espèce qui semble tenir aux précédentes par les rapports de sa forme.

12. Oursin obtusangle. *Echinus obtusangulus.*

Ech. hemisphæricus, subpentagonus, subtùs concavus; ambulacrorum fasciis trifariam porosis; areis supernè nudiusculis.

Cidaris angulosa. Leske ap. Klein, p. 92. tab. 2. *fig.* F. 13. Encycl. pl. 133. f. 7.

2. *var. testâ pentagonâ; depressiore.*

Mus. n.o

3. *var. minor, testâ orbiculari multiradiatâ.*

Mus. n.o

Habite l'océan des Grandes-Indes. Mon cabinet. Les variétés 2 et 3 furent rapportées par *MM. Péron* et *le Sueur.*

13. Oursin polyzonal. *Echinus polyzonalis.*

Ech. hemisphærico-depressus, subpentagonus, viridulus; zonis albidis, transversis, radios porosos et albidos decussantibus; paginâ inferiore concavâ.

Echinometra.... Gualt. ind. tab. 107. *fig.* M.

Mus. n.o D'Argenv. pl. 25. *fig.* H.

Habite l'océan indien. Espèce remarquable par sa forme et ses zones blanches sur un fond d'un verd jaunâtre.

14. Oursin maculé. *Echinus maculatus.*

Ech. hemisphæricus, albidus; maculis luteo-viridulis in zonas transversas dispositis; fasciis porosis, subverrucosis.

Mus. n.o

Habite... l'océan indien ? Cette espèce tient évidemment de très-près à l'oursin polyzonal.

15. Oursin variolaire. *Echinus variolaris.*

Ech. globoso-depressus, fusco-virens, subtùs albido-rubellus; areis majoribus, verrucis, latis, bifariam ornatis.

Mus. n.o

Habite les mers australes. *Péron* et *le Sueur.*

16. Oursin perlé. *Echinus margaritaceus.*

Ech. hemispharico-depressus, assulatus, ruber, verrucis albis eleganter ornatus; arearum majorum verrucis transversim fasciatis.

Mus. n.o

Habite... les mers australes ? La figure de l'*echinus toreumaticus* (Klein et Leske, tab. 10. *fig.* D—E.) rend assez bien notre espèce; mais la description ne lui convient pas.

17. Oursin sculpté. *Echinus sculptus.*

Ech. orbiculatus, conicus, cinereus; fasciis tessulisque impresso-sculptis; verrucis basi crenatis, circulo granuloso cinctis.

An echinus toreumaticus ? Gmel. p. 3180.

Mus. n.o

Habite... l'océan indien ? Comme cet oursin est plutôt conoïde qu'hemisphérique, je doute que ce soit l'*echinus toreumaticus.*

18. Oursin piqueté. *Echinus punctulatus.*

Ech. orbicularis, convexo-conoideus, assulatus, purpurascens; assulis punctulatis; fasciis pororum coloratis, nudis, biporis; verrucis dorsalibus perpaucis.

Seba mus. 3. tab. 10. f. 10. a—b.

An Rumph. mus. tab. 14. *fig.* A.

Mus. n.o

Habite l'océan des Grandes-Indes. Espèce jolie et fort remarquable, à laquelle il faut peut-être rapporter la variété du *cidaris pustulosa* de Leske, tab. XI. *fig.* D. Son test est petit, orbiculaire, un peu conoïde, d'un cendré rougeâtre, à 5 paires de bandelettes biporeuses, étroites et purpurines, et à aires interstitiales, parquetées, finement piquetées, ayant de chaque côté une seule rangée de tubercules. Vers la base de ces aires, les tubercules forment 4 et à la fin 6 rangées. Largeur, 3 centimètres.

19. Oursin œuf. *Echinus ovum.*

Ech. elatus, oviformis, fragilissimus, luteo-viridulus; assulis obsoletis; tuberculis rariusculis, minimis, punctiformibus.

Mus. n.o

Habite..... les mers de la Nouvelle-Hollande? *Péron* et *le Sueur.*

20. Oursin pâle. *Echinus pallidus.*

Ech. globoso-depressus, cinereus, decem-radiatus; fasciis porosis sexporis pallidè fulvis; areis elegantissimè verrucosis : verrucis minimis.

Mus. n.o

Habite. . . . Largeur, 34 millimètres; hauteur, 23.

21. Oursin subanguleux. *Echinus subangulosus.*

Ech. hemisphærico-depressus, subangulosus, viridulus; fasciis porosis, indivisis, subverrucosis : pororum paribus alternè porrectis.

Cidaris angulosa, varietas minor. Leske ap. Klein, p. 94. tab. 3. *fig.* A—B. Encycl. pl. 133. f. 5—6.

Knorr delic. tab. D. *fig.* 4—5. Seba mus. 3. t. 10. f. 20.

Mus. n.o

Habite... les mers des Indes orientales? Mon cabinet.

22. Oursin panaché. *Echinus variegatus.*

Ech. orbicularis hemisphærico-globosus, assulatus, ex viridi et albo variegatus; pororum paribus ad latera fasciarum alternè porrectis; spinis viridibus.

Cidaris variegata. Leske ap. Klein, p. 149. tab. 10. *fig.* B-C. Encycl. pl. 141. f. 4—5.

Knorr delic. tab. D II. f. 3.

2. *Idem valdè depressus; areis majoribus et minoribus lineâ flexuosâ divisis.*

An Gualt. ind. tab. 107. *fig.* F.

Mus. n.o

Habite les côtes de S.t-Domingue. Mon cabinet.

23. Oursin bleuâtre. *Echinus subcœruleus.*

Ech. orbicularis, globoso-depressus, assulatus, subcæruleus; fasciis porosis denis albis : pororum seriebus subtriplicibus.

Mus. n.o

Habite. . . . . les mers australes? *Péron* et *le Sueur.* Jolie espèce rapprochée de la précédente par ses rapports, mais qui en est bien distinguée par ses ambulacres et ses couleurs.

24. Oursin pustuleux. *Echinus pustulosus.*

Ech. hemisphæricus, assulatus, albido-rubellus; ambulacris angustis; verrucarum seriebus transversis versùs marginem numero increscentibus.

Cidaris pustulosa. Leske ap. Klein, p. 150. tab. XI. *fig.* D.

Mus. n.o

Habite. . . . Les figures A. B. C. de la planche XI de Klein, appartiennent probablement aussi à l'espèce dont il s'agit ici; mais celle que je cite, rend mieux l'individu que j'ai sous les yeux.

25. Oursin négligé. *Echinus neglectus.*

Echin. hemisphærico-depressus, albidus vel flaveolus; fasciis porosis, flexuosis, biporis, verrucosis; spinis albidis striatis.

An cidaris hemisphærica? Leske apud Klein, p. 90. tab. 2. *fig.* E. Encyclop. pl. 133. f. 3. a—b.

Klein et Leske, tab. 38. f. 2. a 2. a 3.

2. *Var. testâ flavo-fulvâ.*

Habite l'océan d'Europe, la Manche près de Saint-Brieux. Mon cabinet. Cette espèce avoisine l'oursin miliaire, et néanmoins en est distincte.

26. Oursin miliaire. *Echinus miliaris.*

Ech. parvulus, hemisphærico-depressus, assulatus, albo rubroque fasciatus; fasciis porosis, flexuosis, verrucosis; spinis albido-rubellis.

Cidaris miliaris saxatilis. Leske apud Klein, p. 82. tab. 2. *fig.* A. B. C. D. et tab. 38. f. 2—3.

Encycl. tab. 133. f. 1—2. a—b.

Seba mus. 3. t. 10. f. 1—4.

Mus. n.o

Habite l'océan d'Europe. Mon cabinet.

27. Oursin rotulaire. *Echinus rotularis.*

Ech. parvulus, hemisphærico-depressus; fasciis porosis, rectis, biporis; tuberculis arearum majorum irregularibus transversè elongatis.

Echinus rotularis. Lang. lap. *fig.* tab. 35.

Habite. . . . fossile des environs de Vendôme, de Toul, etc. Mon cabinet.

28. Oursin livide. *Echinus lividus.*

Ech. hemisphærico-depressus; fasciis porosis, flexuosis, subverrucosis; spinis acicularibus, longiusculis, striatis, livido-fuscis.

An echinus saxatilis? Lin.

Mus. n.o

Habite la Méditerranée, près de Marseille. *Lalande.* Cette espèce est fort commune, ne devient jamais aussi grande que l'oursin comestible, et a des épines plus longues et aciculées. Son test est orbiculaire.

29. Oursin tuberculé. *Echinus tuberculatus.*

Ech. semi-globosus, basi planus; fasciis porosis, verrucosis, subsexporis; arearum lineâ mediâ, impressâ, flexuosâ; tuberculis mammillatis.

Mus. n.o

Habite les mers australes. *Péron* et *le Sueur.* Mon cabinet.

30. Oursin bigranulaire. *Echinus bigranularis.*

Ech. hemisphærico-depressus; fasciis porosis, subnudis, quadriporis; tuberculorum majorum seriebus undiquè binis.

Habite. . . . fossile. . . . Mon cabinet.

31. Oursin sablé. *Echinus arenatus.*

Ech. hemisphæricus; fasciis porosis, subquadriporis; tuberculis majoribus, perparvis: aliis arenulatis.

Habite. . . . fossile. . . . Mon cabinet. Le test est hemisphérique, un peu pentagone. Largeur, trois centimètres.

[2] *Test ovale ou elliptique.*

32. Oursin forte-épine. *Echinus lucunter.* L.

Ech. hemisphærico-ovatus; basi pulvinatus; verrucarum majorum ad areas seriebus duplicatis; spinis conico-subulatis.

Cidaris lucunter. Leske apud Klein, p. 109. tab. 4. *fig.* c-d-e-f. Encycl. pl. 134. f. 3—4—7.

Seba mus. 3. tab. 10. f. 16—18. et tab. XI. f. 11.

Breyn. ech. tab. 1. f. 6. *An* Sloan. jam. 2. t. 244. f. 1—

Klein et Leske, tab. 30. *fig.* A—B.

2. *Var. spinis albido-viridulis.*

Mus. n.o

Habite les mers de l'Inde, les côtes de l'Ile-de-France. Mon cabinet.

33. Oursin artichaut. *Echinus atratus.*

Ech. hemisphærico-ovalis, depressus, violaceo-niger; spinis dorsalibus imbricatis, brevissimis, obtusissimis; ad periphæriam subspatulatis.

Echinus atratus. Lin.

Cidaris violacea. Leske ap. Klein, p. 117. tab. 47. f. 1—2. Encycl. pl. 140. f. 1—4. Klein et Leske. tab. 4. *fig.* A—B. d'Argenv. tab. 25. *fig.* G.

Mus. n.o

Habite l'océan indien. Mon cabinet.

34. Oursin mamelonné. *Echinus mammillatus.*

Ech. hemisphærico-ovalis; fasciis porosis, flexuosis; areis verrucoso-mammillatis; spinis periphæriæ oblongis, crassis, subclavatis, apice subtrigonis.

Echinometra.... Rumph. mus. t. 13. f. 1—2.

Cidaris mammillata. Leske ap. Klein, p. 121. tab. 6. tab. 34. (*Spinæ*) et tab. 39. f. 1.

Encycl. pl. 138.

Seba mus. 3. tab. 13. f. 1—2.

Mus. n.o

Habite l'océan des Indes orientales, la mer-Rouge, etc. Mon cabinet. Très-belle espèce, remarquable par ses baguettes digitiformes, et par les gros tubercules de son test.

35. Oursin trigonaire. *Echinus trigonarius.*

Ech. hemisphærico-ovalis; fasciis porosis, flexuosis; tuberculis mammillatis; spinis longis, trigonis, sensim attenuatis, obtusis.

Cidaris mammillata, var. 4. Leske ap. Klein, p. 124.

Seba mus. 3. tab. 13. f. 4.

Argenv. pl. 25. *fig.* A.

Encycl. pl. 139. f. 2. *mala.*

2. *Idem? major; spinis pluribus longissimis, supernè attenuato-subulatis.*

Mus. n.°

Habite. . . . la méditerranée? Mon cabinet. Quelque rapport qu'ait cet oursin avec le précédent, il en est constamment et facilement distinct.

CIDARITE. (Cidarites.)

Corps régulier, sphéroïde ou orbiculaire-déprimé, très-hérissé; à peau interne solide, testacée ou crustacée, garnie de tubercules perforés au sommet, sur lesquels s'articulent des épines mobiles, caduques, dont les plus grandes sont bacilliformes.

Cinq ambulacres complets, qui s'étendent en rayonnant du sommet jusqu'à la bouche, et bordés chacun de deux bandes multipores, presque parallèles.

Bouche inférieure, centrale, armée de cinq pièces osseuses, surcomposées postérieurement. Anus supérieur vertical.

Corpus regulare, sphœroïdeum aut orbiculato-depressum, echinatissimum; cute internâ solidâ, testaceâ vel crustaceâ, tuberculis apice foratis instructâ. Spinœ mobiles, deciduœ, suprà tubercula articulatœ: majoribus bacilliformibus.

Ambulacra quina, completa, è vertice ad os radiantia: singulis fasciis multiporis binis subparallelis marginantibus.

Os inferum, centrale, ossiculis quinque posticè suprà compositis armatum. Anus superus verticalis.

OBSERVATIONS.

Sans doute les *cidarites* sont très-voisines des oursins par leurs rapports. Comme eux, elles ont l'anus vertical, cinq ambulacres complets et dix bandelettes multipores qui, deux à deux, bordent chaque ambulacre. Ces échinides néanmoins sont très-distinctes des oursins, non seulement par leur aspect particulier, les caractères de leurs ambulacres et de leurs épines; mais en outre par une particularité très-remarquable de leur organisation.

Ici, en effet, la nature emploie un moyen particulier et nouveau pour mouvoir les épines, souvent fort longues, dont ces animaux sont hérissés. Elle a percé de part en part le test et les gros tubercules solides dont il est chargé, ce qu'elle n'a fait nulle part dans les autres échinides; et, au moyen d'un cordonnet musculaire qui traverse le test et le tubercule qui y correspond, elle exécute, avec ou sans l'aide de la peau, les mouvemens dont ces épines doivent jouir.

Ainsi les tubercules du test des *cidarites*, surtout les principaux, étant constamment perforés, ce que l'inspection de leur sommet montre facilement, offrent une distinction tranchée qui les sépare des oursins et de toutes les autres échinides.

Les *cidarites* d'ailleurs se font toutes remarquer par leurs ambulacres plus étroits que ceux des oursins, plus réguliers, plus semblables à des allées de jardin; les bandelettes poreuses qui les bordent étant plus rapprochées et moins divergentes. Elles se font aussi remarquer par plusieurs sortes d'épines : les unes grandes, soit bacillaires, tronquées au bout, soit en massue ou digitiformes; les autres fort petites, fort nombreuses, d'une forme différente de celle des bacillaires, et qui recouvrent les ambulacres, ou qui souvent entourent la base des grandes épines, leur formant une collerette courte et vaginiforme. Enfin, aucune cidarite connue n'a toutes ses épines aciculaires comme on le voit dans la plupart des oursins et dans toutes les autres échinides.

On distingue parmi les *cidarites* deux grouppes particuliers, qui semblent deux familles assez remarquables. Le premier embrasse les vrais *turbans*; dans le second sont renfermés les *diadèmes*. Les uns et les autres ont les tubercules du test perforés, et néanmoins fournissent dans le genre deux sections bien distinctes.

J'en vais citer les espèces qui me sont connues, et ailleurs j'en donnerai la description.

ESPÈCES.

[1] *Test enflé, subsphéroïde, à ambulacres ondés. Les plus petites épines en languettes ; les unes distiques, recouvrant les ambulacres, les autres entourant la base des grandes épines.*

[LES TURBANS.]

1. Cidarite impériale. *Cidarites imperialis.*

C. subglobosa, utrinque depressa ; ambulacris spinisque minoribus purpureo-violaceis; spinis majoribus cylindraceis, subventricosis, apice striatis, albo annulatis.

Echinometra altera digitata. Seba mus. 3. tab. 13. f. 3.

(2) *Varietas major ?* Seba. mus. 3. tab. 13. f. 12.

Cidaris papillata major. Leske ap. Klein, p. 126. t. 7. *fig.* A.

Encycl. pl. 136. f. 8.

Knorr delic. tab. D. f. 2. d'Argenv. pl. 25. *fig.* E.

Mus. n.°

Habite la mer Rouge, la Méditerranée. Cette belle échinide a été confondue avec l'*echinus mammillatus*, quoiqu'elle soit extrêmement différente, que son test soit orbiculaire, qu'elle soit de la division des vrais turbans, et que conséquemment ses gros tubercules soient perforés. Son test, dépourvu d'épines, existe depuis long-temps dans les collections; mais un exemplaire complet, ayant toutes ses épines, se trouve dans celle du muséum.

2. Cidarite pistillaire. *Cidarites pistillaris.*

C. subglobosa, utrinque depressa; spinis majoribus fusiformi-subulatis, granulato-asperis, collo-sulcatis: apice obtuso.

Encycl. pl. 137.

Mus. n.°

Habite les côtes de l'Ile-de-France. M. *Mathieu.* Cette cidarite, fort remarquable, montre combien l'on a eu tort de considérer tous les turbans comme appartenant à une seule espèce. Les aspérités de ses grandes épines sont subsériales.

3. Cidarite porc-épic. *Cidarites hystrix.*

C. subglobosa, utrinque depressa; areis majoribus lineâ flexuosâ divisis; spinis majorum tuberculorum longissimis, striatis, ad series quinatis.

Echinometra. Gualt ind. tab. 108. *fig.* D.

Cidaris papillata, var. 3. Leske apud Klein, p. 129. t. 7. *fig.* B—C.

Encycl. pl. 136. f. 6—7. Scilla corp. mar. t. 22.

Bonan. recr. 2. p. 92. f. 17—18. Favan. conch. pl. 56. f. C I.

An cidaris? Klein et Leske, t. 39. f. 2.

Mus. n.°

Habite l'océan d'Europe, la Méditerranée. Mon cabinet. En général, le corps est petit proportionnellement à la longueur des grandes épines. Pour la figure de l'une d'elles, voyez Klein et Leske, t. 32. *fig.* L.

4. Cidarite bâtons-rudes. *Cidarites baculosa.*

C. subglobosa, utrinque depressa; spinis majoribus subteretibus, tuberculato-asperis, apice truncatis, collo guttatis: spinarum tuberculis inæqualissimis.

Mus. n.°

Habite les côtes de l'île de Bourbon. *Sonnerat.* Le collet de ses grandes épines est tacheté de pourpre, et n'est point sillonné comme dans l'espèce n.° 2.

5. Cidarite bec-de-grue. *Cidarites geranioides.*

C. globoso-depressa; spinis majoribus fusiformi-subulatis, multangulis, substriatis, ad series novenis.

Echinometra singularissima. Seba mus. 3. t. 13. f. 8.

Encycl. pl. 136. f. 1.

Habite les mers des Indes orientales. Mon cabinet. Les stries longitudinales de ses grandes épines sont lisses.

6. Cidarite tribuloïde. *Cidarites tribuloides.*

C. globoso-depressa; spinis majoribus tereti-attenuatis, apice subplicatis, obtusis, ad series octonis.

Echinometra. Rumph. mus. t. 13. f. 3—4.

Cidaris pap. var. Leske ap. Klein, t. 37. f. 3.

Knorr delic. t. D. III. f. 5.

(2) *Eadem? major; spinis aliquot brevibus, clavato-capitatis, circà verticem.*

Habite l'océan indien. Le muséum et mon cabinet. Elle n'est point rare dans les collections. Au muséum, l'on voit un individu incomplet ayant sur le dos une épine courte, en masse ovale, qui tient encore. Les derniers tubercules correspondans sont à nu. Les autres épines sont comme dans l'espèce.

7. Cidarite porte-quille. *Cidarites metularia.*

C. globoso-depressa; spinis majoribus cylindricis, granulatis, subtruncatis: apice crenis coronatc.

Echinometra muscosa amboinensis. Seba mus. 3. t. 13. f. 10.

Encycl. pl. 134. f. 8. Klein et Leske, t. 39. f. 4.

(2) *Eadem minor, spinis brevioribus.*

Seba mus. 3. t. 13. f. 11.

Mus. n.°

Habite l'océan des Grandes-Indes, les côtes de l'Ile-de-France, celles de Saint-Domingue. Mon cabinet. Elle est voisine de la précédente, mais distincte.

8. Cidarite verticillée. *Cidarites verticillata.*

C. globoso-depressa; spinis majoribus cylindraceis, truncatis, subgranulatis, nodosis: angulis compressis ad nodos verticillatis.

Encycl. pl. 136. f. 2—3.

Mus. n.o

Habite..... Cette cidarite n'est pas une des moins singulières de son genre. Sa taille est médiocre. Ses grandes épines ne sont que des bâtonnets tri ou quadrinodulaires, longs de trois centimètres, offrant huit ou dix angles à chaque nœud.

9. Cidarite porte-trompette. *Cidarites tubaria.*

C. subglobosa; spinis majoribus subviolaceis, tuberculato-asperis, apice truncatis: dorsalibus aliquot brevioribus, apice dilatatis, subpeltatis, tubæformibus.

Mus. n.o

Habite les mers de la Nouvelle-Hollande. *Péron* et *le Sueur.* Je n'ai vu de cette espèce que le test et les épines séparées. Son test présente, entre les deux rangs de gros tubercules qui séparent les ambulacres, des enfoncemens singuliers et profonds.

10. Cidarite biépineuse. *Cidarites bispinosa.*

C. subglobosa; spinis majoribus albis, subulatis, trifariam aculeatis: dorsalibus aliquot apice subpeltatis; peltâ, rubrâ, inæquali margine serratâ.

Mus. n.o

Habite les mers de la Nouvelle-Hollande. *Péron* et *le Sueur.* Je n'ai vu de cette espèce que des épines séparées.

11. Cidarite annulifère. *Cidarites annulifera.*

C. subglobosa; spinis majoribus longis tereti-subulatis, asperulatis, albo purpureoque annulatis: dorsalibus aliquot brevioribus, apice truncatis.

Mus. n.o

Habite les mers de la Nouvelle-Hollande, près de l'île des Kanguroos. *Péron* et *le Sueur.* Je n'ai vu encore de celle-ci que les épines séparées. L'existence de ces trois dernières espèces n'en est pas moins certaine.

Nota. D'autres cidarites, de la division des turbans, ne m'étant connues que par des figures publiées, j'en supprime la citation.

[2] *Test orbiculaire, déprimé. Ambulacres droits. Les épines la plupart ou le plus souvent fistuleuses.*

[Les Diadèmes.]

12. Cidarite grand-hérisson. *Cidarites spinosissima.*

C. grandis, sphæroideo-depressa, spinosa setiferaque; spinis numerosissimis prælongis, tereti-subulatis, fistulosis, longitudinaliter striatis, scabris, fusco-violaceis.

Mus. n.o

Habite. . . Celle-ci tient aux deux suivantes par ses rapports, mais elle est beaucoup plus grande, unicolore, et horriblement hérissée de longues épines.

13. Cidarite porte-chaume. *Cidarites calamaria.*

C. sphæroideo-depressa, spinosa et setifera: spinis gracilibus teretibus, fistulosis, transversim striato-scabris, albo et viridi-fusco fasciatis.

Echinus calamarius. Pall. Spicil. zool. 10. p. 31. t. 2. f. 4—8.

Cidaris calamaris. Leske ap. Klein. p. 115. t. 45. f. 1—4.

Encycl. pl. 134. f. 9—11.

Mus. n.o

Habite les mers de l'Inde. Espèce remarquable et même élégante, par ses épines fistuleuses, tronquées et annelées. Elle a, comme les avoisinantes, des soies fines, fragiles et verdâtres entre ses épines.

14. Cidarite subulaire. *Cidarites subularis.*

C. sphæroideo-depressa, spinosa et setifera; spinis gracilibus tereti-subulatis, fistulosis, longitudinaliter striato-scabris, albo et fusco annulatis.

Mus. n.o

Habite les côtes de l'Ile-de-France. M. *Mathieu.* Par son élégance et ses épines annelées, cette cidarite semble tenir de très-près à la précédente; mais elle en est très-distincte. Ses épines non tronquées la rapprochent davantage de la cidarite grand-hérisson, n.o 12.

15. Cidarite diadème. *Cidarites diadema.*

C. hemisphærico-depressa: ambulacris quinis, angustis medio bifariam verrucosis; spinis longis, setosis, subfistulosis, scabris.

Echinometra setosa. Leske ap. Klein, p. 100. tab. 37. f. 1—2.

Encycl. pl. 133. f. 10. Knorr delic. tab. D III. f. 1—2.
Echinus diadema.
Mus. n.o
Habite l'océan des Grandes-Indes. Mon cabinet. Espèce distincte dont on n'a d'abord connu que le test dépourvu de ses épines.

16. Cidarite crénulaire. *Cidarites crenularis.*

C. subglobosa; tuberculis arearum majorum bifariis, magnis, circà papillam crenulatis.

Bourg. pétrif. t. 52. f. 344—347—348?
Habite. . . fossile de la Suisse. Mon cabinet et celui de M. *Dufresne.*

17. Cidarite faux-diadème. *Cidarites pseudo-diadema.*

C. hemisphærico-depressa; fasciis porosis, rectis, biporis; seriebus tuberculorum majorum in areis omnibus binis.

Habite. . . fossile de. . . Mon cabinet.

18. Cidarite pulvinée. *Cidarites pulvinata.*

C. orbicularis, convexo-depressa; ambulacris quinque ad latera viridulis, stellam magnam simulantibus; fasciis porosis, flexuosis, biporis.

Mus. n.o
Habite. . . probablement les mers de l'Asie. Cette espèce paraît moyenne entre la précédente et celle qui suit. Largeur, un décimètre.

19. Cidarite rayonnée. *Cidarites radiata.*

C. orbicularis, latissima, complanata, crassiuscula; areis ambulacrorum elevato-costatis; fasciis porosis subquadriporis.

Cidaris radiata. Leske ap. Klein. p. 116. tab. 44. f. 1.
Seba mus. 3. tab. 14. f. 1—2.
Encycl. pl. 140. f. 5—6.
Mus. n.o
Habite les côtes de l'Asie. Espèce rare, grande, et d'autant plus remarquable, qu'elle rappelle la figure des astéries placenti-formes. Son test est peu solide. Largeur, treize à quatorze centimètres.

TROISIÈME SECTION.

LES FISTULIDES.

Peau molle, mobile et irritable.
Corps allongé, cylindracé, mollasse, très-contractile.

Les animaux de cette section appartiennent encore à la classe des radiaires, et terminent effectivement l'ordre des radiaires échinodermes. Leur peau en général est opaque, le plus souvent coriace, irritable néanmoins; et dans plusieurs elle est hérissée de tubercules et de tubes rétractiles. Mais ces animaux doivent nécessairement se trouver près de la limite supérieure de la classe, puisque leur organisation est plus avancée en composition que celle des radiaires mollasses, peut-être plus encore que celle des échinides, et qu'ils s'éloignent des autres radiaires par leur forme générale, beaucoup n'offrant plus dans leurs parties intérieures cette disposition rayonnante qui caractérise la grande généralité des radiaires.

Les *fistulides* ont le corps plus ou moins allongé, cylindracé, mou, fortement contractile, et semblent par cette forme générale, annoncer en quelque sorte une transition naturelle de la classe des radiaires à celle des vers.

Je ne crois pas néanmoins qu'il y ait une véritable nuance entre les animaux de ces deux classes ; je pense, au contraire, que les radiaires terminent une branche isolée, qui a commencé aux infusoires, et que les vers en composent une autre.

Les radiaires *fistulides* possèdent à-peu-près tous les progrès acquis jusqu'à elles dans la composition de l'organisation. Toutes ont différens organes intérieurs, très-distincts, et en général flottans dans la cavité du corps ; toutes aspirent l'eau pour leur respiration, soit par des pores, soit par des tubes souvent rétractiles ; toutes encore offrent des fibres qui paraissent musculaires ; enfin toutes présentent des organes particuliers pour la reproduction, quoique l'on ne puisse en trouver qui soient fécondateurs. Mais ces *fistulides* n'ont, pas plus que les autres radiaires, soit une tête, soit un cerveau et une moëlle longitudinale, soit des yeux ou autres sens particuliers. Elles sont donc privées de même de la faculté de sentir, et ce sont toujours des animaux *apathiques*.

Tout indique, en outre, qu'elles ne se régénèrent point par la voie d'une fécondation sexuelle, mais que ce sont des gemmipares internes ; dont les corpuscules reproductifs et oviformes, constituent des amas en forme de grappes, qui ressemblent à des ovaires.

Quoique les organes intérieurs des *fistulides* puissent offrir un mode et une disposition qui leur soient particuliers, ces animaux ne sont peut-être pas si éloignés de nos *tuniciers* qu'on pourrait le croire ; car probablement, la distance par les rapports entre les *holothuries* et les *ascidies*, n'est pas aussi grande qu'on l'a pensé, et de part et d'autre, l'état d'avancement de l'organisation n'est pas extrêmement différent. Ces corps charnus, très-contractiles et à peau coriacée, offrent sans doute entr'eux des particularités dans la forme et la disposition des organes qui les distinguent. mais, selon moi, ne sont point sans rapports. Les *tuniciers*, dont une partie avait été confondue avec les polypes, peuvent donc être placés, sans inconvenance choquante, après la classe des radiaires.

Toutes les *fistulides* connues vivent dans la mer, près de ses bords. On n'en distingue encore qu'un très-petit nombre de genres, qui semblent appartenir à trois coupes ou divisions particulières; et même les deux derniers de ces genres ne paraissent presque plus tenir par leurs caractères à la classe où on les rapporte : voici les genres qui composent la section des fistulides.

Actinie.	Fistulides tentaculées.
—	
Holothurie.	
Fistulaire.	
—	
Priapule.	Fistulides nues.
Siponcle.	

ACTINIE. (Actinia.)

Corps cylindracé, charnu, simple, très-contractile, fixé par sa base, et ayant la faculté de se déplacer.

Bouche terminale, bordée d'un ou plusieurs rangs de tentacules en rayons, se fermant et disparaissant par la contraction, et ressemblant à une fleur dans son épanouissement.

Corpus cylindraceum, carnosum, simplex, contractile, basi spontè se affigens.

Os terminale, dilatabile et retractile, tentaculis numerosis uni vel pluriseriatis radiatim cinctum, in expansione florem referens.

OBSERVATIONS.

Les *actinies*, que Linné avait rangées parmi les mollusques, en sont fort éloignées par leur organisation, et sont plutôt des radiaires. Elles semblent tenir aux polypes, et surtout aux hydres, par plusieurs considérations; et néanmoins, d'après ce qui a été observé sur leur organisation intérieure, il paraît que ce sont réellement des *radiaires* d'une famille particulière qui avoisine celle des holothuries.

Il suffit, en effet, de remarquer que leur corps n'est point gélatineux, et que leur intérieur offre des organes particuliers que l'on chercherait en vain dans les hydres et même dans les autres polypes, pour sentir que, malgré l'apparence, elles tiennent davantage aux *radiaires fistulides* qu'à aucune autre famille d'animaux.

Quoique les *actinies* soient fortement distinctes des holothuries, elles ont néanmoins avec ces dernières des rapports réels, puisque le célèbre *Pallas* a rangé parmi les actinies une holothurie véritable. *Holothuria doliolum.*

Les *actinies* sont fixées, par l'aplatissement de leur base, sur les rochers, sur le sable, ou sur d'autres corps marins, presqu'à fleur d'eau; de manière que par suite des oscillations de la surface des eaux, elles sont très-souvent exposées au contact de l'air : mais comme elles peuvent se déplacer et aller se fixer ailleurs, ce sont véritablement des animaux libres.

Le corps de ces animaux est oblong, cylindracé, charnu, très-contractile, s'allonge sous la forme d'un syphon ou d'un tube, et se raccourcit dans ses contractions de manière à prendre la forme d'un bulbe globuleux ou ovale. L'extrémité supérieure de ce corps est terminée par un aplatissement orbiculaire, au centre duquel est la bouche de l'animal, et tout au tour sont placés, sur un seul ou plusieurs rangs, des tentacules nombreux disposés en rayons. On dit que l'extrémité de ces tentacules est munie d'un pore qui agit comme une ventouse en saisissant une proie : on dit plus, on prétend que ces tentacules sont des prolongemens fistuleux qui aspirent l'eau et la rejetent.

La partie supérieure des actinies, ainsi ornée de tentacules, a, lorsqu'elle est épanouie, l'apparence d'une fleur; ce qui a fait donner à ces animaux, le nom d'*anemones de mer*. Les anciens les nommaient *orties de mer fixes*, pour les distinguer des méduses qu'ils appellaient *orties de mer vagabondes.*

La rosette de tentacules de ces animaux imite d'autant plus une fleur dont les pétales seraient ouverts, qu'elle est en général brillante de diverses couleurs, et le plus souvent colorée de rouge ou de pourpre, ou chargée de taches verdâtres sur un fond pourpré. Quelquefois cette rosette est partagée en lobes rayonnans et hérissés de petits tentacules.

L'intérieur des *actinies* offre un sac alimentaire fort large, dont l'ouverture est supérieure et terminale. Ce sac, dont l'estomac très-ample occupe le fond, est tellement contractile, que quelquefois il sort presqu'en entier, en se renversant en dehors; ce qui a été aussi observé dans des holothuries. Des muscles aplatis, longitudinaux et parallèles entourent le sac alimentaire. Plusieurs nodules ou ganglions nerveux d'où partent des filets, sont placés au-dessous de l'estomac, et ont été vus par M. *Spix*. Le même savant a pareillement remarqué quatre corps particuliers qu'il nomme des ovaires, et qui sont formés de tuyaux cohérens remplis de petits grains. Ces corps sont situés entre l'estomac et les muscles, ayant chacun un canal qui se dirige en bas, se courbe, se réunit à d'autres, et vient aboutir, par une issue commune, dans la base de l'estomac. Rien de semblable, assurément, n'a été observé dans aucun polype.

Les *actinies*, non seulement sont très-contractiles, mais elles ont une faculté régénérative tout aussi grande que celle des polypes. Si l'on coupe une actinie en différens morceaux, l'on prétend que chaque pièce vit séparément, se développe et forme autant d'actinies nouvelles. Est-il bien certain que le succès de ces expériences ne soit pas conditionnel, comme celui des rayons que l'on coupe aux astéries, et que l'on a vu vivre ensuite séparément et former une étoile entière ?

Lorsque le temps est doux, calme, et qu'il fait du soleil, on voit, dans les baies, les anses, les sinuosités des rochers, et particulièrement dans les lieux où l'eau a peu de profondeur, les *actinies* s'épanouir comme des fleurs à la surface des eaux. Mais au moindre sujet de trouble ou de danger pour l'animal, ces fleurs disparaissent subitement ; l'actinie referme ses tentacules en les repliant sur la bouche; tout son corps se contracte promptement, se raccourcit d'une manière remarquable, et l'extrémité supérieure rentre et s'enfonce dans la masse raccourcie du corps comme dans un fourreau. Ce mouvement s'exécute avec beaucoup de célérité, et s'observe tout-à-fait de même dans les holothuries.

On sait que ces animaux sont sensibles aux impressions de la lumière, qu'ils en sont avantageusement affectés lorsqu'elle n'est pas trop forte, mais qu'ils en sont incommodés lorsqu'elle est trop vive. On a aussi remarqué, non seulement qu'ils sont encore sensibles au bruit, mais en outre qu'ils le sont à l'approche d'un corps qui ne les touche pas. Tous ces faits résultent de leur grande irritabilité, et ne sont nullement des preuves qu'ils éprouvent des sensations.

Les *actinies* font leur nourriture ordinaire de chevrettes, de petits crabes, et de méduses bien plus grosses qu'elles. Elles les saisissent avec leurs tentacules, les gardent dans leur estomac pendant dix ou douze heures, et rejettent ensuite par leur bouche les parties qu'elles n'ont pu digérer. Quelquefois les grandes *actinies* avalent les petites, ou les individus d'une plus petite espèce; mais, après les avoir gardés quelque temps dans leur estomac, elles les rendent en vie, n'ayant pu les digérer ni même les altérer.

On peut se servir des *actinies*, en quelque sorte comme d'un baromètre, lorsqu'on est à portée de les observer; car selon qu'elles sont plus ou moins épanouies ou contractées sans causes accidentelles, elles présagent un temps plus ou moins orageux, une mer plus ou moins agitée, ou bien un temps serein et une mer très-calme. On a observé que les indications que fournissent à cet égard les *actinies* étaient presqu'aussi sûres que celles du baromètre, et qu'elles les devançaient dans bien des cas.

Les *actinies* ont, comme les hydres, la faculté de détacher leur base, de changer de lieu, et d'aller se fixer ailleurs.

Les *actinies* se multiplient par des gemmes internes qu'elles rejettent par leur bouche, comme autant de petits vivans. Elles se reproduisent en outre quelquefois par des gemmes qui percent latéralement le corps de leur mère, et d'autres fois par des déchiremens naturels d'une partie des ligamens de leur base; déchiremens qui s'opèrent par la contraction de ces parties. *Dicquemare*, qui a découvert cette faculté des *actinies*, les multipliait à son gré, en coupant avec un bistouri la base de ces animaux, ou quelque partie de cette base.

D'après ces observations, on doit reconnaître que, dans les animaux très-imparfaits, la nature emploie, comme elle l'a fait dans les végétaux, plusieurs moyens différens pour la reproduction et la multiplication de ces êtres. Mais dans les animaux plus parfaits, elle est réduite à l'emploi d'un seul moyen pour leur reproduction.

Les *actinies* n'ont pas de mauvaises qualités : on en mange certaines espèces dans le Levant, dans l'Italie, et même sur les côtes de France qui bordent la Méditerranée. Leur chair est assez délicate, d'un goût et d'une odeur analogues à ceux des crustacés. Elle peut offrir aux habitans des côtes une ressource dans des temps de disette.

ESPECES.

1. Actinie rousse. *Actinia rufa.*

A. semi-ovalis læviuscula; cirris pallidis.

Mull. zool. dan. p. 75. t. 23. f. 1—5. Gmel. p. 3131.

Actinia equina. Lin. Brug. n.o 1. Encycl. pl. 71. f. 6 à 10.

Habite l'océan européen et la Méditerranée?

2. Actinie cornes-épaisses. *Actinia crassicornis.*

Act. substriata; cirris crassis, conico-elongatis.

Actinia felina. Lin. Brug. n.o 4.

Bast. subs. tab. 13. f. 1. act. Stock. 1767. t. 4. f. 4—5.
Actinia. Gmel. n.o 2.
Habite l'océan européen et la Méditerranée.

3. Actinie plumeuse. *Actinia plumosa.*
Act. tentaculis parvis, disco margine penicillis cirrato.
Mull. zool. dan. 3. p. 12. t. 88. f. 1—2.
Act. nidros. 5. p. 425. t. 7. *actinia.* Brug. n.o 2.
Habite les mers d'Europe.

4. Actinie écarlate. *Actinia coccinea.* Mull.
Act. albo rubroque varia; tentaculis cylindricis annulatis. Brug. n.o 5.
Mull. zool. dan. tab. 63. f. 1 à 3. Encycl. pl. 72. f. 1 à 3.
Habite l'océan de la Norwége.

5. Actinie œillet de mer. *Actinia judaica.* Lin.
Act. cylindrica, lævis, truncata; præputio internè undulato lævi.
Urtica.... planc. conch. tab. 43. f. 6.
Actinie. Brug. n.o 6.
Habite la Méditerranée.

6. Actinie veuve. *Actinia viduata.* Mull.
Act. grisea, strigis longitudinalibus cirrisque albis. Mull. zool. dan. t. 63. f. 6—7—8. Encycl. pl. 72. f. 4—5.
Urtica cinerea Rond. aldrov. zooph. p. 565.
Habite les mers d'Europe.

7. Actinie anguleuse. *Actinia effœta.*
Act. subcylindrica; costis perpendicularibus angulatis. Brug. n.o 8. Bast. subs. 1. tab. 14. f. 2. Encycl. pl. 74. f. 1.
Habite l'océan européen.

8. Actinie ridée. *Actinia senilis.*
Act. subcylindrica transversè rugosa.
Actinia senilis. L. Syst. nat. p. 1088.
Bast. subs. tab. 13. f. 2.
Act. Soc. Linn. vol. 5. p. 9.
An Mull. zool. dan. tab. 88. f. 4?
Habite les mers d'Europe.

9. Actinie onduleuse. *Actinia undata.* Mull.

Act. conica, pallida; striis duplicatis, rugosis, fulvis. Mull. zool. dan. tab. 63. f. 4—5. Encycl. pl. 72. f. 6.

Actinie. Brug. n.° 9.

Habite l'océan de la Norwège.

10. Actinie sillonnée. *Actinia sulcata.* Pen.

Act. castanea, longitudinaliter sulcata; tentaculis longis filiformibus. Brug. n.° 10.

Gærtn. trans. phil. 1761. t. 1. f. 1. A—B. Encycl. pl. 73. f. 1-2.

Act. cereus. Soland. et Ellis. n.° 1.

Habite sur les côtes de l'Angleterre.

11. Actinie géant. *Actinia gigas.*

Act. limbo plicato planiusculo, tentaculis virescentibus. Brug. n.° 11.

Priapus giganteus. Forsk. animal. descript. p. 100. n.° 8.

Habite dans la mer Rouge.

12. Actinie rouge. *Actinia rubra.*

Act. longitudinaliter striata; glandulis marginalibus albis; tentaculis corpore brevioribus. Brug. n.° 12.

Priapus ruber. Forsk. animal. descript. p. 101. n.° 10. et Icon. tab. 27. litt. A. Encycl. pl. 72 f. 7.

Habite dans la Méditerranée.

13. Actinie verte. *Actinia viridis.*

Act. lævis subcylindrica; glandulis marginalibus virentibus; tentaculis corpore longioribus. Brug. n.° 13.

Priapus viridis. Forsk. anim. descrip. p. 102. n.° 11. et Icon. t. 27. litt. B—b. Encycl. pl. 72. f. 8—9.

Habite la Méditerranée.

14. Actinie tachetée. *Actinia maculata.*

Act. cylindrica, basi dilatata; labiis tentaculis. Brug. n.° 14.

Priapus polypus. Forsk. anim. descript. p. 102. n.° 12. et Icon. t. 27. *fig.* C. Encycl. pl. 72. f. 10.

Habite dans la mer Rouge.

15. Actinie blanche. *Actinia alba.*

Act. gelatinosa, hyalina ; tentaculis parvis papilliformibus. Brug. n.o 15.

Priapus albus. Forsk. anim. descript. p. 101. n.o 9.

Habite la mer Rouge.

16. Actinie cavernate. *Actinia cavernata.* B.

Act. oblonga, striata, pallida ; tentaculis brevibus subæqualibus.

Act. cavernata. Bosc. hist. des vers. 2. p. 221. pl. 21. f. 2.

Habite les côtes de la Caroline, dans les cavités des pierres, etc.

17. Actinie réclinée. *Actinia reclinata.* B.

Act. pallida ; ore ad periphæriam violaceo ; tentaculis inæqualibus, corpore longioribus, reclinatis.

Act. reclinata. Bosc. hist. des vers. 2. p. 221. pl. 21, f. 3.

Habite l'océan atlantique, sur des fucus.

18. Actinie pédonculée. *Actinia pedunculata.* Pen.

Act. cylindrica, rubra, verrucosa ; tentaculis brevibus variegatis. Brug. n.o 16.

Hydra..... Gærtn. trans. phil. 1761. tab. 16. *fig.* A—B—C. Encycl. pl. 70. f. 4. *Act. bellis.* Soland. et Ellis, cor. p. 2. n.o 2.

Habite les côtes d'Angleterre.

19. Actinie écailleuse. *Actinia squamosa.* B.

Act. cylindrica, elongata, squamosa, lutea ; maculis fusiformibus confertis. Brug. n.o 17.

Habite sur les côtes de Madagascar, près de Foulepointe.

20. Actinie glanduleuse. *Actinia verrucosa.*

Act. cylindrica, rubra, glandulosa ; ore appendiculato, extrorsùm tentaculato. Brug. n.o 18.

Hydra verrucosa. Gærtn. trans. phil. 1761. t. 1. f. 4. litt. A-B. Encycl. pl. 70. f. 4. *Act. gemmacea.* Soland. et Ellis. n.o 3.

Habite les côtes d'Angleterre.

21. Actinie quadrangulaire. *Actinia quadrangularis.*

Act. tetragona, longitudinaliter sulcata ; tentaculis pedicellatis. Brug. n.o 19.

Habite les côtes de Madagascar.

22. Actinie pentapétale. *Actinia pentapetala*. Pen.

Act. disco quinquelobo ; tentaculis seriatis, exiguis ; osculo elevato, striato.

Actinia dianthus. Ellis, trans. phil. 1775. t. 19. f. 8.

Act. pentapetala. Brug. n.° 20.

Habite sur les côtes d'Angleterre.

23. Actinie astère. *Actinia aster.*

Act. crassa, carnosa, subcylindrica, lævis, truncata, tentaculis radiata.

Actinia aster. Ellis, trans. phil. 57. t. 19. f. 3. Encycl. pl. 71. f. 3.

Habite les mers de l'Amérique.

24. Actinie anémone. *Actinia anemone.*

Act. carnosa complanata ; disco subhexagono, tentaculis plurimis cincto. Soland. et Ellis, cor. p. 6. n.° 7.

Actinia anemone. Ellis, trans. phil. 57. t. 19. f. 4—5. Encycl. pl. 70. f. 5—6.

Habite l'océan américain.

25. Actinie hélianthe. *Actinia helianthus.*

Act. carnosa, complanata, hypocrateriformis ; disco rotundo tentaculis plurimis prædito. Soland. et Ell. cor. p. 6. n.° 8.

Act. helianthus. Ellis, trans. phil. 57. t. 19. f. 6—7. Encycl. pl. 71. f. 1—2.

Habite l'océan américain.

HOLOTHURIE. (Holothuria.)

Corps libre, cylindrique, épais, mollasse, très-contractile; à peau coriace, le plus souvent papilleuse.

Bouche terminale, entourée de tentacules divisés latéralement, subrameux ou pinnés. 5 dents calcaires à la bouche. Anus à l'extrémité postérieure.

Corpus liberum, cylindricum, crassum, molle; percontractile; cute coriaceâ, sœpius papillosâ.

Os terminale, tentaculis lateraliter incisis, subramosis aut pinnatis cinctum. Dentes 5 *calcarii ad orem. Anus in extremitate posteriori.*

OBSERVATIONS.

Les *holothuries* sont des radiaires libres, qu'on trouve communément sur les bords de la mer, parmi les ordures qu'elle rejete. Elles sont constituées par un corps cylindracé, épais, mollasse, ayant une peau un peu dure ou coriace, mobile, plus ou moins hérissée de tubercules ou papilles, que l'animal fait rentrer ou sortir comme à son gré.

Outre ces papilles, on observe dans certaines espèces, des tubes rétractiles que l'holothurie fait aussi sortir ou rentrer dans certaines circonstances, qui paraissent aspirer l'eau et qui lui servent comme autant de suçoirs pour s'attacher aux corps marins, lorsque l'animal a besoin de se fixer momentanément. D'autres, qui manquent de ces tubes, ont des trous autour de la bouche qui y paraissent suppléer. Enfin, plusieurs espèces ont leurs papilles disposées par rangées longitudinales, et rappellent encore, par ce caractère, les ambulacres des oursins.

Les *holothuries* n'ont de parties rayonnantes que les tentacules qui sont autour de leur bouche; car les organes intérieurs de ces animaux ne paraissent nullement offrir cette disposition des parties qui caractérise les autres radiaires. Sous ce rapport, elles sont plus près de la limite de la classe que les actinies mêmes. Cependant beaucoup parmi elles présentent sur leur peau des tubercules et des tubes contractiles comme la plupart des radiaires échinodermes.

Le corps de l'*holothurie* est perforé aux deux bouts : il présente à son extrémité antérieure un aplatissement dont le centre est occupé par la bouche. Celle-ci, qui est armée de cinq dents calcaires, est entourée circulairement de tentacules divisés ou incisés latéralement, rameux, pinnés ou dentés, très-variés selon les espèces.

L'ouverture postérieure du corps non seulement donne issue aux excrémens, mais en outre lance souvent l'eau qui se trouvait dans le corps, et qui en sort comme d'un syphon.

Les *holothuries* sont très-contractiles : elles font rentrer facilement et complétement tous leurs organes extérieurs, tels que leurs tentacules, leur bouche même, leurs papilles et leurs tubes aspiratoires. Ces animaux changent tellement de figure par ces contractions, qu'ils ne sont plus reconnaissables, et ne présentent que des masses informes.

Gemmipares internes, il paraît qu'ils rejetent des gemmules déjà en partie développés; ce qui ayant été observé, a fait dire que ces animaux étaient vivipares.

ESPÈCES.

1. Holothurie feuillée. *Holothuria frondosa.*

H. tentaculis frondosis, corpore lævi.

O. Fabric. Faun. Groenl. p. 353. Gunner act. Stock. 1767. Encycl. pl. 85. f. 7—8.

2. Holothurie phantape. *Holothuria phantapus.*

H. tentaculis racemosis; corpore posteriùs attenuato, subtùs punctis scabro.

Mull. zool. dan. t. 112—113. Encycl. pl. 86. f. 1—3.

3. Holothurie pentacte. *Holothuria pentacta.*

H. tentaculis denis pinnatifidis; corpore quinquefariam verrucoso.

Mull. zool. dan. t. 31. f. 8 et t. 108. f. 1—4. Encycl. pl. 86. f. 5.

4. Holothurie Barillet. *Holothuria doliolum.*

H. tentaculis bipartitis villoso-granulatis ; corpore pentagono, quinquefariam papilloso.

Actinia doliolum. Pall. misc. zool. t. 9. et t. 10. Encycl. pl. 86. f. 6—7—8.

5. Holothurie fuseau. *Holothuria fusus.*

H. tentaculis denis ; corpore fusiformi tomentoso.

Mull. zool. dan. t. 10. f. 5—6. Encycl. pl. 87. f. 5—6.

6. Holothurie inhérente. *Holothuria inhœrens.*

H. tentaculis duodenis ; corpore papilloso sexfariam lineato.

Mull. zool. dan. p. 35. t. 31. f. 1—7. Encycl. pl. 87. f. 1—4.

7. Holothurie glutineuse. *Holothuria glutinosa.*

H. tentaculis duodenis, pinnato-dentatis ; corpore papillis minimis, glutinosis undiquè tecto.

Fistularia reciprocans. Forsk. Ægypt. p. 121. t. 38. *fig.* A. Encycl. pl. 87. f. 7.

8. Holothurie à bandes. *Holothuria vittata.*

H. tentaculis duodenis, pinnato-dentatis ; corpore molli laxo, vittis albis, fusco-punctatis vario.

Fistularia vittata. Forsk. Ægypt. p. 121. t. 37. *fig.* E—F. Encycl. pl. 87. f. 8—9.

9. Holothurie écailleuse. *Holothuria squamata.*

H. tentaculis octonis subramosis ; corpore suprà scabro, subtùs molli.

Mull. zool. dan. t. 10. f. 1—3. Encycl. pl. 87. f. 10—12.

10. Holothurie pinceau. *Holothuria penicillus.*

H. tentaculis racemosis octo ; corpore osseo pentagono.

Mull. zool. dan. t. 10. f. 4. Encycl. pl. 86. f. 4.

FISTULAIRE. (Fistularia.)

Corps libre, cylindrique, mollasse ; à peau coriace, très-souvent rude, papilleuse.

Bouche terminale, entourée de tentacules dilatés en plateau au sommet : à plateau divisé ou denté. Anus à l'extrémité postérieure.

Corpus liberum, cylindricum, molle : cute coriaceá, sœpius asperá papillosá.

Os terminale, tentaculis apice dilatato-peltatis cinctum : peltá tentaculorum divisá, inciso-dentatá. Anus in extremitate posteriori.

OBSERVATIONS.

Les *fistulaires*, quoiqu'en général plus tuberculeuses ou papilleuses à l'extérieur que les holothuries, paraissent néanmoins n'en différer que par la forme particulière des tentacules qui entourent leur bouche. Mais cette différence est très-remarquable, et m'a paru suffisante pour les distinguer comme constituant un genre à part; les holothuries connues étant déjà nombreuses.

ESPECES.

1. Fistulaire élégante. *Fistularia elegans.*

F. tentaculis vigenti apice peltato-divisis; corpore papilloso.

Holothuria elegans. Mull. zool. dan. t. 1. f. 1—3. Encycl. pl. 86. f. 9—10.

Habite....

2. Fistulaire tubuleuse. *Fistularia tubulosa.*

F. tentaculis vigenti apice peltato-divisis; corpore prælongo suprà papilloso, subtùs tubulis retractilibus.

Holothuria tremula. L. Soland. et Ell. t. 8. Encycl. pl. 86. f. 12. Forsk. Ægypt. t. 39. *fig.* A.

Habite....

3. Fistulaire impatiente. *Fistularia impatiens.*

F. tentaculis vigenti apice peltâ septemfidâ denticulatis; corpore rigido verrucoso.

Forsk. Ægypt. p. 121. t. 39. *fig.* B. Encycl. pl. 86. f. 11.
Habite....

4. Fistulaire limace. *Fistularia maxima.*

F. tentaculis filiformibus apice peltato-laciniatis; corpore rigido, suprà convexo, subtùs plano marginato.

Forsk. Ægypt. p. 121. t. 38. *fig.* B—b.
Habite....

5. Fistulaire digitée. *Fistularia digitata.*

F. tentaculis duodenis, apice dentato-digitatis; corpore nudiusculo cylindraceo; papillis minimis punctiformibus.

Holothuria digitata. Act. Soc. Linn. vol. XI. p. 22. tab. 4. f. 6.

An holothuria inhærens? Mull. zool. dan. t. 31. f. 1—4.
Habite....

PRIAPULE. (Priapulus.)

Corps allongé, cylindracé, nu, annelé transversalement, à extrémité antérieure glandiforme, presqu'en massue, striée longitudinalement, rétractile.

Bouche terminale, orbiculaire, munie de dents cornées à son orifice. Anus à l'extrémité postérieure. Un filament papillifère sortant près de l'anus.

Corpus elongatum, cylindraceum, nudum, transversìm annulatum; anticâ parte glandiformi, subclavatâ, longitudinaliter striatâ, retractili.

Os terminale, orbiculatum, denticulis corneis orificio armatum. Anus posticè terminalis. Filamentum papilliferum propè anum prodiens.

OBSERVATIONS.

Le *priapule* a été rapporté au genre de l'holothurie ; mais il n'en a point le caractère. Il n'y tient plus que par les petites dents qui sont à l'orifice de sa bouche.

C'est un corps oblong, cylindracé, mou, transparent, rétréci près de sa partie antérieure. Celle-ci ressemble à un gland, un peu en massue, muni de stries longitudinales. Elle est terminée par une bouche orbiculaire, dépourvue de tentacules, et est rétractile.

Depuis le gland, le corps de l'animal est cylindrique, va en s'épaississant postérieurement, et paraît annelé en travers. L'anus est à l'extrémité postérieure de ce corps, et tout auprès sort un long filament, hérissé de papilles oblongues qui, probablement, aspirent l'eau pour la respiration de l'animal.

ESPÈCE.

1. Priapule à queue. *Priapulus caudatus.*
   Holothuria priapus. Lin. Mull. zool. dan. 3. p. 27. t. 96. *fig. inf.*
   Amœn. Acad. 4. p. 255.
   Habite les fonds vaseux de l'océan boréal. Il a trois à six pouces de longueur.

SIPONCLE. (Sipunculus.)

Corps allongé, cylindracé, nu, se rétrécissant postérieurement avec un renflement terminal ; et ayant antérieurement un col étroit, cylindrique, court et tronqué.

Bouche orbiculaire, terminant le col. Une trompe cylindrique, finement papilleuse à l'extérieur, rétractile, sortant de la bouche. Anus latéral, placé vers l'extrémité antérieure.

Corpus elongatum, cylindraceum, nudum, posticè sensìm attenuatum : extremitate tumescente; anticè collo brevi, cylindrico, angusto truncatoque.

Os orbiculare, collum terminans. Proboscis cylindrica, extùs papillis tenuissimis obsita, retractilis, ex ore protrudit. Anus lateralis, versùs extremitatem anticam situs.

OBSERVATIONS.

Les *siponcles* paraissent avoir encore quelques rapports avec les autres fistulides et particulièrement avec les holothuries; mais ces rapports sont presque hypothétiques, et les animaux dont il s'agit n'offrent plus rien qui rappelle les radiaires.

Il y a long-temps que les *siponcles* ont été observés, car Rondelet en a décrit et figuré deux espèces.

On rencontre ces animaux sur les côtes, parmi les ordures amoncelées et rejetées par les eaux de la mer, ou dans le sable. On dit qu'ils vivent de terre mêlée de détritus d'animaux et de végétaux. Leur canal intestinal, parvenu à l'extrémité postérieure, revient sur lui-même, s'entortillant en tire-boure, et se termine à l'anus.

ESPÈCES.

1. Siponcle nu. *Sipunculus nudus.*

S. epiderme striatâ Gmel. p. 3094.

Syrinx. Bohadsch. anim. mar. p. 93. t. 7. f. 6—7.

Habite les mers d'Europe, sur les côtes.

2. Siponcle tuniqué. *Sipunculus saccatus.*

S. epiderme laxâ. Gmel. p. 3095.

Nereis sacculo induta. L. Amœn. Acad. 4. p. 454. t. 3. f. 5.

(2) *var. lumbricus phalloides.* Pall. Spicil. zool. 10. p. 12. t. 1. f. 8.

Habite les mers de l'Inde et celles de l'Amérique.

3. Siponcle comestible. *Sipunculus edulis.*

S. albido-carneus, cylindricus, subæqualis; extremitate posticâ subclavatâ; anticâ dilatatâ, papillosâ.

Lumbricus edulis. Pallas Spicil. zool. 10. p. 10. t. 1. f. 7.

Habite l'océan des Grandes-Indes, dans le sable des côtes. On le mange.

CLASSE QUATRIÈME.

LES TUNICIERS. [Tunicata.]

Animaux gélatineux ou coriaces, biforés, bituniqués, quelquefois isolés ou rassemblés en groupes, plus souvent réunis plusieurs ensemble et formant une masse commune.

Le corps oblong, irrégulier, comme divisé intérieurement en plusieurs cavités. Point de tête; point de sens distincts; point de parties paires semblables au-dehors. Quelques tubercules et filets internes présumés nerveux; des fibres musculaires; des vaisseaux apparens; le tube alimentaire ouvert aux 2 bouts; des amas de gemmules enveloppés et intérieurs, soit solitaires, soit géminés, ressemblant à des ovaires.

Animalia gelatinosa vel coriacea, biforata, bitunicata, interdùm distincta vel subaggregata, sœpius pluribus conjunctìm coalita, massamque communem sistentia.

Sub tunicâ externâ, corpus oblongum, irregulare, cavitatibus pluribus intùs subdivisum. Caput nullum; sensus speciales nulli distincti; partes similes per paria extùs nullæ. Tubercula filamentaque aliquot interna, pro nervis desumpta. Fibrillæ musculares; vascula conspicua; tubus alimentarius utrâque extremitate foratus. Gemmularum internarum acervi solitarii vel geminati, membranâ vesiculosâ vestiti, ovaria simulantes.

OBSERVATIONS.

D'après les observations et les découvertes récentes des zoologistes, je me vois obligé d'établir dans la classification des animaux, une nouvelle coupe dont le rang, dans la série unique et simple que nous sommes forcés d'employer, ne me paraît pas pouvoir être assigné sans rompre des rapports importans, c'est-à-dire, sans écarter les animaux qui constituent cette coupe, de ceux dont ils paraissent se rapprocher davantage par leurs rapports. J'ai donné la raison de cette difficulté dans le supplément (p. 451) qui termine le premier volume de cet ouvrage. La nature, en effet, paraît avoir formé au moins deux séries distinctes dans sa production des animaux; et, pour nos expositions, nous ne pouvons faire usage que d'une série unique, très-simple et générale, qui ne saurait conserver à tous les animaux, leurs rapports avec les avoisinans. Ainsi, la coupe dont il est maintenant question peut être ici bien placée, quant au degré de composition de l'organisation qui est propre aux animaux qu'elle embrasse; mais elle ne saurait l'être quant aux rapports des animaux de cette coupe, soit avec ceux qui précèdent, soit avec ceux qui suivent.

Les animaux dont il s'agit et auxquels je donne le nom classique de *tuniciers*, sont ceux que l'on a récemment reconnus avoir des rapports avec les ascidies et les biphores par leur organisation intérieure. Or, ayant déjà considéré ces derniers comme appartenant à la classe des mollusques, ceux que l'on vient de découvrir et qui y tiennent par le plan de leur organisation, quoique moins développé, ont été jugés devoir être pareillement des mollusques. On doit donc être maintenant fort étonné de voir que des animaux que l'on avait considérés comme des *polypes*, se trouvent actuellement liés par des rapports à certains autres que l'on a jusqu'à présent rangés parmi les *mollusques*.

C'est toujours par trop de précipitation dans nos jugemens que nous nous exposons à l'erreur : et, en effet, il me semble que l'on s'est trop hâté de ranger les ascidies et les biphores parmi les mollusques, puisqu'on l'a fait long-temps avant d'avoir étudié l'organisation intérieure de ces animaux, et que ce que l'on en sait maintenant est très-postérieur à cette détermination.

Si, comme je le pense, il est possible de contester ce rang aux *tuniciers* les plus perfectionnés, tels que ceux que je viens de citer, on sera autorisé bien plus encore à le contester pour les autres tuniciers, ceux-ci étant des animaux en général très-petits, frêles, réunis en corps commun, et paraissant en quelque sorte former des animaux composés. Les uns et les autres d'ailleurs ont un mode d'organisation si particulier, qu'on ne saurait convenablement les rapporter à aucune des classes déjà établies dans le règne auquel ils appartiennent.

On sait qu'à mesure que l'on examine attentivement l'organisation intérieure de ceux des animaux qui n'avaient pas encore été étudiés sous ce rapport, on en découvre quelquefois dont le rang, d'après des apparences externes, avait été mal assigné dans nos distributions générales. Parmi plusieurs autres, je citerai les *annelides*, que l'on confondait avec les vers, comme en offrant un exemple remarquable. Or, les *tuniciers réunis* sont aussi dans le cas des annelides. Ces animaux que l'on prenait pour des polypes, parce qu'ils sont réunis et qu'ils sont en général gélatineux et très-petits, offrent dans leur organisation intérieure, maintenant mieux connue, des rapports évidens avec celle des ascidies, et néanmoins en sont très-distincts et même assez éloignés sous des considérations importantes.

MM. *Le Sueur* et *Desmarest*, pour les pyrosomes, et ensuite M. *Savigny*, pour les prétendus alcyons appartenant à mes botryllides, nous ont fait connaître tout ce qui s'aperçoit dans l'organisation intérieure de ces singuliers animaux, et ils leur ont attribué de grands rapports avec les biphores et les ascidies. Il résulte au moins des observations de ces naturalistes, que les botryllides ne sont point des polypes, et que les pyrosomes ne peuvent être des radiaires. Or, les rapports de ces différens animaux avec les ascidies et les biphores, conjointement à ce que l'on sait de l'organisation de ces derniers, autorisent très-fort à penser, selon moi, qu'aucun de ces animaux n'appartient à la classe des mollusques.

Sans doute, tout ce qui a été aperçu, relativement au nombre, à la forme et à l'état des parties intérieures des animaux dont il s'agit, présente des faits positifs, qui enrichissent la science; mais la détermination des fonctions que l'on attribue aux parties observées de ces animaux, me paraît devoir attendre du temps la confirmation dont elle peut être susceptible. A cet égard, je crois que l'étude de la nature, partout comparée dans ses produits, et que la considération de ce qu'elle peut faire dans chaque cas particulier, pourront seules nous aider à prononcer sans erreur sur la validité de ces déterminations.

Ce qui me semble dès à-présent certain, comme je l'ai dit, c'est que mes *botryllides* et quelques autres alcyons gélatineux, ne sont point des polypes; qu'ils en diffèrent par une organisation plus avancée; que ces animaux sont biforés, c'est-à-dire, qu'ils ont le tube alimentaire ouvert aux deux bouts; qu'ils offrent quelques parties comme des vaisseaux, quelques tubercules et filets, probablement nerveux, qui peuvent donner le mouvement à des fibres musculaires, et que vraisemblablement ils possèdent des organes respiratoires. Mais ce que, dans plusieurs de ces animaux, M. *Savigny* nomme leur polypier, ne me paraît pas en offrir le caractère.

En effet, j'ai montré dans mes leçons, d'après l'exposition des pièces, que le vrai polypier des polypes qui en sont munis, est un corps parfaitement inorganique, dont l'étendue s'augmente par des appositions externes de matières excrétées propres à sa formation, et que ce corps est tout-à-fait étranger aux animaux qu'il renferme. Or, d'après les observations mêmes de M. *Savigny*, ceux des prétendus alcyons qu'il a observés, et qui par leur réunion forment un corps commun, souvent avec une pulpe interposée ou enveloppante, n'offrent point dans cette pulpe un corps réellement inorganique, non vivant et étranger aux animaux. Ce corps n'a donc du polypier qu'une fausse apparence.

On a dit que les animaux gélatineux dont il s'agit étaient très-voisins des ascidies par leurs rapports, et par suite qu'ils étaient des mollusques. Qu'ils aient effectivement des rapports avec les ascidies, cela me paraît aussi très-probable, et de là j'ai cru devoir les réunir tous dans la même coupe : mais qu'ils soient des mollusques, je ne saurais l'admettre ; je doute même que les ascidies et les biphores en soient réellement, surtout depuis que je crois apercevoir des rapports entre ces animaux, les botryllides et les pyrosomes.

Si je refuse d'admettre que ces animaux, même les ascidies et les biphores, soient des mollusques, voici les motifs sur lesquels je me fonde.

Je ne regarde pas comme mollusques les animaux dont il s'agit :

1.° Parce que leur manière d'être, l'état fixé de la plupart, celui de leurs parties intérieures, en un mot, leur forme singulière, me paraissent fort étrangers à ce que l'on observe dans les vrais mollusques ; aucun d'eux n'offrant de parties essentiellement paires et symétriques;

2.° Parce que leur détermination de mollusques porte sur des attributions de fonctions à des parties souvent difficiles à distinguer, et que l'on ne juge qu'hypothétiquement ; attributions dont le fondement ne pourrait être prouvé ;

3.° Parce qu'en considérant quelques dilatations successives et irrégulières du corps et du tube alimentaire de ces animaux, dilatations qui forment des cavités particulières superposées, dont l'antérieure, supposée branchiale, a pour orifice au dehors celui qui sert d'entrée aux alimens, tandis que la bouche véritable se trouve, dit-on, située au fond de cette cavité antérieure ; on voit dans ces objets, une disposition de parties dont on ne trouve pas un seul exemple dans les vrais mollusques, même dans les acéphales, ceux-ci d'ailleurs ayant leurs branchies autrement disposées et conformées ;

4.° Parce qu'il est inusité, dans les plans suivis par la nature, de placer des branchies dans le canal alimentaire même, et que d'ailleurs un treillis de nervures qui se croisent à angles droits, formant des mailles quadrangulaires, pourrait être plutôt le résultat de fibres musculaires propres à contracter, dans sa longueur et sa largeur, la cavité prétendue branchiale, que celui de vaisseaux véritablement respiratoires ; tout vaisseau ne quittant une direction droite que par une courbure ;

5.° Parce que de véritables branchies ne s'observent clairement que parmi celles des organisations animales où la circulation est établie ; que dans les animaux dont il s'agit, rien n'y est moins prouvé que l'existence d'une véritable circulation, quoiqu'il y ait des vaisseaux nombreux ; qu'enfin l'admettre dans les animalcules des botrylles, des pyrosomes, etc., serait réellement ridicule ;

6.° Parce qu'enfin l'on ne peut y montrer positivement l'existence d'un cerveau, d'un cœur, d'un foie, d'organes fécondateurs, et qu'à ces égards, on est réduit à des conjectures, à des suppositions tout-à-fait arbitraires.

Il se pourrait que les *ascidies* et les *biphores*, qu'à tort, selon moi, l'on a placés dans la classe des mollusques, fussent assez écartés des botrylles et des pyrosomes, par une organisation plus développée, quoique formée presque sur le même plan. On trouve assurément la même chose dans les autres classes d'animaux les plus généralement reconnues ; et cependant chacune de ces classes offre dans la composition de l'organisation des animaux qu'elle embrasse, des limites qu'on ne saurait contester. Dans tous les insectes, les sexes sont non-seulement déterminables, mais bien déterminés ; néanmoins ils ne jouissent pas encore d'une véritable circulation. Or, comment donner aux *tuniciers*, en qui des sexes ne sont nullement connus ni probables, pas même l'hermaphroditisme, un rang supérieur aux insectes ?

Quelque différence qu'il y ait, soit dans la forme, soit dans la disposition des organes, entre les *ascidies*, qui sont les tuniciers les plus développés, et les *holothuries*, qui sont des radiaires fistulides, peut-on dire que l'organisation des premières soit de beaucoup supérieure en composition à celle des secondes ? Pour faire une pareille assertion, il faut employer nécessairement des attributions arbitraires, qu'on ne saurait prouver.

Outre que la complication des organes intérieurs de l'*ascidie* n'est guère plus grande que celle des organes de l'*holothurie*, quel contraste peut-on trouver entre la peau coriace, souvent tuberculeuse, et très-contractile de l'un et de l'autre de ces animaux, sinon que, dans l'*ascidie*, la tunique est double, et l'extérieure séparée de l'intérieure; tandis que, dans l'*holothurie*, l'on n'observe qu'une seule tunique, résultant peut-être de la réunion des deux.

Si l'*holothurie* a des tentacules rayonnans autour de la bouche, M. *Cuvier* n'en a-t-il pas observé d'analogues dans les *ascidies*, quoique presque toujours cachés dans l'orifice par lequel l'eau et les alimens pénètrent.

« Quoiqu'il en soit, dit ce savant, cette cavité branchiale a un col ou un tube d'introduction, plus étroit qu'elle-même, et dans lequel le tissu respiratoire ne s'étend point. Il est garni d'une rangée de filamens charnus, ou de tentacules très-fins, qui servent sans doute à l'animal pour l'avertir des objets nuisibles qui pourraient se présenter et qu'il doit repousser. Il n'est pas impossible qu'en certaines occasions les ascidies renversent assez cet orifice de leurs branchies, pour que ces tentacules paraissent au dehors.... Il y en a même qui en ont deux rangées ». *Mémoires du Muséum*, vol. 2. p. 19. Les biphores ont aussi des tentacules courts, rayonnans et très-fins, cachés dans l'orifice de leur véritable bouche.

Sans poursuivre plus loin ces analogies frappantes, je dirai seulement que ce qui me paraît le plus clair dans tout ceci, c'est que les ascidies, les biphores, les botryllides et les pyrosomes, appartiennent à une coupe particulière que je crois devoir être classique; parce que le plan singulier d'organisation des animaux que cette coupe embrasse, est, quoique plus ou moins varié selon les genres et les races, fort différent des autres plans d'organisation qui caractérisent les animaux des autres classes d'invertébrés.

Cette coupe classique, qui comprend mes *tuniciers*, me paraît inférieure à celle des insectes, relativement au degré de perfectionnement de l'organisation des animaux qu'elle embrasse. Et comme nous sommes forcés de lui assigner un rang dans la distribution générale et simple des animaux que nous employons, elle avoisinera nécessairement, soit avant, soit après, celle des vers, avec laquelle cependant elle ne paraît se lier par aucun rapport.

Si, dans sa production des animaux, la nature a formé plusieurs séries différentes, comme j'en suis persuadé, il est évident que, de quelque manière que nous nous y prenions, jamais nous ne parviendrons à conserver la liaison des rapports entre les animaux de toutes les classes dans la série générale et simple dont nous devons faire usage. Nous pourrons seulement, ayant égard au degré de complication et de perfectionnement de chaque organisation considérée dans l'ensemble de ses parties, former une série de masses en rapport avec les perfectionnemens.

Je partage les *tuniciers* en deux ordres; savoir : en *tuniciers réunis* et en *tuniciers libres*. Le premier de ces ordres comprend les botryllaires ou les ascidiens les plus imparfaits; tandis que le second, peut-être fort écarté du premier par l'organisation plus développée des races, doit dans notre marche venir après. Je remarque ensuite que les *tuniciers réunis* paraissent tirer leur origine des polypes, en provenir directement, et continuer la série des animaux inarticulés; tandis que les *tuniciers libres* ou ascidiens francs, probablement originaires des premiers, semblent conduire aux acéphales ou conchifères par certains rapports, comme ces derniers se rapprochent des vrais mollusques, quoique les uns et les autres soient éminemment distincts entr'eux par des caractères importans de leur organisation.

Ainsi se montre la série des animaux inarticulés, commençant par les infusoires, se continuant par les polypes, les tuniciers, les acéphales, et se terminant avec les mollusques dont les derniers ordres sont les céphalopodes et les hétéropodes. Mais cette série de formation ne saurait être conservée sans mélange dans notre distribution en série simple des animaux; car, après les polypes, nous sommes obligés de placer les radiaires qui, quoique formant un rameau latéral, en proviennent évidemment.

Ayant fait voir que, quoique la nature, dans sa production des animaux, n'ait pu tendre qu'à la formation d'une seule série, les circonstances dans lesquelles elle a eu à opérer, l'ont réellement forcée à en produire au moins deux; il ne me reste plus qu'une considération importante à exposer relativement aux tuniciers réunis ou botryllaires; la voici:

Par leur petitesse et leur réunion en une masse commune, ces êtres semblent former des animaux véritablement composés, comme beaucoup de polypes; mais ils offrent une différence très-grande, qui change la nature de cette composition. En effet, malgré leur réunion en une masse commune, malgré les systèmes particuliers que composent entr'eux dans la même masse, les individus de certaines races par leur disposition; chaque individu étant muni d'une bouche et d'un anus, ce qu'il digère lui profite suffisamment pour rendre sa vie indépendante. C'est donc un animal particulier, qui ne participe point essentiellement à une vie commune à tous les autres, et qui ne tient à d'autres que par une simple adhérence; les individus ne communiquant ensemble que par une cavité centrale dont l'usage paraît être étranger à leur nutrition.

En attendant de nouvelles lumières relativement aux animaux singuliers dont il est ici question, voici l'analyse des 14 genres qui paraissent pouvoir se rapporter à cette coupe ou classe particulière.

DIVISION DES TUNICIERS.

ORDRE PREMIER.

TUNICIERS RÉUNIS OU BOTRYLLAIRES.

Animaux agglomérés, toujours réunis, constituant une masse commune par leur réunion, paraissant communiquer entr'eux.

(1) *Animaux fixés sur les corps marins.*

* Point de systèmes particuliers, formés par la disposition des animaux, dans la masse commune qu'ils habitent.

(a) *Un seul oscule (la bouche ou l'anus) apparent au dehors pour chaque animal.*

Aplidium.

Eucœlium.

Synoicum.

(b) *Deux oscules (la bouche et l'anus) apparens au dehors pour chaque animal.*

Sigillina.

Distomus.

** Animaux formant des systèmes particuliers séparés, par leur disposition dans la masse commune qu'ils habitent.

(a) *Animaux disposés en plusieurs cercles concentriques, occupant la masse commune.*

Diazoma.

(b) *Animaux formant des systèmes particuliers épars, et disposés dans chaque système autour d'une cavité centrale.*

Polyclinum.

Polycyclus.

Botryllus.

(2) *Animaux flottant avec leur masse commune dans le sein des eaux.*

Pyrosoma.

ORDRE DEUXIÈME.

TUNICIERS LIBRES OU ASCIDIENS.

Animaux désunis, soit isolés, soit rassemblés en groupes, sans communication interne, et ne formant pas essentiellement une masse commune.

Salpa.

Ascidia.

Bipapillaria.

Mammaria.

ORDRE PREMIER.

TUNICIERS RÉUNIS OU BOTRYLLAIRES.

Animaux agglomérés, toujours réunis, constituant une masse commune, paraissant quelquefois communiquer entr'eux.

Ces animaux, sans contredit, sont les plus imparfaits, les moins avancés en développemens d'organes, les plus petits et les plus frêles des tuniciers; et ce n'est guères que par leur masse commune que l'on s'en est fait d'abord une idée vague. Aussi a-t-il fallu la patience et la finesse d'observation de MM. *Savigny*, *le Sueur* et *Desmarest*, pour apercevoir dans ces animalcules, les parties qu'ils ont su y découvrir. Les rapports qu'ils leur ont assignés avec les ascidiens, ne sauraient être probablement contestés; mais le degré de ces rapports est, selon nous, encore vague et arbitraire. Plusieurs de ces animaux paraissent communiquer entr'eux par l'intérieur.

Quels que soient les rapports des *tuniciers réunis* avec les ascidiens ou tuniciers libres, ces animaux ne ressemblent guères à des mollusques; et si *Linné* n'eût connu que les premiers, même au point où nous les connaissons actuellement, certes, il n'eût pas introduit la prévention d'attribuer aux animaux de différentes coquilles bivalves, une analogie avec nos tuniciers botryllaires. Il n'y a guères entre les animaux des myes, des solens, des pholades, et les ascidies, que des rapports éloignés.

Laissant à l'observation des zoologistes et au temps à décider jusqu'à quel point s'étendent ces rapports, nous allons exposer les différens genres connus qui appartiennent à ce premier ordre.

PULMONELLE. (Aplidium.)

Animaux biforés, agrégés, fort petits, vivant dans un corps commun, convexe, charnu, fixé, et n'offrant point par leur disposition plusieurs systèmes particuliers.

Six tentacules à la bouche. Anus non apparent au dehors.

Animalia biforata, aggregata, perparva, corpus commune, convexum, carnosum fixumque habitantia; systematibus pluribus specialibus eorum dispositione nullis.

Os tentaculis sex; anus externè inconspicuus.

OBSERVATIONS.

Le genre *aplidium* établi par M. *Savigny*, et auquel j'ai donné en français le nom de pulmonelle, porte sur l'observation d'une espèce que l'on avait rangée parmi les alcyons.

Les petits animaux qui constituent ce genre, habitent dans une masse charnue, demi-cartilagineuse, convexe, fixée sur les corps marins, et dont la superficie est chargée de très-petits mamelons épars. Le sommet de chaque mamelon présente une ouverture dont les bords sont fendus en six dents disposées en étoile.

Dans l'épaisseur de cette masse commune, les petits animaux dont il s'agit sont allongés, disposés parallèlement les uns à côté des autres, et séparés par des cloisons minces. La bouche de chaque animalcule est munie de six tentacules, et aboutit à l'ouverture du mamelon. Leur corps subit deux renflemens inégaux, qui le divisent en deux cavités distinctes, dont l'antérieure a été nommée thoracique, et l'inférieure abdominale. Le tube alimentaire, après avoir percé le fond de cette dernière, se courbe, remonte, et vient se terminer par un anus, avant d'avoir atteint la surface du corps commun.

Une seule vessie gemmifère termine inférieurement le corps de l'animalcule.

ESPÈCE.

1. Pulmonelle sublobée. *Aplidium sublobatum.*

Alcyonium pulmonaria. Mém. du mus. vol. 1. p. 76. n.° 3.
Alcyonium pulmonaria. Soland. et Ellis, p. 175. n.° 2.
Alcyonium ficus. Lin. Ellis, coral. t. 17. *fig. b. B-D.*
Aplidium. Savigny. mss.
Habite l'Océan européen, la Manche.

EUCÈLE. (Eucœlium.)

Animaux biforés, agrégés, vivant dans une masse commune étendue en croûte, fongueuse ou subgélatineuse, parsemée de mamelons à sa surface, et n'offrant point par leur disposition plusieurs systèmes particuliers.

Une seule ouverture apparente au dehors. Vessie gemmifère unique et latérale.

Animalia biforata, aggregata, corpus commune fungosum vel subgelatinosum, in crustam extensum, superficie mamillis adspersum habitantia; systematibus pluribus eorum dispositione nullis.

Foramen unicum externè plus minusve perspicuum. Vesica gemmifera lateralis unica.

OBSERVATIONS.

Je réunis sous le nom d'*eucèle*, l'*eucœlium* et le *didermum* de M. *Savigny*, quoique les animaux qui en sont le sujet puissent être distingués par quelques particularités de leur disposition dans le corps commun qu'ils habitent.

Dans les eucèles, le corps commun s'étend comme une croûte sur les corps marins. Cette croûte, dont la surface est blanche, présente de petits mamelons soit épars, soit disposés presqu'en quinconce. Leur sommet est percé par une ouverture tantôt bien apparente et dont les bords sont fendus à six rayons, et tantôt à peine apparente.

Les animalcules des eucèles ont aussi le corps divisé en deux renflemens inégaux, qui forment deux cavités distinctes. La partie postérieure de leur tube alimentaire, remonte après sa sortie du renflement inférieur, et va se terminer à l'anus, soit à côté du premier renflement sans paraître au dehors, soit en atteignant la surface du corps commun. La vessie gemmifère de ces animalcules est latérale.

ESPÈCES.

1. Eucèle subgélatineux. *Eucœlium subgelatinosum.*

E. animalculis horisontalibus, collo elongato instructis; osculo mamillarum non stellato.

Eucœlium. Savigny, mss.
Habite.... probablement les mers d'Europe.

2. Eucèle fongueux. *Eucœlium fungosum.*
E. animalculis verticalibus ; osculo mamillarum dentibus sex stellato.
Didermum. Savigny, mss.
Habite... probablement les mers d'Europe.

SYNOÏQUE. (Synoicum.)

Animaux biforés? agrégés, vivant dans des jets charnus, cylindriques, obtus au sommet, et qui s'élèvent d'une base fixée.

Six à 9 oscules disposés en rond, terminant l'extrémité des jets.

Animalia biforata? aggregata, in surculis carnosis, cylindricis, apice obtusis, è basi affixâ erectis habitantia.

Osculi sex ad novem, in orbem dispositi, surculorum apicem terminantes.

OBSERVATIONS.

Partageant le sentiment de MM. *le Sueur, Desmarest* et *de Blainville*, sur le *synoicum* du voyageur *Phipps*, je dois mentionner ici le genre synoïque, parce qu'il paraît appartenir réellement à la coupe des *tuniciers réunis.* Quoique nous n'ayons pas encore suffisamment de détails sur les animaux qui en sont l'objet, ce que *Phipps* en a publié, ne laisse aucun doute sur les rapports de ces animaux avec ceux de cette division.

Probablement les animaux du synoïque sont biforés, et la bouche seule aboutit à un des oscules de l'extrémité des jets. Chacun de ces oscules paraît ne servir qu'à un seul animal; ainsi, dans chaque jet, il n'y en aurait qu'une seule rangée, qui se composerait d'autant d'animaux que d'oscules.

Des trois corps animalifères que je vais citer, on ne peut compter, comme appartenant à ce genre, que sur la première espèce.

ESPÈCES.

1. Synoïque simple. *Synoicum turgens.*

S. stirpibus pluribus simplicibus, cylindricis, carnoso-stuposis; osculis ad apicem orbiculatim dispositis.

Synoicum turgens. Phipps, voyage, p. 202. tab. 12. f. 3.

Le Sueur et Desmarest, nouv. bull. des sc.

Alcyonium synoicum. Gmel. p. 3816.

Habite sur les côtes du Spitzberg.

2. Synoïque? orangé. *Synoicum? aurantiacum.*

S. stirpibus ramosis, cylindricis, carnoso-stuposis; osculis solitariis terminalibus.

Telesto. Lamouroux, nouv. bull. des sc. p. 185.

Lam. Extr. du cours, etc. p. 24.

Habite les côtes de la Nouvelle-Hollande. *Péron* et *le Sueur.* Ses rameaux offrent à l'extrémité des plis longitudinaux à-peu-près comme dans l'espèce précédente.

3. Synoïque? pélagique. *Synoicum? pelagicum.*

S. stirpibus ramosissimis, cylindricis, substriatis, viridulis.

Alcyonium pelagicum. Bosc. hist. des vers. 3. p. 131. pl. 30. f. 6—7.

Habite l'Océan atlantique, sur des fucus.

SIGILLINE. (*Sigillina.*)

Animaux biforés, formant par leur réunion un corps commun gélatineux, allongé-conique, subpédiculé, parsemé de tubercules. Plusieurs de ces cônes souvent rapprochés et groupés. Point de systèmes particuliers distincts entr'eux, formés par la disposition des animaux. Les tubercules de la surface munis de 2 pores : l'un pour la bouche, l'autre pour l'anus.

Six tentacules à la bouche ; six dents à l'anus ; un seul paquet de gemmes pédicellé, inférieur.

Animalia biforata, corpus commune gelatinosum, elongato-conicum, subpediculatum, tuberculis adspersum sistentia. Coni plures sæpe conferti, subaggregati. Animalium dispositione systemata specialia nulla. Tubercula bipora ori anoque inservientia.

Os tentaculis sex ; anus sexdentatus ; gemmarum acervus unicus, pedicellatus, inferus.

OBSERVATIONS.

La *sigilline*, qui ne nous est connue que par un mémoire de M. *Savigny*, paraît consister en des cônes allongés, gélatineux, transparens, supportés et fixés par des pédicules, enfin souvent rapprochés et groupés plusieurs ensemble. Leur surface est parsemée de tubercules ou mamelons ovales, colorés par les animaux qu'on aperçoit à travers, et pourvus chacun de deux oscules fendus en six parties. L'oscule inférieur ou le plus éloigné du sommet du cône, est le plus grand, et sert pour la bouche ; l'autre fournit une issue pour l'anus. Le corps et le tube alimentaire forment, par leurs dilatations, plusieurs cavités distinctes. Après ses divers renflemens, le tube intestinal se courbe, remonte obliquement et va se terminer à l'anus. On ne connaît encore de ce genre que l'espèce suivante.

ESPÈCE.

1. Sigilline australe. *Sigillina australis.*

Sigillina. Savigny, mém. mss.

Habite sur la côte sud-ouest de la Nouvelle-Hollande, à vingt brasses de profondeur, dans la mer.

DISTOME. (Distomus.)

Animaux biforés, séparés, vivant dans une masse subcoriace, étendue en croûte, et chargée de verrues éparses.

Deux oscules sur chaque verrue, bordés de 6 dents.

Animalia biforata, segregata, massam crustaceam, subcoriaceam, superficie verrucis adspersam habitantia.

Verrucæ biforatæ; foraminibus margine sexdentatis.

OBSERVATIONS.

Quoique les animaux du *distome* ne soient pas encore connus, je me crois obligé de mentionner ici ce genre établi par *Gœrtner*, ne doutant point qu'il n'appartienne à la coupe des botryllides.

Les verrues dont est parsemée la masse crustacée du distome, ayant chacune deux ouvertures, je suppose que l'une de ces ouvertures est pourla bouche et l'autre pour l'anus. Dans ce cas, chaque verrue ne contiendra donc qu'un animal, et ce genre sera très-distinct de tous les autres.

La croûte du *distome* a une légère épaisseur; elle est d'un orangé blanchâtre, et teinte d'écarlate aux oscules de ses verrues.

ESPÈCE.

1. Distome variolé. *Distomus variolosus.*

Distomus variolosus. Gœrtn. apud Pallas, Spicil-zool. 10. p. 40, n.° 3. tab. 4. f. 7. *a. A.*

Alcyonium ascidioides. Gmel. p. 3816.

Habite les côtes d'Angleterre, sur le *fucus palmatus.*

DIAZOME. (Diazoma.)

Animaux agrégés, biforés, formant par leur réunion un corps commun fixé, demi-gélatineux, orbiculaire, presqu'en soucoupe, multi-cellulaire; à cellules saillantes, comprimées, pourvues chacune de 2 oscules, et disposées sur plusieurs cercles concentriques.

Six tentacules lancéolés à la bouche. Un seul paquet de gemmes latéral.

Animalia aggregata, biforata, folliculo vestita, corpus commune fixum, semi-gelatinosum, orbiculatum, subcyathiforme, celluliferumque sistentia; cellulis prominentibus, compressis, biporis, in circulos concentricos dispositis.

Os tentaculis sex lanceolatis; gemmarum acervus unicus lateralis.

OBSERVATIONS.

Rien ne ressemble plus à un polypier que le corps commun dans lequel les animaux de la *diazome* sont contenus. Ce corps celluleux est orbiculaire, évasé en soucoupe, demi-gélatineux, transparent, d'un violet léger, plus foncé au sommet des cellules. Celles-ci, disposées sur plusieurs cercles concentriques, contiennent des animaux d'un gris cendré, qu'on aperçoit à travers leur épaisseur. Ces cellules sont grandes, saillantes, comprimées, inclinées et dirigées du centre du corps commun vers sa circonférence; leurs diverses rangées circulaires et concentriques semblent former autant de systèmes distincts.

Chaque cellule a deux pores ou oscules tubuleux, pourprés, marqués de six plis, et lorsque l'animal s'épanouit il en sort six tentacules lancéolés. L'oscule le plus grand et le plus saillant correspond à la bouche : il est le plus éloigné du centre. L'autre, plus petit et plus rapproché du centre, aboutit à l'extrémité du rectum. Les animaux de la seule espèce que nous a fait connaître M. *Savigny* n'ont pas moins de 35 millimètres de longueur.

ESPÈCE.

1. Diazome méditerranéenne. *Diazoma mediterranea.*

Diazoma. Savigny, mém. mss.

Habite la Méditerranée où elle fut découverte, dans le port d'Yvica, par feu M. de la Roche.

ASTROLE. (Polyclinum.)

Animaux agrégés, biforés, enfoncés dans une masse gélatineuse, aplatie, horizontale, hérissée de petits mamelons; la plupart offrant plusieurs systèmes stelliformes, épars, et, dans chaque système, disposés en rayons autour d'une ouverture centrale un peu grande.

Bouche à 6 tentacules, aboutissant à l'oscule de chaque mamelon; anus non apparent au dehors, s'ouvrant au-dessous de la surface de la masse commune. Une seule vessie gemmifère, pendante sous l'animal, terminée par un filet.

Animalia aggregata, biforata, in massam gelatinosam, planulatam immersa; pleraque systemata plura stelliformia, sparsa, sistentia; et in quoque systemate circà foramen majusculum centrale radiantia.

Os tentaculis sex ad cujusque mamillæ osculum. Anus externè inconspicuus, infrà massæ communis superficiem apertus. Vesica gemmifera unica, subtùs dependens, filamento terminata.

OBSERVATIONS.

L'*astrole*, dont M. *Savigny* nous a procuré la connaissance, et qu'il a nommé en latin *polyclinum*, parce que chaque animal semble habiter trois cellules superposées, est un genre qui commence à se rapprocher du botrylle, et qui paraît surtout très-voisin du *polycycle*, genre que j'ai présenté d'après un ouvrage de M. *Renier*.

Le corps commun qui constitue l'*astrole*, forme au bord de la mer, soit sur le sable, soit sur les rochers, des masses horizontales, aplaties, molles, demi-transparentes, violettes, comme irisées, hérissées d'un nombre prodigieux de petits mamelons, la plupart groupés en cercle ou en ellipse, autour d'une ouverture centrale qui semble faire les fonctions d'aspirer et d'agiter l'eau. Ces cercles de mamelons sont inégaux, irréguliers, et forment les systèmes particuliers auxquels la plupart des animaux de l'*astrole* donnent lieu par leur disposition autour de la cavité centrale.

En examinant ces cercles de plus près, on voit que de chaque ouverture centrale partent, en divergeant, des lignes jaunâtres, qui bientôt se bifurquent ou se subdivisent en ramifications grêles qui vont aboutir chacune à un des mamelons. On voit de plus que tous ces mamelons sont ouverts à leur sommet, et qu'ils donnent passage à autant de petites étoiles saillantes et mobiles, constituées par les six tentacules qui environnent la bouche de l'animalcule. Ainsi, l'oscule qui termine chaque mamelon est l'orifice d'une cellule, et tous les mamelons d'un système, ainsi que les linéoles jaunes et rayonnantes qui y aboutissent, sont les indices d'autant d'animaux qui appartiennent à ce système.

Dans les intervalles qui séparent ces divers systèmes, on trouve néanmoins d'autres animaux isolés, et qui, malgré leur tendance à se réunir en système, n'ont pu y parvenir.

Les deux renflemens du corps et la vessie gemmifère qui pend au-dessous, ont exigé que la cellule qui contient chaque animalcule soit figurée en trois loges superposées qui communiquent ensemble par deux petits trous. Il n'y a donc réellement qu'une seule cellule pour chaque animal.

Les animaux de l'*astrole* ressemblent d'ailleurs aux autres botryllides par les points essentiels de leur organisation. La deuxième moitié du tube alimentaire, après sa sortie du second renflement, dit abdominal, se courbe, remonte et vient se terminer à l'anus qui s'ouvre contre la partie supérieure du renflement appelé thoracique, sous l'appendice allongée qu'il fournit.

Le long filet qui termine la vessie des gemmes paraît tubuleux : c'est probablement un conduit pour la sortie des gemmules.

On ne connaît encore de ce genre que l'espèce suivante.

ESPÈCE.

1. Astrole violet. *Polyclinum violaceum.*
   Polyclinum. Savigny, mss. *fig.*
   Habite.... probablement les mers d'Europe.

POLYCYCLE. (Polycyclus.)

Animaux biforés, agrégés en une masse commune, gélatineuse, épaisse, convexe, fixée; à superficie parsemée d'orbes multifores, ayant au centre une cavité plus grande.

Dix ou douze trous séparés, disposés en cercle autour de la cavité centrale, composant chaque orbe, et constituant les individus.

Des tubes intérieurs et en syphon établissant des communications entre les trous de chaque orbe et l'ouverture centrale.

Animalia biforata, in massam communem, gelatinosam, crassam, convexam fixamque aggregata; su-

perficie orbibus multiforis, sparsis : centro cavitate majore forato.

Foramina 10 S 12 distincta, orbiculatim digesta, aperturam centralem ambientia, individua sistunt, et singularem orbem componuntur.

OBSERVATIONS.

Avant la découverte de l'organisation des ascidiens botryllaires par M. *Savigny*, j'avais senti la nécessité d'indiquer, comme un genre particulier, le *botryllus* décrit et publié par le docteur *Renier* de Chioza. J'instituai ce genre sous le nom de polycycle dans les Mémoires du Muséum (vol. 1. p. 338), et alors je le considérais comme un polypier empâté, voisin du *botryllus*. Maintenant je ne saurais douter qu'il ne fasse partie des *tunicifères réunis*.

ESPÈCE.

1. Polycycle de Renier. *Polycyclus Renierii.*

P. elongatus, convexus, utrinque attenuatus, luteolus; orbulis azureis sparsis.

Polycyclus. Mém. du mus. vol. 1. p. 340.

Lettre de M. E.-A. Renier à M. J. Oliv. p. 1. tab. 1. f. 1—12.

Rondelet? grappe de mer, aquat. 2. p. 136.

Habite la mer adriatique.

BOTRYLLE. (Botryllus.)

Animaux agrégés, biforés, adnés à la surface d'une croûte mince, gélatineuse, transparente; offrant plusieurs systèmes orbiculés, stelliformes, épars; et disposés en rayons, dans chaque système, autour d'une ouverture centrale, un peu élevée.

Individus ovoïdes, rétrécis inférieurement, plus épais et arrondis au sommet, perforés en dessus vers chaque extrémité.

Bouche près de la circonférence du système, à huit tentacules, dont 4 plus grands. Anus près du centre. Deux vessies gemmifères latérales.

Animalia aggregata, biforata, crustæ tenuis gelatinosæ pellucidœque ad superficiem adnata; systemata plura orbiculata, stelliformia, sparsa sistentia; et in quoque systemate circà foramen centrale subprominulum radiantia.

Individua obovata, infernè attenuata, apice rotundata crassioraque versùs utramque extremitatem supernè forata.

Os propè periphœriam systematis: tentaculis octo; quatuor majoribus. Anus versùs centrum. Vesicœ duœ gemmiferœ laterales.

OBSERVATIONS.

Le genre *botrylle*, observé d'abord par *Gærtner*, établi ensuite par Pallas, long-temps fort imparfaitement connu, et maintenant convenablement caractérisé, d'après les observations de MM. *Le Sueur*, *Desmarest* et *Savigny*, se présente comme une croûte mince, gélatineuse et transparente, fixée sur des corps marins. Des animalcules oblongs, ovoïdes, agréablement tachetés de pourpre et de bleu, et disposés en rayons autour d'une cavité centrale, forment à la surface de cette croûte, différens systèmes orbiculaires et stelliformes, plus ou moins contigus les uns aux autres.

Dans chaque système, les animaux varient en nombre, comme de 3 à 12, ou quelquefois davantage. Quoiqu'on eût remarqué que chaque rayon d'un système offrait deux ouvertures bien séparées, la bouche et l'anus, on considéra le système comme un seul animal, et ses rayons comme ses tentacules. *Ellis* seul a regardé les étoiles des botrylles comme formées d'autant d'animaux différens qu'on y comptait de rayons; ce dont actuellement il n'est plus possible de douter.

L'ouverture centrale de chaque système a son bord circulaire un peu élevé et contractile. En s'allongeant et se raccourcissant, il semble favoriser l'entrée et la sortie de l'eau. C'est dans cette cavité centrale qu'aboutit l'oscule anale de chaque animalcule.

Les animaux des *botrylles*, quoique légèrement enfoncés à la surface de la croûte qui forme leur base, présentent des étoiles saillantes à cette surface, et sont véritablement plus extérieurs que ceux des autres genres de cette famille.

Les espèces de ce genre sont probablement nombreuses; mais, comme on s'est peu occupé de leur recherche, je ne puis citer que les deux suivantes.

ESPÈCES.

1. Botrylle étoilé. *Botryllus stellatus.*

B. animalculorum stellis simplicibus, pluribus sparsis.

Botryllus stellatus. Pall. *Spicileg. zool.* 10. p. 37. tab. 4. f. 1—5.

Le Sueur et *Desmarest*, bull. des sc. mai 1815, p. 74. pl. 1. f. 14—19.

Alcyonium Schlosseri. Pall. zooph. p. 355. Gmel. p.

Borlas. Cornub. p. 254. t. 25. f. 1—4.

Habite la Manche, les côtes d'Angleterre, sur des corps marins.

2. Botrylle aggloméré. *Botryllus conglomeratus.*

B. animalculorum stellis compositis, solitariis.

Botryllus conglomeratus. Pall. Spicileg. zool. 10. p. 39. t. 4. *fig.* 6. a—A.

Alcyonium conglomeratum. Gmel. p. 3816.

Habite l'océan des côtes d'Angleterre : il diffère beaucoup du précédent, n'offre qu'une étoile sur chaque base, et cette étoile se compose de plusieurs rangées d'animalcules divergens.

PYROSOME. (Pyrosoma.)

Animaux biforés, agrégés, formant par leur réunion une masse commune libre, flottante, gélatineuse, cylindrique, creuse, fermée à une extrémité, ouverte et tronquée à l'autre, et extérieurement chargée de tubercules.

Ouvertures orales des animaux à l'extérieur de la masse commune; les anus s'ouvrant à la parois interne de la cavité de cette masse. Deux vessies gemmifères opposées et latérales.

Animalia biforata, aggregata, massam communem liberam natantem, gelatinosam, cylindricam, cavam, unâ extremitate clausam, alterâ truncatam et hiantem, extùs tuberculis obsitam sistentia.

Animalium aperturæ orales externæ. Ani ad parietem internam cavitatis communis aperientes. Vesicæ duæ internæ laterales, oppositæ, gemmiferæ.

OBSERVATIONS.

Qui se serait douté que le *pyrosome*, observé d'abord par MM. *Péron* et *le Sueur* dans la mer atlantique, fût un assemblage de petits animaux agrégés! on le prit donc alors pour un seul animal. Et en effet, sa forme générale, le rapprochant jusqu'à un certain point de celle des béroës, je pensai de même et le plaçai dans la classe des *radiaires*.

Ce fut M. *le Sueur* qui, le premier, découvrit l'erreur, et qui reconnut que chacun des tubercules qui hérissent la surface extérieure du *pyrosome*, appartenait à un animal particulier.

Ensuite, les observations de M. *Savigny* sur différens animaux que l'on rangeait parmi les alcyons et sur le *pyrosome* même, nous apprirent que tous ces animaux étaient du même ordre : ils appartiennent tous effectivement à nos *botryllides*.

Maintenant, il n'est plus question que de décider, d'après des motifs non arbitraires, si l'organisation réelle de ces animaux exige leur réunion avec les mollusques, comme le pensent MM. *Cuvier*, *Savigny*, *le Sueur* et *Desmarest*. On a vu que je ne partage nullement cette opinion.

Ainsi, les *pyrosomes* offrent chacun un assemblage de petits animaux très-singuliers, sous la forme d'un cylindre creux, fermé à une extrémité, tronqué et ouvert à l'autre, et hérissé en dehors par une multitude de tubercules tantôt disposés par anneaux, et tantôt irrégulièrement.

Quoique leur masse commune soit gélatineuse et transparente, les tubercules de sa surface extérieure sont plus fermes que le reste de sa substance. Néanmoins, ils sont diaphanes, brillans et polis. Au sommet de chaque tubercule se trouve l'oscule où aboutit la bouche de l'animalcule, et quelquefois cet oscule offre d'un côté une pièce lancéolée qui le dépasse.

Disposés horizontalement dans la mer, les *pyrosomes* y paraissent exécuter de légers mouvemens qui les déplacent. On les y rencontre souvent par bandes composées d'une innombrable quantité d'individus.

Par leur grande phosphorescence, ils font la nuit paraître la mer comme embrâsée dans les espaces qu'ils occupent. Et en effet, rien n'est plus remarquable que l'éclat lumineux et les couleurs brillantes qu'offrent alors ces masses flottantes. Mais leurs couleurs varient instantanément, et passent rapidement d'un rouge vif à l'aurore, à l'orangé, au verdâtre et au bleu d'azur, d'une manière vraiment admirable.

ESPÈCES.

1. Pyrosome atlantique. *Pyrosoma atlantica.*

P. tuberculis irregularibus, confertis, apice muticis.

Pyrosoma. Péron et *le Sueur*, voyage, p. 488. t. 30. f. 1. Annales du mus. v. 4. p. 440.

Habite la mer atlantique équatoriale.

2. Pyrosome élégant. *Pyrosoma elegans.*

P. subconica, granulata; fasciis tuberculosis, transversis; tuberculis nudis annulatis.

Pyrosoma elegans. Le Sueur. nouv. bull. des sc. vol. 3. p. 283.

Habite dans la Méditerranée. Espèce plus petite que les deux autres.

3. Pyrosome géant. *Pyrosoma gigantea.*

P. grandis, subcylindrica; tuberculis inæqualibus, confertis, inordinatis, apice lanceolatis.

Pyrosoma gigantea. Le Sueur, ibid, et voyage, pl. pénultième.

Habite la Méditerranée. Les animalcules sont déprimés; leur oscule extérieur se trouve à la base de la pièce lancéolée qui surmonte le tubercule.

ORDRE SECOND.

TUNICIERS LIBRES OU ASCIDIENS.

Animaux désunis, soit isolés, soit rassemblés en groupes, sans communication interne, et ne formant point essentiellement une masse commune.

Il s'agit ici des *vrais ascidiens*, c'est-à-dire, d'animaux non essentiellement réunis en une masse commune, comme dans les tuniciers botryllaires; d'animaux qui offrent une tunique externe et sacciforme, laquelle contient le corps de l'animal, et qui a deux ouvertures, dont l'une sert à l'entrée de l'eau pour l'organe respiratoire et les alimens, tandis que l'autre sert pour l'anus.

C'est sans doute par la comparaison de cette tunique externe des *ascidiens* avec les deux lobes réunis en devant du manteau des myes, des solens et des pholades, qu'on a trouvé de l'analogie entre ces mollusques acéphales et les *ascidiens*, quoique l'organisation intérieure de ces derniers soit fort différente de celle des premiers. En effet, la division intérieure du corps, la forme et la situation du système respiratoire, enfin le caractère du système nerveux, ne sont point du tout les mêmes dans les *ascidiens*, que dans les mollusques acéphales cités. D'ailleurs, dans l'orifice de la bouche des acéphales, il n'y a jamais de tentacules en rayons.

On ne saurait douter, comme je l'ai dit, qu'il n'y ait des rapports entre les ascidiens botryllaires et les ascidiens francs; mais ces rapports ne peuvent être qu'éloignés : on en sent assez la raison. Et, s'il est déjà très-difficile, peut-être même impossible, de constater qu'il y ait une véritable *circulation* dans les vrais ascidiens; il l'est bien davantage de le faire à l'égard des botryllaires. Je dis plus, les bifores que l'on réunit dans le même groupe avec les ascidies, ne sauraient y tenir par des rapports si prochains; car leur organe respiratoire et la disposition intérieure de leurs parties sont fort différens.

Persuadé que le système des sensations n'a pas encore lieu dans ces animaux, et qu'il en est de même à l'égard de celui de la fécondation sexuelle, je les laisse dans le rang qui leur est ici provisoirement assigné, et je me hâte de passer à l'exposition de leurs genres.

BIPHORE. (Salpa.)

Corps libre, nageant, oblong, un peu aplati sur les côtés, gélatineux, transparent, traversé intérieurement par une cavité longitudinale ouverte aux deux extrémités.

L'une des ouvertures extérieures plus grande, rétuse, subbilabiée, munie d'une valvule; l'autre un peu saillante, arrondie, nue.

La bouche s'ouvrant dans la cavité intérieure près d'une de ces ouvertures; l'anus aboutissant dans la même cavité près de l'ouverture opposée.

Corpus liberum, natans, oblongum, ad latera planulatum, gelatinosum, pellucidum, intùs cavitate longitudinali utrâque extremitate apertâ percursum.

Aperturarum externarum una major, retusa, subbilabiata, valvulifera; altera prominula, rotundata, nuda.

Os in cavitate internâ versùs unam extremitatem aperiens; anus propè alteram in eadem cavitate.

OBSERVATIONS.

Les *biphores* ont sans doute des rapports avec les *ascidies*; mais ces rapports me paraissent bien moins prochains qu'on le pense. En effet, indépendamment de leur état libre, gélatineux et transparent, la membrane qui entoure la cavité intérieure qui traverse leur corps d'une extrémité à l'autre, me paraît à peine pouvoir être considérée comme une tunique intérieure; puisque le canal intestinal et autres viscères sont situés hors de cette cavité, dans l'espace qui sépare cette membrane de la peau ou tunique externe.

Quant à cette cavité longitudinale intérieure, elle ne contient, dit-on, que l'organe respiratoire qui est, selon M. *Cuvier*, une branchie allongée, assez étroite, qui traverse obliquement le grand vide interne que constitue cette cavité.

La branchie dont il est question est formée d'une double membrane, par un repli de la tunique intérieure, et son bord supérieur est garni d'une infinité de petits vaisseaux transverses et parallèles. Ainsi, la forme et la disposition de l'organe respiratoire des *biphores* auraient très-peu d'analogie avec ce que l'on regarde comme organe de la respiration dans les ascidies.

Le corps des *biphores* présente une ouverture à chacune

de ses extrémités ; ce sont celles qui terminent sa cavité intérieure. L'une, plus grande, rétuse et comme bilabiée, est munie d'une valvule semilunaire ; il paraît que c'est celle qui aspire l'eau. M. *Cuvier* la regarde comme l'ouverture postérieure, et c'est près d'elle que s'ouvre, dans la cavité intérieure, l'anus assez large qui termine l'intestin. L'autre ouverture, plus régulière, arrondie, un peu saillante, sans valvule, est, dit-on, celle par où l'eau jaillit lorsque l'animal se contracte. M. *Cuvier* la considère comme l'antérieure, et c'est près d'elle qu'aboutit dans la cavité interne, l'ouverture ronde à bords plissés, que ce savant regarde comme la véritable bouche de l'animal. Il s'ensuivrait que c'est par l'ouverture postérieure, voisine de l'anus, que s'introduit l'eau qui apporte les alimens et fournit à la respiration, et que c'est par l'antérieure que sort cette eau ; de manière que la résistance que lui oppose le liquide qu'habite le *biphore*, le forcerait de ne pouvoir se déplacer qu'en reculant.

Je préfère l'opinion de ceux qui ont regardé l'ouverture bilabiée comme l'antérieure : dès lors l'ouverture interne qui l'avoisine, sera la bouche, entrée d'un tube intestinal assez simple qui va en grossissant, arrive près de l'autre extrémité à un anus à bord plissé et près duquel un appendice en cul-de-sac que M. *Cuvier* prend pour l'estomac, sera un *cæcum*. M. *Péron* ayant eu connaissance, peu de temps avant sa mort, du Mémoire de M. *Cuvier* sur les *biphores* (Annales du Muséum, vol. 4. p. 360), m'assura que ce savant s'était trompé sur la véritable bouche de ces animaux.

Selon M. *Cuvier*, le cœur du *biphore* est mince, en forme de fuseau, et situé au côté gauche. Il est enveloppé dans son péricarde, et si transparent qu'on a beaucoup de peine à l'apercevoir.

Deux paquets allongés, intérieurs et contenant de petits grains, paraissent être deux ovaires.

Je supprime la citation de bien d'autres particularités; je dirai seulement que je vois dans une des planches du voyage de M. le capitaine *Krusenstern*, prmi quelques détails sur des *biphores*, des tentacules rayonnans représentés, qui n'indiquent point que ce soient des mollusques.

Les *biphores* nagent librement dans la mer; mais par de petits suçoirs latéraux, ils ont la faculté de s'attacher quelquefois à des corps solides, et plus souvent les uns à côté des autres, nageant alors un grand nombre ensemble, en formant, par leur réunion, des guirlandes, etc. On les trouve sur les côtes de France, d'Espagne, d'Italie, et dans les mers des pays chauds. La plupart répandent la nuit une lumière phosphorique, comme beaucoup de radiaires.

ESPÈCES.

1. Biphore birostré. *Salpa maxima.*

S. corpore utroque apice appendiculo, rostrato.

Salpa maxima. Forsk. Ægypt. p. 112. n.° 30. et Ic. t. 35. A. a. Encycl. pl. 74. f. 1—5.

Shaw. miscell. vol. 7. tab. 232.

Habite la Méditerranée et la mer Atlantique.

2. Biphore pinné. *Salpa pinnata.*

S. corpore oblongo subtriquetro, lineis aliquot coloratis notato; cristâ dorsali tri quetro-pyramidata.

Salpa pinnata. Forsk. Ægypt. p. 113, n.° 31. et Ic. t. 35. *fig.* B. b. 1—2. Encycl. pl. 74. f. 6—8.

Habite la Méditerranée. Le corps offre deux lignes dorsales, l'une jaune et l'autre blanche, et de chaque côté sur le ventre une ligne violette. Il en existe une variété à lignes latérales interrompues. (Encycl. f. 7.)

3. Biphore démocratique. *Salpa democratica.*

S. punctata, fasciata; aculeis pone octo.

Salpa democratica. Forsk. Ægypt. p. 113. et Ic. tab. 36. *fig.* G. Encycl. pl. 74. f. 9.

Habite la Méditerranée, près de l'île Maiorque. Deux soies à la queue.

4. Biphore mucroné. *Salpa mucronata.*

S. ore laterali; mucrone hyalino interno, ad frontem dextro, ad anum sinistro; nucleo cœruleo oblongo.

Salpa mucronata. Forsk. Ægypt. p. 114. et Ic. t. 36. *fig.* D. Encycl. pl. 74. f. 10.

Habite la Méditerranée, près d'*Yvica.*

5. Biphore ponctué. *Salpa punctata.*

S. ore subterminali; dorso rubro-punctato, pone mucronato; ano porrecto.

Salpa punctata. Forsk. AEgypt. p. 114. et Ic. t. 35. *fig.* C. Encycl. pl. 75. f. 1.

Habite la Méditerranée.

6. Biphore confédéré. *Salpa confœderata.*

S. ore terminali; dorso gibboso.

Salpa confœderata. Forsk. Ægypt. p. 115. et Ic. t. 36. *fig.* A.—a.

Encycl. p. 75. f. 2—4.

Habite la Méditerranée.

7. Biphore fascié. *Salpa fasciata.*

S. ovato-oblonga; ore terminali; abdomine fasciato; intestino filiformi incurvo suprà nucleum.

Salpa fasciata. Forsk. Ægypt. p. 115. et Ic. t. 36. *fig.* B. Encycl. pl. 75. f. 6.

Habite la Méditerranée, à l'entrée de l'Archipel.

8. Biphore africain. *Salpa africana.*

S. subtriquetra, transversè decem-striata; ore terminali; gibbo ad basim aucto nucleis tribus.

Salpa africana. Forsk. AEgypt. p. 116. et ic. t. 36. *fig.* C. Encycl. pl. 75. f. 7.

Habite vers les côtes de Tunis.

9. Biphore social. *Salpa polycratica.*

S. ore infrà apicem; fronte caudâque truncatis.

Salpa polycratica. Forsk. Ægypt. p. 116. et Ic. t. 36. *fig.* F. Encycl. pl. 75. f. 5.

Habite la Méditerranée. En se réunissant, les individus forment de longs cordons.

10. Biphore zonaire. *Salpa zonaria.*

S. oblonga depressa, vagina incarnata, sacco exalbido hyalino, zonis quinque luteis vario.

Holothuria zonaria. Pallas, spicil. zool. 10. p. 26. t. 1. f. 17. a, b, c.

Salpa. Encycl. pl. 75. f. 8—10.

Habite l'océan, près de l'île Antigoa.

11. Biphore à crête. *Salpa cristata.*

S. corpore lateribus depressiusculo; crista dorsali brevi subquadrata.

Salpa cristata. Cuv. annales du mus. 4. p. 366, pl. 68. f. 1—2.

Habite... Du voyage de MM. *Péron* et *le Sueur.* M. *Cuvier* pense que c'est le même animal que le troisième *thalia* de Brown. (*holothuria denudata.* Gmel.)

12. Biphore subépineux. *Salpa tilesii.*

S. corpore oblongo, spinulis cartilagineis instructo: unâ extremitate subtruncatâ.

Salpa tilesii. Cuvier, annales, 4. p. 375. pl. 68. f. 3—6.

Habite... Les spinules sont placées sous le ventre et sur la protubérance dorsale. Ce biphore répand la nuit une lueur phosphorique, ainsi que la plupart des autres espèces.

13. Biphore scutigère. *Salpa scutigera.*

S. corpore mutico, extremitatibus subattenuato; prominentia dorsali cartilaginea, submediana.

Salpa scutigera. Cuv. annales, 4, p. 377, pl. 68. f. 4—5.

Habite... Du voyage de *Péron* et *le Sueur.* Plusieurs de ses bandelettes musculaires sont disposées en croix.

14. Biphore octofore. *Salpa octofora.*

S. corpore obovato; prominentiis octo exiguis perforatis;

prominentia cartilaginea, magna; hemisphærica terminalis

Salpa octofora. Cuv. annales, 4. p. 379. tab. 68. f. 7.

Habite... Du voyage de *Péron* et *le Sueur.*

15. Biphore cylindrique. *Salpa cylindrica.*

S. corpore subæquali, extremitatibus retuso, ad latera depressiusculo.

Salpa cylindrica. Cuv. annales 4, p. 381. pl. 68. f. 8—9.

Habite... Voyage de *Péron* et *le Sueur.* La plupart des bandelettes musculaires sont transversales.

16. Biphore fusiforme. *Salpa fusiformis.*

S. minor, corpore fusiformi; ore anoque ad superficiem infimam.

Salpa fusiformis. Cuv. annales 4, p. 382. pl. 68. f. 11.

Habite... Du voyage de *Péron* et *le Sueur.*

17. Biphore thalide. *Salpa thalia.*

S. corpore oblongo; crista dorsali compressa, subquadrata; lineis lateralibus integris.

Thalia n.° 1. Brown. jam. p. 384. t. 43. f. 3.

Encycl. pl. 88. f. 1. *holothuria thalia.* Gmel.

Habite l'océan d'Amérique.

18. Biphore à queue. *Salpa caudata.*

S. corpore oblongo, caudato; crista compressa; lineis lateribus interruptis.

Thalia n.° 2. Brown. jam. 384. t. 43. f. 4.

Encycl. pl. 88. f. 2. *holothuria caudata.* Gmel.

Habite l'océan d'Amérique.

ASCIDIE. (Ascidia.)

Corps bituniqué, fixé par sa base sur les corps marins.

Tunique extérieure subcoriace, formant un sac irrégulier, ovale ou cylindracé, terminé par deux ouvertures inégales, dont une est moins élevée que l'autre.

Tunique intérieure ou propre, contenant les parties du corps, ne remplissant point la cavité entière du sac, et n'adhérant à ce sac que par deux extrémités tubuleuses qui viennent s'unir aux bords de ses deux ouvertures.

Corpus bitunicatum, corporibus marinis basi affixum.

Tunica exterior subcoriacea, sacculum irregularem ovatum vel cylindraceum, supernè foraminibus duobus inæqualibus apertum efformans: foramine altero humiliore.

Tunica interior vel propria, corporis partes recondens, cavitatem integram sacculi non implens, ad margines foraminum sacculi extremitatibus duabus tubulosis tantùm adhœrens.

OBSERVATIONS.

Les *ascidies* sont des animaux singuliers, subcoriaces, fixés par leur base sur les corps marins, ordinairement rassemblés en groupes plus ou moins considérables. Elles ont peu de régularité dans leur forme, et offrent deux ouvertures arrondies, nues, inégales, situées dans leur partie supérieure, et dont une est presque toujours un peu moins élevée que l'autre.

Linné leur trouva de l'analogie avec les animaux des coquilles bivalves, et depuis, tous les zoologistes les ont considérées comme des mollusques. Il a bien fallu dès lors s'efforcer de leur trouver un cœur, des vaisseaux artériels et veineux, en un mot, une véritable circulation ; il a fallu de même leur trouver un cerveau, un foie, etc.

D'après les observations anatomiques faites récemment par M. *Cuvier* sur les *ascidies*, observations dont l'extrait se trouve inséré dans le bulletin des sciences (année 1815, p. 10), je vois dans l'organisation de ces animaux si peu d'analogie avec celle des mollusques à coquille bivalve, et même si peu de preuves qu'ils soient réellement des mollusques, que je doute très-fort du rang qu'on leur a assigné dans l'échelle générale.

Des deux ouvertures du sac de l'*ascidie*, la plus élevée, en général, offrant l'orifice externe d'un tube qui aboutit à une cavité antérieure treillissée, que l'on dit être branchiale, et n'étant point la bouche de l'animal, quoique l'eau qui y entre apporte les alimens dont cet animal se nourrit, enfin la véritable bouche se trouvant située au fond même de cette cavité antérieure ; quel rapport peut-il se trouver entre un pareil mode d'organisation, et celui d'un mollusque à coquille bivalve, dont les branchies, hors du trajet de l'eau qui apporte les alimens, sont placées entre le manteau et le corps !

M. *Cuvier*, pour confirmer l'analogie indiquée par Linné, compare l'enveloppe ou la tunique externe de l'*ascidie*, à la coquille d'un mollusque acéphale. Or, quel rapport peut-il apercevoir entre cette tunique, véritable produit de l'organisation, qu'il voit même vasculeuse en sa face interne, et une coquille quelconque, corps parfaitement inorganique, uniquement formé de matières exudées du corps de l'animal ?

Quoique fort différentes des *holothuries*, les *ascidies* néanmoins me paraissent en être bien plus rapprochées, sous différens rapports, que des mollusques : je me fortifiai dans cette opinion lorsque j'eus connaissance des belles observations de MM. *Savigny*, *le Sueur* et *Desmarest*, sur les rapports des botryllides et des pyrosomes avec les *ascidies*, et surtout lorsque M. *Cuvier* nous eût appris que dans l'orifice étroit, qui sert d'entrée à la cavité dite branchiale des ascidies, il y avait une ou deux rangées de tentacules très-fins, et en rayons.

Le sac, ou la tunique externe, de l'*ascidie* doit être musculeux, puisqu'en effet il se dilate et se contracte comme au gré de l'animal. Sa cavité intérieure, plus vaste que ne l'exige le corps qui y est contenu, se remplit d'eau dans l'intervalle vide, et cette eau est évacuée, à ce qu'on prétend, par les contractions que l'animal fait subir au sac qui l'enveloppe; on dit même qu'elle sort à-la-fois par les deux ouvertures de ce sac. Néanmoins M. Cuvier ne croit pas que cette eau puisse sortir par ces ouvertures.

Selon les déterminations du savant que je viens de citer, l'estomac et le canal intestinal se trouvent enveloppés par la masse du foie.

Les *ascidies* vivent dans la mer. On les trouve ordinairement à peu de distance des côtes, fixées soit sur des rochers, soit sur des coquillages ou des plantes marines. On en connaît plus de trente espèces, parmi lesquelles, je citerai les suivantes, que je divise en trois sections.

ESPÈCES.

* *Corps sessile, court ou peu allongé.*

1. Ascidie cannelée. *Ascidia phusca.*

A. ovalis, lœviuscula; sacculo tenui semi-pellucido, subcartilagineo; mamillis osculorum striatis.

Ascidia phusca. Cuv. mém. du mus. 2. p. 29. pl. 1. f. 7—9 et pl. 2. f. 8.

An alcyonium phusca? Forsk. Ægypt. p. 129. n.o 82. et Ic. t. 27. *fig.* D.

Habite... L'ascidie que Forskal prit pour un alcyon, habite la Méditerranée près de Constantinople et de Smyrne : elle est rouge et se mange dans ces pays.

2. Ascidie mamillaire. *Ascidia mamillaris.*

A. sessilis, brevis, albida; corpore difformi subparallelipipedo, setis mollibus adsperso; aperturarum papillis hemisphœricis.

Ascidia mamillaris. Pall. spicil. zool. 10. p. 24. t. 1. f. 15.

Encycl. pl. 62. f. 1. Brug. dict. n.o 1.

Habite les côtes d'Angleterre.

3. Ascidie rustique. *Ascidia rustica.* L.

A. scabra, ferruginea; aperturis incarnatis. Lin.

An ascidia rustica? Mull. zool. dan. 1. p. 14. t. 15. f. 1—5.

Encycl. pl. 62. f. 7—9.

Tethya. Rondel. pisc. 2. p. 87.

B. *ascidia scabra?* Mull. zool. dan. tab. 65. f. 3.

C. *ascidia adspersa?* Mull. zool. dan. tab. 65. f. 2.

D. *ascidia patula?* Mull. zool. dan. tab. 65. f. 1.

Habite les mers d'Europe. Toutes ces ascidies ne me paraissent que des variétés les unes des autres.

4. Ascidie coquillière. *Ascidia conchilega.*

A. compressa, frustulis testarum vestita; sacculo albo in cœruleum transeunte.

Mull. zool. dan. p. 42. tab. 34. f. 4—6.

Encycl. pl. 62. f. 11—13.

B. *ascidia conchilega.* Brug. dict. n.° 8.

Habite les côtes de la Norwège, et la var. B, celles du cap de Bonne-Espérance.

5. Ascidie piquante. *Ascidia echinata.*

A. hemisphœrica, hispida; osculis coccineis hiantibus.

Mull. zool. dan. prodr. n.° 2722.

Ascidia. n.° 7. Brug. dict.

Habite l'océan septentrional.

6. Ascidie ampoule. *Ascidia ampulla.*

A. ovata, tomentosa; orificiis tubulosis, margine punctatis.

Ascidium. Bast. opusc. subs. p. 84. t. 10. f. 5, a, b, c, d.

Ascidia ampulla. Brug. dict. 10. Encycl. pl. 63. f. 1—3.

Habite les mers d'Europe.

7. Ascidie prune. *Ascidia prunum.*

A. ovata, lævis, hyalina; sacculo albo; aperturarum altera laterali. Mull. zool. dan. 1. p. 42. tab. 34. f. 1—3.

Encycl. pl. 66. f. 1—3. Brug. dict. n.o 32.

Habite les mers de la Norwège et la mer Glaciale. Ses ouvertures offrent huit stries rayonnantes.

8. Ascidie parallélogramme. *Ascidia parallelogramma.*

A. candida, convexa, hyalina; sacculo reticulato-lutescente; aperturarum altera laterali. Mull. zool. dan. 2. p. 11. t. 49. f. 1—3.

Encycl. pl. 64. f. 8—10. Brug. n.o 24.

Habite les mers du Danemarck, de la Suède.

9. Ascidie petit-monde. *Ascidia microscomus.*

A. subovata, irregularis; sacculo valdè coriaceo, extùs rugoso; osculis mamillatis, limbo radiatim striatis.

Ascidia microscomus. Cuv. mém. du mus. 2. p. 24. pl. 1. f. 1—6.

Microscomus redi, opusc. 3. pl. 22.

Mentula marina informis. planc. conch. p. 109. app. tab. 7.

Ascidia sulcata. Coqueb. bull. des sc. 1. avril 1707.

Habite la Méditerranée, l'Océan d'Europe.

10. Ascidie pomme-d'orange. *Ascidia aurantium.*

A. subglobosa; sacculo coccineo, punctis duriusculis scabro; papillis terminalibus, cylindraceis, rugosis.

Pallas, nov. act. petrop. 2. p. 246. t. 7. f. 38.

Shaw. miscel. vol. 13. tab. 532.

Habite l'Océan Asiatique. Très-belle espèce, de la grosseur et de la couleur d'une orange.

** *Corps sessile et allongé.*

11. Ascidie mentule. *Ascidia mentula.*

A. ovata, compressa, pilosa, fuscata; sacculo crasso.

Ascidia mentula. Mull. zool. dan. 1. p. 6. tab. 8.

Encycl. pl. 62. f. 2—4.

Cuv. mém. du mus. 2. p. 32.

Reclus marin. Dicquem. journal de phys. 1777. mai. 356. t. 2. f. 1—3.

Habite l'Océan Européen boréal.

12. Ascidie bosselée. *Ascidia mamillata.*

A. oblonga, erecta; ochroleuca, eminentiis rotundatis inœqualibus mamillata; sacculo crasso.

Ascidia mamillata. Cuv. mém. du mus. 2. p. 30. pl. 3. f. 1—7.

Pudendum alterum. Rondel. pisc. 2. 129. éd. gall. 2. p. 89.

Habite la Méditerranée. Elle a été confondue avec l'espèce n.° 9, sous le nom d'*ascidia mentula.* Il n'en est pas fait mention dans la treizième édition de Linné, imprimée à Vienne.

13. Ascidie papilleuse. *Ascidia papillosa.*

A. ovalis erecta scabra; sacculo coriaceo, extùs papillis exiguis asperato.

Ascidia papillosa. Cuv. mém. du mus. 2. p. 28. pl. 2 f. 1—3.

Tethyum coriaceum. Bohadsch. p. 130. tab. 10. f. 1.

Encycl. pl. 62. f. 10.

Ascidia papillosa. Gmel. Brug. n.° 6.

Habite les côtes de la mer Adriatique.

14. Ascidie veinée. *Ascidia venosa.*

A. elongata, subcompressa, rubra; sacculo concolore.

Mull. zool. dan. 1. p. 25. tab. 25.

Encycl. pl. 65. f. 4—6. Brug. n.° 26.

Habite la mer de Norwège.

15. Ascidie gélatineuse. *Ascidia gelatinosa.*

A. lœvis, coccinea, subdiaphana erecta; apice retuso; aperturis ad apicem.

Tethyum gelatinosum. Bohadsch. 131. tab. 10. f. 3.
Encycl. pl. 65. f. 2. Brug. n.° 29.
Habite la mer Méditerranée.

16. Ascidie intestinale. *Ascidia intestinalis.*

A. elongata, teres, flaccida; aperturis ad apicem approximatis.
Ascidia intestinalis. Lin. Cuv. mém. du mus. 2. p. 32. pl. 2. f. 4—7.
Ascidia canina. Mull. zool. dan. 2. t. 55. f. 4—6.
Encycl. pl. 64. f. 1—3. Brug. n.° 20.
Mentula marina. Redi. opusc. 3. t. 21. f. 6.
Tethyum. Bohadsch. tab. 10. f. 4. Encycl. pl. 65. f. 3.
Brug. dict. n.° 27.
Habite les mers d'Europe. Elle offre diverses variétés, les unes des mers du nord, d'autres de la Manche, et d'autres de la Méditerranée.

17. Ascidie ridée. *Ascidia corrugata.*

A. elongata, glabra; sacculo cinereo: fasciis albis.
Mull. zool. dan. 2. tab. 79. f. 3—4.
Encycl. pl. 63. f. 7—8. Brug. n.° 16.
Habite les côtes de la Norwège.

*** *Corps pédiculé ou rétréci en pédicule inférieurement.*

18. Ascidie lépadiforme. *Ascidia lepadiformis.*

A. clavata, hyalina; apice subquadrangulari; stipite undulato.
Brug. dict. n.° 19.
Ascidia lepadiformis. Mull. zool. dan. 2. tab. 79. f. 5.
Encycl. pl. 63. f. 10.
Habite les côtes de la Norwège.

19. Ascidie massue. *Ascidia clavata.*

A. elongata, infernè stipitata, in clavam oblongam supernè incrassata; aperturis ad apicem approximatis.
Ascidia clavata. Pall. spicil. zool. 10. p. 25. t. 1. f. 16.

Encycl. pl. 63. f. 11. Brug. n.° 18.
Cuv. mém. du mus. 2. p. 33, pl. 2. f. 9—10.
Habite les mers du Nord.

20. Ascidie pédonculée. *Ascidia pedunculata.*

A. pedunculo longo, variè curvo ; corpore ovato-elongato ; aperturis lateralibus remotis.

Ascidia clavata. Shaw. miscel. vol. 5. tab. 154.

Habite l'océan Boréal. Cette espèce est très-différente de celle qui précède, et même de la suivante dont néanmoins elle se rapproche davantage.

21. Ascidie globifère. *Ascidia globifera.*

A. pedunculo longo, variè curvo, scabro ; corpore subgloboso ; aperturis distantibus quadrifidis.

Animal planta. Edouart. av. tab. 356. *Ascidia pedunculata.* Shaw. miscel. 7. t. 239.
Encycl. pl. 63. f. 12—14.
Ascidia pedunculata. Brug. dict. n.° 12, *non Gmelini.*
Habite l'océan Américain et Boréal.

22. Ascidie globulaire. *Ascidia globularis.*

A. ovali-sphærica, semipellucida ; aperturis ad superum verticem binis distantibus ; pedunculo brevissimo.

Ascidia globularis. Pall. it. 3. p. 709. n.° 57.
Nov. act. petrop. 2. p. 247. t. 7. f. 39—40.
Habite les côtes sablonneuses et vaseuses de l'Océan glacial.

BIPAPILLAIRE. (Bipapillaria.)

Corps libre, nu, ovale-globuleux, terminé en queue postérieurement, ayant à son extrémité supérieure deux papilles coniques, égales, perforées et tentaculifères. Trois tentacules à chaque oscule.

Corpus liberum, nudum, ovato-globosum, posticè caudatum : extremitate superiore bipapilloso. Papillæ conicæ, æquales, apice foratæ, tentaculiferæ. Tentacula tria utroque osculo.

OBSERVATIONS.

Nous avons trouvé dans les notes manuscrites que nous a communiquées *Péron*, la description et la figure de l'animal dont il s'agit ici. Ne l'ayant point nommé, nous lui assignons le nom de *bipapillaire*, à cause des deux papilles coniques qui terminent son extrémité antérieure ou supérieure. Chaque papille est terminée par un oscule, d'où l'animal fait sortir, comme à son gré, trois tentacules sétacés, roides, un peu courts, dont il se sert pour saisir sa proie et la sucer. Son corps est membraneux, un peu dur et résistant au tact. Il se termine postérieurement en queue de rat, tendineuse et contractile.

Les deux oscules de la *bipapillaire* nous paraissent analogues aux deux ouvertures des ascidies ; mais ils sont tentaculés, et l'animal paraît libre. Qu'ils se réunissent en un seul oscule terminal, dépourvu de tentacules, alors on aura un corps analogue aux mammaires.

ESPÈCE.

1. Bipapillaire australe. *Bipapillaria australis.*

B. corpore albidè-roseo glabro; caudâ murinâ tendinosâ. ... Péron, mss.

Habite la côte occidentale de la Nouvelle-Hollande; près de la baye du Géographe.

MAMMAIRE. (Mammaria.)

Corps libre, nu, ovale ou subglobuleux, terminé au sommet par une seule ouverture. Point de tentacules à l'oscule.

Corpus liberum, nudum, ovale aut subglobosum; aperturâ unicâ ad apicem. Tentacula nulla.

OBSERVATIONS.

L'organisation des *mammaires* n'est pas encore bien connue; en sorte que, ne pouvant les classer que provisoirement, on crut pouvoir les ranger dans le voisinage des ascidies. Si leur corps a une double enveloppe, peut-être que les deux ouvertures que l'on supposerait à l'intérieure, viennent aboutir à l'oscule unique qui termine supérieurement l'extérieure. Sans doute des observations ultérieures sont nécessaires pour nous éclairer à cet égard; mais quelle que soit l'organisation de ces animaux, il est déjà plus que probable qu'elle est très-inférieure à celle des vrais mollusques.

Les *mammaires* paraissent libres et se déplacer vaguement dans les eaux sans pouvoir nager véritablement dans leur sein. On en désigne trois espèces.

ESPECES.

1. Mammaire blanche. *Mammaria mamilla.*

M. conico-ventricosa, alba. Mull. zool. dan. prodr. 2718. Gmel. p. 3135.

Habite la mer de Norwège.

2. Mammaire bigarrée. *Mammaria varia.*

M. ovata, albo et purpureo varia. Mull. zool. dan. prodr. 2719.

Olufs. it. isl. 900. Gmel. n.o 2.

Habite l'Océan septentrional.

3. Mammaire globule. *Mammaria globulus.*

M. globosa, cinerea, libera. O. fab. *fauna* Groenl. p. 329. n.o 315.

Gmel. p. 3136.

Habite les côtes du Groenland. Elle est gélatineuse, globuleuse, lisse, d'une ligne et demie de diamètre. Pour ce genre, voyez Encycl. pl. 66. f. 4.

CLASSE CINQUIÈME.

LES VERS. (Vermes.)

Animaux à corps mou, allongé, nu dans presque tous; sans tête, sans yeux, et sans pattes.

Bouche constituée par un ou plusieurs suçoirs : point de tentacules.

Organisation : un tube ou sac alimentaire; des pores extérieurs respirant l'eau; génération gemmipare dans les uns, subovipare dans les autres. Dans tous, point de cerveau, point de moëlle longitudinale noueuse, point de sens particuliers, point de vaisseaux pour la circulation.

Animalia mollia, elongata, in plurimis nuda, acephala, cœca, apoda.

Os suctorio unico aut multiplici; tentaculis nullis.

Organisatio : tubus aut saccus alimentarius; pori externi aquam spirantes; generatio in aliis gemmipara, in alteris subovipara. In nullis encephalum, medulla longitudinalis nodosa, sensus speciales, vasa circulationis.

OBSERVATIONS.

La classe des *vers* présente un groupe d'animaux singuliers, nombreux, très-simples dans leur forme générale, fort différens de ceux que nous ont offert les classes précédentes, et qui ne paraissent nullement se lier avec eux par de véritables rapports. Ainsi, c'est sans conséquence que nous plaçons cette classe au 5.e rang dans notre distribution générale des animaux ; car ce rang n'est point le sien dans l'ordre de la nature. Mais notre distribution étant nécessairement unique et simple, et, en cela, contraire à l'ordre que la nature a été forcée de suivre dans ses productions, il ne nous a pas été possible d'assigner aux *vers* un rang plus convenable : on en verra dans l'instant la raison.

Ici, les animaux ont le corps allongé, peu contractile quoique fort mou, quelquefois un peu roide ou élastique, très-simple en général dans sa forme, et presque sans parties extérieures. Leur bouche uniquement suçante, ne se borne plus à laisser entrer les alimens ; mais elle exerce une action particulière qui les y force.

Comme les *vers* ne se nourrissent que d'alimens liquides, leur bouche n'a aucune proie à saisir. Or, dans toutes les races, cette bouche constitue un ou plusieurs suçoirs dont les dilatations et les contractions alternatives obligent les particules du liquide étranger et pressé, à s'introduire successivement dans l'organe digestif de l'animal. Ainsi la bouche des vers consiste en un ou plusieurs suçoirs simples, tantôt courts et sans saillie, tantôt allongés en trompe plus ou moins rétractile, et cette bouche est constamment nue, c'est-à-dire, non environnée de tentacules, car quelquefois elle est accompagnée de crochets.

Après avoir parcouru les *infusoires*, les *polypes*, les *radiaires* et les *tuniciers*, on rencontre dans notre distribution générale des animaux, un *hiatus* évident, un défaut de liaison dans la série des rapports qui doivent exister au moins entre les masses; en sorte que les *vers* qui viennent ensuite paraissent hors de rang, et s'y trouvent effectivement.

Les *vers* n'ont point une organisation univoque, c'est-à-dire, formée sur un plan particulier déterminable; conséquemment, leur organisation n'est point particulière aux animaux de leur classe, et ne saurait être caractérisée d'une manière générale. Bien différens en cela des animaux de chacune des autres classes, ils offrent entre les uns et les autres, une différence considérable dans le plan, l'état et la composition de leur organisation. Néanmoins ceux d'entr'eux qui ont l'organisation la plus avancée, ont cette organisation bien moins composée ou perfectionnée que celle des animaux des classes suivantes. Ainsi, quoiqu'il y ait une différence très-considérable entre le plan et l'état de l'organisation des *hydatides*, comparativement à l'organisation des *cucullans*, des *strongles*, etc., ces derniers cependant sont des animaux plus imparfaits que les insectes, et que tous les animaux des classes qui viennent ensuite.

Il résulte de cette considération que, quoique les *vers* dont l'organisation est la plus avancée dans sa composition, soient à cet égard fort inférieurs aux insectes; néanmoins, les différences dans l'état et la composition de l'organisation des différens *vers* sont si grandes, qu'il y a lieu de croire que les plus imparfaits d'entr'eux sont réellement le produit de générations spontanées. Dans ce cas, la classe des *vers* commencerait une série particulière, comme celle des *infusoires* en commence une autre ; et de part et d'autre, la nature formerait des générations directes à l'entrée de ces séries.

Il y aurait donc pour, la formation des animaux, deux séries distinctes, dont l'une, commençant par les infusoires, amènerait les polypes, les radiaires, les tuniciers, les acéphales, les mollusques ; tandis que l'autre, commençant par les vers, amènerait les épizoaires, les insectes et autres animaux articulés, et se terminerait par les cirrhipèdes.

Ainsi, les *vers* dont il s'agit maintenant, commencent, selon nous, la série qui doit amener les animaux articulés, et nous avons dû les placer au 5.e rang, afin de ne point interrompre cette série naturelle jusqu'à son terme.

La nature ne nous présente dans les vers aucun exemple de cette disposition rayonnante des parties soit internes, soit externes, qu'elle a si éminemment employée dans les radiaires. Ce ne sont plus des animaux rayonnés, et désormais nous n'en rencontrerons nulle part.

Bientôt nous allons trouver le mode de parties paires symétriques, qui est essentiel à la forme des animaux les plus parfaits, et que la nature n'a pu commencer qu'en établissant celui des articulations.

Enfin, dans quelques vers, la nature semble avoir préparé des moyens pour former une tête à l'animal ; mais nous allons voir qu'il n'y a encore ici aucune partie qui mérite véritablement ce nom.

La *tête*, dans tout animal qui en est pourvu, est une partie du corps essentiellement destinée à être le siége de quelque sens particulier, à renfermer le cerveau et le foyer du sentiment; elle n'est nullement caractérisée par la seule présence d'un renflement quelconque d'une partie du corps animal.

L'organisation de l'homme, qui est la plus perfectionnée, et d'après laquelle on doit se régler pour juger toutes les autres, montre que la *tête* est l'unique siége des sens particuliers, et qu'elle contient constamment le foyer où se rapportent les sensations.

Ainsi, tout animal qui n'a point de centre de rapport pour les sensations, et qui n'offre aucun sens particulier ou isolé, n'a point de *tête*.

Dans les *insectes*, en qui la *tête* est déjà parfaitement reconnaissable, on remarque au moins un sens particulier qui est celui de la vue; et le nœud médullaire ou le ganglion bilobé qui termine antérieurement la moëlle longitudinale de ces animaux, offre l'ébauche d'un *cerveau*, quoique fort imparfait encore, et contient par conséquent le centre particulier où se rapportent les sensations.

Mais dans les *vers*, où aucun sens isolé n'existe, et où aucun vestige de cerveau n'est reconnaissable, il n'y a véritablement point de *tête*.

Si, dans les *tœnia*, l'extrémité antérieure du corps offre un petit renflement, ce sont les ouvertures des 4 suçoirs qui y donnent lieu; ce renflement terminal ne peut donc être considéré comme une tête, puisqu'il n'est point le siége d'aucun sens particulier, ni le foyer du sentiment.

C'est un abus très-nuisible aux progrès de nos connaissances physiologiques, que d'attribuer aux parties des corps vivans, dont on n'a point suffisamment examiné la nature, des noms qui désignent des fonctions qu'elles n'exécutent point. N'a-t-on pas, dans les végétaux, donné le nom de *trachées* à des parties qui ne sont nullement des organes respiratoires!

Les *vers*, ainsi que les autres animaux, doivent être caractérisés classiquement d'après la nature de leur organisation, et non par la considération des lieux qu'ils habitent. Ainsi leur caractère classique doit embrasser, soit ceux qui vivent constamment dans l'intérieur des animaux, soit ceux qui habitent ailleurs, si de part et d'autre l'état d'organisation l'exige. Nous les caractériserons donc comme étant des animaux à corps mou, allongé, nu, sans tête, sans pattes, ne possédant à l'intérieur ni cerveau, ni moëlle longitudinale, ni système de circulation.

On avait d'abord confondu les *vers* avec les *annelides* dans la même classe, par suite d'une apparence d'analogie trouvée dans la forme générale de ces animaux. Mais lorsque l'énorme différence qui existe dans l'organisation des uns comparée à celle des autres fut reconnue, on fut obligé de les séparer, et même d'éloigner assez considérablement l'une de l'autre les deux classes qu'ils durent constituer.

Bien plus imparfaits et plus simples en organisation que les *annelides*, puisqu'ils n'ont ni artères, ni veines et par conséquent point de système de circulation, les *vers* sont encore plus imparfaits que les *insectes* mêmes; car non seulement ils ne subissent point de métamorphose, mais en outre ils n'ont jamais de tête, d'yeux, ni de pattes quelconques. Il y en a même qui paraissent former des animaux véritablement composés.

N'ayant ni cerveau, ni moëlle longitudinale noueuse, il est probable qu'ils ne jouissent point de la faculté de sentir, qu'ils ne sont qu'irritables dans leurs parties, et que si parmi eux quelques-uns possèdent des filets nerveux, ces nerfs ne servent qu'à l'excitation d'un système musculaire ébauché.

Ils paraissent respirer par des espèces de stigmates; mais s'ils ont des trachées, elles ne peuvent être qu'aquifères, car ils vivent continuellement soit dans l'eau, soit dans l'humidité. Aussi, après leur extraction des lieux qu'ils habitent, ne peut-on les conserver quelque temps vivans que dans l'eau.

Très-distingués des *insectes* et des *annelides* par une organisation beaucoup moins avancée dans sa composition, on ne peut, par aucun motif raisonnable, les confondre avec les *radiaires*, et encore moins avec les *polypes*; car ils ne se lient par aucun rapport, ni avec les uns ni avec les autres. Leur forme générale, leur bouche toujours en suçoir, leur défaut de tentacules, les deux issues du canal alimentaire de la plupart, enfin la nécessité où ils sont tous de ne prendre que des alimens liquides, tout indique qu'ils constituent un groupe que l'on devra peut-être diviser, mais qu'il faut isoler, parce qu'il tire son origine d'une source tout-à-fait particulière.

La connaissance des vers est encore très-peu avancée, et l'on n'a guère de certain sur ceux qui ont été observés, que quelques détails sur leur forme particulière et extérieure. Ce n'est pas cependant que l'étude de cette partie de l'Histoire Naturelle soit plus dépourvue d'intérêt et offre moins de considérations utiles que celle des autres parties : mais la difficulté de bien observer ces animaux, le peu d'instans que l'on a pour les examiner dans l'état vivant, la rareté des occasions que l'on a de revoir les espèces observées et de les comparer entr'elles, l'imperfection de nos collections à leur égard, enfin le petit nombre d'ouvrages vraiment instructifs sur cette partie de la Zoologie, sont, comme le remarque *Bruguières*, les causes principales qui retardent nos connaissances de ces animaux.

Que l'on ajoute à ces causes, cette prévention si générale qui réduit l'intérêt de l'étude des animaux imparfaits, à la stérile connaissance de leur existence, de leur grand nombre, de leurs caractères extérieurs, et de leur nomenclature ; alors on sentira pourquoi nos connaissances des vers sont si peu avancées.

Si l'on a eu tort de n'attacher à l'étude des vers qu'un intérêt médiocre, ce tort devient plus grand encore lorsque l'on considère que le plus grand nombre des vers observés, sont ceux qui vivent dans l'intérieur des autres animaux, dans le corps même de l'homme, et qu'ils y causent souvent des désordres et des maux que nous pourrions diminuer ou prévenir si nous connaissions mieux ces animaux parasites.

Ainsi, outre que l'on connaît quelques vers externes vivant dans les eaux ou dans la terre humide, il y a des vers, et en très-grand nombre, qui naissent et vivent constamment, les uns dans le corps de l'homme, les autres dans celui de différens animaux, et que l'on ne trouve jamais hors d'eux. On a donné à ces parasites internes, le nom de *vers intestins*.

Comme l'étude des vers intestins est non-seulement curieuse, mais même fort importante, je vais présenter quelques-unes des considérations qui les concernent, et ce qu'il y a de mieux connu à leur égard.

DES VERS INTESTINS.

On sait que l'on trouve dans le corps de différens animaux, des vers de diverses sortes, qui y naissent, s'y développent, s'y multiplient et que l'on ne rencontre jamais ailleurs. Ces vers sont extrêmement nombreux dans la nature, et l'on a remarqué qu'il n'est presqu'aucun animal qui n'en nourrisse une ou plusieurs espèces.

Il y en a non seulement dans le canal alimentaire des animaux, mais encore dans le tissu cellulaire, dans le parenchyme des viscères les mieux revêtus, et jusque dans les vaisseaux.

On est fort embarrassé lorsqu'on cherche à se rendre compte de la véritable origine de ces animaux.

Se sont-ils introduits du dehors dans le corps des animaux où ils vivent? Si cela était, on en rencontrerait quelquefois hors du corps de ces animaux. Cependant les observations des naturalistes s'accordent assez sur ce point, savoir que presque tous les vers dont il s'agit, ne se rencontrent jamais hors du corps des animaux.

En effet, depuis tant de siècles que l'on observe, on n'a pu découvrir nulle part ailleurs que dans le corps des animaux les espèces de vers intestins bien constatées. Ni la terre, ni les eaux, ni l'intérieur des plantes ne nous offrent leurs véritables analogues. Personne n'a jamais rencontré ailleurs que dans un corps animal, soit un *tænia*, soit une *ascaride*, etc.

Ces considérations ont porté à croire que les *vers*, ou du moins que certains d'entr'eux, sont innés dans les animaux qui en sont munis.

Ces vers innés, ou dûs à des générations spontanées, se sont diversifiés avec le temps, en se répandant dans différens lieux du corps de l'animal qu'ils habitent, et les individus de leurs espèces continuent de s'y reproduire à l'aide de gemmules oviformes que des fluides de l'animal habité transportent dans les lieux où ils peuvent se développer, et même qu'ils transmettent aux nouveaux individus produits par la génération. Voilà ce qu'on est maintenant autorisé à croire, et ce que pensent effectivement les observateurs les plus éclairés.

Ce qui semble étayer ce sentiment, ce n'est pas seulement la pullulation singulière des vers intestins dans certains animaux, tandis que d'autres de la même espèce en paraissent tout-à-fait exempts; mais c'est qu'on a trouvé de ces vers dans des enfans nouvellement nés, et même dans des fœtus. D'où viennent donc ces vers, s'ils ne sont pas le produit, les uns d'une génération spontanée, les autres de gemmules transmises par la voie de la fécondation et par la communication entre les animaux habités, dans les nouveaux individus qu'ils reproduisent?

Tous les vers intestins ne sont point le résultat d'une génération spontanée ; car ceux que la nature a su produire immédiatement, ont reçu d'elle avec la vie, la faculté de se reproduire eux-mêmes par un mode de génération approprié à leur état. En effet, parmi ceux-là, les uns se multiplient par des gemmules internes que l'on prend pour des œufs, et les autres, plus avancés en organisation, paraissent se multiplier par une génération réellement sexuelle.

Si les observations du docteur *Rudolphe* sont fondées, comme il y a apparence, ce serait effectivement dans les vers que la nature aurait commencé l'établissement de la génération sexuelle, celle des ovipares. Mais, ce qui est évident pour moi, c'est que cette génération ne s'étend point et ne saurait s'étendre à tous les vers. Les différences dans l'état de l'organisation des animaux de cette classe comparés entr'eux, sont trop grandes pour que l'on puisse leur attribuer à tous les organes propres à une pareille génération. Aussi ce n'est guères que dans les vers du second ordre de la classe (dans les *vers rigidules*) que l'on a pu trouver des organes qui permettent la supposition d'un système de fécondation établi dans ces animaux. Encore n'est-on pas assuré qu'il n'y ait pas ici un mode particulier et moyen, entre la génération des gemmipares internes, et celle des vrais ovipares.

Au reste, si les corpuscules que l'on prend pour des œufs dans certains vers en sont réellement, ils doivent renfermer un embryon qui n'en peut sortir qu'après qu'ils se seront ouverts ou déchirés ; une fécondation sexuelle leur aura été nécessaire pour mettre leur embryon en état de recevoir la vie ; enfin, si cette fécondation a eu lieu, l'observation pourra constater si ces prétendus œufs se déchirent ou s'entr'ouvrent pour laisser sortir de leur intérieur un embryon vivant. Tout œuf, en effet, soit animal, soit végétal (comme les véritables graines) est assujetti à cette nécessité; tandis que les gemmules oviformes ne font que s'étendre et prendre peu-à-peu la forme du nouvel individu.

Il ne faut pas prendre pour des *vers intestins* les larves de certains insectes, telles que celles des *oëstres*, qui vivent dans le corps de quelques animaux pendant un temps limité, et qui n'y sont nées que parce que les insectes parfaits de ces espèces y avaient introduit leurs œufs. On ne doit pas non plus confondre avec les vers intestins, d'autres petits animaux réellement externes, et qu'on pourrait rencontrer dans l'intérieur d'animaux plus grands, dans lesquels ils auraient été introduits soit par la voie des alimens, soit d'une autre manière.

Ce qu'il y a de très-positif, c'est qu'il existe dans l'intérieur d'un grand nombre d'animaux différens, et dans l'homme même, des vers intestins qui, les uns s'y forment, les autres y naissent, et tous y vivent, s'y multipliant plus ou moins, sans qu'aucun de ces vers se montre et puisse vivre ailleurs.

On sait que les *vers intestins* incommodent et souvent affectent cruellement les animaux dans lesquels ils vivent; qu'ils irritent et quelquefois même altèrent leurs organes intérieurs; qu'ils les affaiblissent et les font continuellement dépérir, en consumant leur substance, et les sucs les plus utiles de leur corps; enfin qu'ils leur occasionnent des maladies d'autant plus dangereuses, que très-souvent la cause de ces maladies est méconnue.

Les uns et les autres tourmentent plus ou moins les animaux, chacun à leur manière, selon qu'ils sont plus ou moins multipliés, et surtout suivant les lieux plus ou moins sensibles qu'ils occupent, qu'ils irritent et qu'ils altèrent.

Par les affections qu'ils causent, ces vers parasites produisent en général des coliques, des convulsions, des assoupissemens, le vertige, la tristesse, le dépérissement, divers autres accidens ou maladies dangereuses, enfin la consomption et la mort.

Ce n'est, comme je l'ai déjà dit, qu'en étudiant bien le caractère et les habitudes de ces vers, les lieux particuliers qu'ils habitent, les affections et les maux qu'ils occasionnent, enfin les signes indicateurs des maladies qu'ils produisent, qu'on pourra trouver le moyen d'empêcher leur trop grande multiplication et parvenir à les détruire, au moins en grande partie. Cette vue intéresse notre propre conservation, ainsi que celle des animaux qui nous sont utiles.

Quoique les *vers intestins* habitent, selon leur genre et leurs espèces, dans différentes parties du corps des animaux plus parfaits qu'eux, c'est plus particulièrement dans le canal intestinal qu'on en trouve le plus; parce qu'ils y vivent des substances alimentaires qui y séjournent. Ils s'y multiplieraient infiniment, si l'écoulement de la bile n'en faisait continuellement périr; car les substances amères leur sont nuisibles. D'ailleurs une grande partie de ces vers se trouve souvent entraînée au dehors par les évacuations naturelles.

Je remarquerai en passant que si des arachnides, telles que les mittes de la gale (*acarus scabiœi*), pullulent et se multiplient avec tant de facilité dans les pustules virulentes de la gale, qu'elles semblent être la cause même qui entretient et propage la maladie; qui nous assure que plusieurs autres maladies, surtout les contagieuses, ne sont pas dues à des vers intestins extrêmement petits, qu'un état particulier du corps des animaux qu'ils habitent fait développer et multiplier en abondance?

On a soutenu et combattu cette idée dans différens ouvrages; mais sans moyens suffisans, de part et d'autre, pour fixer solidement l'opinion à cet égard.

En attendant de nouvelles lumières sur cet objet, occupons-nous de l'étude des vers dont l'existence n'est point équivoque; déterminons leurs caractères, ceux de leurs genres, de leurs familles; enfin, recherchons par l'observation les lieux qu'ils habitent, les affections qu'ils causent, et les signes des maladies qu'ils occasionnent.

L'intérêt qu'inspire réellement l'étude des vers intestins, et qui a porté les zoologistes à les considérer séparément, m'a entraîné à partager d'abord la classe des vers, d'après la considération des lieux qu'ils habitent; ce qui m'a fourni deux ordres, celui des vers intestins, et celui des vers externes.

Cependant, ce moyen de distinction est à-peu-près sans valeur, surtout lorsqu'il est isolé, c'est-à-dire, lorsqu'il n'est point accompagné de quelque caractère emprunté de l'animal même; car on ne peut disconvenir que l'état d'organisation qui constitue le caractère classique d'un ver, ne puisse se rencontrer aussi bien dans des vers extérieurs que dans ceux qui ne vivent que dans l'intérieur du corps des autres animaux. Je crois donc devoir faire disparaître ce défaut qui choque le principe, dans le choix des caractères à employer ; et je vois que je le puis sans déranger ma distribution générale des vers, et sans changer le rang que j'ai trouvé convenable d'assigner aux différens genres de ces animaux.

Les occasions de voir et d'examiner moi-même beaucoup de vers m'ayant manqué, j'ai peu de choses nouvelles à présenter à leur égard, et je ne puis qu'essayer de disposer, dans un ordre convenable, les vers qui paraissent avoir été les mieux observés, ainsi que les principaux de leurs genres.

En conséquence, je divise la classe des vers en trois ordres ; savoir :

1.° Les vers mollasses; } Corps nu.
2.° Les vers rigidules ; }
3.° Les vers hispides; Corps hérissé ou subcilié.

DIVISION DES VERS.

ORDRE PREMIER.

VERS MOLLASSES.

Ils sont nus, d'une consistance molle, sans roideur apparente, diversiformes, et la plupart irréguliers.

I.ère Section. — Les Vésiculaires.

Leur corps est vésiculaire, ou se termine postérieurement par une vessie, ou adhère à la vessie qui le contient.

Bicorne.

—

Hydatide.

Hydatigère.

Cénure.

Échinocoque.

II.e Section. — Les Planulaires.

Leur corps est toujours aplati.

Tœnia.

Botryocéphale.

Tricuspidaire.

Ligule.

Linguatule.

Polystome.

Fasciole.

III.e Section. — Les Hétéromorphes.

Leur corps est tantôt aplati, tantôt cylindracé et souvent difforme.

Monostome.

Amphistome.

Géroflé.

Tétragule.

Massette.

Tentaculaire.

Sagittule.

ORDRE DEUXIÈME.

VERS RIGIDULES.

Ils ont un peu de roideur qui les rend presqu'élastiques, et sont nus, cylindracés, filiformes, la plupart réguliers.

Porocéphale.
Échinorinque.
Strongle.
Cucullan.
Fissule.
Oxyure.
Trichure.
Ascaride.
Hamulaire.
Liorinque.
Filaire.

—

Dragoneau.
Etc.

ORDRE TROISIÈME.

VERS HISPIDES.

Ils ont le corps garni de soies latérales ou de spinules.

Naïde.
Stylaire.
Tubifex.

ORDRE PREMIER.

VERS MOLLASSES.

Ils sont nus, d'une consistance molle, sans roideur apparente, diversiformes, et la plupart irréguliers.

Les *vers* offrent très-peu de parties différentes à l'extérieur ; en sorte que les coupes que l'on doit former pour diviser primairement leur classe, ne peuvent être que médiocrement caractérisées. Ceux en effet de cet ordre sont sans doute diversifiés dans leurs espèces et dans leurs genres ; mais l'ordre qui les embrasse ne se distingue guères que par une réunion de considérations qui semble les lier tous ensemble.

Les *vers mollasses* sont effectivement d'une consistance molle, sans roideur distincte, et ont cela de particulier, qu'ils varient plus dans leur forme générale que les vers rigidules ou du second ordre, et qu'ils sont en général irréguliers. Les uns et les autres sont nus à l'extérieur.

C'est dans cet ordre que l'on trouve les vers les plus imparfaits, ceux dont l'organisation paraît moins avancée, moins composée que dans beaucoup de radiaires.

Je divise les vers de cet ordre en trois sections; savoir :

I.re SECTION. — Les vers vésiculaires.

II.e SECTION. — Les vers planulaires.

III.e SECTION. — Les vers hétéromorphes.

PREMIÈRE SECTION.

VERS VÉSICULAIRES.

Leur corps est vésiculaire, ou se termine postérieurement par une vessie, ou adhère à une vessie kisteuse qui le renferme.

Les *vers vésiculaires* sont probablement les plus imparfaits de tous les vers, c'est-à-dire, ceux dont l'organisation est la plus simple, la moins avancée dans sa composition et son perfectionnement. On n'a pu encore distinguer en eux aucun organe intérieur, et on ne leur connaît qu'une ou plusieurs ouvertures au moyen desquelles ils pompent les matières dont ils se nourrissent; mais sans anus. Et, comme leur corps n'offre point d'intestin perceptible, il semble qu'il ne soit lui-même qu'un sac intestinal vivant isolément. Il n'est pas même certain que tous ces vers aient réellement une bouche.

Ces vers sont vraisemblablement gemmipares internes. C'est sans doute par cette raison que les cénures et les échinocoques de M. *Rudolph* ont offert aux observateurs plusieurs vers renfermés dans une vessie commune. Il paraît même qu'il y en a qui sont contenus presqu'indéfiniment les uns dans les autres.

On n'a encore établi qu'un petit nombre de genres parmi ces vers, et il y a lieu de croire qu'on n'en connaît que les plus grands et les moins imparfaits.

BICORNE. (Ditrachyceros.)

Corps ovale, comprimé, contenu dans une tunique transparente, ayant à son extrémité antérieure deux cornes longues, hérissées de filamens.

Corpus ovatum, compressum, tunica hyalina vestitum; parte anteriore cornibus duobus longis filisque asperis instructá.

OBSERVATIONS.

M. *Charles Sultzer*, professeur de Strasbourg, a publié la description du *bicorne* dans une dissertation dont ce ver est l'objet. Ce même ver a été obtenu, à la suite de l'état maladif et d'une douleur fixe, vers l'hypocondre gauche, d'une femme qui rendit, après de forts purgatifs, un nombre prodigieux de ces animalcules.

La longueur de ce ver, y comprenant les deux cornes, est d'environ six millimètres : le corps seul n'a que la moitié de cette longueur.

Comme la bouche de cet animal n'a point été observée, on peut présumer que ses deux cornes sont deux suçoirs.

ESPÈCE.

1. Bicorne hérissé. *Ditrachyceros rudis.* Sultz.

Diceras rudis. Rudolph. entoz. hist. 3. p. 258.

Habite les intestins de l'homme. Les languettes filamenteuses, dont ses cornes sont hérissées, lui servent à se fixer entre les replis de la membrane villeuse des intestins, et dans la mucosité dont ils sont enduits.

HYDATIDE. (Hydatis.)

Vessie externe et kisteuse, contenant un ver libre, presque toujours solitaire.

Corps vésiculeux, ampullacé, plein d'eau, se rétrécissant antérieurement en un cou grêle, ayant à son sommet 4 suçoirs et une couronne de crochets.

Vesica externa, kistosa, ferè semper vermem solitarium fovens.

Corpus vesiculosum, ampullaceum, aquâ refertum, in collum gracilem anticè attenuatum; apice osculis 4 suctoriis, et coronâ terminali uncinosâ.

OBSERVATIONS.

Les *hydatides*, ainsi que les autres vers plus ou moins vésiculeux qui ont quatre suçoirs, ont été confondues avec les *tænia* par Linnéus. Ces différens vers ont en effet des rapports avec les tœnia; mais, outre qu'ils en sont distingués par leur forme, ils le sont aussi par les lieux particuliers de leur habitation; car ils vivent dans le parenchyme même des viscères ou dans l'épaisseur des membranes, y étant plus ou moins enfoncés, et non dans le canal intestinal, comme les *tænia*. On en trouve dans le foie, dans le cerveau, et dans les autres viscères des hommes et des animaux. Ils sont renfermés dans un kiste vésiculeux auquel ils ont donné lieu par leur présence, et la plupart présentent des vessies qui font partie de leur corps, et qui sont pleines d'une liqueur limpide. On les a longtemps considérés comme de simples dépôts lymphatiques, et non comme des vers.

Parmi ces différentes sortes de vers à kiste vésiculeux, les *hydatides* constituent un genre particulier, remarquable par la forme du ver lui-même. Le corps du ver est très-vésiculeux, renflé, presque globuleux, plein d'eau, et se rétrécit antérieurement en un cou grêle, rétractile. Ce cou se termine par un petit renflement muni de quatre suçoirs et couronné de crochets.

La trop grande abondance des *hydatides* dans les animaux leur cause souvent des maladies graves. Dans l'homme, elles sont peu communes. En général, elles sont superficielles, et médiocrement engagées dans les viscères qui en contiennent.

Nota. Je conserve le nom que j'ai donné à ce genre, parce que j'ai, le premier, séparé des *tœnia*, sous ce nom, tous les vers à kiste vésiculeux, et qui ont quatre suçoirs. Depuis, on a divisé ce genre en plusieurs autres.

ESPÈCES.

1. Hydatide globuleuse. *Hydatis globosa.*

H. subglobosa; collo tenui teretiusculo, rugoso, retractili, corpore breviore.

Tœnia hydatigena. Pallas. El. zooph. p. 413. miscell. zool. fasc. 13. p. 57. tab. 12. f. 1—11.

Encycl. pl. 39. f. 1—5. ex Goez.

Cysticercus tenuicollis. Rudolph. entoz. 3. p. 220.

Habite dans le péritoine et dans la plèvre des ruminans, du porc, etc. Son corps vésiculeux, blanc et transparent, acquiert la grosseur d'une noix ou d'une pomme médiocre.

2. Hydatide pisiforme. *Hydatis pisiformis.*

H. subglobosa; collo tereti, rugoso, corporis longitudine.

Hydatigena pisiformis. Goez. nat. t. 18. A. f. 1—3. Encycl. pl. 39. f. 6—8.

Cysticercus pisiformis. Rudolph. entoz. 3. p. 224.
Habite dans le foie du lièvre, du lapin, quelquefois de la souris. Elle est beaucoup moins grosse que la précédente.

Nota. On a observé dans l'intérieur de ce ver quantité de petits déjà formés, ayant chacun leur vessie propre, et dans ces petits, on en a aperçu d'autres. Ainsi voilà des individus contenus les uns dans les autres, sans terme connu!

HYDATIGÈRE. (Hydatigera.)

Vessie externe et kisteuse, contenant un ver libre, presque toujours solitaire.

Corps allongé, aplati, ridé transversalement, ayant postérieurement une vessie caudale, pleine d'eau, plus courte que le reste du corps, et se terminant antérieurement par un renflement muni de 4 suçoirs et d'une couronne de crochets.

Vesica externa, kistosa, ferè semper vermem solitarium fovens.

Corpus elongatum, depressum, transversìm rugosum, in vesicam caudalem, aquâ refertam et corpore breviorem, posticè terminatum : apice osculis 4 suctoriis, coronâque terminali uncinosâ armato.

OBSERVATIONS.

Sans doute les *hydatigères*, dont il s'agit ici, pourraient être réunies dans le même genre avec les hydatides, comme l'a fait M. *Rudolph* dans ses *cysticercus.* Mais les *hydati-*

gères se rapprochent beaucoup plus des *tænia* ; leur corps allongé, aplati, très-ridé transversalement, et la petitesse de leur vessie caudale, offrent des différences si considérables, comparativement à la forme particulière des hydatides, que je crois nécessaire de les en séparer.

ESPECES.

1. Hydatigère tœniacée. *Hydatigera fasciolaris.*

H. corpore elongato depresso, vesicâ caudali exiguâ subglobosâ.

Tænia vesicularis fasciolata. Geez. nat. t. 18. B. f. 10—14 tab. 19. f. 1—14. Encycl. pl. 39. f. 11—17.

Cysticercus fasciolaris. Rudolph. 3. p. 215. t. XI. f. 1.

Habite dans le foie des rongeurs, du rat, de la souris, etc Elle est blanche et a jusqu'à sept pouces de longueur.

2. Hydatigère chalumeau. *Hydatigera fistularis.*

H. corpore elongato, cylindraceo, retrorsùm increscente, anticè tantùm rugoso ; vesicâ caudali nullâ.

Cysticercus fistularis. Rudolph. entoz. 3. p. 218. t. XI. f. 2.

Habite dans le péritoine du cheval.

3. Hydatigère lancéolée. *Hydatigera cellulosœ.*

H. corpore cylindrico, rugoso; antrorsùm decrescente; vesicâ caudali, ellipticâ transversâ.

Cysticercus cellulosœ. Rudolph. entoz. 3. p. 226.

Tænia cellulosæ. Gmel. p. 3059.

Habite dans la membrane celluleuse des muscles, dans l'homme, le singe, etc.

CÉNURE. (Cœnurus.)

Vessie externe, mince, kisteuse, remplie d'eau, contenant plusieurs vers groupés, adhérens.

Corps allongé, déprimé, un peu ridé, terminé antérieurement par un renflement muni de 4 suçoirs et d'une couronne de crochets.

Vesica externa, tenuis, kistosa, aquâ referta, vermiculos plurimos acervatos et adhœrentes fovens.

Corpus elongatum, depressiusculum, subrugosum, apice nodulo suctoriis 4 et coronâ uncinosâ instructo terminatum.

OBSERVATIONS.

Les *cénures* n'offrent point des vers libres et solitaires dans la vessie kisteuse qui les contient, comme ceux des hydatides et des hydatigères. Elles présentent au contraire des vers sociaux, plus ou moins nombreux, et qui semblent adhérer les uns aux autres, et à leur vessie commune.

Ces vers sont dans le même cas que les *échinocoques*, et, comme l'a fait *Zeder*, on pourrait les réunir dans le même genre. Mais les *cénures* sont des vers allongés, tandis que les *échinocoques* sont des vers subglobuleux ou turbinés, extrêmement petits, subgraniformes.

Les *cénures* se trouvent fréquemment dans le cerveau des moutons, leur causent une maladie connue sous le nom de *tournis*, et qui en enlève un grand nombre chaque année.

ESPÈCE.

1. Cénure cérébrale. *Cœnurus cerebralis*. R.

C. corpore subtereti, tenuissimè granulato, retracto rugante, vesicâ communi posticè adhœrente.

Tœnia vesicularis. Goez. naturg. t. 20. f. 1—8.

Encycl. pl. 40. f. 1—8.

Cœnurus cerebralis. Rudolph. 3. p. 243. tab. XI. *fig.* 3. A-E.

Tœnia cerebralis. Gmel.

Habite dans le cerveau des moutons. Les vers étendus ont jusqu'à 2 lignes de longueur. Ils adhèrent au fond d'une vessie kisteuse de la grosseur d'un œuf de pigeon ou un peu plus.

ECHINOCOQUE. (Echinococcus.)

Vessie externe, kisteuse, pleine d'eau, contenant des vers très-petits, arénulacés, adhérens à sa surface interne.

Corps subglobuleux ou turbiné, lisse, à sommet muni de 4 suçoirs et couronné de crochets.

Vesica externa, kistosa, aquâ repleta, continens vermes minimos, arenulaceos, superficiei internæ adhærentes.

Corpus subglobosum aut turbinatum, læve; apice suctoriis 4, et coronâ uncinosâ instructo.

OBSERVATIONS.

Les *échinocoques* sont, comme les *cénures*, des vers sociaux, et composent ensemble le genre polycéphale de *Zeder*. Néanmoins, outre que les *échinocoques* sont extrêmement petits, leur corps renflé, plus large supérieurement que vers sa base, les distingue tellement des *cénures*, que M. *Rudolph* a cru devoir les en séparer.

Ces vers, qu'on n'a peut-être observés qu'avant leur développement complet, adhèrent à la surface interne de la vessie qui les contient, et s'y montrent comme de très-petits grains de sable.

Les *échinocoques* se trouvent, dit-on, dans l'homme (probablement dans son foie), dans les viscères abdominaux du singe, dans les poumons des moutons et des veaux.

ESPÈCES.

1. Echinocoque de l'homme. *Echinococcus hominis.* R.

Ech. corpore pyriformi; uncorum coronâ simplici.

Polycephalus humanus. Zeder. naturg. p. 431. t. 4. f. 7—8.

Echinococcus hominis. Rudolph. entoz. 3. p. 247.

Habite dans le cerveau de l'homme.

2. Echinocoque du singe. *Echinococcus simiæ.* R.

Ech. corpore punctiformi vario.

Echinococcus simiæ. Rudolph. entoz. 3. p. 250.

Habite dans les viscères du singe Macaque; on l'a aussi trouvé dans le Magot.

3. Echinocoque des vétérinaires. *Echinococcus veterinorum.* R.

Ech. corpore subturbinato.

Echinococcus veterinorum. Rudolph. entoz. 3. p. 251. t. XI. f. 5—7.

Tænia socialis granulosa. Goez. naturg. t. 20. f. 9—14.

Encycl. pl. 40. f. 9—14.

Habite dans les viscères des moutons, des veaux, du dromadaire, du porc, etc.

DEUXIÈME SECTION.

VERS PLANULAIRES.

Corps mou, aplati.

Après les vers vésiculaires, les *vers planulaires* paraissent être les plus imparfaits de la classe. Leur organisation est encore peu avancée dans sa composition; et il est probable que tous sont encore des gemmipares internes. Il y en a parmi eux qui paraissent être des *animaux composés*, adhérens les uns aux autres, et vivant en commun : ce sont ceux qui sont articulés.

Ces vers sont généralement aplatis, plus ou moins allongés, à corps mou, quelquefois éminemment contractiles. Dans quelques-uns de ceux qui sont inarticulés, l'anus est déterminable.

TOENIA. (Tœnia.)

Corps mou, très-long, aplati, articulé, terminé antérieurement par un petit renflement céphaloïde.

Renflement terminal muni de 4 oscules ou suçoirs latéraux.

Corpus molle, longissimum, depressum, articulatum, anticè nodulo cephaloideo terminatum.

Nodulus terminalis; osculis quatuor suctoriis et lateralibus.

OBSERVATIONS.

Parmi les différens vers qui vivent dans l'intérieur des animaux, les *tœnia* sont des plus remarquables, des plus nombreux en espèces, et peut-être des plus nuisibles aux animaux dans lesquels ils habitent.

Tout le monde connaît, au moins de nom, les vers solitaires qui vivent dans le corps de l'homme; ce sont des *tœnia*, vers très-singuliers par leur conformation, et souvent par leur énorme longueur. Leur forme approche de celle d'un ruban mince, étroit, fort long, blanchâtre, et distingué par des lignes transverses qui indiquent leurs nombreuses articulations. Ces articulations, plus ou moins grandes selon les espèces, rendent les deux bords de ce ver comme dentelés. Ce ne sont pas les vers les plus larges qui ont les articulations les plus longues ; c'est ordinairement le contraire.

On a considéré d'abord les articulations des *tœnia* comme autant d'animaux particuliers, que l'on croyait enchassés les uns dans les autres et à la file, parce qu'ayant observé que chaque articulation avait ses organes particuliers, on a pensé qu'elle pouvait vivre séparément. Mais *Bonnet* ayant le premier fait connaître le petit renflement qui termine l'extrémité antérieure de ces vers, on a cru que chaque ruban n'était réellement qu'un seul animal dont le corps aplati est articulé. Il se pourrait cependant que les *tœnia* fussent véritablement des animaux composés, mais d'une nouvelle sorte.

Chaque articulation a ordinairement sur un de ses bords un petit trou, et quelquefois un petit bouton ou un mamelon perforé. Elle a aussi ses masses particulières de gemmules internes que l'on prend pour des ovaires, et l'on peut, à l'aide d'une légère pression, faire sortir chaque gemme oviforme par l'un des pores latéraux de l'articulation qui les contient : leur quantité est prodigieuse. Ces petites masses de corpuscules reproductifs présentent la forme de grappes lobées, rameuses, quelquefois dendritiformes.

La partie antérieure des *tœnia* va, en général, en s'amincissant, devient presqu'aussi menue ou déliée qu'un fil, et se termine par un petit renflement souvent subglobuleux, que l'on a considéré comme une tête, et qui présente quatre petites bouches sublatérales. Ces bouches, bien distinctes, bien séparées les unes des autres, sont les ouvertures d'autant de suçoirs par lesquels l'animal pompe sa nourriture. Souvent, en outre, l'animal possède une trompe rétractile, qui sort, entre les quatre bouches, à l'extrémité du renflement.

En général, de chacune des quatre bouches, part un canal alimentaire, et ces quatre canaux se réunissent en un seul qui traverse toutes les articulations du corps de l'animal.

La grosseur du renflement capituliforme de ces vers suit assez les dimensions de ce qu'on nomme leur *cou* : plus ce cou est grêle et allongé, plus le renflement qui porte les suçoirs est petit, et réciproquement. Les *tœnia* très-larges ont ordinairement un cou fort court, et un assez gros renflement terminal.

L'homme n'est pas le seul être vivant qui soit attaqué par des *tœnia*; un grand nombre d'animaux divers y sont aussi très-sujets. Ce n'est guère néanmoins que dans les animaux vertébrés que l'on en trouve.

Les *tœnia* ne vivent que dans les intestins, et jamais au milieu des chairs, ni des viscères, ni sous les tégumens. Ils se nourrissent des sucs gastriques pancréatiques, et autres qui coulent perpétuellement dans l'estomac et les intestins des animaux.

Pour le petit nombre d'espèces que je dois citer, je suivrai les divisions et les caractères du docteur *Rudolph*, les empruntant de son ouvrage intitulé *Entozoorum historia*.

ESPÈCES.

* *Renflement capituliforme dépourvu de crochets.*

(A) Point de trompe rétractile.

1. Tœnia des moutons. *Tœnia expansa.* R.

T. capite obtuso, collo nullo, articulis anticis brevissimis; reliquis subquadratis, foraminibus marginalibus oppositis. Rudolph. entoz. vol. 3. p. 77.

Tœnia ovina. Gmel. Encycl. pl. 45. f. 1—12.

Habite dans les intestins des moutons et surtout des agneaux.

2. Tœnia dentelé. *Tœnia denticulata.* R.

T. capite tetragono, collo nullo, articulis brevissimis, foraminibus marginalibus oppositis, lemniscis, dentiformibus. Rudolph. entoz. vol. 3. p. 79.

Habite dans les bœufs, les vaches, les veaux. C'est la var. 2. du *tœnia ovina* de Gmel.

3. Tœnia pectiné. *Tœnia pectinata.* G.

T. capite obtuso, collo articulisque brevissimis, foraminibus marginalibus, papillosis, oppositis. Rudolph. entoz. vol. 3. p. 82.

Tœnia pectinata Goezii. Encycl. pl. 44. f. 7—11. Gmel. p. 3075.

Habite dans les lièvres, les lapins, etc.

4. Tœnia lancéolé. *Tœnia lanceolata.* G.

T. capite subgloboso, collo articulisque brevissimis, posticorum angulis nodosis. Rudolph. entoz. vol. 3. p. 84.

Tœnia lanceolata. Goez. naturg. t. 29. f. 3—12. Encycl. pl. 45. f. 15—24. Gmel. p. 3075.

Habite dans les intestins des oies.

5. Tœnia plissé. *Tœnia plicata.* R.

T. capite tetragono, corpori utrinque incumbente, collo

articulisque brevissimis, horum angulis lateralibus acutis. Rudolph. entoz. p. 87.

Tœnia equina. Gmel. Pall. et Chab. Encycl. pl. 43. f. 13—14.

Habite dans l'estomac et les intestins grêles des chevaux.

6. Tœnia perfolié. *Tœnia perfoliata.* G.

T. capite tetragono, postice utrinque bilobo; collo nullo; articulis perfoliatis. Rudolph. entoz. 3. p. 89.

Tœnia perfoliata. Goez. naturg. p. 353. tab. 25. f. 11—13.

Pallas. n. nord. Beytr. I. 1. p. 71. tab. 3. f. 21—24. *Sub tœnia equina.*

Encycl. pl. 43. f. 6—12.

Habite dans le cœcum et le colon du cheval.

7. Tœnia du phoque. *Tœnia anthocephala.* R.

T. capite subtetragono, lobis angularibus antrorsùm eminentibus acuto, collo articulisque brevissimis. Rudolph. entoz. 3. p. 91.

Tœnia phocæ. Gmel. p. 3073.

Habite dans le rectum du phoque barbu.

8. Tœnia perlé. *Tœnia perlata.* G.

T. capite tetragono, collo longiusculo, articulis subcuneatis, posticis medio nodosis. Rudolph. entoz. 3. p. 95.

Tœnia perlata. Goez. naturg. p. 403. tab. 32. B. f. 17—21.

Encycl. pl. 48. f. 5—11.

Habite dans les intestins de la buse.

9. Tœnia crénelé. *Tœnia crenata.* G.

T. capite hemisphærico antice nodulo aucto; collo longissimo; articulis transversis obtusis. Rudolph. entoz. 3. p. 97.

Tœnia crenata. Goez. naturg. p. 395. tab. 31. B. f. 14—15.

Encycl. pl. 47. f. 3—4.

Habite dans les intestins de la pie.

10. Tœnia du chien. *Tœnia cucumerina.* Bl.

T. capite antrorsùm attenuato, obtuso; collo brevi continuo; articulorum ellipticorum foraminibus marginalibus oppositis. Rudolph. entoz. 3. p. 100.

Tœnia canina. Lin. Wagl. apud Goez. naturg. p. 324. tab. 23. *fig.* D. E. Encycl. pl. 41. f. 21—22.

Tœnia cucumerina. Bloch. abh. p. 17. tab. 5. f. 6—7.

Habite les intestins grêles du chien. On le rencontre quelquefois avec le tænia denté.

Etc.

(B) Une trompe rétractile.

11. Tœnia calicinaire. *Tœnia calycina.* R.

T. osculis rostellisque apice concavis, collo nullo, articulis anticis brevissimis, reliquis, subquadratis, depressis; majorum margine pellucido crenulato. Rudolph. entoz. vol. 3. p. 115.

Habite les intestins d'un silure.

12. Tœnia petites-bouches. *Tœnia osculata.* G.

T. osculis rostellisque apice concavis; parte anticâ capillari, articulis quadratis planis, margine majorum integerrimo. Rudolph. entoz. vol. 3. p. 116.

Tænia osculata. Goez. naturg. t. 33. f. 9—10. Encycl. pl. 49. f. 4. et. 5.

Tænia alternans. Goez. *ibid.* t. 33. f. 11—14. Encycl. pl. 49. f. 6 à 9.

Habite dans...

13. Tœnia sphérophore. *Tœnia sphœrophora.* R.

T. capite obcordato, rostello maximo, apice subgloboso, collo longo capillari; articulis anticis brevissimis, insequentibus subquadratis, posticis elongatis. Rudolph. entoz. p. 119.

Habite les intestins de...

14. Tœnia variable. *Tœnia variabilis.* R.

T. capite subrotundo, rostello exiguo obtuso, collo brevissimo, articulis variis moniliformibus, infundibuliformibus, cyathiformibus et oblongis. Rudolph. entoz. p. 120.

Habite les intestins grêles de...

15. Tœnia de l'hirondelle. *Tœnia cyathiformis*. F.

T. capite subcordato, æquali, rostello obtuso; collo brevissimo; articulis anticis brevissimis, reliquis cyathiformibus. Rudolph. entoz. vol. 3. p. 122.

Tœnia cyathiformis. Froelich. natur. 25. p. 55. t. 3. f. 1—3.

Tœnia hirundinis. Gmel. p. 3072.

Habite les intestins de l'hirondelle.

16. Tœnia infundibuliforme. *Tœnia infundibuliformis*. G.

T. capite subrotundo, rostello cylindrico obtuso, collo brevissimo, articulis prioribus brevissimis, reliquis infundibuliformibus. Rudolph. entoz. p. 123.

Tœnia infundibuliformis. Goez. naturg. p. 386. t. 31. A. f. 1-6. Encycl. pl. 46. f. 4.—9.

Habite les intestins du faisan, de l'outarde, du canard, etc.

17. Tœnia de l'outarde. *Tœnia villosa*. Bl.

T. capite subrotundo, rostello oblongo, collo brevissimo, articulis prioribus brevissimis, insequentibus longiusculis, reliquis infundibuliformibus; marginis posterioris angulo altero protracto. Rudolph. entoz. 3. p. 126.

Tœnia villosa. Bloch. abh. p. 12. t. 2. f. 5—9.

Encycl. pl. 44. f. 2—6.

Tœnia tardœ. Gmel. p. 3077.

Habite les intestins de l'outarde.

Etc.

** *Renflement capituliforme armé de crochets.*

18. Tœnia cucurbitain. *Tœnia solium*. L.

T. capite subhemisphærico, discreto; rostello obtuso, collo antrorsùm increscente; articulis anticis brevissimis, insequentibus subquadratis, reliquis oblongis, omnibus obtusiusculis; foraminibus marginalibus vagè alternis. Rudolph. entoz. p. 160.

Tœnia solium. Lin. Gmel. p. 3064.

Tœnia cucurbitina. Pall. elench. zooph. et n. nord. Beytr. I. 1. p. 46. t. 2. f. 4—9. Encycl. pl. 40. f. 15—22. et pl. 41. f. 1—4.

Vulg. le ver solitaire.

Habite les intestins de l'homme. Sa longueur ordinaire est de quatre à dix pieds, et on en a vu quelquefois de beaucoup plus longs. On le dit plus commun en Hollande et en Saxe qu'ailleurs. Il est blanc, presque cartilagineux, à articles oblongs, carrés, engaînés les uns dans les autres, et qui, séparés par quelque rupture, ressemblent, en quelque sorte, à des semences de courge.

Ce ver cause des maux cruels et quelquefois la mort; il est très-difficile à expulser. On emploie pour cet objet la poudre de la racine du *polypodium filix-mas*, et deux heures après l'on donne un purgatif un peu fort.

19. Tœnia bordé. *Tœnia marginata.* Batch.

T. capite subrotundo, discreto; rostello obtuso; collo plano æquali, articulisque anticis brevissimis, insequentibus subquadratis, posticis oblongis, angulis obtusis; foraminibus marginalibus vagè alternis. Rudolph. entoz. p. 165.

Tænia cateniformis. Goez. naturg. tab. 22. f. 1—5. Encycl. pl. 41. f. 10—14. Gmel. p. 3066.

Habite les intestins du loup.

20. Tœnia de la marte. *Tœnia intermedia.* R.

T. capite subhemisphœrico; rostello crassissimo; collo plano æquali, articulisque anticis brevissimis, mediis subcuneatis, posticè acutis, reliquis oblongis; foraminibus marginalibus vagè alternis. Rudolph. entoz. 3. p. 168.

Tænia mustelœ. Gmel. p. 3068.

Habite les intestins de la marte.

21. Tœnia denté. *Tœnia serrata.* G.

T. capite subhemisphœrico; rostello obtuso; collo æquali plano, articulisque anticis brevissimis, reliquis subcuneatis, posticè utrinque acutis; foraminibus marginalibus vagè alternis. Rudolph. entoz. 3. p. 169.

Tœnia serrata. Goez. naturg. p. 337. tab. 25. B. *fig.* A-D.

Habite dans les intestins grêles du chien. Il a deux à quatre pieds de long.

22. Tœnia large-tête. *Tœnia crassiceps.* R.

T. capite subcuneiformi; rostello obtuso; collo subatte-

nuato; articulisque anticis brevissimis, reliquis subquadratis obtusis; foraminibus marginalibus vagè alternis. Rudolp. entoz. 3. p. 172.

Halysis crassiceps. Zeder, naturg. p. 364. n.o 51.

Habite les intestins grêles du loup.

Etc.

Voyez dans l'*entozoorum historia naturalis* de Rudolph, la suite des espèces décrites, et celles que, pour abréger, j'ai omises; n'ayant point d'observations nouvelles à présenter sur ces animaux.

BOTRYOCÉPHALE. (Botryocephalus.)

Corps mou, allongé, aplati, articulé. Renflement céphaloïde subtétragone, obtus, muni de 2 fossettes opposées et latérales.

Fossettes nues, ou armées de suçoirs saillans et par paires.

Corpus molle, elongatum, depressum, articulatum. Nodulus cephaloideus subtetragonus, obtusus; foveis duabus ad latera oppositis.

Foveœ nudœ, vel suctoriis in fila porrectis et geminatis armatœ.

OBSERVATIONS.

Les *botryocéphales*, que *Zeder* avait déjà distingués sous le nom de *rhytis*, ressemblent beaucoup aux *tœnia*, avec lesquels plusieurs naturalistes les confondaient; mais, au lieu d'avoir quatre ouvertures latérales au renflement de leur extrémité antérieure, ils n'en offrent que deux, ou deux fossettes, qui sont opposées l'une à l'autre.

Tantôt ces deux ouvertures ou fossettes opposées sont nues, et tantôt il en naît des suçoirs filiformes, saillans et par paires, et qui sont quelquefois hérissés de crochets.

C'est ordinairement dans les poissons que l'on trouve les *botryocéphales*; mais une espèce vit dans le corps de l'homme, et a été confondue parmi les *tænia*. (Observation de M. *Bremser*).

ESPÈCES.

* *Fossettes nues ou inermes.*

1. Botryocéphale de l'homme. *Botryocephalus hominis.*

B. capite obtuso, collo nullo; articulis anticis brevissimis, reliquis subquadratis; osculo in latere plano singuli segmenti, mediano.

Tœnia lata. Rudolph. entoz. vol. 3. p. 70.

Tœnia vulgaris, tœnia lata, et tœnia tenella. Gmel. ex Rudolp.

Habite dans les intestins de l'homme. Il acquiert une grande longueur, et a jusqu'à dix et même vingt pieds ou davantage. Dans sa partie large, il a trois à six lignes de largeur. On prétend qu'il est plus commun en Russie et en Suisse qu'ailleurs. On réussit à l'expulser avec de l'huile de ricin.

2. Botryocéphale de l'anguille. *Botryocephalus claviceps.* R.

B. capite oblongo, foveis marginalibus; collo nullo; articulis anterioribus brevissimis, mediis oblongis, reliquis subquadratis; margine postico tumido. Rudolph. entoz. 3. p. 37.

Tœnia anguillæ. Gmel. p. 3078.

Goez. naturg. p. 414. tab. 33. f. 6—8.

Encycl. pl. 49. f. 1—3. *Rhytis claviceps.* Zed. naturg. p. 293.

Habite les intestins de l'anguille.

3. Botryocéphale du saumon. *Botryocephalus proboscideus.*

B. capite foveisque marginalibus oblongis ; collo nullo; corpore depresso, medio sulcato, articulis brevissimis, antrorsum attenuatis. Rudolph. entoz. 3. p. 39.

Tænia salmonis. Gmel. p. 3080.

Goez. naturg. tab. 34. f. 1-2. Encycl. pl. 49. f. 10—11.

Habite les intestins du Saumon.

4. Botryocéphale ridé. *Botryocephalus rugosus.* R.

B. capite subsagittato, foveis lateralibus oblongis ; collo nullo ; corpore depresso, medio sulcato, articulis brevissimis, inæqualibus. Rudolph. entoz. 3. p. 42.

Tœnia rugosa. Gmel. p. 3078.

Goez. naturg. t. 33. f. 1—5. Encycl. pl. 48. f. 20—24.

Habite les appendices du pylore du *gadus lotæ et du G. mustelœ.*

Etc.

** *Fossettes armées de suçoirs saillans.*

5. Botryocéphale à suçoirs hérissés. *Botryocephalus corollatus.* R.

B. capite depresso, foveis marginalibus, rostris quatuor tetragonis aculeatis ; articulis corporis plani, oblongis, foraminibus alternis.

Rudolph. entoz. 3. p. 63. tab. IX. f. 12.

Halysis corollata. Zed. naturg. p. 330.

Habite entre les valvules intestinales de la raie.

6. Botryocéphale du squale. *Botryocephalus paleaceus.* R.

B. capite oblongo, foveis marginalibus, basi apiceque incisis, rostris quatuor, articulis corporis plani-oblongis, foraminibus unilateralibus.

Rudolph. entoz. 3. p. 65.

Tænia squali. Fabric. in dansk. Selsk. Skr. III. 2. p. 41. t. 4. f. 7—12.

Habite dans le grand intestin du squale.

TRICUSPIDAIRE. (Tricuspidaria.)

Corps mou, allongé, aplati, subarticulé postérieurement. Bouche subterminale, bilabiée, armée de chaque côté de deux aiguillons tricuspides.

Corpus molle, elongatum, depressum, posticè subarticulatum.

Os subterminale, bilabiatum, utrinque aculeis binis tricuspidatis armatum.

OBSERVATIONS.

Les *tricuspidaires* paraissent éminemment distinguées des *tænia* par leur bouche unique, subterminale et à deux lèvres, et particulièrement par les quatre aiguillons tricuspides qui l'accompagnent. Elles ont d'ailleurs leur corps presque sans articulations, mais seulement ridé dans sa partie postérieure.

Ces vers vivent dans les poissons; ils paraissent rares : on n'en connaît encore qu'une espèce.

ESPÈCE.

1. Tricuspidaire noduleuse. *Tricuspidaria nodulosa.* R.

T. corpore postice latiore planiore subarticulato; capite antice truncato.

Tricuspidaria. Rudolph. entoz. tab. IX. f. 6—11. et vol. 3. p. 32.

Tænia nodulosa. Gmel. p. 3072.

Tænia nodulosa. Goez. naturg. p. 418. t. 34. f. 3—6.

Encycl. pl. 49. f. 12-15.

Habite dans la perche, etc.

LIGULE. (Ligula.)

Corps allongé, aplati, linéaire, inarticulé, quelquefois traversé longitudinalement par un sillon, un peu obtus aux extrémités.

Corpus elongatum, depressum, lineare, continuum, interdùm sulco longitudinali extùs exaratum, utrinque subobtusum.

Os anusque non distincta.

OBSERVATIONS.

La seule *ligule* que je connaisse est la première espèce ici citée. Elle ressemble à un tænia sans articulations et sans renflement ni bouche apparens. Son corps, linéaire, aplati et égal comme un petit ruban, offre de chaque côté un sillon qui le traverse dans toute sa longueur.

On en connaît néanmoins d'autres espèces qui manquent de ce sillon, et qui, malgré les particularités qu'elles offrent, paraissent pouvoir être rapportées au même genre.

Ce qu'il y a de singulier à l'égard de certains de ces vers, qu'on a trouvés dans des poissons, c'est 1.° leur grosseur assez considérable relativement à celle du poisson; 2.° leur situation, le ver étant hors du canal intestinal, et occupant l'étendue du poisson depuis la tête jusqu'à la queue, en traversant toutes ses parties.

On prétend que les ligules des poissons ne s'y trouvent qu'en automne et en hiver, qu'elles les quittent en perçant leur dos et leur ventre, et qu'elles périssent dès qu'elles sont dehors.

Il y a aussi des ligules qui vivent dans les oiseaux.

ESPÈCES.

[DANS LES POISSONS.]

1. Ligule perforante. *Ligula contortrix*. R.

L. plana, linearis, anticè rotundata, posticè attenuata, sulco utriusque lateris medio longitudinali, marginibus hinc indè crenatis. Rudolp. entoz. 3. p. 18.

Ligula piscium. Bloch. abh. p. 2.

Fasciola abdominalis. Goez. naturg. p. 189. tab. 16. f. 7—9.

Ligula abdominalis. Zed. naturg. p. 265. Gmel. p. 3043.

Habite la cavité abdominale de divers cyprins, perçant les intestins et autres parties intérieures des poissons qui en sont attaqués. On la trouve dans le *cyprinus vangero* du lac de Genève.

2. Ligule bandelette. *Ligula cingulum*. R.

L. plana, depressa, transversim rugosa, antice emarginata, apice postico rotundato, sulco longitudinali medio, antè caudam evanescente. Rudolph. entoz. 3. p. 20.

Fasciola intestinalis. Lin.

Fasciola abdominalis. Goez. naturg. p. 187. t. 16. f. 4—6.

Ligula bramæ. Zed. naturg. p. 263.

Habite la cavité abdominale de la brème. On l'a regardée comme une variété de la précédente.

3. Ligule gladiée. *Ligula constringens*. R.

L. depressa, anceps, anticè rotundata, posticè attenuata, lineis longitudinalibus utrinque pluribus, irregularibus. Rudolph. entoz. 3. p. 22.

Ligula carassii. Zed. naturg. p. 262.

Habite la cavité abdominale de...

4. Ligule acuminée. *Ligula acuminata*. R.

L. linearis, utrinque acuminata; acumine altero longiore, obtuso. Rudolph. entoz. 3. p. 24.

Ligula petromyzontis. Zed. naturg. p. 264.

Habite la cavité abdominale de la lamproie.

5. Ligule de la truite. *Ligula nodulosa*. R.

L. linearis, lineâ totius corporis punctis exaratâ, appendicis caudalis apice noduloso. Rudolph. entoz. 3. p. 17.

Ligula truttæ. Zed. naturg. p. 264.

Habite la cavité abdominale de la truite saumonée.

[DANS LES OISEAUX.]

6. Ligule du faucon. *Ligula uniserialis*. R. tab. IX. f. 1.

L. parte antica rugosa, crassiuscula, corpore reliquo retrorsùm attenuato; ovariorum serie solitario regulari. Rudolph. entoz. 3. p. 12.

Habite les intestins du faucon fauve.

7. Ligule de la mouette. *Ligula alternans*. R. tab. IX. f. 2—3.

L. parte antica rugosa, crassiuscula, reliqua retrorsùm attenuata, ovariorum serie duplici alternante. Rudolph. entoz. 3. p. 13.

Habite le *larus tridactylus*.

8. Ligule lisse. *Ligula interrupta*. R. tab. IX. f. 4.

L. antice crassiuscula, postice attenuata, utrinque lævis et obtusiuscula; ovariis oppositis, interruptis. Rudolph. entoz. 3. p. 15.

Ligula avium. Bloch. abh. p. 4.

Habite les intestins du *Colymbus auritus*.

9. Ligule de la cigogne. *Ligula sparsa*. R.

L. parte antica compressa, crassiuscula, corpore depresso subæquali lævi, cauda apice tenuissima; ovariorum serie duplici irregulari. Rudolph. entoz. 3. p. 16.

Habite les intestins de la cigogne.

Etc.

LINGUATULE. (Linguatula.)

Corps mou, allongé, aplati, rétréci postérieurement. Bouche : 4 à 6 ouvertures simples, en dessous, près de l'extrémité antérieure. Anus....

Corpus molle, elongatum, depressum, posticè angustatum.

Os multiplex : aperturæ 4 ad 6, simplices, subtùs et anticæ. Anus....

OBSERVATIONS.

Les *linguatules*, quoique fort rapprochées du polystome par leurs rapports, en doivent être distinguées, car ce sont des vers intestins, et leurs suçoirs ou ventouses qui constituent leur bouche multiple, sont simples et non biloculaires et biperforés comme dans le polystome.

Ces vers sont mous, allongés, aplatis, rétrécis postérieurement, et ont, un peu au-dessous de leur extrémité antérieure, quatre à six ouvertures ou suçoirs, quelquefois rétractiles.

On les trouve dans les viscères et dans d'autres parties des mammifères, des oiseaux et même de l'homme.

Zeder (p. 230), et ensuite *Rudolph* (2. p. 441), ont changé leur nom en celui de *polystoma*; mais nous croyons devoir leur conserver celui de linguatule, M. *Delaroche* ayant établi sous le nom de polystome un genre de vers extérieurs qui doit en être distingué.

ESPÈCES.

1. Linguatule dentelée. *Linguatula serrata.* Fr.

L. plana, elliptico-spatulata; postice decrescens, subserrulata; poris quinque subapice lunatim positis.

Linguatula serrata. Froelich. naturforch. 24. p. 148. tab. 4. *fig.* 14—15.

Polystoma serratum. Zed. naturg. p. 230. Rudolph. entoz. 2. p. 449.

Habite dans les poumons du lièvre.

2. Linguatule denticulée. *Linguatula denticulata*. Rud. hod.

L. oblonga, depressa, posticè decrescens, transversim dense denticulata; poris quinque lunatim positis. Rudolph. entoz. 2. p. 447. *sub polystoma denticulatum*. tab. XII. f. 7.

Tænia caprina. Gmel. p. 3069.

Halysis caprina. Zed. naturg. p. 372.

Habite dans la chèvre, à la surface du foie.

3. Linguatule de la grenouille. *Linguatula integerrima*. Fr.

L. depressa, oblonga, posticè obtusa; poris sex anticis aggregatis, uncinis duobus intermediis. Rudolph. entoz. 2. p. 451. *Sub polystoma integerrimum*. tab. VI. f. 1—6.

Linguatula integerrima. Frœlich. naturf. 25. p. 103.

Fasciola uncinulata. Gmel. p. 3056.

Habite dans la vessie urinaire de la grenouille.

4. Linguatule des ovaires. *Linguatula pinguicola*.

L. depressa, oblonga, anticè truncata, posticè acuminata; poris sex anticis lunatim positis. Rudolph. entoz. 2. p. 455. *Sub polystoma pinguicola*.

Polystoma pinguicola. Zed. naturg. p. 230.

Habite dans la graisse de l'ovaire humain.

5. Linguatule des veines. *Linguatula venarum*.

L. depressa, lanceolata, poris anticis sex. Rudolph. entoz. 2. p. 456. *Sub polystoma venarum*.

Habite dans la veine tibiale antérieure de l'homme. M. *Rudolph* pense que c'est une planaire; ce serait plutôt, selon moi, une fasciole, si on ne lui attribuait six oscules. Ainsi son genre exige de nouvelles observations.

6. Linguatule tœnioïde. *Linguatula tœnioides*.

L. depressa, oblonga, posticè angustata, transversè plicata, margine crenata; poris quinque lunatim positis.

Polystoma tænioides. Rudolp. ent. 2. p. 441. tab. 12. f. 8—12.
Tænia lancéolé. Chabert, malad. verm. p. 39—41.
Habite dans les sinus frontaux du cheval et du chien.

POLYSTOME. (Polystoma.)

Corps allongé, aplati, mou, sans articulations; un étranglement au-dessous de l'extrémité antérieure; la postérieure terminée en pointe.

Bouche : six fossettes biloculaires et biperforées, disposées en une rangée transverse sous l'extrémité antérieure. Anus près de l'extrémité postérieure et en dessous.

Corpus elongatum, depressum, infrà extremitatem anteriorem coarctatum, posticè acutum, mollè absque articulationibus.

Os : acetabula suctoria sex, biloculares, biperforata, infrà extremitatem anteriorem posita. Anus subtus, versùs extremitatem posteriorem.

OBSERVATIONS.

Le genre *polystome*, découvert et publié par M. *Delaroche*, appartient probablement à la classe des vers, et paraît devoir être placé entre les linguatules et les fascioles. Il prouve, dans ce cas, que la classe des vers ne doit pas se borner à ne comprendre que les vers intestins, mais qu'elle doit embrasser aussi ceux qui, par l'imperfection de leur organisation, peuvent se ranger sous le caractère de cette classe, quoiqu'ils soient extérieurs.

La bouche du *polystome* paraît multiple, comme celle de la linguatule ; elle se compose de six ventouses divisées chacune en deux cavités par une cloison, et le fond de chaque cavité offre une ouverture que l'on peut regarder comme une bouche. Ainsi le polystome a douze bouches qui s'ouvrent dans le fond de six fossettes ou ventouses. Il s'allonge et se contracte à la manière des sangsues et des fascioles.

On ne connaît encore qu'une espèce, qui est la suivante.

ESPÈCE.

1. Polystome du thon. *Polystoma thynni.*

De Laroche, nouv. bullet. des sc. vol. 2. n.° 44. p. 271. pl. 2. f. 3. a, b, c.

Il vit sur les branchies du thon, auxquelles il se fixe à l'aide de ses ventouses. Il est de couleur grise et de la longueur de deux centimètres. Ce ver est mou, n'a ni articulations ni tentacules. Son extrémité antérieure est arrondie, et dans le milieu son corps est élargi, presqu'en fuseau.

PLANAIRE. (Planaria.)

Corps oblong, un peu aplati, gélatineux, contractile, nu, rarement divisé ou lobé.

Deux ouvertures sous le ventre (la bouche et l'anus).

Corpus oblongum, planiusculum, gelatinosum, nudum, contractile, rarò divisum aut lobatum.

Pori duo ventrales (os et anus).

OBSERVATIONS.

Je ne crois pas que les *planaires* soient des annelides, quoiqu'elles paraissent avoir des rapports avec les sangsues.

Elles en ont de plus grands avec les fascioles, et probablement leur organisation n'est pas plus composée que celle des vers les plus perfectionnés.

Cependant on prétend que plusieurs espèces sont munies d'yeux : on leur a observé du moins des points noirs en nombre et disposition variables, et ces points ont été regardés comme des yeux. Sans doute on leur suppose en même temps des nerfs optiques, aboutissant à un cerveau, condition exigée pour que ces points soient des yeux. Ces attributions de fonctions à des parties très-peu connues, ne me paraissent point former une objection contre l'opinion de placer les *planaires* dans la classe des vers.

On ne distingue ordinairement les *planaires* des fascioles que parce que les premières sont des vers extérieurs, vivant librement dans les eaux ; néanmoins leur bouche, non terminale, les caractérise jusqu'à un certain point.

Les *planaires* n'ont point le corps véritablement annelé ; il est gélatineux, contractile, presque toujours simple, rarement divisé ou muni de lobes, et en général dépourvu d'organes particuliers, saillans à l'extérieur.

La bouche, quoique placée quelquefois très-près du bord antérieur, n'est point véritablement terminale ; elle est, ainsi que l'anus, sous le ventre de l'animal, variant dans sa position selon les espèces.

Les intestins des *planaires* ne consistent qu'en un canal plus ou moins long, des côtés duquel partent souvent des rameaux quelquefois très-nombreux.

Si, comme cela est probable, les *planaires* n'ont pas un système de circulation, elles n'ont point de branchies. Il paraît même qu'on ne leur connaît point de sexe; les amas de corpuscules oviformes qu'on voit en elles, ne seraient donc que des gemmes amoncelés qui servent à les multiplier.

Les *planaires* habitent dans les étangs, les fossés aquatiques, les ruisseaux et même dans la mer, se tenant dans les sinuosités des rives. On en connaît un grand nombre d'espèces dont nous allons citer quelques-unes.

ESPECES.

* *Points oculiformes nuls.*

1. Planaire des étangs. *Planaria stagnalis.*

Pl. ovata, fusca, anterius pallida.

Fasciola stagnalis. Mull. verm. 2. p. 53. n.o 178.

Habite les étangs.

2. Planaire noire. *Planaria nigra.*

Pl. oblonga nigra, anteriùs truncata.

Fasciola nigra. Mull. verm. 2. p. 54.

Planaria nigra. Mull. zool. dan. 3. p. 48. t. 109. f. 3—4.

Habite les ruisseaux, les étangs.

3. Planaire mollasse. *Planaria flaccida.*

Pl. elongata, brunnea : linea laterali transversisque albis.

Fasciola flaccida. Mull. hist. verm. 2. p. 57.

Planaria flaccida. Mull. zool. dan. p. 31. tab. 64. f. 3—4.

Habite les anses des côtes de la Norwège, parmi les coquillages.

Etc.

** *Un seul point oculiforme.*

4. Planaire glauque. *Planaria glauca.*

Pl. subelongata, cinerea, iride alba.

Fasciola glauca. Mull. hist. verm. 2. p. 60.

Habite dans les eaux.

5. Planaire rayée. *Planaria lineata.*

Pl. elongata, anticè attenuata, suprà convexa : linea longitudinali pallida.

Fasciola lineata. Mull. hist. verm. 2. p. 60.

Habite les bords de la mer Baltique.

6. Planaire ignée. *Planaria rutilans.*

Pl. linearis, antrorsum acute attenuata ; oculo nigro.

Planaria rutilans. Mull. zool. dan. 3. p. 49. t. 109. f. 10—11.

Habite la mer Baltique entre les fucus. Corps rouge et brillant.

*** *Deux points oculiformes.*

7. Planaire brune. *Planaria fusca.*

Pl. fusca nigro-venosa oblongo-lanceolata, anterius truncata, posterius acuta.

Fasciola fusca. Pall. spicil. zool. 10. p. 21. tab. 1. f. 13. a, b.

Habite les eaux stagnantes de l'Europe, parmi les plantes aquatiques.

8. Planaire lactée. *Planaria lactea.*

Pl. depressa, oblonga, alba, anterius truncata.

Mull. zool. dan. 3. p. 47. tab. 109. f. 1—2.

Habite les eaux des marais.

9. Planaire hideuse. *Planaria torva.*

Pl. depressa, oblonga, cinerea vel nigra, subtus albida ; iride alba.

Mull. zool. dan. 3. p. 48. tab. 109. f. 5—6.

Habite les étangs, les ruisseaux d'Europe.

Etc.

**** *Trois points oculiformes ou davantage.*

10. Planaire verte. *Planaria gesserensis.*

Pl. elongata, viridis ponè caput rufa.

Mull. zool. dan. 2. tab. 64. f. 5—8.

Habite les côtes de la mer du nord.

11. Planaire bleuâtre. *Planaria marmorata.*

Pl. oblonga, pallida.

Mull. zool. dan. 3. p. 43. tab. 106. f. 2.

Habite les fossés aquatiques. Rare.

12. Planaire tronquée. *Planaria truncata.*

Pl. pallidè rubens, antrorsum late truncata, posterius acutiuscula.

Mull. zool. dan. 3. p. 43. tab. 106. f. 1.

Habite....

13. Planaire trémellée. *Planaria tremellaris.*

Pl. plana, membranacea, lutea; margine sinuato.

Mull. hist. verm. 2. p. 72. et zool. dan. 1. tab. 32. f. 1—2.

Habite la mer Baltique.

14. Planaire rubannée. *Planaria vittata.*

Pl. elliptica, planulata dorso vittata; marginibus undato-lobatis.

Act. Soc. Linn. vol. XI. p. 25. tab. 5. f. 3.

Habite... les côtes d'Angleterre.

FASCIOLE. (Fasciola.)

[*Distoma.* Zeder, p. 209. Rudolph. 2. p. 352.]

Corps mou, oblong, aplati, quelquefois cylindracé, muni de deux pores écartés : l'un antérieur, subterminal; l'autre ventral, situé en dessous ou sur le côté.

Bouche : pore antérieur. Anus : pore ventral.

Corpus molle, oblongum, depressum, interdùm tereti usculum; poris duobus remotis : altero antico subterminali; altero ventrali, laterali aut infero.

Os : porus anticus. Anus : porus ventralis.

OBSERVATIONS.

Les *fascioles* ont de si grands rapports avec les planaires qu'on ne saurait douter que les unes et les autres n'appartiennent réellement à la même classe. Quoique l'on aperçoive des vaisseaux à l'intérieur des *fascioles*, un système de circulation n'y est nullement constaté ni plus probable dans ces animaux que dans les amphistomes, les monostomes, etc.

Cependant toutes les *fascioles*, ainsi que les vers que je viens de citer, ne vivent que dans l'intérieur des animaux; tandis que les planaires, que les rapports ne permettent pas d'écarter des fascioles, des amphistomes, etc., n'habitent que dans les eaux. Cette différence d'habitation n'en entraîne donc pas nécessairement une assez grande dans l'organisation, pour devenir classique. Elle amène seulement des particularités propres à caractériser les genres.

Des observations ultérieures à l'égard de l'organisation de ces mêmes animaux nous apprendront plus positivement s'il faut les rapporter tous à la classe des *annelides*, ce qui ne paraît pas vraisemblable; ou s'il faut les placer parmi les vers, comme je le fais maintenant.

Il me paraît inconvenable de changer le nom de *fasciola* déjà donné par Linné à ces animaux, pour leur donner celui de *distoma*, parce qu'ils offrent deux ouvertures ou pores à l'extérieur; comme si les planaires, les amphistomes et d'autres n'étaient pas dans le même cas. Il est évident qu'ils n'ont point deux bouches, et que leur pore ventral ne peut être que l'anus.

Ces vers sont très-contractiles, s'allongent, s'amincissent et se raccourcissent facilement. Sous ce rapport seul, ils tiennent aux sangsues, mais ils paraissent en différer beaucoup par leur organisation.

On en connaît un grand nombre d'espèces.

ESPÈCES.

** Celles qui sont inermes, sans papilles et sans piquans.*

(A) Corps aplati.

1. Fasciole hépatique. *Fasciola hepatica.* L.

F. obovata, plana; collo subconico, brevissimo; poris orbicularibus, ventrali majore.

Fasciola hepatica. Lin.

Distoma hepaticum. Rudolph. entoz. 2. p. 352.

Encycl. pl. 79. f. 1—11.

Habite dans la vésicule du fiel de l'homme, dans le foie des moutons et autres herbivores, et leur cause l'hydropisie ascite. En s'amincissant, elle pénètre dans les canaux biliaires et même dans des vaisseaux fort étroits.

2. Fasciole de l'anguille. *Fasciola anguillæ.*

F. depressiuscula, subovata, crenata, posticè emarginata; pori antici margine tumido, ventralis majoris recto. Rudolph. *sub dist. polym.*

Distoma polymorphum. Rudolph. entoz. 2. p. 363.

Distoma anguillæ. Zed. naturg. p. 222.

Fasciola anguillæ. Gmel. p. 3056.

Habite dans les intestins de l'anguille.

3. Fasciole globifère. *Fasciola globifera.*

F. depressiuscula, oblonga; collo hinc excavato; poris orbicularibus, ventrali majore. Rud. *sub distoma.*

Distoma globiferum. Rudolph. entoz. 2. p. 364.

Fasciola bramæ. Mull. zool. dan. t. 30. f. 6.

Encycl. pl. 79. f. 19. Gmel. p. 3058, n.o 38.

Habite dans les carpes, la perche fluviatile, etc.

4. Fasciole de l'églefin. *Fasciola æglefini.* M.

F. depressiuscula, linearis; collo conico continuo; poris orbicularibus, ventrali majore. Rud. *sub distoma.*

Distoma simplex. Rudolph. entoz. 2. p. 370.

Fasciola æglefini. Mull. zool. dan. tab. 30. f. 4.

Encycl. pl. 79. f. 15. Gmel. p. 3056.

Habite les intestins du gade églefin.

5. Fasciole de la blenne. *Fasciola blennii.*

F. oblonga, plana; collo conico divergente; poris globosis, ventrali majore. Rud. *sub distoma.*

Distoma divergens. Rudolph. entoz. 2. p. 371.

Fasciola blennii. Mull. zool. dan. t. 30. f. 5.

Encycl. pl. 79. f. 16—18.

Fasciola blennii. Gmel. p. 3057.

Habite les intestins de la blenne.

6. Fasciole long-cou. *Fasciola longicollis.*

F. depressa, linearis, subcrenata; collo tereti; poris globosis, antico majore. Rud. *sub dist.*

Distoma tereticolle. Rudolp. entoz. 2. p. 379.

Fasciola lucii. Mull. zool. dan. tab. 30. f. 7. et tab. 78. f. 6—8. Encycl. pl. 79. f. 20—23.

Fasciola longicollis. Bloch. abh. p. 6.

Habite l'estomac du brochet, etc.

7. Fasciole de l'ériox. *Fasciola eriocis.*

F. depressa, oblonga, utrinque obtusa; poris mediocribus æqualibus. Rud. *sub dist.*

Distoma hyalinum. Rudolph. entoz. 2. p. 389.

Fasciola eriocis. Mull. zool. dan. tab. 72. f. 4—7.

Encycl. pl. 80. f. 3—4.

Habite les intestins de la salmone ériox.

(B) Corps cylindracé.

8. Fasciole cylindracée. *Fasciola cylindracea.*

F. teres, collo conico crassiore, poris orbicularibus, ventrali majore. Rud. *sub dist.*

Distoma cylindraceum. Rud. entoz. 2. p. 393.

Zed. nachtr. p. 188. t. 4. f. 4—6. et naturg. p. 217.

Habite les poumons de la grenouille.

9. Fasciole du cottus. *Fasciola scorpii.*

F. teres, utrinque decrescens; poris globosis, ventrali majore. Rud. *sub dist.*

Distoma granulum. Rudolph. entoz. 2. p. 394.

Fasciola scorpii. Mull. zool. dan. t. 30. f. 1.
Encycl. pl. 79. f. 12.
Habite les intestins du *cottus scorpius.*

10. Fasciole du saumon. *Fasciola varica.*

F. teres, collo corpori æquali divergente, ante apicem perforato; poris globosis, ventrali majore. Rud. *sub dist.*
Distoma varicum. Rudolph. entoz. 2. p. 396.
Fasciola varica. Mull. zool. dan. t. 72. f. 9 8—11.
Encycl. pl. 80. f. 5—8.
Habite l'estomac du saumon.
Etc.

** *Espèces armées soit de papilles, soit de piquans.*

11. Fasciole noduleuse. *Fasciola nodulosa.* Fr.

F. teres, ovata; collo tenuiore brevioreque; poro antico nodulis sex cincto. Rud. *sub dist.*
Distoma nodulosum. Rudolp. entoz. 2. p. 410.
Fasciola percæ cernuæ. Mull. zool. dan. t. 30. f. 2.
Encycl. pl. 79. f. 13.
Fasciola luciopercœ. Gmel. p. 3057.
Habite dans différentes perches.

12. Fasciole de la truite. *Fasciola laureata.*

F. oblonga, depressiuscula; poro antico lobis sex æqualibus cincto. Rud. *sub dist.*
Distoma laureatum. Rudolph. entoz. 2. p. 413.
Fasciola farionis. Mull. zool. dan. t. 72. f. 1—3.
Encycl. pl. 80. f. 1—2.
Habite les intestins de la truite, de. . .

13. Fasciole trigonocéphale. *Fasciola trigonocephala.*

F. depressiuscula, oblonga; collo antrorsum attenuato; capite trigono echinis cincto, posticeque vage obsito. Rud. *sub dist.*
Distoma trigonocephalum. Rudolph. entoz. 2. p. 415.
Planaria putorii. Goez. naturg. p. 175. tab. 14. f. 7—8. et *planaria melis.* tab. 14. f. 9—10.
Habite les intestins du putois et du blaireau.
Etc.

TROISIÈME SECTION.

VERS HÉTÉROMORPHES.

Leur corps est tantôt aplati, tantôt cylindracé, souvent irrégulier ou difforme.

Les *vers hétéromorphes* forment à peine une coupe distincte de celle des vers planulaires. Cependant, ils sont en général moins allongés, plus irréguliers, plus difformes ; en sorte que l'inconstance et l'irrégularité, dans leur forme générale, constituent les seuls caractères distinctifs de la section qui les embrasse. Ces vers, encore peu avancés dans la composition de leur organisation, sont mollasses, les uns aplatis, les autres cylindracés ; il y en a qui sont renflés en quelque partie de leur longueur, et on en trouve qui sont munis d'appendices singuliers et divers, plus ou moins saillans.

Je rapporte à cette 3.e section, les sept genres qui suivent.

MONOSTOME. (Monostoma.)

[Zeder, p. 188. Rudolph. 2. p. 325.]

Corps mou, allongé, polymorphe, aplati ou cylindracé.

Une seule ouverture terminale ou subterminale, constituant la bouche. Point d'anus.

Corpus molle, elongatum, polymorphum, depressum vel teretiusculum.

Porus unicus, terminalis aut subinferus, orem referens; ano nullo.

OBSERVATIONS.

Les *monostomes* sont des vers très-voisins des fascioles par leurs rapports; mais leur corps ne présente qu'une seule ouverture, et intérieurement on n'aperçoit dans plusieurs aucune sorte d'intestins.

Ces vers singuliers ont le corps allongé, mou, polymorphe; en sorte que les uns sont aplatis, les autres sont cylindracés, et il y en a qui ont la bouche latérale, placée un peu au-dessous de l'extrémité antérieure, tandis que d'autres ont leur bouche tout-à-fait terminale. Plusieurs ont à l'extrémité antérieure un renflement céphaloïde.

Les monostomes vivent dans le ventre et dans les intestins de la taupe, de plusieurs oiseaux et de différens poissons.

Rudolph en a déterminé quinze espèces, parmi lesquelles je citerai les suivantes.

ESPÈCES.

* *Bouche subinférieure.*

1. Monostome du gastérote. *Monostoma caryophyllinum.*

M. capite obtuso, ore amplissimo rhomboidali, corporis depressi apice postico acutiusculo. Rudolph. ent. 2. p. 325. tab. 9. f. 5.

Monostoma caryophyllinum. Zed. naturg. p. 189. n.o 5.

Habite dans le gastérote épineux.

2. Monostome grêle. *Monostoma gracile.*

M. capite obtusiusculo, ore ovali, corporis depressi apice postico acuto. Rudolph. ent. 2. p. 326.

Acharius in vet. ac. nya handl. 1780. tab. 2. f. 8—9.

Habite dans l'abdomen de l'éperlan.

3. Monostome du cyprin. *Monostoma cochleariforme.*

M. capite obtuso, discreto; ore ovali; corpore teretiusculo. Rudolph. ent. 2. p. 326.

Festucaria cyprinacea. Schrank. naturhist. aufs. p. 334. tab. 5. f. 18—20.

Habite les intestins du cyprin barbu.

** *Bouche terminale.*

4. Monostome crénulé. *Monostoma crenulatum.*

M. ore crenulato, corpore teretiusculo, antrorsùm gracilescente, posticè obtuso. Rudolph. ent. 2. p. 328.

Habite dans le *motacilla phœnicurus*, le rossignol de muraille.

5. Monostome de la taupe. *Monostoma ocreatum.*

M. ore orbiculari; corpore teretiusculo longissimo; cauda divaricata. Rudolph. ent. 2. p. 329.

Fasciola ocreata. Goeze, naturg. p. 182. tab. 15. f. 6—7.

Cucullanus ocreatus. Gmel. p. 3051.

Habite les intestins de la taupe.

6. Monostome de l'oie. *Monostoma verrucosum.*

M. ore orbiculari; corpore oblongo-ovato, depressiusculo, subtùs verrucoso. Rudolph. ent. 2. p. 331.

Fasciola verrucosa. Froelich naturf. 24. p. 112. tab. 4. f. 5—7.

Habite dans l'oie domestique.

Etc.

AMPHISTOME. (Amphistoma.)

[Zeder, p. 198. Rudolph. 2. p. 340.]

Corps mou, cylindracé, un peu irrégulier.

Deux ouvertures solitaires et terminales: l'une antérieure, pour la bouche; l'autre postérieure, pour l'anus.

Corpus molle, cylindraceum, subirregulare.

Porus anticus et posticus, solitarii, terminales, orem et anum referentes.

OBSERVATIONS.

Les *amphistomes* sont encore des vers très-rapprochés des fascioles par leurs rapports; mais ils ont le corps cylindracé, au lieu de l'avoir aplati, l'anus à l'extrémité postérieure, et ils sont en général plus irréguliers. Plusieurs ont à l'extrémité antérieure un renflement céphaloïde, quelquefois difforme.

On les trouve dans les intestins de plusieurs mammifères et de différens oiseaux. On en connaît onze espèces.

ESPÈCES.

* *Renflement céphaloïde séparé par un étranglement.*

1. Amphistome grosse-tête. *Amphistoma macrocephalum.*

A. poro capitis subglobosi magno, labio lobato; caudali exiguo crenato; corpore teretiusculo incurvo. Rudolph. ent. 2. p. 340.
Fasciola.... Goeze, naturg. p. 174. tab. 14. f. 4—6.
Fasciola strigis. Gmel. p. 3055.
Habite les intestins des hibous, etc.

2. Amphistome strié. *Amphistoma striatum.*

A. poro capitis subglobosi bilobo; corpore depressiusculo; caudæ apice truncato striato. Rudolp. ent. p. 343.
Habite l'intestin grêle du milan.

3. Amphistome cornu. *Amphistoma cornutum.*

A. poro capitis hemisphærici multilobato; corpore crenato, hinc convexo, posticè truncato. Rudolph. ent. p. 343. tab. 5. *fig.* 4—7.
Habite dans l'intestin moyen du pluvier doré.

4. Amphistome erratique. *Amphistoma erraticum.*

A. poro capitis maximi campaniformis sublobato; corpore hinc convexo, illinc concavo, apice postico exciso. Rudolph.

Habite l'abdomen et les intestins d'une mouette du Nord.

** *Renflement céphaloïde non séparé du corps.*

5. Amphistome du héron. *Amphistoma cornu.*

A. corpore tereti, antrorsùm incrassato; poro antico maximo subintegerrimo, postici margine lobato. Rudolph. ent. p. 346.

Distoma connu. Zeder, naturg. p. 218. n.° 30. Goeze apud Zederum in hujus nachtr. p. 181. tab. II. f. 1—3.

Habite dans les intestins du héron.

6. Amphistome des grenouilles. *Amphistoma subclavatum.*

A. corpore obconico; poro antico amplissimo, postico exiguo, utroque integerrimo. Rudolph. ent. p. 348.

Planaria subclavata. Goeze, naturg. tab. 15. f. 2—3.

Amphist. subclavata. Zed. naturg. p. 198. tab. 3. f. 3.

Fasciolaria ranæ. Gmel. p. 3055.

Habite dans différentes grenouilles.

7. Amphistome conique. *Amphistoma conicum.*

A. corpore tereti, antrorsùm increscente; poro antico majore, postico minimo, utroque integerrimo. Rudolph. ent. 2. p. 349.

Fasciola elaphi. Gmel. p. 3054.

Monost. conicum. Zed. naturg. p. 188.

Habite dans l'estomac du bœuf, du cerf.

Etc.

GÉROFLÉ. (Caryophyllœus.)

Corps mou, aplati, allongé, rétréci postérieurement, à extrémité antérieure dilatée, frangée, pétaliforme, contractile.

Bouche labiée, peu apparente. Anus postérieur, terminal.

Corpus molle, depressum, elongatum, posticè attenuatum; anticâ extremitate dilatatâ, fimbriatâ, contractili.

Os labiatum, rarò conspicuum. Anus terminalis, posticus.

OBSERVATIONS.

L'extrémité antérieure du *gérofle* est remarquable par les formes variées qu'elle prend dans ses mouvemens. Elle est ordinairement dilatée en spatule, et aussi crispée que le pétale d'un œillet. C'est par cette extrémité que l'animal s'attache aux parois des intestins des poissons en qui il habite; et la bouche qui s'y trouve, ne devient apparente que lorsque le ver contracte sa frange antérieure.

On ne connaît encore qu'une espèce de ce genre, savoir:

ESPÈCE.

1. Géroflé des poissons. *Caryophyllæus piscium.*

Fasciola fimbriata. Goeze, naturg. tab. 15. f. 4—5.

Tænia laticeps. Pall. n. nord. Beytr. p. 106. n.° 16. tab. 3. *fig.* 33.

Caryophyllæus cyprinorum. Zeder, naturg. p. 252. tab. 3. f. 5-6.

Caryophyllæus mutabilis. Rudolph. ent. 3. p. 9.

Caryophyllæus piscium. Gmel. p. 3052.

Habite dans les intestins des poissons d'eau douce, des cyprins, de la carpe, de la tanche, etc. Sa vie est fort tenace.

TENTACULAIRE. (Tetrarhynchus.)

Corps sacciforme, oblong, un peu en massue, obtus antérieurement, rétréci ou atténué dans sa partie postérieure.

Quatre suçoirs proboscidiformes et rétractiles à l'extrémité antérieure. Anus postérieur, terminal.

Corpus sacciforme, oblongum, subclavatum, anticè obtusum, posticè attenuatum.

Suctoria quatuor, proboscidiformes retractilesque in extremitate anticâ. Anus posticus terminalis.

OBSERVATIONS.

Quelques naturalistes ont confondu les vers de ce genre avec les échinorinques, parce que leurs suçoirs proboscidiformes sont quelquefois hérissés de crochets. M. *Bosc*, qui en a observé une espèce, en a constitué un genre particulier sous le nom de *tentaculaire*, les suçoirs dans leur saillie imitant des tentacules; et le docteur *Rudolph* en a développé les caractères dans son genre *tetrarhynchus*.

Les *tentaculaires* ont le corps oblong, subcylindrique, en massue ondée, très-contractile. Ces vers sont en général fort petits, se trouvent dans l'estomac, les intestins et le foie des poissons.

ESPÈCES.

1. Tentaculaire appendiculée. *Tetrarhynchus appendiculatus.*

T. proboscidibus simplicibus; corpore clavato posticè truncato; appendiculato. Rudolph. ent. 2. p. 318. tab. 7. f. 10—12.

Echinorhynchus quadrirostris. Goeze, naturg. tab. 13. f. 3—5. Encycl. pl. 38. *fig.* 23. A—B—C.

Habite dans le foie du saumon.

2. Tentaculaire de Bosc. *Tetrarhynchus papillosus.*

T. proboscidibus papilla terminatis; corpore oblongo, posticè botuso. Rudolph. ent. 2. p. 320.

Tentacularia. Bosc, bullet. des sc. n.° 2. tab. 2. f. 1. et hist. nat. des vers, 2. p. 11—13. pl. XI. f. 2—3.

Habite sur le foie de la dorade. Son corps est ondé, strié longitudinalement. Ses suçoirs ne sont pas hérissés de crochets. *Zeder* en a fait un échinorinque.

MASSETTE. (Scolex.)

Corps gélatineux, allongé, un peu déprimé, en massue antérieurement, pointu à l'extrémité postérieure, contractile.

Bouche terminale, orbiculée, entourée de 4 oreillettes plicatiles, polymorphes, subperforées.

Corpus gelatinosum, elongatum, subdepressum, anticè clavatum, posticè acuminatum, contractile.

Os terminale, orbiculatum, auriculis quatuor plicatilibus, polymorphis, subperforatis cinctum.

OBSERVATIONS.

Les *massettes* sont des vers extrêmement petits, gélatineux, très-contractiles, et que l'on doit distinguer des tentaculaires ou tétrarinques, si, comme on l'a dit, ils ont une bouche terminale, distincte des quatre oreillettes qui l'entourent. Ces oreillettes, qui paraissent des suçoirs particuliers, communiquant avec l'intérieur de la bouche, sont plicatiles, polymorphes, tantôt allongées et rabattues, et tantôt relevées et raccourcies. Lorsque le ver est allongé, son corps est lisse, presque linéaire, et toujours en massue antérieurement; mais lorsqu'il est contracté, il offre des rides transverses. Sa partie postérieure est toujours atténuée en pointe. Il n'y a dans les massettes ni suçoirs ni trompe armés de crochets, comme dans les échinorinques; néanmoins, on doute maintenant de l'existence de ce genre, et l'on présume qu'il n'est dû qu'à l'observation d'individus très-jeunes, probablement du genre de l'échinorinque.

ESPÈCE.

1. Massette microscopique. *Scolex pleuronectis.*
   Sc. opaca, capite auriculis quaternis. Mull. zool. dan. p. 24. tab. 58.
   Encycl. pl. 38. f. 24.
   Scolex pleuronectis. Gmel. p. 3042.
   Habite les intestins de divers poissons, surtout des pleuronectes.

TÉTRAGULE. (Tetragulus.)

Corps allongé, claviforme, un peu aplati, annelé transversalement; à anneaux étroits, bordés inférieurement d'épines courtes.

Bouche inférieure, située un peu au-dessous de l'extrémité la plus large, et accompagnée de chaque côté de deux crochets mobiles. Anus terminal, postérieur.

Corpus elongatum, claviforme, subdepressum, transversìm annulatum; annulis angustis, margine inferiore spinis brevibus ciliatis.

Os subtùs et infrà latiorem extremitatem, utroque latere hamulis duobus mobilibus armatum. Anus terminalis, posticus.

OBSERVATIONS.

Le *tétragule*, publié par M. *Bosc*, est un nouveau genre de vers qui paraît se rapprocher un peu des massettes et des échinorinques, quoiqu'il en soit très-distinct. Son corps est allongé, assez épais, élargi en massue antérieurement, va en se rétrécissant vers sa partie postérieure, et a environ trois millimètres de longueur. Il est mou, blanc, et divisé transversalement par environ 80 anneaux étroits, dont le bord inférieur est cilié par des épines courtes.

Sa bouche, située inférieurement, un peu au-dessous de l'extrémité la plus large, est ronde, grande et accompagnée de chaque côté de deux crochets cornés, transparens, mobiles de haut en bas.

Il n'y a encore qu'une espèce connue, qui est la suivante.

ESPÈCE.

1. Tétragule du cavia. *Tetragulus caviæ.*

Bosc. nouv. bullet. des sc. 2. n.o 44. f. 1. a—b—c—d.

Il vit dans le poumon du cochon d'Inde (*cavia porcellus*).

SAGITTULE. (Sagittula.)

Corps mou, oblong, un peu déprimé, terminé antérieurement par un renflement pyramidal, hérissé en dessus de pointes dirigées en arrière. Deux appendices opposés et cruriformes à la partie postérieure du corps.

Un suçoir en trompe rétractile, inséré en dessus sous le sommet du renflement pyramidal.

Corpus molle, oblongum, subdepressum; capitulo terminali pyramidato, supernè retrorsùm aculeato; parte corporis posteriore appendicibus duabus oppositis cruriformibus.

Proboscis retractilis unica, sub apice capituli pyramidati supernè inserta.

OBSERVATIONS.

Il paraît que ce n'est encore que d'après une seule observation que l'on a l'idée de cette singulière sorte de vers; et c'est du corps humain que M. le docteur *Bastiani* l'a obtenue, à l'aide d'une évacuation par les selles, dans une cardialgie vermineuse.

On peut voir, dans les actes de l'Académie de Sienne (tome 6, p. 241), l'histoire de la sagittule, que M. *Bastiani* nomme animal bipède. Ce ver semble avoisiner par quelques rapports les échinorinques.

ESPÈCE.

1. Sagittule de l'homme. *Sagittula hominis.*

Bastiani, acad. seniens. act. 6. p. 241. pl. 6. f. 3—4.

Habite dans le canal intestinal de l'homme.

ORDRE SECOND.

VERS RIGIDULES.

Leur corps a un peu de roideur qui le rend presque élastique; ils sont nus, cylindriques, filiformes, la plupart réguliers.

Les vers *rigidules*, dont le docteur Rudolph compose son 1.er ordre (*entozoa nematoidea*, vol. 2, p. 55), sont cylindriques, filiformes, nus, et en général moins imparfaits en organisation que ceux de l'ordre précédent. Leur forme cylindrique et assez égale ou régulière eût pu servir seule à caractériser l'ordre qui les comprend, si, parmi les *hétéromorphes*, qui font partie des vers mollasses, l'on ne trouvait des espèces à corps subcylindrique. L'espèce de roideur qui rend leur corps presqu'élastique, doit donc être employée, concurremment avec la considération de leur forme générale, à caractériser le second ordre dont il s'agit ici.

Le canal intestinal de ces vers est complet, c'est-à-dire, ouvert aux deux extrémités, quoique, dans les espèces à corps très-grêle, l'anus, la bouche même, soient quelquefois difficiles à apercevoir, à cause de la transparence des parties et de la petitesse de ces ouvertures.

C'est parmi les vers de cet ordre que l'on croit avoir trouvé des organes véritablement sexuels, en attribuant à certaines parties singulières, des fonctions qui paraissent vraisemblables. Si l'on ne s'est point fait illusion à cet égard, ce serait ici que la nature aurait commencé l'établissement d'un nouveau système de génération, celui qui, pour opérer la production d'un nouvel individu, exige le concours de deux sortes d'organes, les uns fécondateurs et les autres propres à former les corpuscules que la fécondation seule peut rendre capables de vivre.

Parmi les vers *rigidules*, comme parmi les mollasses, les uns ne se trouvent jamais que dans l'intérieur du corps des autres animaux; mais d'autres se rencontrent ailleurs, et sont des vers externes, que l'état de leur organisation force de rapporter à cette classe.

Voici les genres qui appartiennent à cet ordre.

ÉCHINORINQUE. (Echinorhynchus.)

Corps allongé, subcylindrique, sacciforme. Trompe terminale, solitaire, rétractile, hérissée de crochets recourbés.

Corpus elongatum, cylindraceum, sacciforme. Proboscis terminalis, solitaria, retractilis, aculeis aduncis echinata.

OBSERVATIONS.

Les *échinorinques* constituent un genre fort remarquable par le caractère singulier de leur trompe. Elle est terminale, solitaire, rétractile, et hérissée de crochets recourbés, soit disposés par rangées nombreuses, soit placés sur un seul rang. Le corps de ces vers est allongé, cylindracé, sacciforme, quelquefois un peu déprimé, et légèrement atténué dans sa partie postérieure. On le voit tantôt lisse, tantôt muni de rides transverses, plus ou moins apparentes. L'anus n'est pas connu.

On trouve les *échinorinques* dans les intestins et les autres viscères de beaucoup d'animaux vertébrés; mais jusqu'à présent on n'en a pas encore observé dans le corps de l'homme.

Ces vers implantent leur trompe dans les membranes ou la substance des viscères, s'y fixent par leurs piquans crochus, et y demeurent fortement attachés, souvent pendant toute leur vie.

ESPÈCES.

* *Le cou et le corps inermes (sans piquans).*

1. Échinorinque du cochon. *Echinorhynchus gigas.*

Ech. proboscide subglobosa; collo brevi vaginato; corpore longissimo, cylindrico, posticè decrescente. Rudolph ent. 2. p. 251. t. 3. f. 15.

Echinorhynchus gigas. Bloch abhandl. p. 26. t. 7. f. 1—8.

Goeze naturg. p. 143—150. tab. 10 f. 1—6.

Encycl. pl. 37. f. 2—7.

Habite les intestins des cochons, surtout de ceux que l'on tient enfermés pour les engraisser.

2. Échinorinque du cyprin. *Echinorhynchus tuberosus.*

Ech. proboscide subglobosa apice aculeis rectis reflexisque coronata; collo vaginato brevissimo; corpore oblongo.

Echinorhynchus rutili. Mull. zool. dan. II. p. 27. tab. 61. f. 1-8. Gmel. p. 3050. n.° 45.

Ech. tuberosus. Zed. naturg. p. 163. Rudolph. ent. 2. p. 257.
Habite les intestins du *cyprinus rutilus.* Il n'a qu'une rangée de piquans.

3. Échinorinque du cobite. *Echinorhynchus clavœceps.*

Ech. proboscide subglobosa ; collo subnullo ; corpore cylindrico, antrorsum decrescente. Rudolph. ent. 2. p. 258.
Echin. cobitis barbatulæ. Goeze naturg. p. 158. t. 12. f. 7—9.
Echin. cobitidis. Gmel. p. 3048. n.° 32.
Habite les intestins du cobite barbu.

4. Échinorinque de l'anguille. *Echinorhynchus globulosus.*

Ech. proboscide ovali, breviore collo vaginato ; corpore oblongo. Rudolph. ent. 2. p. 259.
Ech. anguillæ. Mull. zool. dan. II. p. 38. tab. 69. f. 4—6.
Encycl. pl. 38. f. 16—18.
Habite les intestins de l'anguille.

5. Échinorinque strié. *Echinorhynchus striatus.* G.

Ech. proboscide conica ; collo brevissimo ; corpore longitudinaliter striato, passim constricto. Rudolp. ent. 2. p. 263.
Echin. striatus. Goeze naturg. p. 152. tab. 11. f. 6—7.
Encycl. pl. 37. f. 13—14.
Echinorhynchus ardeæ. Gmel. p. 3046.
Habite dans la grue cendrée.

6. Échinorinque de l'ésoce. *Echinorhynchus angustatus.*

Ech. proboscide cylindrica truncata ; collo brevissimo ; corpore antrorsum angustato. Rudolph. ent. 2. p. 266.
Echinorhynchus lucii. Mull. zool. dan. tab. 37. f. 4—6.
Encycl. pl. 38. f. 3—5.
Habite les intestins de l'ésoce.

** *Le cou ou le corps armé de piquans.*

7. Échinorinque de la macreuse. *Echinorhynchus minutus.*

Ech. proboscide cylindrica ; collo tereti nudo ; vagina striata ; corporis parte antica subovata aculeata, postica ovali inermi. Rudolph. ent. 2. p. 295.

Echin. minutus coccineus. Goeze naturg. p. 164. tab. 13. f. 1-2. Encycl. pl. 38. f. 1. A—B.

Echin. anatis. Gmel. p. 3045. *et echin. merulæ.* p. 3046.

Habite les intestins du canard brun (de la macreuse), etc.

8. Échinorinque du phoque. *Echinorhynchus strumosus.*

Ech. proboscide cylindrica transversa; collo nullo; corporis parte antica subglobosa aculeata, postica tereti inermi. Rudolph. ent. 2. p. 293. tab. 4. f. 3.

Ech. strumosus. Zeder naturg. p. 158. n.° 28.

Habite les intestins du phoque.

9. Échinorinque du canard. *Echinorhynchus constrictus.*

Ech. proboscide subclavata; collo conico nudo; corpore oblongo, bis obiter constricto, anticè aculeato. Rudolph. ent. 2. p. 296.

Echin. anatis boschadis domest. Goeze naturg. p. 163. tab. 13. f. 6—7.

Echin. boschadis. Gmel. p. 3045.

Habite les intestins du canard sauvage.

Etc.

POROCÉPHALE. (Porocephalus.)

Corps cylindrique, inarticulé, presqu'en massue; à extrémité antérieure variant irrégulièrement par ses contractions.

Trompe terminale, contractile. Cinq crochets rétractiles, cachés sous la trompe dans des fossettes.

Corpus teres, inarticulatum, subclavatum; anticâ extremitate contractionibus variè deformatâ.

Proboscis terminalis, contractilis. Aculei quinque adunci, retractiles, in foveis sub proboscide latentes.

OBSERVATIONS.

Le *porocéphale* est un nouveau genre de vers établi par M. de *Humboldt*, dans le recueil de ses observations de Zoologie, d'après l'espèce qu'il a trouvée dans un serpent d'Amérique. Par ses rapports, ce ver semble se rapprocher des échinorinques; mais les caractères de sa trompe et les crochets contractiles qui sont au-dessous, le distinguent éminemment.

ESPÈCE.

1. Porocéphale du crotal. *Porocephalus crotali.*

P. subclavatus, flavescens; proboscide lactea præmorsa; aculeis quinque fuscescentibus. Humboldt. obs. de zoologie. pl. 26.

Habite dans un serpent d'Amérique.

LIORINQUE. (Liorhynchus.)

Corps allongé, cylindrique, rigidule.

Bouche terminale, obtuse, donnant issue à un suçoir tubuleux, simple et rétractile.

Corpus elongatum, teres, rigidiusculum.

Os terminale, obtusum, haustellum tubulosum evalvem et retractilem emittens.

OBSERVATIONS.

Les *liorinques* ressemblent un peu aux ascarides par leur aspect; néanmoins, par leur trompe terminale, rétractile, ils paraissent se rapprocher des échinorinques et du porocéphale. Ce sont des vers cylindriques, grêles, atténués tantôt antérieurement, tantôt postérieurement, à queue ordinairement pointue. Leur bouche consiste en un petit tube proboscidiforme, mutique, que l'animal fait sortir de son extrémité antérieure, ou y rentrer comme à son gré.

On n'en connaît encore que trois espèces qui se trouvent dans deux mammifères et dans un poisson.

ESPÈCES.

1. Liorinque du blaireau. *Liorhynchus truncatus.*

L. tubulo elabiato; corpore utrinque subattenuato, lævi; caudâ acutissimâ. Rudolph. ent. 2. p. 247.

Habite les intestins du blaireau.

2. Liorinque du phoque. *Liorhynchus gracilescens.*

L. tubulo elabiato; corpore retrorsùm attenuato, lævi; caudâ acutâ. Rudolph. ent. 2. p. 248.

Ascaris tubifera. Mull. zool. dan. 11. p. 46. tab. 74. f. 2.

Encycl. pl. 32. f. 8.

Echinorhynchus tubifer. Gmel. p. 3044.

Habite dans l'estomac du phoque barbu.

3. Liorinque de l'anguille. *Liorhynchus denticulatus.*

L. tubulo labiato; corpore antrorsùm attenuato, collo crenato (seriatim denticulato). Rudolph. ent. 2. p. 249. tab. XII. f. 1—2.

Cochlus inermis. Zeder naturg. p. 50. tab. 1. f. 6.

Habite dans l'estomac et le cœur de l'anguille.

STRONGLE. (Strongylus.)

Corps allongé, cylindrique, atténué postérieurement; à queue terminée par une bourse substylifère dans les mâles, très-simple dans les femelles.

Bouche orbiculaire, grande, subciliée ou papilleuse, terminant l'extrémité antérieure.

Corpus elongatum, teres, posticè attenuatum; caudâ bursam substyliferam in maribus terminatâ; in femineis simplicissimâ.

Os orbiculare, magnum, ciliis aut papillis cinctum, extremitatem anticam terminans.

OBSERVATIONS.

Les *strongles* sont des vers très-singuliers en ce qu'ils paraissent posséder des sexes distincts, sur des individus différens. Dans les autres genres avoisinans, tels que les cucullans, les ascarides, etc., les sexes semblent se montrer encore, mais sont plus hypothétiques. Les *strongles* seraient donc les vers connus les plus perfectionnés, c'est-à-dire, les plus avancés en organisation.

Ces vers sont, en général, lisses, blanchâtres ou un peu rougeâtres, presque point atténués vers leur extrémité antérieure, et assez transparens pour laisser voir leurs organes intérieurs à travers leur peau. La bourse qui termine la queue des mâles est plus ou moins fissile, substylifère, souvent oblique.

On trouve des *strongles* dans l'homme, plusieurs mammifères et quelques oiseaux. Ils vivent dans l'œsophage, les intestins et dans les reins.

ESPÈCES.

* *Bouche ciliée ou dentée.*

1. Strongle des chevaux. *Strongylus armatus.*

Str. capite globoso truncato, ore aculeis rectis densis armato; bursâ maris trilobâ, caudâ feminæ obtusiusculâ. Rudolph. ent. 2. p. 204.

Strongylus equinus. Mull. zool. dan. 11. p. 2. tab. 42. *fig.* 1-12. Encycl. pl. 36. f. 7—15.

Strongylus equinus. Gmel. p. 3043.

Habite dans l'estomac et les gros intestins des chevaux.

2. Strongle des porcs. *Strongylus dentatus.*

Str. capite obtuso, dentibus anticis recurvis obsito; corpore alato; bursa maris triloba; cauda feminæ subulata. Rudolph. ent. 2. p. 209.

Habite dans le colon et le cæcum des cochons.

** *Bouche entourée de papilles.*

3. Strongle des reins. *Strongylus gigas.*

Str. capite obtuso, ore papillis planiusculis sex cincto; bursa maris truncata integra; cauda feminæ rotundata. Rudolph. ent. 2. p. 210.

Ascaris renalis, ascaris visceralis et sub ascaride lumbricoide, in Gmelino. p. 3030—3032.

Encycl. pl. 30. f. 4.

Habite dans les reins de l'homme et de plusieurs mammifères, rarement dans les autres viscères et le tube intestinal. Cette espèce est fort grande et a été confondue avec l'ascaride lombricale.

4. Strongle papilleux. *Strongylus papillosus.*

Str. capite obtuso, papillis sex conicis cincto; ore orbiculari amplissimo; corpore crenato; bursa maris integra obliqua, cauda feminæ obtusa. Rudolph. ent. 2. p. 214. tab. 3. f. 11—12.

Strongylus papillosus. Zeder naturg. p. 92.

Habite dans l'œsophage de différens oiseaux. Ses papilles sont coniques, mobiles, presque tentaculiformes.

Etc.

CUCULLAN. (Cucullanus.)

Corps allongé, cylindrique, obtus à son extrémité antérieure, atténué postérieurement.

Bouche terminale, située sous un capuchon strié.

Corpus elongatum, teres, anticè obtusum, posticè attenuatum.

Os terminale, cucullo striato obtectum.

OBSERVATIONS.

Les *cucullans*, que le docteur *Rudolph* écarte des strongles, en paraissent voisins par leurs rapports; aussi paraît-il que *Bruguière* a voulu les réunir dans le même genre. Néanmoins, leur bouche située sous un capuchon membraneux, les en distingue éminemment. S'ils ont des sexes véritables, ce qui me paraît encore hypothétique, les mâles n'ont point de bourse à leur extrémité postérieure, comme dans les strongles.

Les *cucullans* paraissent vivre particulièrement dans l'estomac et les intestins des poissons. On n'en connaît encore qu'un petit nombre d'espèces.

ESPÈCES.

1. Cucullan de la perche. *Cucullanus elegans.*

C. capite obtuso, cucullo globoso, posticè uncinato; caudâ maris utrinque alatâ. Rudolph. ent. 2. p. 102. tab. 3. f. 1—3. et *fig.* 5—7.

Cucullanus percæ. Goeze tab. IX. B. *fig.* A—B. 4—9.

Encycl. pl. 36. f. 6.

Cucullanus lacustris, percæ, lucioperca, cernuæ. Gmel. p. 3051.

Habite dans les perches.

2. Cucullan des gades. *Cucullanus foveolatus.*

C. capite obtuso, subtùs foveolato; cucullo globoso mutico. Rudolph. ent. 2. p. 109.

Cucullanus marinus. Mull. zool. dan. 1. p. 50. tab. 38. f. 1—11. Encycl. pl. 35. f. 10—15.

Cucullanus marinus, cirratus, muticus. Gmel. p. 3052.

Habite les intestins des gades ou morues. Muller représente un individu comme vivipare, offrant de jeunes vers encore adhérens comme des bourgeons développés et cireux.

3. Cucullan de la truite. *Cucullanus globosus.*

C. filiformis, infrà caput globosum posticè tuberculatus; collo gracili longiusculo. Rudolph. ent. 2. p. 111.

Goeze naturg. p. 133.

Cucullanus lacustris ε farionis. Gmel. p. 3051. n.º 6.

Cucullanus truttæ. Fabric. in dansk. Selsk. Skrivt. III. p. 30. tab. 3. f. 9—12.

Habite dans la truite.

4. Cucullan de l'anguille. *Cucullanus coronatus.*

C. capite obtuso aculeis tribus brevissimis anticis, cucullo globoso. Rudolph. ent. 2. p. 113.

Cucullanus. Goeze naturg. p. 130. tab. IX. A. f. 1—2.

Encycl. pl. 36. f. 3—4.

Cucullanus lacustris, α. anguillæ. Gmel. p. 3051.

Habite les intestins de l'anguille.

Etc.

ASCARIDE. (Ascaris.)

Corps allongé, cylindrique, très-souvent atténué aux deux bouts, ayant trois valvules à l'extrémité antérieure.

Bouche terminale, petite, recouverte par les valvules.

Corpus elongatum, teres, utrinque sæpius attenuatum; extremitate anticâ trivalvi.

Os terminale, exiguum, valvulis rotundatis obtectum.

OBSERVATIONS.

Les *ascarides*, que l'on doit réduire aux espèces qui offrent à leur extrémité antérieure trois valvules en trefle, qui cachent la bouche, sont des vers très-nombreux en espèces, quelquefois en individus, et souvent fort nuisibles. Ces vers sont cylindriques, en général atténués aux deux bouts, quelquefois fort grands, d'autres fois grêles et très-petits. Les trois tubercules ou valvules arrondies qui se trouvent à leur extrémité antérieure, paraissent leur servir comme de lèvres pour les aider à se fixer et à pomper leur nourriture. Ils vivent ordinairement en grand nombre et comme par troupes dans les intestins et l'estomac des animaux vertébrés, et même de l'homme. On peut dire, qu'après les tœnia, ce sont les plus communs et les plus nuisibles.

On prétend que ces vers sont munis d'organes sexuels, et qu'ils ont les sexes séparés sur des individus différens.

Je n'en citerai que peu d'espèces, parmi lesquelles je n'en indiquerai qu'une seule, comme se trouvant dans l'homme, l'*ascaris vermicularis* devant être rapporté au genre oxyure, selon l'observation de M. *Bremser*.

ESPÈCES.

* *Corps atténué aux 2 extrémités.*

1. Ascaride lombricoïde. *Ascaris lumbricoides*. L.

A. corpore utrinque sulcato; caudâ obtusiusculâ. Rudolph. ent. 2, p. 124.

Ascaris lumbr. Bloch. tab. 8. f. 4—6 (*equi*).

Ascaris gigas. Goeze naturg. p. 62—72. tab. 1. f. 1—3 (*equi*).

Ascaris gigas, a. *equi*. b. *hominis*. c. *suis*. d. *vituli*.

Habite les intestins grêles de l'homme, du bœuf, du cheval, de l'âne, du cochon. Elle est longue de six pouces à un pied, d'une couleur blanchâtre ou d'un rouge pâle et paraît lisse. On la chasse avec des purgatifs et l'huile empyreumatique de Chabert.

2. Ascaride des poules. *Ascaris vesicularis*.

A. linea corporis laterali tenuissima; caudâ utriusque sexus re-

flexâ, in maribus utrinque membranâ basi connivente alat
Rudolph. ent. 2. p. 129.

Ascaris papillosa. Bloch abhandl. p. 32. tab. 9. f. 1—6. Encyc pl. 32. f. 24—29.

Ascaris papillosa. Gmel. p. 3034. n.° 40 et n.os 41, 42, 43, 44

Habite les intestins des poules, de l'outarde, du faisan.

3. Ascaride acuminée. *Ascaris acuminata.*

A. membrana laterali tenui; cauda acuminata. Rudolp. ent. 2 p. 136.

Ascaris subulata. Goeze naturg. p. 100. tab. 4. f. 4—9.

Ascaris ranæ. Gmel. p. 3035.

Habite les intestins des grenouilles.

4. Ascaride du chien. *Ascaris marginata.*

A. membrana capitis utrinque semilanceolata, caudæ vix conspicua. Rudolph. ent. 2. p. 138.

Ascaris. Bloch. tab. 8. f. 1—3.

Encycl. pl. 30. f. 7—9.

Ascaris canis. Gmel. p. 3030.

Habite les intestins grêles du chien.

5. Ascaride du chat. *Ascaris mystax.*

A. membrana capitis utrinque semiovata, caudæ lineari. Rudolph. ent. 2. p. 140.

Ascaris felis. Goeze naturg. p. 79. tab. 1. f. 5. et f. 9—13.

Encycl. pl. 31. f. 7—12.

Ascaris felis. Gmel. p. 3031.

Habite les intestins grêles du chat.

6. Ascaride aiguille. *Ascaris acus.*

A. membrana laterali capitis caudæque subtùs planiusculorum lineari, corporis tenuissima. Rudolph. ent. p. 149.

Ascaris acus. Bloch eingew. et naturf. IV. p. 544.

Ascaris acus. Gmel. p. 3037.

Fusaria acus. Zeder naturg. p. 104. tab. 11. f. 1—3.

Habite les intestins des ésoces.

** *Corps plus épais à une de ses extrémités.*

7. Ascaride du pigeon. *Ascaris maculosa.*

A. membrana laterali capitis utrinque semielliptica, corporis evanida; cauda obtusa cum acumine. Rudolph. ent. 2. p. 158. tab. 1. f. 14—16.

Ascaris. Goeze naturg. p. 84. tab. 1. f. 6.

Encycl. pl. 30. f. 10. *asc. columbæ.*

Ascaris columbæ. Gmel. p. 3034.

Habite les intestins du pigeon grosse-gorge.

8. Ascaride du lagopède. *Ascaris compar.*

A. capitis valvulis latiusculis; caudâ maris obliquè truncatâ, alatâ, feminæ rectâ obtusiusculâ. Rudolph. ent. 2. p. 161.

Ascaris compar. Schrank. Bayers. p. 90—94.

Ascaris tetraonis. Gmel. p. 3034.

Fusaria compar et *fusaria tetraonis.* Zeder naturg. p. 110 et p. 120.

Habite les gros intestins de la gélinote.

9. Ascaride de la taupe. *Ascaris incisa.*

A. capite obtuso, corpore crenato, caudæ acumine brevi conico. Rudolph ent. 2. p. 163.

Cucullanus talpæ. Goeze naturg. p. 130. tab. 8. f. 7—8.

Encycl. pl. 36. f. 1—2.

Habite dans la taupe.

10. Ascaride du gade. *Ascaris clavata.*

A. capitis tenuioris membrana lineari, corpore toto retrorsùm incrassato, cauda obtusa mucronata. Rudolph. ent. 2. p. 183.

Ascaris gadi. Mull. zool. dan. prodr. n.° 2595. et zool. dan. 11. p. 47. tab. 74. f. 6.

Encycl. pl. 32. f. 15—16.

Habite l'estomac du *gadus barbatus.*

Etc.

FISSULE. (Fissula.)

Corps allongé, cylindrique, atténué postérieurement à extrémité antérieure bifide.

Bouche terminale, bilabiée. Anus près de l'extrémité de la queue.

Corpus elongatum, teres, posticè attenuatum; anticâ extremitate bifidâ.

Os terminale, bilabiatum. Anus propè apicem caudæ.

OBSERVATIONS.

Je crois être le premier qui ait senti la nécessité de séparer des ascarides, le ver que *Muller* a nommé *ascaris bifida*. J'en ai formé un genre particulier dans mes leçons, sous le nom de fissule. Ce genre fut ensuite reconnu, mais diversement nommé par les auteurs. En effet, quelques années après, M. *Fischer* l'établit sous la dénomination de *cystidicola*, d'après une nouvelle espèce qu'il fit connaître; enfin, le docteur *Rudolph*, reconnaissant aussi le même genre, lui assigna le nom d'*ophiostoma*.

Les *fissules* n'ont point à l'extrémité antérieure, comme les ascarides, trois valvules qui cachent la bouche; mais, à cette extrémité qui est bifide, elles offrent deux espèces de lèvres, souvent inégales, plutôt latérales que verticales. Leur corps est allongé, cylindrique, atténué postérieurement, transparent, et quelquefois comme crénelé et irrégulier près de la queue, qui est simple et pointue.

On n'en connait encore qu'un petit nombre d'espèces.

ESPÈCES.

1. Fissule des chauve-souris. *Fissula mucronata.*

F. antica extremitate obtusa; labiis æqualibus; cauda (feminæ) obtusa, mucronata.

Ophiostoma mucronatum. Rudolph. ent. 2. p. 117. tab. 3. *fig.* 13—14.

Habite les intestins de la chauve-souris oreillard.

2. Fissule du phoque. *Fissula phocæ.*

F. antica extremitate obtusa; labiis inæqualibus; cauda feminæ obtusa, maris mucronata.

Ophiostoma dispar. Rudolph. entoz. 2. p. 119.

Ascaris bifida. Mull. zool. dan. 11. p. 47. tab. 74. f. 3. *mas*, et f. 1. *femina.*

Encycl. pl. 32. f. 9 et 10. *mas.*

Habite les intestins des phoques.

3. Fissule cystidicole. *Fissula cystidicola.*

F. labiis æqualibus acutiusculis; cauda latiuscula depressa.

Cystidicola. Fischer. Bibl. n.° 265. *cum ic.*

Fissula cystidicola. Syst. des anim. sans vert. p. 339.

Fissula cystidicola. Bosc hist. nat. des vers, 2. p. 37.

Ophiostoma cystidicola. Rudolph. ent. 2. p. 122.

Habite la vessie aérienne des truites.

TRICHURE. (Trichocephalus.)

Corps allongé, cylindrique, plus épais et presqu'en massue postérieurement; à partie antérieure graduellement atténuée et presque capillaire.

Bouche terminale, orbiculaire, très-petite, à peine visible.

Corpus elongatum, teres; posticè crassiore subclavato; parte anticâ sensim attenuatâ, subcapillari.

Os terminale, orbiculare, exiguum, vix distinctum.

OBSERVATIONS.

Les *trichures* sont des vers allongés, cylindriques, souvent contournés postérieurement, surtout dans les mâles, épaissis vers leur extrémité postérieure qui est obtuse; et singulièrement remarquables en ce que leur partie antérieure va en s'amincissant et ressemble à un fil ou à une trompe capillaire. Leur bouche, en général, est extrêmement petite.

Ces vers vivent le plus souvent par troupes, et habitent les intestins de l'homme, des mammifères et de quelques reptiles. On en connaît huit ou neuf espèces.

ESPÈCES.

* *Extrémité antérieure nue et mutique.*

1. Trichure de l'homme. *Trichocephalus hominis.*

Tr. parte capillari longissima, capite acuto indistincto; corpore maris spiraliter involuto, feminæ subrecto. R.

Trichocephalus dispar. Rudolph. ent. 2. p. 88.

Trichocephalus hominis. Goeze naturg. p. 112—116. tab. VI. f. 1—5. Encycl. pl. 33. f. 1—4.

Trich. hominis. Gmel. p. 3038.

Mastigoides. Zoder naturg. p. 69.

Habite les intestins de l'homme; rarement dans les grêles; plus fréquemment dans le cæcum et le colon. Il a jusqu'à 2 pouces de longueur. Il produit une espèce de dyssenterie qu'on a nommée *morbus mucosus.* On le trouve aussi dans quelques singes.

2. Trichure des agneaux. *Trichocephalus affinis.*

Tr. parte capillari longissimâ, ore orbiculari, corpore maris subspirali, feminæ rectiusculo. Rudolph. ent. 2. p. 92. tab. 1. f. 7—10.

Habite le cæcum des agneaux et des veaux. Il ressemble beaucoup au précédent.

3. Trichure du lièvre. *Trichocephalus unguiculatus.*

Tr. parte capillari longissimâ, capite unguiculato, corpore maris spirali, feminæ rectiusculo. Rudolph. ent. 2. p. 93. tab. 1. *fig.* 11.

Mastigoides leporis. Zeder naturg. p. 71. tab. 1. f. 3—5.

Habite les gros intestins du lièvre.

4. Trichure des souris. *Trichocephalus nodosus.*

Tr. capite trinodi; parte capillari longiore corpore maris spirali, feminæ incurvo. Rudolph. ent. 2. p. 96.

Trichocephalus muris. Goeze naturg. p. 119—121. tab. 7. A *fig.* 1—5. Encycl. pl. 33. f. 6—10.

Habite les intestins de la souris.

** *Extrémité antérieure armée de piquans.*

5. Trichure hérissé. *Trichocephalus echinatus.*

Tr. capite echinato; parte capillari corpore spirali breviore. Rudolph. ent. 2. p. 98.

Pallas nov. comm. petrop. 19. t. 10. f. 6. *tænia spirillum.*

Trichoceph. Goeze naturg. p. 123. t. 7. A. f. 6—7.

Encycl. pl. 33. f. 11—12.

Trichocephalus lacertæ. Gmel. p. 3039.

Habite les intestins du *lacerta apus.*

OXYURE. (Oxyurus.)

Corps allongé, cylindrique, atténué et subulé postérieurement.

Bouche orbiculaire, nue, terminale.

Corpus elongatum, teres; parte posticâ attenuatâ, subulatâ.

Os terminale, nudum, orbiculatum.

OBSERVATIONS.

La seule espèce d'*oxyure* que l'on connut d'abord, fut confondue avec les trichures, parce que l'on prenait la partie postérieure de ce ver pour sa partie antérieure. Cette espèce se trouve assez communément dans les chevaux, et l'on sait actuellement que ce n'est point un trichure.

Depuis, l'on a découvert que l'*ascaris vermicularis* n'avait point au-dessus de la bouche les trois valvules des ascarides, et qu'il devait être rapporté au même genre que l'espèce dont je viens de parler.

Ainsi, le genre *oxyure* se compose maintenant de deux espèces distinctes, très-connues, et qui paraissent se multiplier en abondance dans les lieux qu'elles habitent.

La partie antérieure des *oxyures* est la plus épaisse, cylindrique, assez égale; mais leur partie postérieure va en s'amincissant, devient très-menue, et finit en pointe aigue. Ces vers paraissent plus simples en organisation que les précédens, et à sexes moins distincts.

ESPÊCES.

1. Oxyure vermiculaire. *Oxyurus vermicularis.*

O. capitis obtusi membrana laterali utrinque vesiculari; caudâ subulatâ.

Ascaris vermicularis. Rudolph. entoz. 2. p. 150.

Ascaris vermicularis. Goeze naturg. p. 102—106. tab. 5. f. 1-5.

Encycl. pl. 30. f. 25—29.

Gmel. p. 3029. n.° 1.

Habite les gros intestins de l'homme non adulte, c'est-à-dire, des enfans. Il les tourmente par des chatouillemens presque continuels. Ce ver se multiplie quelquefois en peu de temps d'une manière étonnante. Sa longueur est de 5 à 6 lignes. On emploie pour l'expulser des infusions d'*helmintocorton*, des lavemens de quelqu'infusion amère.

2. Oxyure des chevaux. *Oxyurus curvula.*

O. capitis obtusi lateribus nudis.
Oxyurus curvula. Rudolph. ent. 2. p. 100. tab. 1. f. 3—6.
Trichocephalus equi. Goeze naturg. p. 117. tab. 6. f. 8.
Encycl. pl. 33. f. 5.
Gmel. p. 3038. n.° 18.
Habite le cœcum des chevaux.

HAMULAIRE. (Hamularia.)

Corps allongé, cylindracé, presqu'égal, rigidule.

Bouche au-dessous de l'extrémité antérieure, d'où sortent deux suçoirs filiformes et tentaculaires.

Corpus elongatum, cylindraceum, subæquale, rigidulum.

Os infrà apicem anticam, undè haustella duo filiformia tentaculiformiaque prominent.

OBSERVATIONS.

Le genre des *hamulaires*, établi nouvellement par M. *Rudolph*, me paraît être le même que celui que j'ai nommé *crinon* dans mon *Système des animaux sans vertèbres*, d'après les observations de M. *Chabert*; mais les deux suçoirs filiformes et probablement rétractiles des *hamulaires*, ne furent point observés dans les crinons.

Ce qui fait ici une difficulté à cet égard, c'est que les deux suçoirs des hamulaires sont rapprochés à leur base, et semblent partir du même point ou de la même ouverture. Au reste, les *hamulaires* ressemblent tellement aux filaires par leur forme, qu'on est tenté de douter de leur genre.

On ne connaît encore que deux ou trois espèces d'hamulaires : on en a trouvé dans l'homme et dans quelques oiseaux.

ESPÈCES.

1. Hamulaire de l'homme. *Hamularia subcompressa.*

H. subcompressa, antice attenuata. Rudolph. ent. 2. p. 82.
Hamularia lymphatica. Treutler obs. path. anat. p. 10. tab. H. *fig.* 3—7.
Tentacularia subcompressa. Zeder naturg. p. 45.
An crino truncatus? Syst. des anim. sans vert. p. 340.
Habite dans l'homme.

2. Hamulaire du collurion. *Hamularia cylindrica.*

H. teres, æqualis, utrinque obtusa. Rudolph. ent. 2. p. 83. t. 12. f. 6.
Linguatula bilinguis. Schrank. Samml. p. 231. tab. 11. A—B.
Tentacularia cylindrica. Zeder naturg. p. 45. tab. 1. f. 2.
Habite dans l'écorcheur ou le *lanius collurio.*

3. Hamulaire de la poule. *Hamularia nodulosa.*

H. subtus plana; ore papilloso. Rudolph. ent. 2. p. 84.
Gordius gallinæ. Goeze naturg. p. 126. tab. 7. B. f. 8—10. Encycl. pl. 29. f. 4—6.
Filaria gallinæ. Gmel. p. 3040.
Habite les intestins de la poule.

FILAIRE. (Filaria.)

Corps cylindrique, filiforme, égal, lisse, souvent fort long, rigidule.

Bouche terminale, orbiculaire, très-petite.

Corpus teres, filiforme, subæquale, lævigatum, sæpè longissimum, rigidiusculum.

Os terminale, orbiculare, minimum.

OBSERVATIONS.

Les *filaires* sont les vers les plus simples à l'extérieur; et en effet, ce sont ceux qui sont les plus difficiles à caractériser dans leurs espèces. On pourrait les confondre avec les dragonaux auxquels ils ressemblent beaucoup; mais comme on ne les trouve jamais ailleurs que dans le corps des animaux, cette différence a paru suffire pour les en distinguer.

Dans quelques espèces, le corps est légèrement atténué à l'une ou à l'autre de ses extrémités; mais en général il est assez égal d'un bout à l'autre.

Ces vers se tiennent plutôt dans le tissu cellulaire et les membranes, que dans le canal intestinal. On en trouve dans l'homme, les mammifères, les oiseaux, les poissons, les insectes, etc.

ESPÈCES.

1. Filaire de Médine. *Filaria Medinensis.*

F. longissima, margine oris tumido, caudæ acumine inflexo Rudolph. ent. 2. p. 55.

Gordius medinensis. Lin. Encycl. pl. 29. f. 3.

Filaria medinensis. Gmel. p. 3059.

Habite dans le tissu cellulaire subcutané de l'homme, principalement dans les jambes, les pieds, etc., et ne se trouve ainsi que dans les pays chauds de l'Asie, de l'Afrique et de l'Amérique. Ce ver est-il né où on l'observe, ou s'y est-il introduit? cela paraît encore douteux; aussi a-t-on varié sur son genre. On en a vu qui avaient deux pieds ou davantage de longueur.

2. Filaire du singe. *Filaria gracilis.*

F. longissima, utrinque subattenuata; capite obtuso; caudæ apice acuto reflexo. Rudolph. ent. 2. p. 57. tab. 1. f. 1.

Habite dans la cavité abdominale du singe capucin.

3. Filaire de la corneille. *Filaria attenuata.*

F. utrinque obtusa, posticè attenuata. Rudolph. ent. 2. p. 58.

Filaria cornicis. Gmel. p. 3040.

Habite dans l'abdomen et les poumons de la corneille mantelée.

4. Filaire du gobion. *Filaria ovata.*

F. corpore antrorsùm attenuato, capite ovato, caudâ rotundatâ. Rudolph. ent. 2. p. 60.

Gordius piscium. Goeze naturg. p. 126. tab. 8. f. 1—3.

Encycl. pl. 29. f. 7—9.

Ascaris gobionis. Gmel. p. 3037.

Habite autour du foie du cyprin gobion.

5. Filaire du hareng. *Filaria capsularia.*

F. ore orbiculari marginato, caudâ obtusâ cum acumine. Rudolph. ent. 2. p. 61.

Gordius marinus. Lin.

Gordius harengum. Bloch. abhandl. p. 33. t. 8. f. 7—10.

Capsularia halecis. Zeder nachtr. tab. 1. f. 1—6. et naturg. tab. 1. f. 7.

Habite l'abdomen du hareng, entre les viscères.

6. Filaire du cheval. *Filaria papillosa.*

F. ore orbiculari colloque papillosis; caudâ incurvatâ. Rudolph. ent. 2. p. 62.

Gordius equinus. Abilgaard in zool. dan. 3. p. 49. t. 109. *fig.* 12. a—c.

Habite dans l'abdomen du cheval et quelquefois dans sa poitrine.

7. Filaire du rollier. *Filaria coronata.*

F. capite nodulis tribus coronato; corpore subæquali utrinque obtuso. Rudolph. ent. 2. p. 65.

Ascaris.... Goeze naturg. p. 90. tab. 2. f. 5.

Encycl. pl. 30. f. 12—14.

Ascaris coraciæ. Gmel. p. 3033.

Habite dans le rollier, entre les muscles du cou.

8. Filaire acuminée. *Filaria acuminata.*

F. capite quadrinodi; caudâ obtusâ cum acumine recto. Rudolph. ent. 2. p. 66.

Gordius larvarum. Goeze, naturg. tab. 8. f. 4.—6.

Encycl. pl. 29. f. 10—12.

Filaria lepidopterum. Gmel. p. 3041 γ. et δ.

Habite la larve de la noctuelle fiancée.

9. Filaire du faucheur. *Filaria phalangii.*

F. corpore filiforme subæquali; ore inconspicuo.

Habite dans le *phalangium cornutum.* Trouvée par M. Latreille qui, sur le vivant, n'a pu voir sa bouche. Ce ver a environ cinq pouces de longueur.

Etc.

DRAGONEAU. (Gordius.)

Corps cylindrique, filiforme, égal, lisse.
Bouche..... Anus.....

Corpus teres, filiforme, œquale, lœve.
Os.... Anus....

OBSERVATIONS.

Probablement les *dragoneaux* ne sont que des filaires; car des différences d'habitation n'équivalent pas à celles de l'organisation, et ne sauraient offrir un caractère véritablement générique. Ce n'est donc que pour me conformer à l'usage que je sépare les *dragoneaux* des filaires, et pour faire sentir que le caractère même de la classe des vers ne doit rien emprunter des lieux d'habitation de ces animaux.

Les *dragoneaux* ont le corps filiforme, grêle, nu, glabre ou lisse, presqu'égal dans toute sa longueur, et en général transparent. La plupart n'offrent nulle apparence de bouche ni d'anus, sans doute à cause de la petitesse de ces ouvertures qui, d'ailleurs, sont dans un état de contraction lorsqu'on observe ces animaux.

On trouve les *dragoneaux* dans les eaux vives, dans la vase ou le sable humide. Ces vers se contournent ou se replient dans l'eau comme de petits serpens. Je n'en citerai que deux espèces.

ESPÈCES.

1. Dragoneau des sources. *Gordius aquaticus.*

G. filiformis, longissimus, pallidus; unâ extremitate subbifidâ.

Gordius aquaticus. Lin. Gmel. p. 3082.

Encycl. pl. 29. f. 1.

Habite dans les sources, les fontaines, les ruisseaux. Je l'ai vu ayant une de ses extrémités comme bifide. Cela est-il constant?

2. Dragoneau à bande. *Gordius cinctus.*

G. albus, dorso cinguloque antico griseis.

Oth. fabr. *Fauna Groenl.* p. 270. f. 3.

Encycl. pl. 29. f. 2.

Habite la mer du Groënland, enfoncé dans le sable. Longueur, quatre lignes.

ORDRE TROISIÈME.

VERS HISPIDES.

Ils ont le corps garni de soies latérales ou de spinules.

Sous cette coupe, je réunis des animaux vermiformes, dont l'organisation me paraît trop peu composée pour que l'on puisse les rapporter à la classe des annelides. Il est plus que probable que ces animaux ne possèdent point un système de circulation ; qu'ils n'ont point de véritables branchies, point de sens réels ; et qu'ils ne sont pas même ovipares, mais seulement gemmipares internes.

Les *vers hispides* connus ne sont pas encore nombreux, et aucun d'eux ne vit dans l'intérieur des autres animaux. Les cils ou les spinules latérales de leur corps présentent une particularité assez étrange, relativement au corps nu de tous les autres vers, pour que l'on puisse douter de la convenance du rang que j'assigne à ces animaux. Cependant, d'après ce que l'on a pu savoir de l'état de leur intérieur, je crois que ce rang devra être conservé.

Voici les trois genres que je rapporte à cet ordre.

NAÏDE. (Nais.)

Corps rampant, long, linéaire, transparent, aplat ayant le plus souvent sur les côtés des soies rares, simpl ou par faisceaux.

Bouche terminale. Point de tentacules.

Corpus repens, longum, lineare, pellucidum, de pressum; setis raris simplicibus aut fasciculatis a latera sæpius hispidum.

Os terminale; tentaculis nullis.

OBSERVATIONS.

Il me paraît impossible que les *naïdes* puissent avoir l'organisation assez composée pour appartenir à la classe de *annelides*; d'autant plus qu'on en peut multiplier les individus en les coupant transversalement.

Ainsi, ce sont des *vers* dont le corps est fort allongé, linéaire, aplati, transparent ou demi-transparent, et en général garni de cils latéraux, rares, soit simples, soit fasciculés

Les *naïdes* vivent la plupart dans les eaux douces, sur les bords des ruisseaux, dans les fontaines, les étangs, etc. Elles se tiennent sous les pierres, dans la vase, dans des trous, quelquefois accrochées aux plantes aquatiques.

La transparence de leur corps laisse facilement apercevoir l'intestin de l'animal dans toute sa longueur. Ces vers vivent des infusoires qui sont fort abondans dans les eaux douces.

On prétend qu'il y en a qui ont des yeux: on a pu se faire illusion à cet égard, en prenant des points particuliers pour l'organe de la vue, avant d'avoir constaté l'existence d'un système nerveux capable d'y donner lieu.

La bouche de ces animaux n'est tantôt qu'une simple fente, tantôt qu'un trou accompagné de deux lèvres. Ceux qui ont une trompe doivent être distingués et d'un autre genre.

Craignant les mauvaises associations, je ne citerai que trois espèces parmi les plus connues.

ESPÈCES.

1. Naïde vermiculaire. *Nais vermicularis.*

   N. setis lateralibus fasciculatis, ore hinc barbato.

   Nais vermicularis. Gmel. p. 3120.

   Roes. ins. 3. p. 578. tab. 93. f. 1—7.

   Encycl. pl. 52. f. 1—7.

   Habite sous le *lemna* ou la lenticule, dans les étangs, etc.

2. Naïde serpentine. *Nais serpentina.*

   N. setis lateralibus nullis, collari triplici nigro. Mull.

   Nais serpentina. Gmel. p. 3121.

   Roes. ins. 3. p. 567. tab. 92.

   Encycl. pl. 53. f. 1—2.

   Habite les étangs d'Europe; s'entortillant autour des racines de la lenticule.

3. Naïde littorale. *Nais littoralis.*

   N. setis lateralibus nullis, solitariis, geminatis, fasciculatis varia. Mull. zool. dan. 2. tab. 80. f. 1—8.

   Encycl. pl. 54. f. 4—10.

   Habite les rivages sablonneux que l'eau de mer recouvre.

   Etc.

STYLAIRE. (Stylaria.)

Corps rampant, linéaire, transparent, muni de soies latérales.

Extrémité antérieure, bifide, offrant une trompe styliforme, saillante. Anus terminal.

Corpus repens, lineare, pellucidum, setis lateralibus hispidum.

Extremitas anterior bifida; proboscide porrectâ, styliformi. Anus terminalis.

OBSERVATIONS.

Il me semble convenable de séparer des naïdes, le ver qui constitue le type de ce genre; sa bouche offrant une trompe styliforme, qui lui donne un caractère particulier remarquable. On en découvrira probablement quelques autres qui confirmeront la convenance de cette séparation.

ESPÈCE.

1. Stylaire des étangs. *Stylaria paludosa.*

St. setis lateralibus solitariis.

Nereis lacustris. Lin. syst. nat. ed. 13. 2. p. 1085.

Nais proboscidea. Gmel. p. 3121. Mull. zool. dan. prodr. 2649. Encycl. pl. 53. f. 5—8. Roes. ins. 3. t. 78. f. 16—17 et t. 79. f. 1.

Habite dans les eaux stagnantes des marais, des étangs.

TUBIFEX. (Tubifex.)

Corps filiforme, transparent, annelé ou subarticulé, muni de spinules latérales, vivant dans un tube.

Bouche et anus aux extrémités.

Corpus filiforme, pellucidum, annulatum vel subarticulatum spinulis lateralibus.

Os anusque ad extremitates.

OBSERVATIONS.

Je réunis ici des animaux que l'on a rapportés au genre des lombries, probablement parce qu'ils ont des spinules latérales. Mais ce que l'on sait de leur organisation intérieure, indique que ce sont réellement des vers, et non des annelides. Il paraît que c'est avec les naïdes qu'ils ont le plus de rapports.

Les *tubifex* vivent dans des tubes, les uns en partie enfon-

cés dans la vase au fond des ruisseaux, des étangs, etc., les autres enfoncés dans le sable sous les eaux marines.

ESPÈCES.

1. Tubifex des ruisseaux. *Tubifex rivulorum.*

T. rufescens, bifariam aculeatus; tubulis verticalibus.

Lumbricus tubifex. Mull. zoolog. dan. 3. p. 4. tab. 84. f. 1-3. Encycl. pl. 34. f. 4.

Bonnet, vers d'eau douce. t. 3. f. 9—10.

Trembley, hist. des polyp. t. 7. f. 2.

Habite au fond des ruisseaux, des étangs, etc. Ses spinules latérales sont rétractiles.

2. Tubifex marin. *Tubifex marinus.*

T. albus, macula segmentorum dorsali rubra; articulis distantibus.

Lumbricus tubicola. Mull. zool. dan. 2. tab. 75.

Encycl. pl. 35. f. 1—2.

Habite le fond sablonneux de la mer, aux sinuosités des rivages. Les deux spinules de chaque articulation sont très-petites.

LES ÉPIZOAIRES. (Epizoariæ.)

Animaux à corps mou ou subcrustacé, diversiforme; à tête indécise, comme ébauchée; à forme symétrique commençante; et ayant souvent des appendices divers, inarticulés, tenant lieu de pattes.

Bouche en suçoir, souvent armée de crochets ou accompagnée de tentacules.

Système nerveux, organe respiratoire, et sexes inconnus.

Corpus molle vel subcrustaceum, diversiforme; capite obsoleto seu dubio. Pedes nulli; sæpè tamen appendices varii, inarticulati. Forma symetrica partibus parilibus inchoata.

Os suctorians, subtentaculatum, vel uncinis armatum. Organa sensibilitatis, respirationis, fœcundationisque ignota.

OBSERVATIONS.

Sous la dénomination d'*épizoaires*, je réunis quelques genres d'animaux connus dont le rang parmi les autres n'a pas encore été positivement assigné, et qui, par leurs rapports, semblent avoisiner les *vers* et les *insectes*, sans pouvoir faire partie soit des uns, soit des autres.

Ces animaux, joints à beaucoup d'autres qui sont encore à découvrir et qui existent probablement, indiquent l'existence d'une série particulière dont, un jour peut-être, on pourra former une nouvelle classe, et qui vraisemblablement remplira le vide assez grand qui se trouve entre les vers et les insectes.

Des observations ultérieures décideront à cet égard. En attendant, je me borne à instituer provisoirement cette coupe avec le petit nombre de genres que je vais citer.

De même que ceux des vers qui vivent constamment dans l'intérieur des autres animaux sont des parasites internes; de même aussi les *épizoaires* dont il est ici question, sont des parasites externes; car les uns et les autres sont des suceurs qui vivent aux dépens des autres animaux. La plupart de ceux dont il s'agit ici s'attachent aux ouïes des poissons, et en sucent le sang.

Les *épizoaires* sont les premiers animaux qui offrent cette *symétrie* du corps par des parties paires opposées et semblables dont les animaux des classes suivantes nous montrent un si grand emploi; symétrie, en effet, qui est complétement exécutée dans les insectes, les arachnides, les crustacés, qui se retrouve même dans les annelides, malgré la forme défavorable de leur corps, et qui est générale pour tous les animaux vertébrés; symétrie enfin qui, dans la série des animaux inarticulés, ne commence à paraître que dans les acéphales.

Quoique l'organisation des *épizoaires* ne soit pas encore bien connue, on ne saurait douter, d'après ce que l'on en sait déjà, qu'elle ne soit un peu plus avancée que celle des vers; car plusieurs ont des appendices extérieurs, des parties paires, des tentacules, des étranglemens ou de faux segmens du corps analogues à ceux des insectes. Cependant il est vraisemblable qu'ils sont inférieurs en organisation aux insectes, puisqu'on ne leur connaît ni pattes articulées, ni trachées, ni branchies, etc.

Je ne fais de cette petite coupe provisoire qu'une simple indication; car elle ne mérite pas encore d'être énumérée parmi les autres classes d'animaux. Voici, quant à présent, les genres qui me paraissent la fonder.

CHONDRACANTHE. (Chondracanthus.)

Corps ovale, inarticulé, rétréci antérieurement, couvert en dessus d'épines cartilagineuses. Point d'yeux.

Bouche en suçoir, située au-dessous de l'extrémité

antérieure, armée de deux crochets en pince et accompagnée de deux tentacules courts.

Deux ovaires saillans en dehors, cachés entre les épines postérieures.

Corpus ovatum, inarticulatum, anticè angustatum, suprà spinis cartilagineis obtectum. Oculi nulli.

Os infrà extremitatem anticam, suctorians, uncinis duobus forficatis tentaculisque duobus brevibus armatum.

Ovaria duo externa, inter spinas posteriores recondita.

OBSERVATIONS.

Le genre *chondracanthe* a été découvert et publié par M. *Delaroche*, d'après une espèce qu'il a observée sur les branchies du poisson Saint-Pierre (*zeus faber* L.). Il le distingue des lernées, dont il est très-voisin par ses rapports, par ses tentacules non en forme de bras, par son corps court, ovale, chargé d'épines cartilagineuses.

ESPÈCE.

1. Chondracanthe épineux. *Chondracanthus zei.*

Delaroche, nouv. bullet. des sciences, tome 2. n.o 44. p. 270. pl. 2. f. 2. a—b.

Habite dans la Méditerranée. Ses épines antérieures sont courtes et crochues; les postérieures sont droites, longues et rameuses.

LERNÉE. (Lernœa.)

Corps mou, oblong, cylindracé, quelquefois renflé et irrégulier, dépourvu de bras.

Bouche en suçoir, rétractile, située sous le sommet de l'extrémité antérieure. Deux ou trois tentacules simples ou rameux, quelquefois aucun. Deux sacs externes, pendans à l'extrémité postérieure. Anus terminal.

Corpus molle, oblongum, teretiusculum, quandoque inflatum et irregulare, brachiis destitutum.

Os suctorians, retractile, sub apice anticali. Tentacula duo seu tres, simplicia aut ramosa, quandoque nulla.

Sacculi duo posticales, externi, penduli. Anus terminalis.

OBSERVATIONS.

Parmi les animaux divers qui sont parasites extérieurs des poissons et suceurs comme les vers, les *lernées*, ainsi que les entomodes, sont singulièrement remarquables par la forme bizarre de leur corps; aussi les a-t-on réunis dans le même genre: ces animaux se rapprochant effectivement par de grands rapports. J'ai cru néanmoins devoir les distinguer, et ici je ne donne le nom de *lernée* qu'à ceux de ces mêmes animaux qui manquent entièrement de bras.

Ainsi les *lernées* sont des animaux suceurs, à corps mollasse, oblong, subcylindrique, quelquefois renflé, ayant des tentacules ou des espèces de cornes pour s'accrocher, et manquant latéralement de bras inarticulés, symétriques, ou de fausses pattes. Ils ont tous postérieurement deux sacs pendans, qui ressemblent à des ovaires et contiennent des gemmules oviformes.

Ces animaux s'attachent soit aux branchies, soit aux lèvres, soit à la base des nageoires des poissons, et y vivent en suçant leur sang. Ils y restent suspendus et immobiles.

ESPÈCES.

1. Lernée branchiale. *Lernœa branchialis.*

L. corpore fusiformi-cylindrico, flexuoso; tentaculis tribus ramosis.

Mull. zool. dan. 3. tab. 118. f. 4. Gmel. p. 3144.

Encycl. pl. 78. f. 2.

Habite les mers du Nord, et se trouve sur les branchies des morues. Les habitans du Groënland la mangent. Mus. n.°

2. Lernée cyprinace. *Lernœa cyprinacea.*

L. corpore obclavato; thorace cylindrico bifurco; tentaculis apice lunatis.

Lin. fauna suec. tab. f. 2100. Gmel. p. 3144.

Encycl. pl. 78. f. 6.

Habite dans le Nord, sur le corps de la carpe carissin; qu'elle rend tacheté de rouge par ses morsures.

3. Lernée aselline. *Lernœa asellina.*

L. corpore lunato; thorace cordato. L. fn. suec. 2101.

Iter Wgoth. 171. t. 3. f. 4. Gmel. p. 3145.

An Encycl. pl. 78. f. 11.

Habite sur les branchies du gade de la mer du Nord.

4. Lernée de l'hucon. *Lernœa huconis.*

L. corpore nodoso; tentaculis duobus; ovario duplici posterius adnato. Schrank. it. bavar. p. 99. t. 2. *fig.* A—D.

Habite sur les branchies de la Salmone hucon.

5. Lernée clavulée. *Lernœa clavata.*

L. corpore cylindrico, subsinuato, triplicato infrà apicem rostri.
Mull. zool. dan. 1. p. 38. t. 33. f. 1.
Encycl. pl. 78. f. 3—4.
Habite sur les branchies et les nageoires de la perche de Norwège.

6. Lernée uncinée. *Lernœa uncinata.*

L. corpore subcordato, rostro simplici curvo; ore terminali.
Mull. zool. dan. 1. p. 38. tab. 33. f. 2.
Encycl. pl. 78. f. 7.
Habite sur les branchies et les nageoires des gades de la mer voisine du Groënland.

7. Lernée noueuse. *Lernœa nodosa.*

L. corpore quadrato, tuberculis seriatis ad margines serrato; serrulæ dentibus anterioribus brachia brevissima simulantibus.
Lernæa nodosa. Mull. zool. dan. 1. p. 40. t. 33. f. 5.
Encycl. pl. 78. f. 10.
Habite sur l'entrée de la bouche de la perche de Norwége. Elle a, outre les dents marginales du corps, une rangée de tubercules sur le dos.

8. Lernée pectorale. *Lernœa pectoralis.*

L. capite orbiculato, hemisphærico; abdominis obcordati papillâ terminali truncatâ. Mull. zool. dan. 1. p. 41. t. 33. f. 7.
Encycl. pl. 78. f. 12.
Habite sur les nageoires pectorales des pleuronectes et de l'églefin.
Etc.

ENTOMODE. (Entomoda.)

Corps mou ou un peu dur, oblong, subdéprimé, ayant latéralement des bras symétriques, inarticulés.

Bouche en suçoir, située sous le sommet de l'extrémité antérieure. Point de tentacules; quelquefois deux cornes anticales.

Deux sacs externes, pendans à l'extrémité postérieure. Anus terminal.

Corpus molle vel duriusculum, oblongum, subdepressum; brachiis lateralibus symetricis, inarticulatis.

Os suctorians, sub apice extremitatis anterioris. Tentacula nulla; interdùm cornicula anticalia duo.

Sacculi duo externi, ad extremitatem posticam penduli. Anus terminalis.

OBSERVATIONS.

Les *entomodes* tiennent sans doute de très-près aux lernées par leurs rapports; néanmoins, j'ai pensé qu'il était convenable de les en distinguer et d'en former un genre particulier, parce qu'offrant déjà sur les côtés des bras symétriques, ou de fausses pattes, ils paraissaient plus avancés en organisation. En effet, quoique leurs bras ne soient point encore articulés, ils semblent déjà annoncer le voisinage des insectes : on en observe un à trois paires.

Le corps des *entomodes* est un peu dur, et souvent diversement déprimé; il paraît divisé, et offrir, mieux encore que celui des lernées, un corselet distinct de l'abdomen. L'on voit aussi à son extrémité postérieure deux petits sacs externes, allongés, pendans, que l'on prend pour des ovaires, et qui paraissent contenir des corps reproductifs.

ESPÈCES.

1. Entomode du saumon. *Entomoda salmonea.*

E. corpore obovato, thorace obcordato; brachiis duobus linearibus approximatis.

Lernæa salmonea. L. fn. suec. 2102. Gmel. p. 3144.
Mull. zool. dan. prodr. 2744.
Grisl. act. Stock. 1751. tab. 6. f. 1—5. *pediculus salmonis.*
Encycl. pl. 78. f. 13—17?
Habite sur les branchies des saumons.

2. Entomode cornu. *Entomoda cornuta.*

E. corpore oblongo; brachiis quatuor rectis emarginatis; capite subovato.

Lernæa cornuta. Mull. zool. dan. 1. p. 40. t. 33. f. 6.
Encycl. pl. 78. f. 1.
Habite sur les pleuronectes *platessa* et *lingutula.*

3. Entomode du gobion. *Entomoda gobina.*

E. corpore rhumboidali; brachiis duobus anterioribus totidemque posterioribus nodosis; cornubus duobus arietinis.

Lernæa gobina. Mull. zool. dan. 1. p. 39. t. 33. f. 3.
Encycl. pl. 78. f. 8.
Habite sur les branchies du *cottus gobio.*

4. Entomode rayonné. *Entomoda radiata.*

E. corpore quadrato depresso; brachiis utrinque tribus; cornubus quatuor rectis.

Lernæa radiata. Mull. zool. dan. 1. p. 39. t. 33. f. 4.
Encycl. pl. 78. f. 9.
Habite sur les angles de la bouche du *coryphæna rupestris.*
Etc.

Ici se terminent les Animaux apathiques, *c'est-à-dire, cette première partie des animaux sans vertèbres qui embrasse les animaux encore dépourvus du sentiment, et qui n'ont aucun sens particulier.*

DEUXIÈME PARTIE.

ANIMAUX SENSIBLES.

Forme symétrique par des parties paires et opposées, qui sont bisériales lorsqu'elles se répètent. Les organes du mouvement attachés sous la peau. Un cerveau, et le plus souvent une masse médullaire allongée en cordon noueux, et qui y communique. Quelques sens distincts.

Ces animaux sentent, mais n'obtiennent de leurs sensations que de simples perceptions des objets, dont quelques-unes très-répétées, deviennent conservables.

OBSERVATIONS.

PAR la dénomination d'*animaux sensibles*, je n'entends pas caractériser ces animaux d'une manière propre à les faire reconnaître, et à les distinguer facilement de ceux qui composent les 4 premières classes du règne animal; je veux seulement indiquer en eux la possession d'une faculté éminente que les animaux compris dans la 1.ere partie ne sauraient posséder ; ce que je crois avoir suffisamment établi dans l'Introduction de cet ouvrage.

Mais, sous le nom général que j'assigne aux animaux de cette seconde partie, j'expose les caractères essentiels et très-apparens qui les distinguent ; dès lors tout embarras cesse, les difficultés se trouvent éclaircies, et les *animaux sensibles* sont nettement distingués des *animaux apathiques* (vol. I. p. 389.).

En effet, ici commence, à l'égard des animaux, un ordre de choses très-différent de celui qu'on a vu dans ceux des 4 classes précédentes. L'organisation a fait de grands progrès dans sa composition, et le système nerveux, éminemment accru et dorénavant parfaitement déterminable dans ses parties, est déjà suffisamment composé pour constituer cet appareil d'organes essentiel à la production du *sentiment*. Aussi nous allons trouver quelques sens distincts, surtout des yeux ; et désormais nous devons en trouver dans tous les animaux des classes qui vont suivre : en sorte que si quelqu'un des sens déjà formés vient à manquer dans certains animaux de ces classes, nous pourrons regarder ce défaut comme le résultat d'un avortement ; car les causes en seront effectivement déterminables.

Ici encore, cette forme symétrique par des parties

paires et opposées se montre d'une manière remarquable, et l'on sait que cette même forme entre dans le plan des animaux les plus parfaits.

Ici enfin, la *génération sexuelle* est évidemment et définitivement établie. La reproduction ne s'opère plus par des gemmes externes ou internes qui peuvent se passer de fécondation; mais par des corps qui contiennent un *embryon*, que la fécondation seule peut rendre propre à posséder la vie.

Quoique tous les animaux de cette 2.eme partie jouissent de la faculté de *sentir*, et possèdent ce *sentiment intérieur* dont les émotions peuvent faire agir; l'appareil nerveux qui leur donne cette faculté n'est pas encore assez composé pour leur donner celle d'exécuter des opérations entre des idées, d'en obtenir des idées complexes, en un mot, d'exécuter des actes d'intelligence qui leur permettent de varier leurs actions. Ainsi, les animaux dont il est ici question sont à la vérité *sensibles*, mais ne sont intelligens dans aucun dégré.

Tout animal qui jouit de la faculté de sentir, possède dès lors ce *sentiment intérieur* qui lui donne la conscience de son existence et de toutes ses perceptions, et en acquiert aussitôt une tendance à sa conservation, qui l'expose à ressentir différens besoins. Comme le sentiment intérieur qu'il possède résulte d'une correspondance générale de toutes les parties de son système nerveux et du fluide subtil contenu dans ces parties, aucun mouvement ne peut être excité dans la moindre portion de ce fluide, sans que la masse entière du même fluide ne participe à cette agitation. De là se forme la sensation, par les voies que j'ai exposées dans ma *Philosophie zoologique*, vol. 2. p. 252.

Mais le *sentiment intérieur* dont il s'agit ici, n'est point une sensation; c'est un sentiment très-obscur, un ensemble infiniment excitable de parties divisées qui se communiquent, ensemble que tout besoin ressenti peut émouvoir, qui agit dès lors immédiatement, et qui a la puissance, dans l'instant même, de faire agir l'individu, si cela est nécessaire.

Ainsi, le *sentiment intérieur* résidant dans l'ensemble du système organique des sensations, et toutes les parties de ce système se réunissant à un foyer commun; c'est dans ce foyer que se produit l'*émotion* que le sentiment en question peut éprouver; et c'est là aussi que réside sa puissance de faire agir. Il suffit pour cela que le *sentiment intérieur* soit ému par un besoin quelconque; alors il met en action, dans l'instant, les parties qui doivent se mouvoir pour satisfaire à ce besoin; et cela s'exécute, sans que ces déterminations que nous nommons *actes de volonté*, y soient nécessaires.

On a donné le nom d'*instinct* à cette cause qui fait agir immédiatement les animaux que des besoins émeuvent, sans en concevoir la nature. On l'a considérée comme un flambeau qui avait la faculté de les éclairer sur les actions à exécuter, et l'on a remarqué qu'elle ne les trompait jamais. Il n'y a cependant là ni lumières, ni nécessité d'en avoir : car cette cause, uniquement mécanique, se trouvant, comme les autres, parfaitement en rapport avec les effets produits, l'action amenée par elle-même n'est jamais fausse : le besoin ressenti émeut le *sentiment intérieur* ; ce sentiment ému amène l'action ; et jamais il n'y a d'erreur.

Il n'en est pas de même des actions qui résultent d'*actes de volonté* ; car ces actes sont les suites d'un jugement. Or, comme tout jugement est une détermination par la pensée, et succède presque toujours à une comparaison, il est souvent exposé à l'erreur. L'action alors peut donc se trouver fausse, ce qui a été aussi remarqué.

Tous les animaux qui ne sont que *sensibles* n'agissent que par les émotions de leur *sentiment intérieur* ; tandis que les animaux à-la-fois *sensibles* et *intelligens*, agissent tantôt par les émotions du même sentiment, et tantôt par de véritables *actes de volonté*. Les premiers n'exécutent donc leurs actions que par ce qu'on nomme *instinct*; tandis que les seconds exécutent les leurs tantôt par instinct, et tantôt par volonté, selon des circonstances que j'ai déjà assignées.

Il suffit d'observer les *animaux sensibles*, c'est-à-dire, qui ne sont que tels, pour s'assurer qu'ils n'obtiennent de leurs sensations que la perception des objets. Mais cette perception souvent répétée forme en eux une impression durable, se fixe ou se grave dans leur organe, et leur donne une sorte d'idées simples, dont ils ne disposent nullement pour en former d'autres. On reconnaît effectivement que ces animaux ont une espèce de *mémoire*, non celle de se rappeler des idées par la pensée, mais celle de reconnaître les objets qui ont souvent affecté leurs sens.

Comme l'*intelligence* peut seule fournir les moyens de varier les actions dans les besoins, on est certain, en les suivant attentivement, qu'ils n'en possèdent point la faculté; car, dans chaque race, tous les individus font toujours de même, et il leur est absolument impossible de faire autrement. La chenille qu'on nomme *livrée* fait toujours la même coque pour envelopper sa chrysalide, et le myrméléon-fourmilion construit toujours dans le sable un entonnoir semblable pour saisir sa proie. L'organisation de ces animaux appropriée aux manœuvres qu'ils doivent exécuter, rend leurs actions nécessairement uniformes dans les individus des mêmes races, et transmet par la génération la même nécessité à ceux qui en proviennent.

Si l'on eût approfondi ce fait très-connu, on

n'eût point taxé d'*industrie* les manœuvres, quelque singulières qu'elles soient, d'un assez grand nombre de ces animaux. Je reviendrai sur ce sujet lorsque je m'occuperai des insectes.

Tous les animaux sensibles ont les organes du mouvement (les muscles) attachés sous la peau ; mais les uns sont des animaux munis de pattes articulées, ou au moins dont le corps ou certaines de ses parties sont divisés en segmens ou articulations ; tandis que les autres n'offrent aucune articulation dans leurs parties ; en voici la raison.

En attendant que la nature ait pu, dans les animaux de la IIIe partie (les vertébrés), former un squelette intérieur pour donner des points d'appui plus énergiques au système musculaire, elle a généralement transporté ces points d'appui sous la peau des animaux dont il est maintenant question. Mais, dans les uns, elle a eu besoin de pourvoir à la facilité et souvent même à la vivacité des mouvemens, et elle y est parvenue en solidifiant plus ou moins cette peau, et la brisant d'espace en espace; ce qui a donné lieu aux articulations soit des pattes de ceux qui en sont munis, soit du corps seulement dans ceux qui sont sans pattes ou qui n'ont que des tubercules courts et sétifères ; tandis que, dans les autres, n'ayant point de semblables besoins, elle a conservé à la peau sa mollesse naturelle, et n'a point formé d'articulations.

Au reste, j'ai découvert depuis peu, que dans sa production des animaux, la nature avait formé deux séries très-particulières, savoir :

Celle des animaux inarticulés ;
Celle des animaux articulés.

Comme ces deux séries sont évidentes et très-distinctes à l'égard des animaux sans vertèbres, qu'elles commencent l'une et l'autre par des animaux à organisation très-simple, et qu'à l'entrée de chacune d'elles la nature forme sans cesse des générations spontanées, il ne s'agit plus que de savoir à laquelle de ces deux sources les animaux vertébrés ont puisé leur origine. Voyez le supplément qui termine le 1.er volume de cet ouvrage.

Les cinq premières classes des animaux sans vertèbres comprenant les *animaux apathiques* dont jusqu'ici nous avons fait l'exposition, les sept autres classes qui nous restent pour terminer les animaux sans vertèbres, embrassent les *animaux sensibles*, c'est-à-dire, ceux qui jouissent de la faculté de sentir, sans posséder l'intelligence dans aucun degré.

Des sept classes établies parmi les *animaux sensibles*, les cinq premières appartiennent à la série des animaux articulés, et les deux dernières à celle des animaux inarticulés ; voici le tableau de ces sept classes.

§. *Animaux articulés.* Ils offrent des segmens ou des articulations dans toutes leurs parties ou dans certaines d'entr'elles.

(1) *Ceux dont le corps est divisé en segmens, et qui ont des pattes articulées, coudées aux articulations.*

Les insectes.
Les arachnides.
Les crustacés.

(2) *Ceux dont le corps est divisé en segmens, et qui n'ont point de pattes articulées.*

Les annelides.

(3) *Ceux dont le corps n'est point divisé en segmens, mais qui ont des bras tentaculaires articulés, non coudés aux articulations.*

Les cirrhipèdes.

§§. *Animaux inarticulés.* Ils n'offrent ni segmens, ni articulations dans aucune de leurs parties.

Les conchifères.
Les mollusques.

Cet ordre de classes est aussi naturel que puisse le permettre la distribution générale nécessaire à notre usage, distribution qui ne peut être qu'une série simple. Mais on a vu (vol. I. p. 457) que, dans la série des animaux articulés, les *annelides* forment un rameau latéral qui paraît tirer son origine des vers. Il en résulte que, dans l'ordre naturel des animaux articulés, les *cirrhipèdes* suivent alors les *crustacés* auxquels ils tiennent par de grands rapports.

Examinons maintenant chacune de ces classes, en suivant l'ordre qui vient de leur être assigné, et passons d'abord à celle des *insectes*.

CLASSE SIXIÈME.

LES INSECTES. (Insecta.)

Animaux articulés, subissant des métamorphoses ou acquérant de nouvelles sortes de parties, et ayant, dans l'état parfait, six pattes, deux antennes, deux yeux à rézeau, et la peau cornée. La plupart peuvent acquérir des ailes.

Respiration par des stigmates, et deux cordons vasculaires opposés, divisés par des plexus, constituant des trachées aérifères qui s'étendent partout. Un petit cerveau à l'extrémité antérieure d'une moëlle longitudinale noueuse, et des nerfs. Point de système de circulation; point de glandes conglomérées.

Génération ovipare : deux sexes distincts; un seul accouplement dans le cours de la vie.

Animalia articulata, metamorphoses varias subeuntia vel partes novas obtentia; in ultimâ ætate, antennis duabus, oculis duobus reticulatis, pedibus sex, pelle corneâ. Pleraque alas obtinere possunt.

Respiratio stigmatibus et trachœis aeriferis, ubiquè extensis, è funiculis duobus oppositis, cavis, plexis pluribus divisis. Medulla longitudinalis gangliis nodosa, encephalo parvulo anticè terminata, è gangliis nervos emittens.

Organa circulationis nulla. Glandulæ conglomeratæ nullæ. Generatio ovipara; sexubus duobus distinctis. Copulatio unica.

OBSERVATIONS.

Nous voici parvenus à la sixième classe du règne animal, et là, comme je l'ai dit, nous trouvons, dans les animaux que cette classe comprend un ordre de choses fort différent de celui que nous avons rencontré dans les animaux des cinq classes antérieures.

En effet, au lieu d'une nuance dans les progrès de la composition de l'organisation animale, on observe, en arrivant aux *insectes*, une espèce de saut assez considérable, en un mot, un avancement remarquable dans la composition et le perfectionnement de l'organisation, et l'on est autorisé à supposer qu'il existe des animaux inconnus qui remplissent le vide que nous rencontrons.

C'est effectivement pour remplir ce vide, que nous avons déjà établi les *épizoaires* avec quelques genres connus qui paraissent devoir occuper le rang que nous leur assignons, et être réellement, par leurs rapports, intermédiaires entre les vers et les insectes. Ces épizoaires indiquent donc l'existence probable d'une classe d'animaux qui nous manquent.

Quant aux *insectes* dont il s'agit actuellement, ces animaux, considérés dans leur extérieur, sont les premiers qui nous offrent une véritable tête bien distincte ; des yeux très-remarquables, quoiqu'encore fort imparfaits ; des pattes articulées, disposées sur deux rangs ; et partout cette forme symétrique de parties paires et en opposition, que la nature employera désormais dans les animaux jusqu'aux plus parfaits, et même jusque dans l'homme. Rien de tout cela ne s'observe dans les animaux des cinq classes précédentes.

En pénétrant à l'intérieur des insectes, nous voyons, aussi pour la première fois, un *système nerveux* complet pour le sentiment, consistant en une *moëlle longitudinale* noueuse, qui s'étend dans toute la longueur du corps, fournit des nerfs aux parties pour l'excitation musculaire, et se termine antérieurement par un petit *cerveau*, centre de rapport pour les sensations. Enfin, nous y voyons des organes respiratoires qui ne sont plus douteux, et des sexes distincts pour une génération sexuelle, mais qui sont encore tellement imparfaits, qu'ils ne peuvent fournir qu'à une seule fécondation. Jamais ils ne sont doubles dans le même individu.

A la vérité, la nature a peut-être déjà ébauché et commencé la génération sexuelle dans le dernier ordre des vers ; mais à cet égard tout y est encore fort obscur. Dans les insectes, au contraire, plus d'obscurité : non-seulement les organes fécondateurs sont connus, mais les accouplemens ont été bien observés.

Désormais la génération sexuelle continuera de se montrer très-distinctement dans les animaux de toutes les classes suivantes; alors les organes qui y sont affectés deviendront susceptibles d'opérer plusieurs fécondations, et dans les animaux de la dernière classe (les mammifères), cette génération ayant atteint son plus grand perfectionnement, donnera lieu aux vrais vivipares.

Cependant les *insectes* étant peu avancés dans l'échelle animale, puisque leur classe n'est que la sixième de la distribution générale, ne nous offrent point encore de système particulier pour la *circulation*, c'est-à-dire, pour l'accélération du mouvement de leurs fluides. Conséquemment ils n'ont point de cœur, point d'artères, point de veines; mais seulement un long vaisseau dorsal qui ne se ramifie point, et qui n'est qu'une préparation que la nature saura employer pour arriver par la suite à la formation d'un cœur, et à l'établissement d'une *circulation*.

Malgré la réduction qu'il a été nécessaire de faire subir à la classe des *insectes*, en n'y comprenant plus les *crustacés* et les *arachnides* que Linné y associait, cette classe néanmoins est encore la plus étendue et la plus nombreuse de toutes les classes du règne animal. Elle est presqu'égale en étendue au règne végétal entier, et nous verrons qu'elle est en même temps l'une des plus curieuses et des plus intéressantes par les caractères particuliers des animaux qu'elle comprend, par les faits d'organisation que présentent ces animaux, et par les habitudes très-singulières de la plupart de leurs races.

Parmi les nombreux objets que je dois ici présenter, un de ceux qui doivent le plus fortement fixer notre attention, est assurément la définition des *insectes*. Celle dont je vais faire l'exposition est le résultat d'un long examen de tout ce qui s'y rapporte essentiellement, et particulièrement de la nécessité sentie de saisir dans la série des animaux les principaux systèmes d'organisation que la nature elle-même nous présente pour tracer les lignes de séparation qui doivent former les classes.

De toutes les classes que l'on a établies dans le règne animal, l'une de celles qui sont les mieux caractérisées et les plus nettement circonscrites, est certainement celle des *insectes*, réduite dans les limites que je lui ai assignées par ma définition.

J'ajoute que si le système d'organisation qui donne lieu aux mutations singulières qui caractérisent les *insectes*, ne lui était pas particulier, et permettait que l'on puisse encore y associer d'autres animaux, ce serait un tort de le faire; parce que cette classe est extrêmement étendue, et qu'en l'augmentant on ne fait qu'ajouter aux difficultés d'étudier les objets très-nombreux qu'elle comprend.

Pénétré de cette vérité, j'ai long-temps examiné quel était le moyen le plus convenable, d'après l'état de nos connaissances, de fixer les limites de cette classe d'animaux intéressans, et surtout d'éviter, dans la détermination de ces limites, de confondre parmi les *insectes* des animaux que la nature elle-même en a évidemment distingués.

Pour établir ces limites, je n'ai pas dû m'arrêter à la considération isolée et trop générale d'avoir des *pattes articulées*. J'aurais alors associé nécessairement aux *insectes* des animaux qui ont un système d'organisation fort différent du leur; des animaux qui ont des artères et des veines pour les mouvemens de leurs fluides, et qui toute leur vie ne respirent que par des branchies et non par des trachées aériennes, telles qu'elles existent dans tous les insectes parvenus à l'état parfait.

Je n'ai pas dû de même m'en tenir à la considération isolée d'avoir des *antennes* à la tête ; car en associant par-là les crustacés aux insectes, je n'aurais pu y joindre la plupart des *arachnides*, qui, quoique formant un rameau latéral, sont encore plus voisines des insectes que les crustacés, et qui, sans que ce soit l'effet d'aucun avortement, n'ont jamais d'*antennes*.

Il m'a donc fallu considérer cette particularité admirable des véritables insectes, de subir des *métamorphoses* éminentes, c'est-à-dire, de grandes transformations, ou d'acquérir de nouvelles sortes de parties, et conséquemment de ne pas naître soit dans l'état qu'ils doivent conserver toute leur vie, soit avec toutes les sortes de parties qu'ils doivent avoir.

Cette faculté de ne pas naître avec toutes les sortes de parties qu'ils doivent acquérir, et générale pour tous les insectes, n'est bien éminente que chez eux, et n'offre ailleurs que quelques exemples analogues et isolés (les *daphnies* dans les *crustacés*, les *grenouilles* dans les *reptiles*, etc.). Elle dépend, comme nous le verrons, du nouveau mode pour la génération que la nature commence en eux, et d'une particularité qui affecte leur organisation au moment où la nature prépare les nouveaux organes qu'exige ce mode. Il en résulte que les *insectes* parviennent dans le cours de leur vie à un état particulier très-prononcé, qu'on nomme leur *état parfait*, et dans lequel seul ils peuvent se reproduire, à moins qu'une cause d'avortement de parties, n'interrompe cet ordre de choses en quelques-uns d'entr'eux.

Maintenant, si, au caractère de subir des *métamorphoses* ou d'acquérir de nouvelles sortes de parties, l'on réunit la considération du défaut de système particulier pour la *circulation* dans ces animaux, on aura, dans cette réunion, un caractère distinctif et exclusif pour les *insectes*; caractère qui ne rencontre nulle part aucune véritable exception, qui n'offre aucun exemple analogue dans les autres animaux, et qui, circonscrivant nettement la classe des *insectes*, montre que, malgré leur diversité, le système général de leur organisation leur est tout-à-fait particulier.

Qu'il y ait des transitions des insectes à des animaux des classes avoisinantes, par la considération de certaines parties qui se transforment les unes dans les autres, ou dont le nombre des unes augmente aux dépens de celui des autres, ou enfin dont certaines de ces parties sont supprimées par des avortemens constans ; ces faits sont intéressans à remarquer, parce qu'ils nous éclairent sur les moyens qu'emploie la nature en variant ses opérations suivant les circonstances; mais ils n'affaiblissent nullement les caractères distinctifs que je viens d'exposer, et qui circonscrivent éminemment les *insectes*.

Le fait suivant prouve incontestablement le fondement de ce que je viens d'avancer.

Les *insectes*, dans l'état de larve, c'est-à-dire, dans leur état imparfait, offrent entr'eux une si grande diversité, souvent même si peu de rapports, qu'alors les uns n'ont point de pattes, d'autres en ont six, d'autres en ont huit, d'autres douze, d'autres seize, d'autres enfin en ont vingt-deux. Les uns alors ont des antennes et des yeux; les autres en sont totalement dépourvus.

Cependant, parvenus à leur état parfait, tous les *insectes*, sans exception, ont des caractères communs, invariables et qui leur sont propres; ils ont tous :

Six pattes articulées (ni plus ni moins);
Deux antennes et deux yeux à la tête.

Or, si tous les *insectes* généralement ont dans leur état parfait des caractères communs et invariables; si, après avoir offert dans leur état de larve, de si grandes différences dans le nombre de leurs pattes, dans la présence ou l'absence des yeux et des antennes, tous se trouvent avoir en dernier lieu six pattes articulées, et à la tête deux yeux et deux antennes, c'est une preuve évidente qu'ils constituent un groupe naturel, et conséquemment une classe qui est tellement particulière, qu'en y réunissant d'autres animaux, comme les *arachnides* et les *crustacés*, l'on détruit aussitôt le caractère général et naturel qui les distinguait.

Parmi les animaux sans vertèbres, ce n'est effectivement qu'après les insectes que le nombre des pattes peut être porté au-delà de six, devenir même indéfini, et que celui des antennes peut être doublé.

Ainsi, les *insectes* sont les seuls animaux articulés qui, manquant de circulation, ne naissent point sous la forme, ou avec toutes les sortes de parties qu'ils ont dans l'état parfait : voilà leur définition.

Cette détermination des caractères essentiels des *insectes*, et des limites qui distinguent cette classe d'animaux des autres classes qui en sont voisines, me paraît à l'épreuve du temps et des lumières, parce qu'elle est indiquée par la nature même qui, par un système particulier d'organisation, a en quelque sorte détaché de la série des animaux articulés, cette classe d'animaux singuliers.

J'ai dû présenter cette discussion à l'attention des naturalistes, parce qu'il importe de fixer nos idées sur les vrais caractères des *insectes;* parce qu'il est nécessaire que l'on sache que la définition que j'ai exposée a été long-temps examinée et soumise aux conséquences des lumières acquises sur les insectes et sur les autres animaux sans vertèbres; et qu'elle est fondée sur des motifs que tout naturaliste sera toujours forcé de considérer.

Maintenant que nous connaissons ce que c'est qu'un *insecte*, que nous avons déterminé les limites de la classe nombreuse que composent ces animaux singuliers, et que nous savons que les insectes sont des animaux articulés qui ne naissent point avec toutes les parties qu'ils doivent avoir; qu'ils en acquièrent de nouvelles sortes; que parvenus à leur état parfait, ils ont tous six pattes articulées, deux antennes et deux yeux à la tête; qu'enfin ils respirent tous par des stigmates et des trachées, et que dans leurs différens états ils n'ont ni cœur, ni artères, ni veines; nous allons nous occuper particulièrement de ce qu'il y a de plus intéressant à considérer à leur égard.

Aux yeux de la plupart des hommes, les *insectes* (dit *Olivier*) ne sont que des êtres vils, remarquables seulement par leur multiplicité, et le plus souvent par leur importunité, leurs dégâts, leur petitesse, et pour lesquels on conçoit en général du mépris et quelquefois du dégoût.

Ce sont, au contraire, pour ceux qui en font une étude particulière, des êtres très-intéressans, qu'on ne saurait trop observer; parce que, sous un volume plus petit que celui de beaucoup d'autres animaux, ils présentent, soit par les particularités de leur organisation et de leurs métamorphoses, soit par leurs mœurs, leurs habitudes et les manœuvres admirables de la plupart d'entr'eux, des faits singuliers, propres à exciter en nous le désir de les connaître.

Relativement à leurs habitudes, les uns marchent comme les quadrupèdes; d'autres volent comme les oiseaux; quelques-uns nagent et vivent dans les eaux comme les poissons; enfin, il en est qui sautent ou se traînent comme les reptiles.

Supériorité des mouvemens dans les insectes, sur ceux de presque tous les autres animaux.

Ce qui est bien digne de remarque, c'est que les *insectes* doivent à leur système de *mouvement* toute la supériorité d'action qu'on leur connaît, et qui les rend si intéressans à observer; supériorité qui leur donne sur les autres animaux sans vertèbres, de grands avantages dont ceux-ci ne sauraient jouir.

Leur système de *sensibilité* est encore fort imparfait, comme je le montrerai tout-à-l'heure; mais leur système de *mouvement* a toute la perfection qui peut être obtenue sans le secours d'un squelette intérieur.

En effet, leur peau cornée les prive sans doute du sens général du toucher, en sorte que la nature fut obligée de particulariser ce sens en eux, en le réduisant aux extrémités antérieures des antennes et des palpes; extrémités qui offrent dans cette partie de la peau, des points tellement amincis et délicats, qu'ils y obtiennent un tact très-fin, en un mot, la sensation des objets touchés. Mais cette peau cornée ayant juste la solidité qui donne aux muscles de bons points d'appui, et étant rompue de distance en distance en articulations assez nombreuses, donne un haut degré de perfection à leur système de mouvement, et facilite la célérité et la diversité des actions, selon la modification que ce système a reçue dans chaque race.

Si l'on examine la forme générale des insectes, la première considération qui nous frappe, c'est sans doute celle que tout ici est articulé; savoir : les pattes, les antennes, les palpes, le corps même de l'animal; et l'on ne peut qu'être surpris de trouver tout-à-coup un mode si nouveau, et en même temps si employé, puisqu'il s'étend non-seulement à tous les insectes, mais aussi aux arachnides et aux crustacés. Ce mode ensuite se retrouve encore dans les annelides et les cirrhipèdes, mais en s'y anéantissant graduellement ou par parties.

Si, dans les insectes, la supériorité et surtout la vivacité des mouvemens sont dues, d'une part, à la solidité de la peau qui fournit aux muscles des points d'appui suffisans, et de l'autre part, aux parties rompues en articulations mobiles; pourquoi, demandera-t-on, ce mode étant pareillement employé dans les crustacés, ne donne-t-il pas à ces derniers une égale vivacité de mouvement ?

A cela je réponds que, dans les crustacés, qui en général vivent habituellement dans l'eau, la célérité des mouvemens était moins nécessaire que leur force, et qu'elle eût d'ailleurs été gênée par la densité du fluide environnant. Aussi, dans ces nouvelles circonstances, la nature a considérablement épaissi et solidifié la peau de tous ceux des crustacés qui avaient plus besoin d'un grand emploi de forces que d'une célérité de mouvemens.

Mais les insectes qui vivent presque généralement dans l'air, et à qui la légèreté du corps et la vivacité des mouvemens pouvaient être avantageuses, nous présentent, à raison des habitudes de leurs races, l'emploi plus ou moins complet des moyens qui peuvent faciliter leur légèreté et leurs mouvemens. Ceux, en effet, qui sont les plus vifs et les plus alertes, n'ont précisément dans l'épaisseur et la solidité de leur peau, que le degré suffisant pour l'affermissement des attaches musculaires, et qui nuit le moins à la légèreté de leur corps.

Ainsi, les besoins, à raison des habitudes que les circonstances ont fait prendre à chaque race d'insectes, ont décidé l'épaisseur et la solidité de la peau, ainsi que le nombre plus ou moins grand des articulations des parties de ces animaux.

Jettons maintenant un coup-d'œil rapide sur les principaux traits de l'organisation intérieure des insectes, et sur les transformations singulières que la plupart de ces animaux subissent.

Traits principaux de l'organisation intérieure des insectes.

Sans doute, on ne connaît pas encore parfaitement toutes les particularités qui concernent l'organisation intérieure des *insectes*; mais, outre ce que nous avaient déjà appris à cet égard les recherches des *Swammerdam*, des *Malpighi*, des *Lyonnet*, etc., l'anatomie comparée a fait depuis trente ans des progrès si remarquables, que ce que l'on sait maintenant d'une manière positive sur l'organisation des insectes, est plus que suffisant pour confirmer les caractères essentiels de cette organisation et le rang que j'ai assigné à ces animaux (1).

Ne devant pas exposer ici les détails de tout ce qui est maintenant bien connu à l'égard de l'organisation des insectes, mais renvoyer aux sources mêmes dans lesquelles on peut puiser ces détails, je me bornerai à citer quelques-uns des traits principaux qui caractérisent l'organisation des animaux dont il s'agit.

Organes du mouvement des insectes.

On sait que ce qui affermit le corps des insectes, n'est dû qu'à la consistance plus ou moins dure ou coriace des tégumens de ces animaux, qu'à la nature cornée de ces tégumens; or, c'est à ces mêmes tégumens que sont attachés intérieurement les muscles qui font mouvoir leurs parties.

Ces muscles sont des paquets de fibres parallèles, molles, transparentes et blanchâtres. Ils sont d'une épaisseur et d'une largeur à-peu-près égales partout, et s'attachent à la peau par leurs extrémités. Ceux qui servent au mouvement des pattes sont placés dans l'intérieur des articles. *Cuv.*

---

(1) *Voyez*, relativement aux différens traits de l'organisation des insectes, ce qu'en a exposé *M. Cuvier* dans son Anatomie comparée.

Les muscles des insectes sont extrêmement nombreux, très-irritables, et il y en a qui sont d'une petitesse extraordinaire : on en a compté plus de 4000 dans la chenille.

Respiration des insectes.

C'est par la bouche ou par les narines que le fluide respiratoire pénètre pour opérer la respiration dans tous les *animaux vertébrés*. Ce fluide entre et sort par ces issues dans ceux de trois de leurs classes, et c'est alors l'air en nature; mais dans les poissons, le fluide respiratoire n'est plus que l'eau ; il entre aussi par la bouche, et sort ensuite par d'autres voies.

Il n'en est pas de même des *animaux sans vertèbres* ; car dans la plupart de ceux qui respirent, le fluide respiré, soit l'air, soit l'eau, ne pénètre point dans l'organe de la respiration, ou n'arrive point à cet organe, par la voie de la bouche de l'animal.

Ainsi, les insectes, comme principalement tous les animaux qui ont des nerfs, respirent nécessairement ; car on a des preuves que si la respiration, par une cause quelconque, cessait de pouvoir s'opérer dans ces animaux, ils ne pourraient conserver leur existence.

1.° Si on plonge des *insectes*, surtout lorsqu'ils sont parvenus à leur état parfait, au-dessous de la surface de l'eau, il se forme sur les côtés de leur corps, à certaines parties dont nous allons parler et par lesquelles ils respirent, des globules plus légers que l'eau et qui viennent gagner sa surface ; mais ces globules diminuent en nombre et en volume à mesure que l'immersion se prolonge, et les insectes finissent par être noyés;

2.° Si on enduit d'*huile* les parties dont je viens de parler, les insectes périssent inévitablement; mais si on ne les en couvre pas toutes, ou si l'on en découvre promptement quelqu'une, les insectes soumis à cette expérience continuent de vivre, ou sont rendus à la vie. Dans le premier cas, la mort de ces insectes ne peut être attribuée qu'à l'interruption de l'air, que l'huile empêche de s'introduire dans l'organe respiratoire de ces animaux. Dans les deux autres cas, la continuité de la vie et le retour à la vie, ne sont évidemment dus qu'à la continuité du cours de l'air et qu'à son rétablissement.

Le long du corps, de chaque côté, sont placées de petites ouvertures, que leur forme a fait comparer à des boutonnières, et que les Entomologistes ont nommées des *Stigmates*.

Ces ouvertures forment l'entrée des canaux qui reçoivent l'air et par lesquels il paraît qu'il ressort. Leur nombre varie dans les différentes espèces; mais il est à-peu-près double de celui des anneaux du corps, dans les individus qui ont ces ouvertures disposées comme je viens de le dire; car il y a alors un stigmate de chaque côté sur chaque anneau. Cependant il y a souvent quelques anneaux sur lesquels il n'y a pas de stigmates; et il y a quelquefois des endroits où les stigmates sont doubles. Cela arrive souvent par exemple sur le corselet, qu'on peut envisager comme un anneau ou un double anneau.

Dans plusieurs larves de l'ordre des *diptères*, et dans

quelques autres larves aquatiques, les stigmates ne sont point disposés de chaque côté le long du corps, comme dans les autres ; mais ils sont placés vers l'extrémité postérieure de ces larves, et quelquefois uniquement à cette extrémité : ces stigmates ne sont point figurés en boutonnières. Ils se présentent sous diverses formes, et souvent ce sont de petits tuyaux respiratoires formant des parties saillantes et variées (1).

Les *stigmates* s'ouvrent chacun à l'entrée d'un canal fort court, formé d'anneaux cartilagineux. On donne le nom de *bronches* à ces petits canaux, par comparaison avec les *bronches* des poumons. Ils aboutissent à deux vaisseaux cartilagineux qui s'étendent, un de chaque côté du corps, d'une extrémité à l'autre. Ces vaisseaux présentent des faisceaux nombreux, d'où naissent des expansions vasculaires qui se dirigent et se portent à toutes les parties du corps, et qui, par leur quantité, forment une portion considérable de la substance des insectes. On a donné à ces vaisseaux et à leurs expansions le nom de *trachées*. A chaque côté d'un anneau, à l'endroit où s'ouvrent les bronches, les *trachées* forment un *plexus* plus marqué qu'ailleurs. Ce *plexus* résulte d'un enlacement plus considérable de vaisseaux aériens dans ces endroits que dans les intervalles des anneaux. Des naturalistes ont considéré les deux séries de *plexus* comme deux séries de poumons qui occupent la longueur du corps de ces animaux.

Les trachées qui servent à la respiration des insectes,

---

(1) Les larves des hydrophiles, des ditiques, etc.

et les canaux qui donnent entrée à l'air et par lesquels il sort, étant des vaisseaux cartilagineux, on a cru trouver dans cet organe respiratoire une analogie réelle avec le poumon. Sans doute il y a entre ces deux organes de la respiration quelqu'analogie, puisque l'un et l'autre ne sauraient respirer que l'air. Malgré cela, l'organe respiratoire des insectes n'est certainement pas un *poumon*; il en diffère par une multitude de caractères qu'il n'est pas nécessaire de détailler; je dirai seulement que les *trachées* des insectes, en général, n'ont pas de limites dans le corps de ces animaux; qu'elles s'étendent dans toutes les parties jusqu'au bout des extrémités et de tous leurs appendices, quels qu'ils soient. Aussi la masse totale des trachées est à celle des autres parties du corps des insectes, bien au-dessus de ce que la masse du poumon est à celle des autres parties du corps des animaux qui ont un pareil organe; ce qui est vrai, même à l'égard des oiseaux. Les insectes admettent donc proportionnellement plus d'air dans leur intérieur que tous les autres animaux qui le respirent.

Nous voyons, d'après ce qui vient d'être dit: 1.° que les insectes respirent, quoique sans doute avec lenteur, et qu'ils respirent l'air en nature; 2.° qu'ils ne respirent point par la bouche, mais par des ouvertures latérales, placées sur les anneaux de chaque côté; 3.° que les organes respiratoires des insectes ne sont point circonscrits et bornés à aucune partie, mais qu'ils s'étendent à toutes les parties sans exception; 4.° qu'à chaque anneau où aboutit le petit canal qui lui transmet l'air, les trachées forment un *plexus* qui, à cause de son volume et de l'enlacement des vaisseaux aérifères, a été regardé comme un poumon particulier, quoiqu'il communique, par la suite des trachées, avec les autres *plexus* placés tous, deux à deux, sur chaque anneau.

Système nerveux des insectes.

Le *système nerveux* n'est qu'ébauché dans certaines radiaires, ainsi que dans quelques vers, et n'y paraît propre qu'à l'excitation des muscles ; car il n'y présente encore aucun foyer pour les sensations, et il n'y donne lieu à aucun sens distinct ; mais, dans les insectes, ce système est assez avancé dans sa composition pour produire en eux le *sentiment* ; puisqu'il présente un ensemble de parties qui communiquent entr'elles, et un foyer commun où aboutissent les nerfs qui servent aux sensations.

Il offre effectivement dans ces animaux, une masse médullaire longitudinale qui se termine antérieurement par un petit *cerveau*. Cette masse médullaire forme un cordon noueux qui s'étend dans toute la longueur du corps de l'animal, et présente autant de nœuds ou de ganglions que ce corps a d'articulations. Chaque ganglion fournit des filets nerveux qui vont se rendre aux parties qui en sont voisines, et qui servent aux mouvemens et à la vie de ces parties. Ces mêmes nerfs forment des *plexus* à l'entrée des stigmates, et peut-être s'en trouve-t-il parmi eux qui remontent jusqu'au foyer commun, et servent aux sensations.

Quant au petit *cerveau* qui termine antérieurement la moelle longitudinale noueuse, il diffère des autres ganglions, constitue un centre de rapport pour le système sensitif, et donne en effet naissance aux nerfs optiques, que nous trouvons ici pour la première fois. Aussi déjà le sens de la vue est positivement reconnu dans les insectes ; et probablement celui de l'odorat s'y trouve pareillement, soit à l'extrémité des palpes, soit dans les stigmates antérieurs.

La nature étant parvenue à composer le système nerveux d'un ensemble de parties qui communiquent entr'elles, au moyen d'une moelle longitudinale noueuse qui se termine antérieurement par un cerveau, emploie ce mode, non-seulement dans les *insectes*, mais encore dans les arachnides, les crustacés, les annelides et les cirrhipèdes ; et elle ne le change que dans les conchifères et les mollusques, où elle se prépare au nouveau plan d'organisation des animaux vertébrés. Dans ceux-ci, à la place d'un cordon médullaire noueux et subventral, terminé par un petit cerveau simple, elle établit une moelle épinière dorsale, terminée antérieurement par un cerveau muni de deux hémisphères surajoutés, qui accroissent son volume en raison de leurs développemens, et qui servent à l'exécution des actes d'intelligence ; ainsi, il n'y a, de part et d'autre, qu'un cerveau qui termine antérieurement, soit une moelle longitudinale noueuse, soit une moelle épinière.

Il ne faut donc pas, comme on l'a fait il y a environ un siècle, considérer les nœuds ou ganglions du cordon médullaire des *insectes*, comme autant de cerveaux particuliers, et leur ensemble, comme une série de cerveaux ; car le cerveau est nécessairement unique, et constitue un organe isolé, étant spécialement destiné à contenir le foyer des sensations, et à produire les nerfs des sens.

Dans les animaux à vertèbres des derniers rangs, il faut distinguer le cerveau du cervelet et des deux hémisphères réunis qui le recouvrent. Alors on reconnaîtra que, dans ces animaux, le cerveau proprement dit a peu d'étendue, qu'il contient le foyer des sensations, et que lui seul donne naissance aux nerfs des sens particuliers; que le cervelet ne paraît avoir d'autres fonctions à exécuter que celles d'animer les viscères et les organes de la génération; que les deux hémisphères, qui recouvrent le cerveau et forment la principale masse de l'encéphale, constituent l'organe spécial de la pensée, celui qui sert à l'exécution des actes de l'intelligence : en sorte que ces deux hémisphères ne sont qu'un double appendice, en un mot, qu'une partie paire surajoutée au cerveau; partie qui n'existe réellement que dans les animaux vertébrés, quoique le petit cerveau des insectes soit partagé par un sillon, et comme bilobé.

Quant à la moelle épinière des vertébrés, on doit la regarder comme la partie du système destinée à mettre les muscles en action, et à vivifier les parties; ce qu'exécute aussi la moelle longitudinale noueuse des *insectes*, etc.

Facultés que donne aux insectes leur système nerveux.

Si l'on considère que les *insectes* jouissent d'une supériorité de mouvement que ne possèdent point les autres animaux sans vertèbres, et qu'en même temps ils sont doués d'un *sentiment intérieur* que chaque besoin peut émouvoir, et qui les fait agir immédiatement ; on sentira que ces animaux possèdent, en cela, les moyens d'exécuter les manœuvres admirables qu'on observe dans un grand nombre de leurs races, sans qu'il soit nécessaire de leur attribuer aucune industrie, aucune combinaison d'idées.

Sans doute les *insectes* ont, dans leur système nerveux, un appareil d'organes qui leur donne la faculté de *sentir*, puisque cet appareil offre un petit cerveau qui fournit déjà le sens de la vue, quelques sens particuliers pour le tact, et probablement celui de l'odorat. Mais il paraît qu'ils n'éprouvent, dans leurs sensations externes, que de simples perceptions des objets qui les affectent ; qu'ils n'exécutent aucune opération entre des idées ; et qu'ils sont seulement entraînés dans toutes leurs actions, par les émotions de leur sentiment intérieur, puisqu'ils ne peuvent point varier leurs manœuvres.

Cela ne pouvait être autrement, étant les premiers animaux en qui le système nerveux commence à pouvoir produire le *sentiment*. Aussi ce système ne peut avoir encore le perfectionnement, c'est-à-dire, la complication nécessaire pour leur donner la faculté d'employer des idées.

D'ailleurs les *insectes* ne sauraient éprouver que des sensations très-obscures ; car la plupart voyent mal avec leurs yeux ; la peau cornée de leur corps émousse en eux le sens général du toucher, et ils ne peuvent que palper, à l'aide de leurs antennes et de leurs palpes, les objets qu'ils touchent. Ils s'aperçoivent de la présence des corps voisins, mais ils ne sauraient juger de leur forme ; ils distinguent le côté d'où vient la lumière, et même les différentes couleurs, mais ils ne voyent que très-obscurément les objets qui les environnent et qu'ils ne palpent point; conséquemment ils n'ont que des perceptions, la plupart confuses.

Seulement, l'observation constate que celles de leurs perceptions qui sont souvent répétées, forment en eux des impressions durables, et leur donnent des idées simples qui se fixent dans leur organe; en sorte qu'ils en obtiennent cette espèce de *mémoire* qui consiste à reconnaître facilement les objets qui les ont souvent affectés.

Avec ces moyens et leur grande facilité de se mouvoir, les *insectes* possèdent tout ce qui leur est nécessaire pour exécuter leurs manœuvres et pourvoir à leurs besoins. Chacun de ces besoins ressentis produit une émotion dans leur *sentiment intérieur*, qui les avertit et les met en action, sans qu'aucune pensée, aucun jugement ait été nécessaire. Enfin, ces émotions de leur *sentiment intérieur* les mettant en action, leur font surmonter les obstacles qu'ils rencontrent, en les faisant se détourner de tout ce qui s'oppose à leur tendance, fuir ce qui leur nuit, et rechercher ce qui leur est avantageux. Elles les dirigent donc sans choix dans leurs actions, ainsi que dans les habitudes auxquelles les individus de chaque race se trouvent depuis long-temps assujétis. Telles sont les causes qui produisent tout ce que nous admirons en eux.

Personne n'ayant fait attention que le *sentiment intérieur*, dans les animaux qui en jouissent, constitue une puissance que les émotions de ce sentiment font agir; et personne encore ne s'étant aperçu que les émotions dont je parle, sont immédiatement excitées par chaque besoin, sans la nécessité de ces déterminations que nous nommons actes de *volonté*, et qui le sont d'intelligence, puisqu'elles sont toujours la suite d'un jugement ; ce que je présente actuellement sur ces objets, d'après mes observations, est si nouveau et doit paraître si extraordinaire, que probablement l'on sera encore long-temps avant de le concevoir.

Ainsi, je n'entreprendrai pas de montrer en détail la source des actions diverses des *insectes*, actions toujours les mêmes dans les individus de chaque race ; je ne rappellerai pas tout ce que l'on a dit relativement aux habitudes de ces animaux, soit dans leur manière de vivre, soit dans celle de se défendre ou de se mettre à l'abri de leurs ennemis, soit enfin dans la manière de pourvoir à la conservation de leurs espèces. On a présenté les plus singulières de ces habitudes comme étant des actes d'*industrie*, et par conséquent de la pensée et de l'intelligence des *insectes* ; et, en cela, l'on a vu des merveilles auxquelles, a-t-on dit, l'intelligence humaine ne saurait rien comprendre.

La nature sans doute est partout également admirable, et assurément elle ne l'est pas plus ici qu'ailleurs. Si les facultés qu'elle tient de son suprême auteur méritent notre admiration et notre étude, elle n'offre nulle part rien d'extraordinaire, rien qui ne soit le résultat de la puissance et de l'harmonie de ses lois. Lorsque certains des faits qu'elle nous présente excitent notre surprise ou nous étonnent fortement, c'est une preuve que nous ignorons les lois qui régissent ou qui dirigent ses opérations.

Cependant, on a senti que les actions des *êtres sentans*, c'est-à-dire, que celles, non-seulement des insectes, mais en outre d'un grand nombre d'animaux, prenaient leur source dans les actes d'une puissance productrice de ces actions, autre que celle qui donne lieu à la plupart des actions humaines. Or, ne connaissant pas cette autre puissance, on a imaginé un mot particulier pour la désigner; et ce mot, auquel on n'attache aucune idée claire, dont chacun interprète le sens à sa manière, ou se contente sans y réfléchir, est celui d'*instinct*.

Néanmoins, quelques physiologistes philosophes [*Cabanis* entr'autres] ont fait des efforts pour attacher au mot *instinct*, des idées qui pussent s'accorder avec les faits; mais aucun n'a réussi.

La distinction des actions produites immédiatement par le *sentiment intérieur* ému, de celles qui s'exécutent à la suite d'un acte de *volonté*, lequel suit toujours un jugement, donne seule la solution de cet intéressant problème.

Quant aux produits singulièrement remarquables des *habitudes*, et à la nécessité qu'ils entraînent, pour les animaux, de répéter toujours les mêmes sortes d'actions, dans chaque race; pour en concevoir la cause essentielle, voici ce qu'il est nécessaire de considérer.

L'*habitude* d'exercer tel organe ou telle partie du corps, pour satisfaire à des besoins qui renaissent les mêmes, fait que le *sentiment intérieur*, donne au fluide subtil, qu'il déplace lorsque sa puissance s'exerce, une telle facilité à se diriger vers l'organe ou vers la partie où il a été déjà si souvent employé, et où il s'est tracé des routes libres, que cette habitude se change, pour l'animal, en un penchant qui bientôt le domine, et qui ensuite devient inhérent à sa nature.

Or, comme les besoins pour les animaux, sont pour chacun;

1.° De prendre telle sorte de nourriture, selon l'habitude contractée, lorsqu'ils en éprouvent le besoin;

2.° D'exécuter l'acte de la fécondation, lorsque leur organisation les y sollicite;

3.° De fuir la douleur ou le danger qui les émeut;

4.° De surmonter les obstacles qui les arrêtent;

5.° Enfin de rechercher, à la suite des émotions qui les en avertissent, ce qui leur est avantageux ou agréable.

Ils contractent donc, pour satisfaire à ces besoins, diverses sortes d'habitudes qui se transforment en eux en autant de penchans auxquels ils ne peuvent résister.

De là, l'origine de leurs actions habituelles et de leurs inclinations particulières, et dont certaines, remarquables par leur singularité, ont été qualifiées d'*industries*, quoiqu'aucun acte de pensée et de jugement n'y ait eu part.

Comme les penchans qu'ont acquis les animaux par les habitudes qu'ils ont été forcés de contracter, ont modifié peu-à-peu leur organisation intérieure, ce qui en a rendu l'exercice très-facile, les modifications acquises dans l'organisation de chaque race, se propagent alors dans celle des nouveaux individus par la génération. En effet, on sait que cette dernière transporte dans ces nouveaux individus, l'état où se trouvait l'organisation de ceux qui les ont produits. Il en résulte que ces mêmes penchans existent déjà dans les nouveaux individus de chaque race, avant même qu'ils les aient exercés : en sorte que leurs actions ne sauraient s'exécuter que dans ce seul sens.

C'est ainsi que les mêmes habitudes et les mêmes penchans se perpétuent de générations en générations dans les différens individus des mêmes races d'animaux, et que cet ordre de choses, dans les animaux qui ne sont que *sensibles*, ne saurait offrir de variations notables, tant qu'il ne survient pas de mutation dans les circonstances essentielles à leur manière de vivre, et qui soit capable de les forcer peu-à-peu à changer quelques-unes de leurs actions.

Revenons à l'objet particulier qui nous occupe, à la citation des principaux traits de l'organisation des insectes.

Du fluide principal des insectes.

Si l'on devait toujours nommer *sang* ce fluide principal d'un corps vivant, qui fournit aux développemens et aux sécrétions de ce corps, il s'ensuivrait que les *insectes* auraient un véritable sang, que les *vers*, les *radiaires*, les *polypes* et les *infusoires* en auraient pareillement, enfin que les végétaux mêmes en seraient munis ; car dans ces différens corps, il existe un fluide principal qui fournit à leurs développemens, à leur nutrition et à leurs diverses sécrétions.

Mais, je pense qu'on ne devrait donner le nom de

sang qu'au fluide principal des vertébrés, ou au moins qu'à celui qui, contenu dans des *artères* et des *veines*, subit une véritable *circulation*. Il est ordinairement coloré en rouge, comme on le voit dans tous les animaux à vertèbres; dans les mollusques et les crustacés, il n'a plus qu'une couleur blanchâtre. Cependant, comme dans ce dernier cas, il circule encore dans un système d'artères et de veines, il est convenable de lui donner encore le nom de *sang*.

Quant aux *insectes*, ils n'ont aucun fluide propre qui soit réellement dans le cas de porter le nom de *sang*. En effet, le fluide des sécrétions chez eux est une sanie blanchâtre qui ne circule point dans des artères et des veines, mais qui est tenue en mouvement par d'autres voies que par celles d'une circulation régulière.

Vaisseau dorsal des insectes.

Un long canal ou vaisseau transparent, subissant des dilatations et des contractions ondulatoires et locales qui le partagent instantanément en segmens divers par des étranglemens, s'étend immédiatement sous la peau du dos, depuis la tête jusqu'à l'extrémité postérieure du corps de l'animal. Ce vaisseau serait le *cœur* de l'insecte, s'il se ramifiait à ses extrémités, et s'il y donnait naissance à des vaisseaux artériels et veineux, propres à entretenir une véritable *circulation*.

Mais, quelque soin qu'on ait pris pour l'observer, on ne remarque rien de semblable à son égard. Ses extrémités sont fermées, et se terminent simplement, sans communiquer par aucun vaisseau distinct avec les autres part du corps de l'insecte.

Le vaisseau dont il s'agit est situé au-dessous du tég ment dorsal qui couvre le corps de l'animal, sous l' mas de graisse qu'on découvre sous ce tégument, et s'étend le long du dos, au-dessus des viscères.

Les étranglemens qui le rétrécissent d'espace en espa sont ouverts, et établissent un conduit ou passage int rieur de segmens en segmens. Ces segmens se dilatent se contractent alternativement les uns après les autres; l'on remarque, en général, que le mouvement successif d segmens, commence du côté de la tête, se propage long du corps, se termine à son extrémité, et recon mence aussitôt vers la tête pour continuer sans interru tion de la même manière. Quelquefois néanmoins on vo des variations dans les mouvemens du fluide conten dans ce vaisseau dorsal, et on observe qu'il s'écoule da un sens opposé.

Le vaisseau dorsal dont je viens de parler, et qu'il e facile d'observer sur la larve du ver à soie, a été regard par Malpighi, Swammerdam, Valisneri, Réaumur, en général par les plus habiles naturalistes, comme un suite de cœurs qui communiquent les uns avec le autres.

Ce n'est cependant ni un cœur, ni une suite de cœurs puisqu'aucun vaisseau ne part d'aucune de ses extrémités mais c'est un réservoir élaborateur du fluide principal d l'insecte, qui paraît se remplir et se vider par absorption e par exudation, et c'est à-la-fois un moyen préparé pa la nature pour former un véritable cœur.

Organes sécrétoires des insectes.

Il n'y a point dans les insectes de glandes conglomérées pour les sécrétions, comme dans les animaux à vertèbres, c'est-à-dire, qu'on ne trouve point de ces masses particulières, plus ou moins considérables et compactes, dont le tissu soit composé de vaisseaux artériels et veineux, de nerfs, de vaisseaux lymphatiques, et de *vaisseaux propres* qui conduisent le fluide séparé. Mais, en place de ces glandes, on observe des vaisseaux sécrétoires de diverses sortes, qui ne sont que des filamens tubuleux, déliés, simples, et plus ou moins repliés sur eux-mêmes, dont plusieurs se rendent à l'intestin.

Ces vaisseaux sécrétoires servent, les uns à la digestion, en versant leur liqueur dans le canal intestinal; les autres à la génération ou à la fécondation sexuelle; enfin, les autres sont employés à rassembler certaines liqueurs, soit utiles, soit excrémentielles.

Toutes ces matières sécrétoires se forment dans le fluide principal de l'animal, c'est-à-dire, dans celui qui résulte de son chyle, qui est essentiel à sa nutrition et à la conservation de sa vie, en un mot, dans son *sang* ou dans ce qui en tient lieu, et elles en sont extraites par les organes sécrétoires.

Canal intestinal. Je ne dirai rien de cet organe essentiel des insectes, parce qu'il n'offre que des particularités relatives aux ordres, et surtout aux différens états par lesquels passent ces animaux avant de devenir insectes parfaits. Je ferai seulement remarquer que, même dans ceux qui subissent les plus grandes transformations, ce canal, étant nécessaire à la nutrition de l'animal, n'est jamais détruit pour être remplacé par un nouveau; mais qu'il ne fait que subir dans sa forme, sa longueur, ses renflemens et ses étranglemens particuliers, des modifications appropriées à chaque état de l'insecte. On prétend que dans certaines larves, telles que celles des abeilles, des guêpes, du myrméléon, etc., ce canal n'est point terminé par un anus, et qu'il ne l'est que lorsque l'animal est devenu insecte parfait. *Dutrochet.*

Sexe des insectes.

On ne connaît, parmi presque tous les insectes, que des mâles et des femelles; mais parmi quelques-uns d'entr'eux qui vivent en société, tels que les *abeilles*, les *fourmis*, les *mutiles*, les *termites*, etc., il y a non-seulement des mâles et des femelles, mais encore des mulets ou des neutres, c'est-à-dire, des individus qui ne jouissent d'aucun sexe, qui ne peuvent s'accoupler et se reproduire, et qui prennent cependant le plus grand soin des œufs et des petits.

Il paraît, d'après les observations de MM. *Huber* et *Latreille*, que ces individus qui n'ont aucun sexe, ne sont que des femelles imparfaites, c'est-à-dire, dont les organes sexuels n'ont reçu aucun développement. Nouvelle preuve que des organes très-naturels à certains animaux, comme faisant partie du plan de leur organisation, peuvent néanmoins n'y avoir aucune existence, par les suites d'un avortement ou d'un défaut de développement.

Il n'y a point d'hermaphrodites parmi les insectes, les

parties mâles et les parties femelles se trouvant toujours sur des individus différens. La même chose s'est montrée dans ceux des *vers* où l'on a cru apercevoir les premières ébauches de la génération sexuelle. Ainsi, dans les animaux, ce mode de reproduction n'a point commencé par l'hermaphrodisme.

La prodigieuse fécondité des insectes étonnerait sans doute, si nous ne considérions, en même temps, qu'ils servent de nourriture à la plupart des oiseaux, à plusieurs autres animaux, et qu'ils se détruisent même les uns les autres. On dirait que la nature, attentive aux besoins des êtres vivans, a répandu avec profusion sur le globe, les espèces les plus faibles, celles qui doivent servir à la nourriture d'un grand nombre d'autres animaux, tandis qu'elle a été plus avare des grandes espèces, de celles surtout qui sont les plus destructives.

Les parties qui constituent les sexes dans les insectes sont ordinairement placées au bout de l'abdomen, et cachées dans l'anus. Il est aisé de s'assurer du sexe d'un insecte; il faut pour cela lui presser le ventre assez pour faire sortir ces parties; alors on reconnaîtra facilement celles du mâle aux crochets qui les accompagnent, et celles de la femelle à une espèce de tarrière qui les termine.

Tous les insectes n'ont pas les parties de la génération situées à l'extrémité de leur ventre : dans les libellules, elles sont placées à l'origine du ventre dans le mâle, et à l'extrémité dans la femelle.

Les insectes ne vivent ordinairement que quelques mois dans leur dernier état, et souvent ils ne subsistent que quelques jours et même quelques heures. Peu après l'accouplement, la plupart des mâles périssent ; la femelle ne survit que pour déposer ses œufs, après quoi elle périt à son tour. Mais la propagation des espèces résultant d'une des lois de la nature qui régissent ses opérations, les insectes qui, nés à la fin de l'été, n'ont pas eu le temps de s'accoupler, passent l'hiver enfermés dans des trous, sous l'écorce des arbres, ou même dans la terre ; ils n'en sortent qu'au printemps suivant pour satisfaire à la loi commune, et périr ensuite.

Tous les insectes sont ovipares ; quoique, dans quelques-uns et dans certains temps de l'année, les œufs éclosent dans le corps même de l'animal. En effet, Réaumur et Bonnet ont observé que les pucerons mettaient au monde des petits vivans dans une saison de l'année, tandis qu'ils pondaient des œufs dans une autre.

Dès que les femelles sont fécondées, elles cherchent à déposer leurs œufs dans un endroit convenable où les petits en naissant puissent trouver la nourriture dont ils auront besoin. Les papillons, les phalènes, etc., placent leurs œufs sur la plante qui doit servir d'aliment aux chenilles ; les libellules retournent aux eaux bourbeuses qu'elles avaient abandonnées depuis quelque temps. On connaît les soins que prennent les abeilles pour leurs petits. Les sphex et les ichneumons enfoncent leurs aiguillons dans le corps des chenilles et des larves de diptères et de coléoptères pour y déposer leurs œufs. La plupart des coléoptères percent le bois le plus dur, d'autres fouillent la terre pour les placer dans la racine des plantes. L'oëstre suit avec opiniâtreté le bœuf, le cheval, le mouton, le renne pour déposer les siens sous la peau, dans les naseaux et dans les intestins de ces animaux. Ainsi, que de faits curieux l'observation des insectes ne nous a-t-elle pas fait connaître ! Ceux dont nous allons parler sont encore plus étonnans.

Métamorphoses.

Je nomme *métamorphose* cette particularité singulière de l'insecte de ne pas naître, soit sous la forme, soit avec toutes les sortes de parties qu'il doit avoir dans son dernier état. En effet, parmi les animaux qui ne jouissent point d'un système de circulation pour leurs fluides, les insectes sont les seuls qui éprouvent des métamorphoses dans le cours de leur vie.

Les *métamorphoses* que subissent les insectes, sont, pour le naturaliste, l'un des phénomènes les plus singuliers et les plus admirables que l'histoire naturelle puisse nous offrir. Les mutations qu'elles nous présentent sont si remarquables, qu'il semble que les animaux qui subissent les plus grandes, naissent en quelque sorte plusieurs fois. Ces mutations ne sont même pas toujours bornées aux formes et aux parties extérieures ; elles s'étendent souvent aux organes intérieurs les plus importans, comme ceux de la digestion, etc. Cependant nous verrons qu'elles ne sont autre chose que des développemens successifs, qu'une suite de modifications de parties, enfin que la formation de quelques-unes qui n'existaient pas d'abord. Nous verrons aussi que, dans les plus grandes de ces mutations, les développemens s'opèrent dans deux directions différentes qui se succèdent l'une à l'autre, et que la seconde amène des résultats fort différens des produits de la première.

Tous les *insectes* se montrent dans différens âges, soit sous plusieurs formes diverses, soit avec différentes sortes de parties; tous subissent donc des *métamorphoses.* Cependant, comme ces métamorphoses varient, selon les races, dans les ordres, et dans les familles mêmes; qu'elles sont grandes ou petites, et qu'elles paraissent tenir à la manière dont les races se nourrissent; il est nécessaire de les distinguer en plusieurs sortes. En conséquence, deux sortes principales de métamorphoses me paraissent devoir être déterminées; ce sont les suivantes:

La *métamorphose générale;*
La *métamorphose partielle.*

La *métamorphose générale* est celle de l'insecte qui, dans le cours de sa vie, subit des mutations dans sa forme générale et dans toutes ses parties, surtout les extérieures. La forme sous laquelle il naît est différente de celle qu'il acquiert par la suite; et aucune des parties qu'il avait dans son premier état ne se conserve la même dans son état dernier ou parfait. Or, de toutes les métamorphoses, celle-là est la plus grande, quoiqu'elle puisse offrir différens degrés d'intensité.

Je remarque que tous les insectes assujettis à la *métamorphose générale* ont, dans leur dernier état, une manière de se nourrir différente de celle du premier, ou qu'ils prennent alors une autre sorte de nourriture.

Je vois en outre que les larves de tous ces insectes sont généralement munies d'une peau molle, sauf sur la tête de certaines d'entr'elles, et n'ont point d'yeux à réseau.

Ces deux particularités sont importantes à considérer, soit pour juger la métamorphose que devront subir les larves, soit pour saisir la cause même des métamorphoses générales.

Dans tout insecte qui subit une *métamorphose générale*, l'état moyen de l'animal entre celui qu'il obtient en naissant, et celui où il parvient en dernier lieu, est un état d'immobilité, durant lequel l'animal ne prend aucune nourriture et semble presque mort : j'en parlerai en traitant de la *chrysalide*.

La *métamorphose partielle* est celle de l'insecte qui, dans le cours de sa vie, ne subit point ou presque point de mutation dans sa forme générale, mais seulement acquiert à l'extérieur de nouvelles sortes de parties. Il conserve dans son dernier état les parties qu'il avait en naissant ; et lorsque son accroissement est sur le point de se terminer, il en obtient de nouvelles qu'il n'avait pas d'abord. Cette métamorphose est la plus petite ; mais c'en est une, puisque l'animal possède dans son dernier âge, des parties qu'il n'avait pas dans le premier.

Ici, au moins pour les insectes que j'ai observés, je remarque le contraire de ce qui a lieu dans ceux qui sont assujettis à la métamorphose générale. Les insectes qui ne subissent qu'une *métamorphose partielle* n'ont pas, dans leur dernier état, une manière de se nourrir différente de celle du premier, et ne prennent point alors une autre sorte de nourriture. Je vois aussi que la larve de ces insectes est munie d'yeux à réseau et d'une peau cornée ou coriace, comme l'insecte parfait, ou avec très-peu de différence.

Enfin, dans tout insecte qui ne subit qu'une *métamorphose partielle*, l'état moyen de l'animal, entre celui qu'il obtient en naissant, et celui où il parvient en dernier lieu, est toujours un état d'activité, durant lequel l'animal cherche et prend de la nourriture, comme avant et après. J'en parlerai en traitant de la *nymphe*.

Tous les insectes se montrant dans différens âges, soit sous des formes diverses, soit avec différentes sortes de parties, on distingue dans chacun d'eux trois états différens; savoir : leur premier état, leur état moyen, et celui qu'ils obtiennent en dernier lieu. On a donné à ces divers états les noms suivans :

Celui de *larve* aux insectes qui sont dans leur premier état;

Celui de *chrysalide* ou de *nymphe* à ceux qui sont dans leur état moyen;

Celui d'*insecte parfait* à ceux qui sont parvenus à leur dernier état.

Examinons ces trois sortes d'état des insectes; l'intérêt qu'inspire la connaissance de ces animaux nous porte à exposer quelques détails à cet égard.

Premier état des insectes.

Le premier état des insectes étant celui qu'ils offrent après leur naissance, c'est-à-dire, dès qu'ils sont sortis de l'œuf, il est à propos de dire un mot des œufs de ces animaux, avant de parler de la larve qui doit en sortir.

L'œuf (*ovum*) est la première voie de génération que la nature emploie, lorsqu'elle est parvenue à établir la fécondation sexuelle. Or, comme elle a donné l'existence à un grand nombre d'animaux, avant d'avoir pu former des organes fécondateurs et fécondables, il s'en faut de beaucoup que tous les animaux soient ovipares. Aussi, c'est faute d'avoir étudié les animaux imparfaits des trois premières classes, que l'on a dit : *omne vivum ex ovo*; car les divisions de parties, les gemmes ou bourgeons, en un mot, les corpuscules reproductifs des *infusoires*, des *polypes*, des *radiaires*, et même de la plupart des *vers*, ne contiennent point un embryon qui ait exigé des organes fécondateurs pour devenir propre à recevoir la vie.

Mais, depuis les insectes jusqu'aux oiseaux inclusivement, tous les animaux sont *ovipares*.

Les œufs des insectes, ainsi que ceux des animaux à sang froid, n'ont pas besoin d'incubation pour éclore; la chaleur seule de l'atmosphère suffit pour exciter les premiers mouvemens vitaux de l'embryon et pour le faire éclore, soit plus tôt, soit plus tard, selon qu'elle a atteint le degré nécessaire.

La forme des *œufs* des insectes varie dans les différentes espèces; ils sont globuleux, ovales, allongés, linéaires, lisses, luisans, argentés ou dorés, quelquefois bleuâtres, quelquefois velus ou hérissés de poils. Enfin, ils sont composés d'un liquide interne, substance alimentaire propre à la nourriture et au développement de l'embryon qui y est contenu, et d'une enveloppe externe, constituée par une tunique ou pellicule assez épaisse, ferme, élastique, quelquefois même dure, et qui paraît inorganique.

Indépendamment de leur enveloppe ou tunique propre, la plupart de ces œufs sont recouverts ou entourés d'autres parties qui les défendent, soit des injures de l'air, soit des oiseaux ou des autres animaux qui les détruiraient. Les uns sont cachés sous des espèces de poils serrés que l'insecte portait au bout du ventre et qu'il a détachés dans le temps de la ponte; les autres sont cachés sous une matière blanchâtre; et d'autres sont enfermés dans des alvéoles que les insectes ont formées. Les cynips déposent leurs œufs dans une galle produite par l'extravasion des sucs de la plante que l'insecte a piquée; les boucliers, les dermestes déposent les leurs dans les cadavres des animaux; des ichneumons, à l'aide de leur tarrière, enfoncent les leurs dans le corps des chenilles; les cousins les rassemblent et en forment une masse qui, sous la forme d'une nacelle, vogue sur la surface des eaux; quelques-uns sont portés au bout de très-longs poils; d'autres sont cachés dans des feuilles roulées; d'autres sous une matière gluante, etc. Il est utile de bien connaître les endroits où ces œufs sont placés et comment la plupart sont cachés, afin de s'appliquer à détruire les espèces les plus nuisibles.

La larve.

La larve (*larva*) est le premier état des insectes, c'est-à-dire, celui dans lequel ils se trouvent après leur sortie de l'œuf. La forme des larves varie beaucoup : on leur a donné tantôt le nom de ver (*vermis*), tantôt celui de larve (*larva*), qui signifie masque, et tantôt celui de chenille (*eruca*), nom que l'on a consacré à la larve des lépidoptères.

Parmi les larves des insectes, les unes ont des pattes, et les autres en sont entièrement dépourvues, ce qui fait ressembler celles-ci à des vers.

Celles qui sont munies de pattes en ont six ou un nombre plus considérable; mais il n'y a que les six pattes qui répondent à celles que doit avoir l'insecte parfait, qui soient articulées, dures et onguiculées; les autres sont molles, sans articulations, sans ongles, et ne sont que de fausses pattes.

Parmi les larves qui ont des pattes, celles des coléoptères ont la peau molle, excepté sur la tête qui est dure et écailleuse; ces larves vivant la plupart en rongeant le bois, il leur fallait des mandibules plus fortes et des points d'appui plus solides aux muscles qui doivent les mouvoir. Mais les larves de presque tous les lépidoptères ont la peau molle partout.

Quant aux larves qui n'ont point de pattes, comme celles des *diptères* et d'un grand nombre des *hyménoptères*, elles ont aussi la peau molle partout.

Toutes les larves qui n'ont rien de la forme que doit avoir l'insecte parfait, sont tout-à-fait sans yeux, ou n'ont que des yeux lisses.

C'est sous la forme de larve que l'insecte prend tout son accroissement. Aussi la larve est-elle ordinairement très-vorace, et elle grossit d'autant plus promptement que sa nourriture est plus abondante. Mais avant de subir sa première transformation, elle change plusieurs fois de peau.

La *mue* est un changement de peau auquel les larves de presque tous les insectes sont assujetties. Elle ne fait point partie de la métamorphose, et n'est effectivement point particulière aux insectes. C'est toujours une espèce de maladie ou du moins une crise; aussi la larve s'y prépare par une abstinence totale. En effet, non-seulement elle ne mange pas, mais elle reste presqu'immobile; ses couleurs deviennent pâles et livides; elle paraît malade et elle doit l'être puisque souvent elle y périt. Quelques jours après sa dernière mue, la larve subit une transformation, et passe à l'état de nymphe ou de chrysalide. On croit que les larves de la plupart des diptères et de plusieurs hyménoptères ne subissent aucune *mue* avant leur première transformation.

Second état des insectes.

On a donné le nom de *nymphe* ou de *chrysalide* aux insectes parvenus à leur second état; et l'on a considéré cet état sous le seul rapport du changement qu'éprouvent ces animaux dans cette circonstance, quelque différence qu'ils offrent alors entr'eux. Leur forme, en effet, varie dans ce second état, au moins autant que dans le premier.

Toutes les larves jouissent de la faculté d'un mouvement progressif, toutes prennent des alimens et acquièrent tout l'accroissement dont elles sont susceptibles. Il n'en est pas de même de tous les insectes parvenus à leur second état; car, si les uns ressemblent encore beaucoup à la larve, courent et mangent comme elle, et offrent seulement des parties qu'elle ne possédait pas; les autres, tantôt cachés dans une coque opaque qui n'a point la forme d'un animal, tantôt recouverts par une pellicule mince, tantôt même à nu, restent immobiles et ne prenent plus d'alimens. Ces derniers ne ressemblent alors ni la larve dont ils proviennent, ni à l'insecte parfait qui oit en sortir. Enfin, beaucoup d'entr'eux paraissent dans n état de mort.

Relativement à leur forme et à leur état, on a divisé les ymphes ou les chrysalides en quatre sortes différentes; ıais je crois qu'il convient de réduire ces divisions, et de istinguer les insectes parvenus à leur second état, en trois ortes principales, savoir :

1.° En chrysalide;
2.° En momie;
3.° En nymphe.

Les deux premières sortes appartiennent à la métamorhose générale, et la troisième résulte de la métamorhose partielle.

Je nomme *chrysalide* tout insecte qui, parvenu à son econd état, est alors tout-à-fait inactif, ne prend plus e nourriture, et se trouve enfermé dans une coque non ansparente, qui le cache entièrement. Cette coque, ovale u ovalaire, ne présente point l'apparence d'un animal; le n'offre point de bouche, point d'yeux, point d'annes, point de pattes, et l'animal qui y est contenu, y trouve dans un état singulier de resserrement sur luiême. Ainsi, la *chrysalide*, constamment immobile si n ne la touche point, est très-différente de la larve, ne ressemble pas encore à l'insecte parfait.

Quoique les *chrysalides* paraissent dans un état de ort, elles sont néanmoins bien vivantes et ont besoin respirer. Toutes effectivement sont pourvues de stigates, et l'air leur est si nécessaire que dès qu'on les en prive, elles périssent bientôt. La forme des stigmates des chrysalides est quelquefois singulière : au lieu d'être à fleur de la peau, figurés comme des points enfoncés ou comme des espèces de boutonnières, ces stigmates sont quelquefois placés à l'extrémité de certaines élévations, et ressemblent à des cornets, à de petites cornes, ou à des filets tubuleux.

Comme les *chrysalides* présentent plusieurs variations remarquables, j'en distingue de deux sortes; savoir :

La chrysalide à reliefs;
La chrysalide en barillet.

La chrysalide à reliefs (*chrysalis signata*) offre un corps ovale ou ovale-oblong, pointu à une extrémité, obtus à l'autre, et dans lequel l'animal s'est enfermé. Ce corps, n'étant point transparent, ne laisse pas voir les parties déjà formées de l'insecte parfait, mais en présente plusieurs qui s'y montrent en reliefs. Il est subanguleux, constitue la coque de cette chrysalide, et, en général, il est étranger à la peau de l'animal. Cette sorte de chrysalide est celle des *lépidoptères*.

Dans les papillons, elle est nue et attachée à quelque mur ou à quelque tronc d'arbre, soit par un fil qui l'entoure comme une ceinture, soit par quelques fils fixés à sa partie postérieure et par lesquels elle est suspendue. Dans la plupart des phalènes ou papillons de nuit, elle est enveloppée dans un cocon de soie d'un tissu plus ou moins serré. Enfin, dans les sphinx, elle se trouve dans le sein de la terre ou à sa surface, entourée de différens débris liés ensemble par quelques fils.

La chrysalide en barillet (*chrysalis dolioloides*) présente un corps un peu dur, ovalaire, en général subcerclé par les restes des anneaux, et sur lequel les parties que doit avoir l'insecte parfait ne forment aucun relief. Ce corps constitue la coque de cette chrysalide, et se trouve toujours formé par la peau même de l'animal. En effet, la larve qui y donne lieu ne quitte point sa peau lorsqu'elle subit sa transformation; on dit même qu'elle n'est point généralement assujettie à la mue; mais, lorsqu'elle se transforme, se raccourcissant alors successivement, sa peau se durcit par degrés, et finit par former la coque qui contient l'animal. Lorsque l'insecte veut en sortir, il ouvre à la partie supérieure de sa coque, une espèce de porte en forme de calotte qui, souvent, se divise en deux parties. Telle est la chrysalide des *diptères* ou du moins du plus grand nombre, car celle des cousins offre quelques différences dans sa forme.

Je nomme *momie* tout insecte qui, parvenu à son second état, est tout-à-fait inactif, ne prend plus de nourriture, et cependant n'est point enfermé dans une coque qui le cache entièrement. Il est alors, soit recouvert par une pellicule mince qui laisse apercevoir ses parties, soit même à nu. Comme la *momie* présente quelques variations d'état dans lesquelles elle est bien distincte de la chrysalide, j'en distingue de deux sortes; savoir :

La momie resserrée;
La momie fausse-nymphe.

La momie resserrée (*mumia coarctata*) appartient à la métamorphose générale, et néanmoins présente une modification qui l'éloigne assez fortement de la chrysalide. L'insecte qui en offre l'exemple, étant parvenu à son second état, est alors tout-à-fait inactif, ne prend plus de nourriture, et, s'étant fortement raccourci et resserré sur lui-même, se trouve en général recouvert par une pellicule mince, le plus souvent transparente, qui laisse apercevoir ses parties, et qui même les enveloppe séparément. Cette momie est molle, blanchâtre, ne fait aucun mouvement, et remue seulement l'abdomen lorsqu'on la touche. Cette transformation est celle des *coléoptères*, des *hyménoptères*, etc. Dans la plupart, la pellicule qui recouvre le corps resserré de l'insecte, laisse voir, par sa ténuité et sa transparence, les parties que doit avoir l'être parfait. Quelquefois néanmoins cette pellicule plus lâche et moins transparente approche de la coque en cachant l'animal; mais elle est toujours molle et non rigidule comme la coque d'une chrysalide.

La momie fausse-nymphe (*mumia pseudo-nympha*) fait encore partie de la métamorphose générale; mais c'est la plus éloignée par sa forme et son état des chrysalides, et même de la momie resserrée; enfin c'est la plus rapprochée des nymphes. Cependant elle diffère essentiellement de celles-ci; car la larve n'a aucune des parties que doit avoir l'insecte parfait, mais seulement des parties qui y sont correspondantes; et, parvenue au second état de l'insecte, elle est inactive et ne prend plus de nourriture. Cette *momie* est nue, médiocrement resserrée ou raccourcie, et en général se fait un fourreau dans lequel elle s'enferme. Cette modification du second état des insectes est peu employée parmi eux, et trouve des exemples dans les *phryganes* et quelques autres.

Je nomme nymphe (*nympha*) tout insecte qui, ne subissant qu'une métamorphose partielle, conserve dans ses deux derniers états les parties qu'il avait en naissant, ne fait qu'acquérir des parties nouvelles, et dans sa première mutation ne perd point son activité et ne cesse point de prendre de la nourriture.

Ainsi, la *nymphe* est le second état des insectes dont je viens de parler. Elle a les mêmes yeux, les mêmes antennes, les mêmes pattes, et à-peu-près la même forme et la même peau que la larve, et conserve ces parties en devenant insecte parfait. Elle diffère de la larve en ce que celle-ci n'a aucun vestige d'ailes, et que la *nymphe* en offre l'ébauche. Enfin, cette nymphe se distingue de l'insecte parfait, parce que ses ailes ne sont pas encore développées, et qu'elle a seulement des moignons d'ailes plus ou moins grands, selon qu'elle est plus ou moins avancée.

Par un défaut de développement des ailes, devenu habituel dans certaines races de ces insectes, quelques-uns d'entr'eux conservent toujours leur état de nymphe, s'accouplent et se multiplient comme si c'étaient des insectes parfaits.

La métamorphose partielle est celle des *orthoptères*, des *hémiptères* et de beaucoup de *névroptères*; conséquemment le second état de ces insectes est celui de nymphe.

Quelques personnes donnent à la larve de ces insectes le nom de *demi-larve*, parce qu'elle n'offre pas, comme les autres, un corps allongé, vermiforme et à peau molle, au moins sur le corps. Le nom de larve désignant l'état où se trouve l'insecte après la sortie de l'œuf, je ne vois pas la nécessité de ce nom particulier.

Troisième état des insectes.

Le troisième et dernier état sous lequel se montrent les insectes, est celui auquel on a donné le nom d'*insecte parfait.* Dans ce dernier état, les insectes, en général, ont alors, soit une forme tout-à-fait différente de celle qu'ils avaient en naissant, soit des parties nouvelles qu'ils ne possédaient point dans leur premier âge.

En effet, d'insectes rampans qu'ils étaient, en général, après leur sortie de l'œuf, ils deviennent, dans leur dernière transformation, insectes volans, au moins pour la plupart, et ont la faculté de reproduire leur espèce. C'est la période la plus brillante de leur vie ; ils semblent alors, dit un célèbre entomologiste, ne respirer que la gaîté et le plaisir ; enfin ils s'y livrent avec tant d'ardeur qu'épuisés en peu de temps, ils perdent ordinairement la vie avant la naissance de leur postérité. Ce qu'il y a de certain à cet égard, c'est que cette période de leur vie est réellement la plus courte, au moins pour la plupart. Ils ont satisfait au vœu de la nature ; elle ne s'intéresse plus à leur existence.

Sur la cause des métamorphoses des insectes.

Un des problèmes les plus curieux et les plus intéressans de l'histoire naturelle, mais aussi l'un des plus difficiles à résoudre, c'est de savoir quelle est la cause qui a originairement donné lieu aux *métamorphoses* des insectes.

Sans doute, on a de la peine à se persuader que l'on puisse trouver des causes capables d'opérer, dans le cours même de la vie d'un individu, des changemens aussi grands que ceux que nous offrent les grandes *métamorphoses* des insectes.

Cependant, si l'on fait attention, d'une part, à la nature des tégumens que les insectes doivent avoir dans leur état parfait, et de l'autre part, aux changemens singuliers qu'éprouvent, en devenant adultes, tous les animaux dont la reproduction exige une fécondation sexuelle; il me semble que l'on trouvera facilement dans l'examen de ces deux considérations réunies, tout ce que l'on peut désirer pour la solution du problème en question.

Par la première considération, je remarque que le propre de tout insecte parvenu à l'état parfait, est d'avoir des *tégumens cornés*. J'en ai déjà donné la raison, et j'ai fait voir que les insectes étant des animaux articulés, et ayant les organes du mouvement attachés sous la peau, la nature avait dû solidifier leurs tégumens, la plupart devant se mouvoir avec vivacité et célérité, s'élancer même dans le sein de l'air, et y voltiger.

Mais, tout être vivant, depuis le premier instant de sa naissance, devant s'accroître jusqu'à un certain terme de sa vie, et augmenter par conséquent les dimensions de son corps et de ses parties; comment opérer l'accroissement d'un animal si, dans sa jeunesse même, ses tégumens sont solides et cornés! La nature fut donc obligée, surtout pour ceux des insectes qui ont, pendant leur état de larve, un accroissement un peu grand à subir, de tenir le corps et les parties de l'animal dans un grand état de mollesse, avec une peau seulement membraneuse et extensible. C'est aussi ce qu'elle a fait à l'égard des insectes qui, à la suite de leur premier état, ont de grandes transformations à subir; comme les diptères, les lépidoptères, les hyménoptères, les coléoptères, dont effectivement les larves ont généralement la peau très-molle.

Comme la nature n'opère rien que graduellement, elle a préparé peu-à-peu dans ces larves, le nouveau corps et les nouvelles parties que doit avoir l'animal dans son dernier état; et elle l'a fait en exécutant une suite de modifications dans les parties déjà existantes du corps de cet animal, à la faveur de la mollesse de ce corps. Or, voilà ce qui concerne la première considération citée : voyons maintenant ce qui appartient à la seconde, et comment la nature se débarrassera de ce corps de larve pour donner au nouveau corps que le premier contient déjà en ébauche, les derniers développemens et la liberté qu'il doit avoir pour accomplir sa destinée.

J'ai déjà dit que tous les animaux qui se régénèrent sexuellement, que l'homme même, dont la reproduction exige une fécondation sexuelle, subissaient des changemens singuliers dans leur être, à l'époque où ils devenaient adultes, époque qui avoisine le terme de leur accroissement. On sait qu'à cette époque, ils éprouvent une crise remarquable qui produit en eux un état véritablement nouveau (*a*). Comme ce fait est bien connu, examinons sa

(*a*) Parmi les changemens connus que les individus subissent à l'époque où ils deviennent adultes, je ne citerai que la voix qui prend alors un caractère tout-à-fait particulier, qui devient plus forte, plus grave, et qui montre qu'il s'est opéré, dans le corps entier, une mutation sensible. On sait que d'autres traits de mutation s'observent alors dans l'état physique de l'individu; mais il s'en montre aussi dans sa manière de sentir, dans ses penchans, dans son caractère même.

source et les résultats qu'il peut amener, surtout à l'égard des insectes.

Dans les animaux très-imparfaits qui ne se régénèrent point par *fécondation*, la reproduction des individus n'est qu'un excès de la faculté d'accroissement, qui donne lieu à des séparations de parties qui ne font ensuite elles-mêmes que s'étendre pour prendre la forme de l'individu dont elles proviennent : de-là sont résultées la régénération par scission, et celle par gemmules, des *infusoires*, des *polypes* et des *radiaires*. Pour cet ordre de choses, la nature n'a eu besoin d'aucun organe particulier régénérateur; et dès qu'un individu a acquis son principal développement, il n'a aucune transformation à subir pour se régénérer.

Les choses sont bien différentes à l'égard des animaux qui ne se reproduisent que par la voie d'une génération sexuelle. Effectivement, dans les animaux en qui la génération ne s'opère qu'à la suite d'une fécondation, il y a toujours pour eux une mutation quelconque, une transformation grande ou petite à subir à une certaine époque; parce que la nature ne travaille à perfectionner les organes sexuels que lorsque les principaux développemens de l'individu sont opérés.

On sait que ce travail de la nature exerce alors une influence réelle sur l'état général de l'individu en qui il s'exécute, qu'il y opère des mutations fort remarquables, et qu'il soumet l'individu à une espèce de crise. Or, l'influence de ce travail de la nature n'est jamais nulle; elle devient très-grande dans les animaux dont les parties intérieures sont très-molles, surtout si elle est favorisée par l'engourdissement auquel ces animaux peuvent être assujétis. Tel est précisément le cas presque particulier des *insectes*.

Dans le cours de leur vie, ceux de ces animaux qui ont la peau molle, et de grandes transformations à subir, tombent dans une espèce d'engourdissement plus grand encore que celui qu'ils éprouvent dans leurs mues; ils perdent toute activité, ne mangent plus, et restent dans cette crise périlleuse, quoique naturelle, pendant un temps assez considérable.

Dans cet état, la nature cesse de nourrir les parties du vieux corps de larve qui ne doivent plus être conservées. Elles ont rempli leur objet, en favorisant les modifications de celles qui ont préparé dans la larve les élémens du nouveau corps. Dès lors, le vieux corps s'amaigrit, se resserre et se consume peu à peu, en fournissant à la nutrition du nouveau corps sa propre substance, c'est-à-dire, l'espèce de graisse amassée pendant son état de larve. La nature donne donc ici une direction différente à la nutrition, et en effet, elle ne tend plus qu'à compléter le développement d'un nouveau corps et de nouvelles parties.

Nous observons à-peu-près la même chose dans les fleurs des végétaux qui se régénèrent par fécondation sexuelle. Le calice et la corolle de ces fleurs servent d'abord à protéger la préparation des organes essentiels de ces mêmes fleurs (du pistil et des étamines); mais à une certaine époque, ces enveloppes, qui protégeaient les organes sexuels, devenant inutiles, nuisant même par la clôture complette qu'elles formaient d'abord, la nature cesse peu à peu de les nourrir, et dirige la nutrition vers les étamines et le pistil qui acquièrent alors leurs derniers développemens ; tandis que leurs enveloppes communes s'ouvrent, et la plupart tombent ou se dessèchent.

Ainsi, à l'époque de la vie animale où le corps approche du terme de ses développemens propres, la nature n'ayant plus d'autre objet à remplir que la régénération de l'individu pour la conservation de l'espèce, travaille alors à completter le développement des organes sexuels qui n'étaient encore qu'ébauchés. Et comme cette opération est grande, qu'elle lui importe plus que la conservation même de l'individu qu'elle ne destine qu'à en produire d'autres, en s'occupant des nouveaux organes, elle amène pour lui une crise, grande ou petite selon les races; crise qui, dans les *diptères*, les *lépidoptères*, les *hyménoptères* et même dans les *coléoptères*, est plus grande que dans les autres animaux connus. Cette crise néanmoins se montre généralement dans tous les animaux qui se régénèrent sexuellement, par des changemens remarquables qui s'exécutent alors en eux.

Ainsi, la *métamorphose* des insectes, qui nous paraît si étonnante, parce que nous ne considérons nullement le produit des circonstances que je viens de citer, n'est qu'un fait particulier, tenant à des circonstances particulières à ces animaux, et qui se rattache évidemment, comme tous les autres faits d'organisation, aux principes que j'ai exposés.

L'engourdissement que subissent ces animaux au terme des développemens de leur corps, la direction nouvelle que la nature donne à son travail, lorsqu'elle prépare l'individu à pouvoir se reproduire par la voie des sexes, enfin la nécessité de tenir dans un grand état de mollesse les larves des insectes qui ont de grandes transformations à subir et d'amener leurs organes intérieurs, pendant l'engourdissement cité, à une espèce de fusion; telles sont les causes principales qui paraissent opérer les grandes *métamorphoses* des insectes, et qui ont depuis long-temps, par une habitude d'exécution, tracé et préparé dans l'organisation de ces animaux, les voies de ces grands changemens.

Mais toutes les races d'insectes ne se trouvent point exactement dans les mêmes circonstances; toutes n'ont point, dans leur état de larve, la peau tout-à-fait molle; toutes ne vivent point habituellement de la même manière; enfin, l'on sait qu'à cet égard, il y a entr'elles une grande diversité. Aussi s'en trouve-t-il une considérable dans l'état de l'organisation et dans la nature des métamorphoses des insectes.

En effet, dans la *métamorphose partielle*, la nature n'a point de vieux corps à se débarrasser, mais seulement quelques parties nouvelles à ajouter au corps déjà existant. Ainsi, ce corps n'ayant point de transformation à subir, n'a besoin ni d'un grand état de mollesse, ni d'éprouver un engourdissement propre à favoriser une transformation qui n'est pas nécessaire. Il conserve donc de l'activité et le besoin de prendre des alimens jusqu'à la fin de sa vie; et pendant ce temps d'activité la nature développe en lui, lorsqu'il est adulte, les parties nouvelles qu'il doit avoir, comme insecte, en même temps que celles qui le rendent capable de se reproduire.

Passons maintenant à l'exposition des caractères extérieurs des insectes, et aux principes fondamentaux de l'entomologie.

Des caractères généraux et extérieurs des insectes.

Quoique nous ayons déjà fixé définitivement le caractère essentiel des insectes, nous dirons ici que ce qui distingue ces animaux et qui en doit donner une juste idée, est d'avoir généralement :

[*Dans leur premier état.*]

1.° Le corps soumis à la *mue*, c'est-à-dire, à des changemens de peau, au moins dans presque tous ;

2.° Ce même corps assujéti à des *mutations* singulières d'état ou de forme, soit générales, soit partielles, ou susceptible d'acquérir des parties nouvelles dans le dernier âge ;

[*Dans leur dernier état.*]

3.° Le corps composé d'anneaux ou segmens transverses, et offrant un corselet distinct de l'abdomen, quoique plus ou moins séparé de cette partie ;

4.° Ce corps et ses membres recouverts d'une peau coriace ou cornée, plus ou moins solide, qui maintient les parties, donne attache aux muscles, et facilite les mouvemens ;

5.° Des stigmates ou petites ouvertures latérales, qui servent d'entrée aux trachées aériennes dont toutes les parties du corps sont munies ;

6.° Une bouche plus ou moins compliquée de parties différentes, composée néanmoins sur un plan commun, et dont les parties et les fonctions varient selon les habitudes des races;

7.° Six pattes articulées;

8.° Deux antennes ou petites cornes mobiles, plus ou moins longues, articulées, placées au-devant de la tête;

9.° Deux yeux à réseau, situés sur les côtés de la tête;

10.° Enfin, des organes sexuels ne pouvant opérer qu'une seule fécondation dans le cours de la vie.

La réunion de ces dix caractères donnant une idée exacte de tous les *insectes* en général, nous allons définir leurs différentes parties extérieures, celles surtout qui servent à caractériser leurs ordres, leurs genres et même leurs espèces.

On distingue dans l'insecte parfait quatre parties principales, qui sont la tête, le tronc ou le corselet, l'abdomen et les membres.

La tête.

C'est, dans les insectes comme dans tous les animaux qui en sont munis, la partie antérieure du corps, celle qui contient essentiellement le cerveau, celle qui est le siége des sens particuliers, enfin celle qui rassemble les premiers instrumens qui servent à prendre ou à modifier les alimens.

Elle est, dans les insectes, ovale ou trigone, petite en proportion du reste du corps, et portée sur un pivot court, sur lequel elle se meut médiocrement. On y observe la bouche, les yeux, les antennes, le front et le vertex: voici quelques détails sur ces objets.

La bouche.

La *bouche* offrant un indice de la manière de vivre et des habitudes des animaux dont il s'agit, présente des caractères dont la considération est très-importante, soit pour la détermination des rapports, soit pour la distinction des ordres et des familles parmi eux. C'est pourquoi nous allons entrer dans quelques détails pour faire connaître les parties qui la composent ou qui en sont dépendantes, et le plan particulier d'après lequel la nature paraît l'avoir instituée.

Indépendamment de ce que beaucoup d'insectes, dans l'état de larve, présentent une bouche fort différente dans ses parties et ses fonctions, de celle qu'ils acquièrent en parvenant à l'état parfait; on remarque, en considérant généralement les insectes, qu'à-peu-près une moitié de ces nombreux animaux, ne se nourrissent, dans l'état parfait, que d'alimens liquides; qu'ils ont alors des parties appropriées à cet usage, et sont uniquement des *suceurs;* tandis que ceux de l'autre moitié sont des *broyeurs* qui rongent des matières solides ou concrètes, ayant à leur bouche des instrumens propres à cette fonction. Qui n'eût pensé, d'après cette observation, que la bouche des premiers devait être établie sur un plan très-différent de celui de la bouche des seconds!

Cependant il n'en est point ainsi : un seul plan d'organisation paraît appartenir à la classe entière des insectes, et même à leur bouche; mais là, comme ailleurs, ce plan ne fut établi que graduellement. Non-seulement il est modifié selon les besoins dans les différens insectes, mais tous n'ont point à leur bouche toutes les parties qui, malgré leurs modifications, appartiennent à ce plan.

Sans doute, la nature, selon les circonstances, approprie les parties aux besoins, sans changer ses plans ; elle agrandit ou allonge les unes, atténue ou raccourcit les autres suivant leur emploi; et parvient, à travers toutes ses variations, à exécuter les plans tracés par ses lois. Mais avant tout, elle ne forme que successivement pour chacun d'eux, les parties qui doivent les compléter.

Le plan de la bouche des insectes, parvenus à l'état parfait, consiste dans l'établissement de six sortes de parties que la nature forme successivement, et qui constituent des instrumens qu'elle emploie et approprie aux besoins de ces animaux.

Ces six sortes de parties, qui ont été considérées, d'après leur forme et leurs usages, dans les insectes les plus perfectionnés, tels que les *broyeurs*, sont les suivantes :

1.° Une lèvre inférieure ;
2.° Des mâchoires ;
3.° Des palpes labiaux ;
4.° Des palpes maxillaires ;
5.° Des mandibules ;
6.° Une lèvre supérieure.

Dans les *insectes broyeurs*, ces six sortes de parties se reconnaissent très-bien, soit qu'elles s'y trouvent toutes, soit que quelqu'unes d'entr'elles manquent ou soient imperceptibles par avortement ; mais, dans la plupart des *insectes suceurs*, on ne trouve dans la bouche de ces animaux que des pièces qui y correspondent, qui sont appropriées à un autre emploi, et que la nature devra modifier pour les amener à leur dernière destination.

Il y a donc un plan unique d'instrumens pour composer la bouche de tout insecte parvenu à l'état parfait. Mais ces instrumens, dans les premiers insectes, tels que les suceurs, ne sont que des pièces préparées pour devenir par la suite propres à composer la bouche des insectes broyeurs. Et comme la nature les a formés successivement, on ne les trouve pas tous à-la-fois dans la bouche des premiers insectes.

En effet, les ayant ici présentés dans l'ordre de leur formation, on peut voir que dans les *aptères*, premier ordre des insectes, la bouche de ces suceurs ne présente que deux sortes de pièces, savoir : les deux valves de la trompe, qui sont des élémens pour former une lèvre inférieure, et les deux pièces du suçoir, qui en sont d'autres pour constituer des mâchoires. En vain chercherait-on, dans ces insectes, des pièces qui soient correspondantes aux mandibules, on n'en trouverait point. Peut-être néanmoins que les palpes labiaux sont déjà ébauchés dans les deux écailles qui se trouvent à la base de la trompe de ces *aptères*.

Dans les premiers diptères, c'est la même chose que dans les aptères ; il n'y a d'autres pièces que celles qui correspondent à une lèvre inférieure et à des mâchoires. Effectivement, dans la première famille [les *coriaces*], les deux valves du bec, non encore réunies, correspondent à une lèvre inférieure ; et les deux soies distinctes ou réunies du suçoir correspondent aux mâchoires.

Les deux valves dont je viens de parler se trouvent réunies dans les diptères de la seconde famille, tels que les *muscides*, et y constituent la trompe univalve de leur bouche, trompe qui correspond à une lèvre inférieure. Souvent même les deux palpes labiaux se montrent à la base de cette trompe ; mais le suçoir de ces insectes n'est encore que de deux soies distinctes ou réunies, et ne représente que des mâchoires. Ce n'est donc que dans les *syrphies* que l'on commence à trouver des pièces qui peuvent correspondre à des mandibules.

Nous manquerions encore des preuves propres à établir les développemens successifs de cette unité de plan pour la bouche des insectes, si M. *Savigny*, par ses observations singulièrement délicates, ne nous les avait récemment fournies. Ce naturaliste, d'une sagacité et d'une patience extraordinaires dans l'observation, a prouvé que, dans les *lépidoptères*, où l'on ne connaissait guères que la langue spirale et bilamellaire qui, dans leur état parfait, constitue leur suçoir, il y avait réellement deux lèvres (une supérieure et une inférieure), deux mandibules, deux mâchoires et quatre palpes, dont deux maxillaires et deux labiaux. Mais, dans ces insectes parfaits, la nature n'ayant besoin que d'établir un suçoir, n'emploie que les deux mâchoires qu'elle développe et allonge en lames linéaires, et laisse sans usage presque toutes les autres parties. Aussi, à l'exception des deux palpes labiaux qui étaient déjà connus, quoique la nature de leur support ne le fût point, toutes les autres parties observées dans la bouche de ces insectes par M. *Savigny*, sont restées sans usage, sans développement et d'une petitesse extrême, qui les avait fait échapper à nos observations.

Les deux petits palpes maxillaires néanmoins avaient déjà été aperçus par M. *Latreille* dans quelques lépidoptères nocturnes; mais on doit à M. *Savigny* de nous avoir montré qu'ils existent dans toutes les races de l'ordre. Enfin, par une comparaison suivie des parties déliées de la bouche des *diptères* avec celles de la bouche des insectes broyeurs, dans l'état parfait, M. *Savigny* nous a fait voir entr'elles une analogie si marquée, qu'on ne saurait douter maintenant de cette conformité de plan pour la bouche de tous les insectes, quoique ce plan n'ait pu recevoir son exécution complète que dans la bouche des espèces qui composent les derniers ordres de la classe.

Ce n'est, en effet, que dans les *hyménoptères*, que les mandibules commencent à exécuter leurs fonctions naturelles; et cependant la plupart de ces insectes offrent encore, dans leur état parfait, une espèce de suçoir. Mais dans les insectes des ordres suivans, les mâchoires sont raccourcies, le suçoir n'existe plus, ces animaux ne sont plus que des broyeurs, et le plan général de leur bouche a reçu son exécution complète.

La nature, en donnant l'existence aux premiers insectes, n'ayant pu d'abord leur donner, dans l'état parfait, la faculté de prendre des alimens solides, mais seulement celle de pomper des liquides, on sent qu'elle a dû débuter par en faire des *suceurs*. Par la suite, son plan d'organisation pour les insectes ayant reçu plus de développement, ses moyens se sont accrus, et elle a pu amener les insectes parfaits à prendre des alimens solides et à être des *broyeurs*. Il ne lui a point fallu, pour cela, instituer de nouvelles sortes de parties dans la bouche, mais seulement modifier celles qui existaient, et les approprier à de nouveaux usages.

Ainsi, la bouche des insectes, parvenus à l'état parfait, présente six sortes de parties essentielles, plus ou moins distinctes, lesquelles, malgré la différence de leurs fonctions, appartiennent à un plan uniforme, et sont toutes appropriées aux diverses manières de se nourrir des animaux qui les possèdent.

Ces parties ne se trouvent point toutes à-la-fois, dans tous les insectes, et elles n'y sont jamais mélangées avec d'autres. Elles ne sont pas toujours reconnaissables, tant elles varient dans leur forme et leur grandeur.

Maintenant, donnons une définition succincte de chacune de ces parties, au moins de celles connues généralement des entomologistes, et considérons-les successivement, dans l'état de leur dernière destination :

1.° La lèvre inférieure [*labium inferius*] est une pièce transversale, mobile, coriace ou membraneuse, souvent échancrée, velue ou ciliée à son bord antérieur, terminant inférieurement la bouche, et se mouvant de haut en bas ou de bas en haut. Elle sert à la déglutition par ses mouvemens, et donne naissance aux palpes labiaux. Cette pièce s'appuie sur le *menton* de l'animal, et ce menton est une pièce dure, non mobile, qui ne fait point partie de la bouche. Dans la plupart des insectes suceurs, cette lèvre est représentée, d'abord par deux valves distinctes, ensuite par deux valves réunies formant, soit une trompe inarticulée, soit un bec articulé ;

2.° Les mâchoires [*maxillæ*] sont deux pièces minces,

presque membraneuses, quelquefois un peu coriaces, presque toujours ciliées en leur bord interne, et terminées en général par des dentelures assez solides. On les trouve au-dessus de la lèvre inférieure, et au-dessous des mandibules, lorsque celles-ci existent. Leur mouvement s'exécute latéralement, et leur consistance est toujours moins solide que celle des mandibules. Elles donnent naissance aux palpes maxillaires. Dans les insectes suceurs, les mâchoires sont représentées par des soies ou des lames étroites qui forment ou concourent à former le suçoir;

3.° Les palpes labiaux [*palpi labiales*] sont au nombre de deux seulement : ce sont des filets articulés, mobiles, et qui ressemblent à de petites antennes. Ils ont leur attache aux parties latérales de la lèvre inférieure. On les voit facilement dans la bouche de tous les insectes broyeurs, et néanmoins ces parties existent dans celle de presque tous les autres insectes. Ces palpes sont les premiers que la nature forme. Ils paraissent déjà exister dans les *aptères*. On les reconnaît très-bien dans les *muscides* où les palpes maxillaires ne se montrent pas encore. Ils n'ont guères plus de deux à cinq articles;

4.° Les palpes maxillaires [*palpi maxillares*] sont au nombre de deux ou de quatre : en sorte que dans la bouche d'un insecte il n'y a jamais plus de six palpes. Ce sont aussi de petits filets articulés et mobiles; mais ceux-ci ont leur attache à la partie extérieure des mâchoires. Leurs articles sont pareillement au nombre de deux à cinq, rarement de six.

On les aperçoit aisément dans la bouche des insectes

broyeurs, et même on les reconnaît encore dans celle des *lépidoptères* ; mais dans un grand nombre d'insectes suceurs, il ne peut y avoir que quelques soies du suçoir qui puissent les représenter. D'ailleurs, comme la nature les forme postérieurement aux palpes labiaux, il y a apparence que les premières mâchoires formées ou représentées, sont encore sans palpes.

L'usage des *palpes*, ainsi que celui des antennes, ne sont pas encore bien connus. Ces parties cependant semblent destinées à palper et reconnaître les alimens, comme les antennes à l'égard des corps extérieurs. On peut même penser que les palpes tiennent lieu de l'organe du goût, comme les antennes suppléent au sens du toucher, en le particularisant à l'extrémité de ces filets de la tête;

5.° Les mandibules [*mandibulœ*], désignées dans quelques ouvrages sous le nom de mâchoires supérieures, sont deux pièces dures, fortes, cornées, aiguës, tranchantes ou dentées, placées à la partie latérale et supérieure de la bouche, immédiatement au-dessus des mâchoires et au-dessous de la lèvre supérieure. Elles se meuvent latéralement comme les mâchoires, et ont toujours une consistance plus solide. Elles sont bien apparentes ou reconnaissables dans les insectes qui prennent des alimens solides ; elles sont même plus ou moins fortes, selon la dureté des alimens que prennent ces insectes : en effet, ceux qui rongent le bois ont les mandibules beaucoup plus fortes que ceux qui se nourrissent de feuilles, et ceux qui vivent de rapine les ont plus allongées et plus saillantes que les autres.

Quoique les *mandibules* soient en général bien apparentes dans les insectes broyeurs, on les retrouve dans les *hyménoptères* qui ne sont que des demi-suceurs, et on les aperçoit encore dans les *lépidoptères*; mais elles y sont très-petites et sans usage. Elles ne sont plus reconnaissables dans les autres insectes suceurs, et elles n'y sont représentées que par certaines pièces du suçoir; mais non dans tous, car la nature les a formées postérieurement aux mâchoires;

6.o La lèvre supérieure [*labrum vel labium superius*] est une pièce transversale, membraneuse ou coriace, mince, mobile, placée à la partie antérieure et supérieure de la tête, au-dessus de la bouche à laquelle elle appartient. Cette pièce recouvre en tout ou en partie les mandibules, surtout lorsque la bouche est fermée, se trouvant immédiatement au-dessus d'elles.

Formée postérieurement aux autres parties de la bouche, du moins selon les apparences, ce n'est guères que dans les *hémiptères* qu'elle commence à se montrer. On l'y aperçoit facilement, ainsi que dans beaucoup d'*orthoptères* et de *coléoptères*. Elle varie pour la grandeur, selon ses usages et les habitudes des races, de manière, que même dans les *coléoptères* où elle devrait être toujours apparente, elle est si courte dans plusieurs qu'elle paraît tout-à-fait nulle. Cette pièce se meut de haut en bas, comme l'autre lèvre se meut de bas en haut. Il ne faut pas la confondre avec le chaperon qui est une pièce immobile de la tête.

Telles sont les six sortes de parties qui composent en général la bouche des insectes parvenus à l'état parfait; parties que je viens de caractériser d'après l'état où on les observe dans la bouche des insectes broyeurs, mais qui, dans la plupart des suceurs, sont déjà représentées par des pièces préparées pour y donner lieu; parties enfin que je viens d'exposer dans l'ordre de leur formation.

Quant aux galettes [*galeæ*], ces parties ne sont point générales, mais particulières à certains insectes broyeurs. Ce sont deux pièces plattes, membraneuses, inarticulées, placées à la partie externe des mâchoires des *orthoptères*, et qui recouvrent presqu'entièrement la bouche de ces insectes. Elles sont insérées au dos des mâchoires, entre celles-ci et les palpes maxillaires. Les *galettes* diffèrent peu de la pièce extérieure des mâchoires de beaucoup de *coléoptères*; elles sont seulement plus grandes et plus minces.

Ayant exposé la définition des pièces qui composent en général la bouche des insectes, il me reste à faire celle de certains termes employés dans les ouvrages d'entomologie, pour désigner les différentes formes de la bouche des insectes suceurs; cette bouche, différemment conformée selon les ordres de ces suceurs, ayant reçu les noms suivans :

La trompe.
Le bec.
La langue.

La *trompe* [*proboscis*] est le nom qu'on donne à la bouche des *diptères* ou du moins de la plupart. Elle se compose d'une gaîne qui renferme un suçoir. La gaîne est une pièce allongée, un peu charnue, subcylindrique, inarticulée, droite ou coudée, quelquefois rétractile et souvent divisée en deux lèvres à son extrémité. En dessus, cette gaîne est creusée en une gouttière quelquefois fermée, pour recevoir ou contenir le suçoir. Celui-ci consiste, soit en deux, soit en quatre, soit en cinq ou six soies très-déliées. La gaîne qui contient ce suçoir est une partie préparée pour former la lèvre inférieure des insectes broyeurs, et les soies du suçoir en sont d'autres qui doivent constituer des mâchoires, des mandibules et quelquefois les palpes maxillaires.

Le *bec* [*rostrum*] est le nom que l'on donne à la bouche des *hémiptères*. La bouche de ces insectes suceurs se compose encore d'une gaîne qui est la pièce la plus apparente, et d'un suçoir qui, dans l'inaction, s'y trouve renfermé ; mais ici la gaîne est articulée et a une forme particulière. C'est une pièce mobile, allongée, terminée en pointe, divisée en deux ou trois articles, et creusée antérieurement ou supérieurement en une gouttière pour recevoir le suçoir. Cette gaîne, articulée et en forme de bec, est abaissée vers la poitrine, lorsque l'insecte ne prend point d'aliment ; c'est encore une partie préparée pour former ailleurs une lèvre inférieure. Quant au suçoir, il consiste en quatre soies très-déliées, dont souvent deux paraissent réunies, et que l'insecte introduit dans le corps des autres animaux ou dans le tissu des plantes pour en pomper les sucs. Les quatre soies du suçoir sont destinées à devenir ailleurs des mâchoires et des mandibules. Ici, elles sont contenues dans la gouttière de la gaîne, par le moyen d'une lèvre supérieure qui se montre dans ces insectes pour la première fois, et qui, chez eux, est une pièce triangulaire et pointue.

La *langue* enfin [*lingua*] est le nom, très-impropre,

employé dans les ouvrages d'entomologie pour désigner la bouche des *lépidoptères*. C'est, dans ces insectes suceurs, une partie grêle, filiforme ou sétacée, plus ou moins longue, composée de la réunion de deux lames étroites, et qui est roulée en spirale lorsque l'insecte n'en fait pas usage. Cette partie grêle, qui est placée entre les deux palpes labiaux, constitue le seul instrument employé de la bouche des *lépidoptères*. C'est un suçoir nu, c'est-à-dire, dépourvu de gaîne, et destiné à pomper les sucs mielleux dont ces insectes, parvenus à l'état parfait, se nourrissent, ou au moins ceux qui prennent encore de la nourriture.

Les deux lames qui composent cet instrument, sont linéaires, convexes en dehors, concaves en dedans, finement dentelées sur les bords, et, par leur réunion, forment un cylindre creux qui constitue le suçoir dont il s'agit. Ces lames ne sont pas des mâchoires, mais sont, comme les deux premières soies de la *trompe* et du *bec*, des pièces préparées pour former ailleurs des mâchoires. Aussi leur support offre-t-il déjà deux petits palpes maxillaires, reconnaissables malgré leur petitesse. Ainsi, ce qu'on nomme la *langue* dans les *lépidoptères*, n'est qu'un suçoir nu; parce que la nature, sur le point de changer les fonctions de la bouche des insectes, a ici cessé de donner une gaîne au suçoir; et les pièces de ce suçoir, sur le point d'être transformées en mâchoires, sont déjà moins fines que dans les *aptères*, les *diptères* et les *hémiptères*.

Dans les *hyménoptères*, les entomologistes donnent encore le nom de *langue* [ou de *promuscide*] à la réunion des deux mâchoires avec la lèvre inférieure qu'elles embrassent, pour former une espèce de suçoir.

Conclusion : Il résulte de l'exposé de ces détails, que la nature n'a formé la bouche des insectes que sur un seul plan qu'elle a successivement établi; mais que ne pouvant instituer d'abord que des *suceurs*, elle a allongé et atténué les pièces qui entraient dans ce plan, afin de les approprier aux fonctions qu'elles devaient remplir; qu'ensuite, ses moyens s'étant graduellement accrus, elle a peu-à-peu modifié ces différentes pièces, les a raccourcies, élargies, et les a fortifiées selon leur emploi, de manière qu'avec les mêmes parties de ce plan, elle a fini par instituer la bouche des insectes broyeurs qui paraît si différente de celle des suceurs.

L'ordre dans lequel je viens de présenter ces détails, ainsi que celui que j'emploie dans ma distribution générale des insectes, me paraissent les seuls qui puissent donner une idée juste et claire des variations de la bouche des différens insectes, de l'ordre de ces variations, des vrais rapports entre ces nombreux animaux, enfin de la marche des opérations de la nature en les produisant.

Nota. On a donné improprement le nom de suçoir aux pièces essentielles de la trompe des *diptères*, du bec des *hémiptères* et de la langue des *lépidoptères*. Ce nom présente une fausse idée de la manière dont les sucs sont portés à la bouche et dans l'estomac. En effet, ce n'est point par une véritable succion que les insectes suceurs retirent le suc des plantes ou le sang des animaux qu'ils piquent; car ils ne peuvent aspirer l'air par leur bouche, mais seulement par leurs stigmates qui sont placés aux parties latérales de leur corps. Cependant, puisque ces insectes pompent réellement les sucs dont il s'agit, à l'aide de leur suçoir, on sent qu'ils peuvent suppléer la succion par un moyen mécanique, et c'est sans doute pour cela que leur suçoir est formé de plusieurs pièces. Ainsi, les filets du suçoir étant retirés de leur gaîne, et introduits ensemble dans la peau d'un animal ou dans le tissu d'une plante, se séparent et s'écartent un peu à leur extrémité pour permettre au liquide extravasé de se présenter à l'ouverture qu'ils y forment. Alors leurs extrémités se recourbent sous la petite masse de liquide qu'ils forcent d'entrer, et par une suite de rétrécissemens successifs, ils forment une ondulation courante, au moyen de laquelle le liquide est porté de l'extrémité à la base du suçoir, et de là dans l'estomac. La trompe ou langue bilamellaire des papillons n'agit que par le même mécanisme.

Reprenons maintenant la suite de la description des parties principales que l'on distingue à l'extérieur des insectes.

Les yeux.

Tous les insectes ont, dans l'état parfait, *deux yeux* placés à la partie antérieure et latérale de la tête. Ces yeux sont composés, c'est-à-dire, semblent formés d'une réunion de petits yeux lisses et simples, groupés ensemble, en deux masses séparées. Ils paraissent taillés à facettes ou former chacun un joli réseau.

Les yeux des insectes sont nus, sans paupière, sans

iris, convexes, sessiles, immobiles et recouverts d'une substance cornée, luisante et transparente.

Outre les deux yeux dont je viens de parler, on distingue très-bien avec une simple loupe, dans la plupart des insectes, tels que les *hémiptères*, les *diptères*, etc., deux ou trois points luisans et convexes, placés à la partie supérieure de la tête, qui représentent des espèces de petits yeux, et que les naturalistes ont en effet nommés *petits yeux lisses*.

On n'a pas encore de preuves certaines que ces points luisans soient de véritables yeux. Ils sont ordinairement placés en triangle, sur la partie supérieure et un peu postérieure de la tête. Les *coléoptères* en sont dépourvus.

Les antennes.

Les *antennes* [*antennæ*] sont des espèces de cornes mobiles, non rétractiles, articulées, plus ou moins longues, diversement conformées et qui naissent de la partie antérieure et latérale de la tête.

Tous les insectes parvenus à l'état parfait, sont munis d'*antennes*, et en ont constamment et uniquement deux.

Si l'on examine la structure des *antennes*, on verra que ces petites cornes mobiles sont composées d'un nombre variable d'articulations ou de petites pièces jointes bout à bout l'une à l'autre, qui communiquent ensemble intérieurement par une cavité commune que traverse le nerf qui y aboutit, et que ces articulations sont revêtues à l'extérieur d'une peau coriace, plus ou moins dure.

Il paraît que les *antennes* sont les principaux organes du tact des insectes, et que ces parties leur servent à tâter les corps qui pourraient se trouver devant eux et leur nuire, suppléant en cela au peu de perfection de l'organe de la vue de ces animaux.

Les *antennes* semblent avoir de grands rapports avec les tentacules des mollusques, comme les cornes des limaçons et des animaux à coquille univalve; mais les antennes des insectes sont articulées, c'est-à-dire, composées d'un nombre plus ou moins grand d'articles ou pièces distinctes, tandis que les tentacules ou cornes des limaçons et des autres mollusques sont d'une seule pièce. D'ailleurs les tentacules sont en général rétractiles, et les antennes ne le sont jamais.

Les *antennes* des insectes ressemblent à beaucoup d'égard aux palpes des mêmes animaux. Mais les premières s'insèrent sur la tête et hors de la bouche; au lieu que les seconds sont réellement des parties de la bouche des insectes ou qui en sont dépendantes d'après leur insertion constante, et vraisemblablement d'après leur usage.

Le sens général du *toucher* devant être fort émoussé et peut-être nul dans les insectes, à cause de leur peau cornée, j'ai pensé que les antennes pouvaient particulariser ce sens en le réduisant au point qui termine chacune d'elles, et où probablement leur peau est très-amincie et amollie. Cependant, comme tous les insectes ne portent pas constamment leurs antennes en avant lorsqu'ils marchent, au lieu de voir que cela peut tenir à des habitudes particulières qui les en dispensent, on a soupçonné qu'elles ne servaient point à tâter les corps et qu'elles pouvaient être l'organe de l'odorat. Il y aurait plus lieu de croire, avec M. *Duméril*, que le sens de l'odorat est placé à l'entrée des trachées, dans les stigmates, au moins dans ceux qui sont antérieurs.

Au reste, quel que soit l'usage des antennes, il paraît qu'elles ne sont pas absolument nécessaires à la vie de l'animal; puisque, si on les coupe ou s'il les perd par une cause quelconque, il ne paraît pas beaucoup souffrir de leur privation.

Les antennes ont souvent des formes singulières et bizarres : quelques-unes sont figurées en peigne, ou en aigrettes, ou en plumes, ou en panache. Celles des mâles diffèrent souvent beaucoup de celles des femelles, et c'est principalement dans les premiers qu'elles sont souvent moins simples.

On peut regarder les antennes comme une des parties extérieures des insectes les plus propres à fournir de bons caractères distinctifs, après celles de la bouche; car elles présentent des différences remarquables et peu sujettes à varier.

Le front.

C'est la partie antérieure et supérieure de la tête, celle qui occupe l'espace qui se trouve entre les yeux et la bouche. Cette partie a reçu, dans les scarabés, le nom de chaperon [*clypeus*], à cause de sa forme. On sait que dans ces insectes, cette pièce s'avance au-dessus de la bouche, et souvent la déborde en formant une espèce de bouclier aplati. Il ne faut pas confondre le chaperon avec la lèvre supérieure, puisque le premier est fixe et fait partie de la tête, tandis que la lèvre supérieure est une pièce mobile qui appartient à la bouche.

Le vertex.

C'est la partie tout-à-fait supérieure ou verticale de la tête, le lieu où se trouvent ordinairement les petits yeux lisses.

Le tronc.

Le *tronc* est cette partie moyenne de l'insecte parfait qui est terminée antérieurement par la tête et postérieurement par l'abdomen.

Il comprend le *corselet*, la *poitrine*, l'*écusson* et le *sternum*. Il est la seule partie qui porte les pieds dans les insectes parfaits, et qui soutienne les organes servant au vol.

On a donné le nom de *corselet* à la partie supérieure et dorsale du tronc, celle qui se trouve entre la tête et l'abdomen. Elle domine la poitrine où s'attachent les pattes. Le *corselet* est une pièce très-remarquable dans les *coléoptères*, les *orthoptères* et la plupart des *hémiptères*. Il fournit d'excellens caractères pour la distinction des espèces et quelquefois des genres, d'après la considération de sa forme, de sa substance, de sa surface et de ses côtés.

Quant à la *poitrine*, elle se divise en deux parties ; l'une antérieure qui donne attache à la première paire de pattes; et l'autre postérieure qui soutient les deux autres paires. Cette poitrine est la partie du tronc que domine le corselet.

On donne le nom d'*écusson* à une petite pièce triangulaire qui, dans la plupart des insectes à étuis, se trouve sur le dos, au milieu du bord postérieur du corselet, entre les deux élytres.

L'écusson se distingue facilement dans presque tous les *coléoptères*; sa consistance est la même que celle des élytres. Il est quelquefois si grand dans les punaises qu'il cache entièrement les ailes et qu'il recouvre tout le ventre.

On a aussi donné le nom d'écusson à la partie postérieure du corselet des *hyménoptères*, des *diptères*, etc., quoique ces insectes, qui n'ont point d'élytres, n'aient pas non plus cette pièce écailleuse et particulière qui porte le nom d'écusson dans les *coléoptères*.

On désigne sous le nom de *sternum*, la portion du milieu de la poitrine postérieure, celle qui se trouve entre les deux dernières paires de pattes.

Cette pièce est quelquefois terminée en arrière, en une pointe plus ou moins longue et aiguë, comme dans les *ditiques*, et en devant, en une pointe mousse assez avancée, comme dans la plupart des *cétoines*, des *buprestes*, etc.

On a encore varié dans la détermination de la partie que l'on doit considérer comme le *sternum* des insectes; car il y a des auteurs qui donnent ce nom à la portion des deux parties de la poitrine qui est intermédiaire aux pattes, c'est-à-dire, qui est située longitudinalement entre les six pattes.

Cependant toutes les fois que la partie intermédiaire et longitudinale de la poitrine offre quelque protubérance ou quelque pièce particulière saillante en avant ou en arrière, c'est toujours une pièce située dans l'intervalle qui sépare les quatre pattes postérieures, ou qui ne s'avance que médiocrement entre les deux pattes antérieures.

L'abdomen.

L'*abdomen*, ou le ventre, vient immédiatement après le tronc, c'est-à-dire, après le corselet et la poitrine, termine le corps postérieurement, et se trouve souvent caché sous les ailes de l'insecte. Il contient la plupart des viscères, et dans l'insecte parfait, il ne porte jamais les pattes. Il est composé d'anneaux ou de segmens transverses, dont le nombre varie. On voit de chaque côté de ces segmens de petites ouvertures nommées stigmates, et il s'en trouve aussi sur les parties latérales de la poitrine.

L'*anus*, qui est ordinairement placé à sa partie postérieure, renferme, dans presque tous les insectes, les parties de la génération.

L'abdomen est souvent terminé par des filets en forme de queue, ou par des appendices, ou enfin par un aiguillon quelquefois rétractile et caché dans l'extrémité de cette partie du corps. Cette queue ou ces appendices ne sont presque jamais communs aux deux sexes. Ces parties servent tantôt, à la femelle, soit de tarrière pour percer le bois ou le corps des animaux afin d'y déposer ses œufs, soit d'arme pour attaquer et se défendre, et tantôt, au mâle, de pince, pour accrocher sa femelle et faciliter l'accouplement.

Dans presque tous les coléoptères, l'abdomen a six anneaux ou segmens; il en a six ou sept dans les ichneumons, les abeilles, etc.; et huit ou neuf dans les libellules.

Les membres ou organes locomoteurs des insectes.

On divise les membres des insectes en pattes et en ailes : les premières servent à la locomotion sur les corps, et les secondes à celle dans l'air.

Les *pattes* : Quelles que soient les habitudes des insectes, des *pattes*, organes de locomotion sur les corps, leur sont nécessaires, pourvu qu'ils ne soient pas fixés. Aussi, tous les insectes parfaits ont six pattes composées de plusieurs pièces articulées.

Les principales pièces qu'on remarque aux pattes des insectes, sont la *hanche*, la *cuisse*, la *jambe* et le *tarse*.

La *hanche* est la pièce qui unit la patte au corps : elle est ordinairement très-courte, mais toujours assez distincte.

La *cuisse* forme la seconde et principale pièce de la patte. Elle est renflée dans quelques espèces d'insectes, et renferme des muscles assez forts pour faire exécuter un saut considérable à la plupart de ces animaux.

La *jambe* est la pièce qui suit et qui tient à la cuisse. Sa forme est ordinairement cylindrique, et souvent elle est armée de poils roides, de piquans ou de dentelures aiguës.

Enfin le *tarse* termine la jambe, et est composé de plusieurs pièces articulées les unes sur les autres. On y remarque une, ou deux, ou trois, ou quatre, ou cinq divisions qu'on nomme *articles*, et jamais un nombre plus considérable. Ces articles ne variant jamais dans leur nombre, et se trouvant constamment en même quantité dans tous les *coléoptères* de la même famille, fournissent un bon caractère pour la division de cet ordre, le plus nombreux de tous en sections et en genres.

Le dernier article des tarses est armé de deux ou de quatre crochets menus, mais très-forts. Indépendamment de ces crochets, on aperçoit encore sous les tarses de la plupart des insectes, des espèces de poils courts et très-serrés, que *Geoffroi* a comparés à de petites brosses ou pelottes spongieuses, qui soutiennent l'insecte et l'aident à se cramponner sur les corps, même sur ceux qui nous paraissent lisses et polis.

Les *ailes* : Ces organes locomoteurs dans l'air ne servent qu'aux insectes dont les habitudes ne les dispensent point du vol. Or, comme ces organes sont dans le plan d'organisation de tout insecte parfait, depuis les *diptères* jusqu'aux *coléoptères* inclusivement, tous ceux de ces insectes qui ont besoin de voler, acquièrent des ailes dans leur dernier âge; tandis que ces ailes avortent plus ou moins complétement dans les insectes de presque toutes les familles, lorsque les habitudes qu'ils ont prises les soustraient au besoin du vol.

Les organes dont il s'agit sont attachés à la partie postérieure et latérale du corselet, et sont au nombre de deux ou de quatre. Les ailes sont membraneuses, sèches, élastiques, et parsemées de veines qui forment quelquefois un joli réseau. Les supérieures, lorsqu'il y en a quatre, sont, ou simplement membraneuses, comme les inférieures, ou plus ou moins coriaces et différentes de celles-ci. On leur a donné le nom d'*élytre*, qui signifie étui, lorsqu'elles ont de la consistance, qu'elles sont plus coriaces ou plus cornées, qu'elles ne servent point à voler, et qu'elles font l'office d'étuis, en recouvrant et renfermant, avant l'action du vol, les ailes propres à cette action.

Les *élytres* sont dures, coriaces, et presque toujours opaques dans les coléoptères : elles sont demi-membraneuses dans les hémiptères et dans les orthoptères. Dans les pucerons et quelques cigales, les élytres sont peu différentes des ailes. Ce sont, en effet, des parties vivantes et organisées, qui, plus ou moins durcies, servent plus ou moins au vol.

Les *cuillerons* et les *balanciers* sont des parties saillantes qui semblent tenir quelque chose des organes du vol, et que l'on n'observe que dans les diptères.

Les cuillerons [*squamœ*] sont deux pièces convexes d'un côté, concaves de l'autre, qui ressemblent à de petites écailles ayant la forme de cuillers. Ces cuillerons sont placés un peu au-dessous de l'origine ou de l'attache des ailes, un de chaque côté. Ce ne sont peut-être que des ailes ébauchées ou commençantes, les insectes ailés devant en avoir naturellement quatre, quelles que soient la forme, la grandeur et la consistance de leurs ailes. Au reste, les cuillerons manquent dans certaines espèces, tandis que les autres du même ordre en sont munies.

Les balanciers [*halteres*] sont de petits filets mobiles, très-menus, plus ou moins allongés, et terminés par une espèce de bouton arrondi. Ils sont placés sous les cuillerons dans les espèces qui en sont pourvues, ou se trouvent à nu dans celles qui n'ont point de cuillerons.

Passons maintenant à la distribution des insectes, et aux divisions qu'il est nécessaire d'établir parmi eux.

Distribution des insectes.

Jusqu'ici, nous nous sommes occupé des *insectes* en

général, de leur définition, de leur organisation, de leurs singulières métamorphoses, de la source de leurs habitudes, enfin de leurs parties extérieures.

Maintenant il s'agit de les distribuer, de les diviser pour en faciliter l'étude, en un mot, de les distinguer les uns des autres.

Les *insectes*, si nombreux, si diversifiés dans leurs caractères, si élégans même et si variés dans leurs couleurs, enfin si singuliers dans leurs actions habituelles, ont tellement intéressé sous ces différens rapports, que, de tous les animaux, ce sont ceux qui ont été le plus observés, le plus étudiés, et sur lesquels les travaux des naturalistes se sont le plus exercés. Cependant, jusqu'à ce jour on a toujours varié dans la manière de les distribuer, de les diviser, d'établir leurs genres, et par conséquent dans les méthodes qui ont été successivement proposées pour les faire connaître et faciliter leur étude.

A la vérité, nos idées sont à-peu-près fixées maintenant sur le caractère général et essentiel des *insectes*, et sur le rang qu'il faut leur assigner parmi les autres classes du règne animal; mais cela ne suffit pas. Il faut encore établir parmi eux l'ordre le plus conforme à la loi des rapports, et à celle du perfectionnement croissant de l'organisation; ensuite, sans intervertir cet ordre, il faut diviser et sous-diviser leur série de manière qu'à l'aide d'une méthode en quelque sorte simple et fondée sur des caractères faciles à saisir, l'on puisse arriver presque sans obstacle jusqu'aux espèces.

Tel est le problème à résoudre pour toutes les parties de l'histoire naturelle; et, dans les insectes, c'est celui qui exige le plus de mesure et de discernement dans l'emploi des considérations, et qui, par là même présente le plus de difficultés.

A l'égard des *insectes*, il paraît que les *entomologistes* se sont en général plus occupés de l'art d'accroître et d'étendre les distinctions, que de l'importance de conserver à la méthode la clarté et la facilité qui peuvent seules la rendre utile, et surtout de celle de conserver à la série, la plus grande conformité avec le plan des opérations de la nature.

Ceux qui, dans l'art des distinctions, se sont occupés de la formation des genres, n'ont eu presqu'aucun égard à ce qu'exige la philosophie de la science, et ne se sont nullement mis en peine de s'assujétir à aucune règle, ni à mettre de la mesure dans leur travail. Ils n'ont vu que de petites divisions à multiplier tant qu'ils en trouveraient la possibilité, et qu'une immense nomenclature à étendre. Cet abus de l'une des plus importantes parties de l'art, ne cessera probablement que lorsque la science sera tellement encombrée qu'il ne sera plus possible d'y pénétrer, et qu'il faudra consacrer sa vie entière à étudier la stérile nomenclature des objets.

Parmi les insectes, la détermination des ordres n'a pas heureusement subi autant d'écarts inconsidérés que la formation des genres; mais on n'est point d'accord sur les principes qui doivent diriger dans cette détermination.

Dans les premières distributions, les divisions qui forment les ordres ont été fondées sur la considération des *ailes*, soit quant à leur présence, leur nombre et les caractères qu'elles offrent, soit quant à leur absence. Ainsi les caractères si importans de la bouche ne furent nullement considérés et cédèrent leur prééminence aux organes si variables de la locomotion dans l'air.

Les combinaisons arbitraires que cette considération a permises, ont donné lieu à différens systèmes de distribution à l'égard des insectes, dans lesquels la loi des rapports fut évidemment compromise.

En effet, *Linné*, dans sa distribution des insectes, fonda, uniquement sur la considération des ailes, le caractère de presque tous les ordres. Il en établit sept, qu'il distribua de la manière suivante ; savoir :

1. Les coléoptères ;
2. Les hémiptères ;
3. Les lépidoptères ;
4. Les névroptères ;
5. Les hyménoptères ;
6. Les diptères ;
7. Les aptères.

Dans cette distribution, les insectes *suceurs*, qui ne prennent que des alimens liquides, sont mélangés parmi les insectes *broyeurs* dont les habitudes sont très-différentes ; les orthoptères sont confondus avec les hémiptères, malgré les différences de leur bouche ; enfin, les aptères embrassent les arachnides et les crustacés, ce qui a été imité par presque tous les auteurs qui ont écrit depuis.

Je ne développerai point ce système, ni ceux des auteurs les plus célèbres en entomologie, parce que ces systèmes sont bien connus. Je vais donc passer de suite à la méthode que j'emploie dans cet ouvrage.

Méthode employée dans cet ouvrage.

La méthode dont il est ici question est la même qu celle que je me suis formée depuis long-temps, et que je suis constamment dans mes cours, parce qu'elle me paraît la plus convenable, et qu'elle conserve mieux qu'aucune autre les rapports généraux entre les insectes.

Je la suivrai dans un sens inverse de celui dans lequel elle a d'abord été présentée ; parce que, pour me conformer à l'ordre de la nature, je dois parcourir l'échelle animale en avançant du plus simple au plus composé.

Avant d'exposer le principe qui m'a guidé dans la disposition des ordres, il convient de présenter les considérations suivantes.

Les ordres des insectes, considérés chacun particulièrement, sont très-naturels, c'est-à-dire, embrassent des animaux convenablement rapprochés d'après leurs rapports; aussi ces ordres ont-ils maintenant l'assentiment de tous les entomologistes. En effet, aucun entomologiste ne pense à détruire l'ordre, soit des *diptères*, soit des *lépidoptères*, etc.; et ce n'est que dans la disposition de ces ordres entr'eux que l'opinion des naturalistes offre des variations arbitraires.

Puisque, comme je l'ai dit, la cause de ces variations d'opinion réside dans la question de savoir si la considération de la *métamorphose* doit l'emporter en valeur sur celle des *parties de la bouche* des insectes; examinons s'il y a des moyens de résoudre cette question sans arbitraire et sans employer le prestige de l'autorité.

Je remarque d'abord que les ordres reconnus parmi

les insectes sont naturels; et que le caractère le plus général de chaque ordre, celui qui est le moins susceptible de changer de nature, malgré ses modifications dans les espèces, doit être considéré comme le plus important, puisque c'est celui qui change le moins et qui caractérise le mieux cet ordre.

Or, il est évident que, dans les insectes, les caractères tirés des *parties de la bouche* ne changent point de nature dans les ordres, quoiqu'ils y offrent diverses modifications selon les genres.

Assurément, la même chose n'a point lieu à l'égard des caractères empruntés de la *métamorphose*; car, non-seulement la métamorphose des insectes change de nature dans le cours de leur classe, mais en outre, elle en change encore dans le cours de plusieurs ordres, même des plus naturels.

Dans les *diptères*, la famille des *tipulaires* qui comprend les cousins, etc., est fort différente par la métamorphose, de celle des *muscides*, etc. Dans les *névroptères*, des différences dans la métamorphose sont plus grandes encore entre les insectes de plusieurs familles, comme le prouvent la métamorphose des *libellules* comparée à celle des *myrméléons*, et celle des *hémérobins* comparés entr'eux. Il y en a même de très-remarquables dans les *hyménoptères*.

Puisqu'il en est ainsi; puisque la métamorphose est variable, même dans les ordres qui sont des assemblages très-naturels; puisqu'enfin les caractères généraux tirés des parties de la bouche ne sont point dans le même cas, et que nous verrons que ces parties présentent une gradation et une nuance presqu'insensible dans leur changement de nature, ce qui s'accorde avec l'ordre dans lequel la nature procède ; j'en ai conclu, contre l'opinion de *Degeer*, d'*Olivier* et même de M. *Latreille*, que pour caractériser les ordres et les disposer entr'eux, la considération des *parties de la bouche* devait avoir une grande prééminence sur celle de la *métamorphose*.

Ainsi, dans ma méthode, les *insectes* sont distribués en huit ordres qui sont presque les mêmes que ceux de MM. *Olivier* et *Latreille* ; mais ces ordres sont caractérisés et rangés d'après la considération des parties de la bouche ; en sorte qu'ici (et je le pense pour la première fois) le caractère tiré des ailes n'est joint à celui de la bouche que comme auxiliaire.

Il est en effet nécessaire de n'employer la considération des ailes que comme secondaire ; car l'on sait que, dans tous les ordres, les ailes des insectes sont sujettes à divers avortemens. Or, comme ces avortemens sont plus fréquens, et surtout plus complets que ceux qui s'observent dans les parties de la bouche, le caractère des ailes est donc moins certain.

D'après ces considérations, dont il sera difficile de contester la valeur et le fondement, la distribution des insectes que je vais présenter n'offrira, dans les quatre premiers ordres, que des *insectes suceurs*, que ceux qui ne prennent que des alimens liquides, et qui les prennent à l'aide d'un suçoir, tantôt muni d'une gaîne, tantôt tout-à-fait nu.

Or, j'observe que c'est imiter la nature et se conformer à sa marche, que de commencer la classe par les *insectes suceurs*; car, cette classe venant après celle des *vers* ou des *épizoaires* qui sont pareillement des *suceurs*, les mutations sont moins grandes, et la transition est évidemment plus naturelle.

Mais, si la première moitié des insectes n'offre que des animaux suceurs, que ceux qui, à la manière des *vers* et des *épizoaires*, ne vivent que de liquides, nous verrons que la seconde moitié des insectes (surtout ceux des trois derniers ordres) nous présentera des animaux plus avancés en moyens, capables de prendre des alimens solides, en un mot, des animaux broyeurs ou rongeurs, et qui ont des mâchoires appropriées à cet usage. Nous remarquerons même que c'est vers le milieu de la série des insectes que se présentent les premières mandibules utiles, c'est-à-dire, les premières mâchoires coupantes ou broyantes qu'on ait rencontrées dans le règne animal, en remontant la chaîne que forment les animaux.

D'après cet exposé, l'on voit que les premiers insectes broyeurs [les hyménoptères] présentent des animaux en partie broyeurs et en partie suceurs; puisqu'ils ont déjà des mandibules broyantes, et qu'ils offrent en outre une espèce de trompe formée par des mâchoires encore allongées, qui se réunissent avec la lèvre inférieure.

Ainsi, depuis les diptères jusqu'aux hyménoptères inclusivement, les mâchoires très-allongées, souvent même sétacées et méconnaissables, concourent à la formation du suçoir; mais elles commencent à se raccourcir dans les hyménoptères, et après, on les reconnaît facilement pour ce qu'elles sont.

Les *hyménoptères*, placés vers le milieu de la classe,

présentent donc une transition naturelle des insectes *suceurs* aux insectes *broyeurs*.

Voici l'exposé des huit ordres qui partagent la classe des insectes, et qui, par leur disposition, les distribuent conformément à la marche de la nature.

DISTRIBUTION ET DIVISION DES INSECTES.

[*A*] INSECTES SUCEURS.

Leur bouche offre un suçoir muni ou dépourvu de gaîne.

I.er Ordre. — Les Aptères.

Bec bivalve, à pièces articulées, servant de gaîne à un suçoir.

Jamais d'ailes, ni de balanciers dans les 2 sexes.

II.e Ordre. — Les Diptères.

Deux valves labiales ou une seule sans articulation, imitant, soit un bec à pièces rapprochées ou écartées, soit une trompe, et servant de gaîne à un suçoir.

Deux ailes découvertes, nues, membraneuses, veinées ou plissées. 2 balanciers dans la plupart.

III.e Ordre. — Les Hémiptères.

Bec univalve, aigu, articulé, recourbé sous la poitrine, servant de gaîne à un suçoir.

Deux ailes croisées sous des élytres molles, demi-membraneuses, quelquefois transparentes comme les ailes.

IV.e Ordre. — Les Lépidoptères.

Suçoir nu, de deux pièces, imitant une trompe filiforme, roulée en spirale dans l'inaction.

Quatre ailes membraneuses, recouvertes d'une poussière écailleuse, peu adhérente.

[B] INSECTES BROYEURS.

Leur bouche offre des mandibules utiles, broyantes ou coupantes.

V.e Ordre. — Les Hyménoptères.

Deux mandibules broyantes ou coupantes, et une espèce de trompe formée de la réunion de plusieurs pièces.

Quatre ailes nues, membraneuses, veinées, quelquefois plissées, inégales.

VI.e Ordre. — Les Névroptères.

Deux mandibules et deux mâchoires pour prendre et modifier des alimens concrets.

Quatre ailes nues, membraneuses, réticulées.

VII.e Ordre. — Les Orthoptères.

Deux mandibules, deux mâchoires, et dans la plupart deux galettes.

Deux ailes droites, plus ou moins plissées longitudinalement, et recouvertes par des élytres molles, presque membraneuses.

VIII.e ORDRE. — LES COLÉOPTÈRES.

Deux mandibules et deux mâchoires.

Deux ailes plus ou moins plissées, pliées transversalement, et cachées sous des élytres dures et coriaces.

Telle est, selon moi, la distribution la plus convenable qu'il faut établir parmi les différens ordres des insectes. J'y tiens fortement, parce qu'elle est conforme à la marche de la nature, qu'elle montre les modifications graduelles des instrumens de la bouche pour transformer les insectes suceurs en insectes rongeurs ou broyeurs, et qu'elle conserve, mieux qu'aucune autre, les rapports, relativement à la manière de vivre et de se nourrir de ces animaux.

Maintenant, je vais passer successivement à l'exposition de chaque ordre, des familles que les ordres embrassent, des genres les plus importans qui se rapportent à ces familles; et sous chaque genre je citerai seulement quelques espèces pour exemple.

Mais pour pénétrer avec sûreté dans les détails qui concernent ces différentes sortes de divisions, j'ai senti que je devais consulter et mettre partout à contribution les savans ouvrages de M. *Latreille*. J'ai effectivement admis dans chaque ordre ses principales divisions, et j'ai pareillement admis un grand nombre des genres qu'il a institués.

Partout, ici, l'on trouvera les coupes formées par M. *Latreille*, ainsi que les caractères qu'il leur a assignés;

et lorsque, pour ménager les divisions génériques et la multiplicité des noms, j'ai réuni dans mes genres plusieurs des siens, mes cadres néanmoins lui appartiennent ; en sorte qu'en divisant ces cadres, quels qu'ils soient, il sera toujours facile d'y retrouver les divisions et les coupes génériques qu'il a établies.

Dans les changemens que j'ai faits à cet égard, je n'ai eu pour but que celui de simplifier la méthode, et de la rendre d'un usage plus facile.

ORDRE PREMIER.

LES APTÈRES.

Gaîne bivalve, à pièces articulées, renfermant un suçoir. Corps écailleux, à corselet non distinct. Point d'ailes, ni de balanciers dans les deux sexes.

Le premier ordre des insectes doit comprendre les animaux les plus imparfaits de la classe ; et, en effet, ceux que j'y rapporte me paraissent tout-à-fait dans ce cas. Leur larve est du nombre de celles qui sont les plus simples ; et, dans les deux sexes, les insectes parfaits n'ont jamais d'ailes, non parce qu'elles sont avortées, mais parce que la nature n'a pas encore eu les moyens de les en pourvoir.

Ces animaux sont des insectes, puisqu'ils subissent des

métamorphoses, et je leur ai donné le nom d'*aptères*, parce qu'ils le sont essentiellement.

Une gaîne bivalve, dont les pièces sont articulées, constitue le caractère très-particulier des animaux de cet ordre. En effet, aucun autre insecte connu n'offre un caractère semblable.

Ainsi, les *aptères* ne sont point caractérisés par leur défaut d'ailes; car dans presque tous les autres ordres, l'on connaît des insectes qui, par avortement, n'ont point d'ailes, et sont alors aptères; mais ils le sont parce que, parmi les suceurs, ce sont les seuls qui aient une gaîne bivalve articulée, renfermant le suçoir. Comme ils forment une sorte de transition à la première famille des diptères, qui comprend des insectes dont le bec est pareillement une gaîne bivalve, mais inarticulée, leur rang est convenablement déterminé à l'entrée de la classe.

Voici le seul genre connu que je rapporte à cet ordre.

PUCE. (Pulex).

Deux antennes courtes, filiformes, à quatre articles. Bec en forme de trompe, recourbé vers la poitrine, composé de deux valves triarticulées, formant une gaîne qui enveloppe un suçoir de deux soies. Deux écailles ovales à la base du bec.

Corps ovale, un peu comprimé, écailleux : les pattes postérieures plus longues, propres à sauter.

Larve vermiforme, apode, hispide, munie de deux petites épines à la queue.

Antennæ duæ, breves, quadriarticulatæ. Rostrum proboscidiforme, sub pectore inflexum, bivalve : valvis triarticulatis. Haustellum bisetosum. Squamulæ duæ ad originem rostri.

Larva vermiformis, apoda, hispida : spinulis duabus ad caudam.

OBSERVATIONS.

On voit par cet exposé que la *puce* offre des caractères tellement particuliers que quand même cet insecte acquérerait des ailes, on ne pourrait le rapporter convenablement à aucun des ordres reconnus dans la classe.

Effectivement, tous les entomologistes conviennent que ce genre doit constituer un ordre séparé. Ce fut le sentiment de *Degeer*; c'est aussi celui de M. *Latreille*.

La puce tient beaucoup aux *diptères* par la métamorphose; car sa larve est apode, et sa nymphe inactive est renfermée dans une coque; mais son bec en forme de trompe, est éminemment articulé, et rien de semblable ne se montre dans les diptères.

La considération des articulations du bec de la *puce* a paru à plusieurs entomologistes, la rapprocher des hémiptères. Mais un bec bivalve ne se rencontre dans aucun hémiptère, et la métamorphose d'ailleurs est très-différente.

ESPÈCES.

1. Puce ordinaire. *Pulex irritans.*

P. ater, rostro corpore breviore.
Pulex irritans. Lin.

Geoffr. ins. 2. p. 616. n.° 1. tab. 20. f. 4.
Fabric. ins. 4. p. 209. n.° 1.
Habite en Europe, parasite de l'homme et de plusieurs mammifères. Le mâle est plus petit que la femelle. La force de la puce est très-remarquable.

2. Puce à bande. *Pulex fasciatus.*

P. ater, setis in annulum digestis fasciatus; rostro corpore breviore.
P. fasciatus. Bosc. bullet. des sc. n.° 44. p. 156.
Habite en Europe, sur la taupe, le rat, le lérot (*myoxus nitela.* l.). Sa bande de soies, très-serrées et très-noires, est à la partie supérieure du second anneau, sur le *vertex.*

3. Puce pénétrante. *Pulex penetrans.*

P. minimus, vix saltatorius; rostro corporis longitudine.
Pulex penetrans. Lin. Fabr. ibid. n.° 2.
La chique.
Catesb. Carol. 3. t. 10. f. 3.
Habite l'Amérique méridionale. Elle s'insinue sous la peau et dans la chair des pieds de l'homme, et cause des douleurs insupportables. Elle attaque aussi les singes, les chiens, etc.

ORDRE DEUXIÈME.

LES DIPTÈRES.

Deux valves labiales ou une seule sans articulation, imitant, soit un bec à pièces rapprochées ou écartées, soit une trompe inarticulée, et servant de gaîne à un suçoir; deux palpes à la base de la gaîne dans un grand nombre.

Deux ailes découvertes, nues, membraneuses, veinées, quelquefois plissées en rayons. Deux balanciers dans la plupart. Larve apode. Nymphe le plus souvent inactive et dans une coque [chrysalide].

OBSERVATIONS.

En suivant la progression dans le perfectionnement de l'organisation des *insectes*, on voit que les *diptères* doivent constituer le second ordre de la classe, parce que ce sont les premiers insectes qui offrent un corselet distinct de la tête et de l'abdomen, caractère qui distingue la grande généralité des insectes, et que ceux du premier ordre ne nous ont pas encore présenté.

Ce sont aussi ceux qui, après les aptères, offrent le moins de parties pour la locomotion; puisqu'ils n'ont que deux ailes, et qu'après eux tous les autres insectes en ont ou en doivent avoir quatre, soit toutes les quatre servant au vol, soit seulement les deux inférieures.

Les avortemens n'apportent aucune exception à cette règle générale; on a des preuves que ceux que l'on observe dans presque tous les ordres de cette classe, ainsi que je l'ai dit, ne sont que des parties qui manquent comme les sexes dans les neutres, et comme les ailes ou une partie des ailes dans ceux qui doivent en avoir, et qui ne manquent que parce qu'elles n'ont pu se développer. Il suffit que l'on soit fondé à reconnaître que ce n'est point par avortement que les *aptères* manquent d'ailes, et que les *diptères* n'en ont que deux.

Il est si vrai qu'après les aptères, les *diptères* sont les insectes les moins avancés ou perfectionnés, qu'ils sont des suceurs dans leur premier comme dans leur dernier état, et que leur larve est entièrement dépourvue de pattes. Elle ressemble à un ver, et lorsqu'on ne la connaît point, il faut attendre sa métamorphose pour reconnaître qu'elle n'est réellement point un ver. Enfin, comme la dernière famille des *diptères* doit être un peu plus avancée en développement d'organes, on trouve dans les larves des insectes de cette famille [les tipulaires], des élémens fort imparfaits de pattes ébauchées, en quelque sorte de fausses pattes.

Les *diptères*, étant des premiers insectes, font nécessairement partie de ceux dont la bouche n'est propre qu'à pomper quelque liquide, et manque d'instrumens pour broyer ou ronger des alimens concrets. Leur bouche doit donc présenter un suçoir, et, dans les insectes suceurs, ce suçoir ne saurait être d'une seule pièce, quoiqu'il paraisse quelquefois n'en avoir qu'une.

Il importe de considérer que les premiers insectes étant les moins parfaits, les moins avancés en développement de parties, leur bouche ne fait que commencer le plan de la bouche compliquée du plus grand nombre des insectes, et qu'elle n'offre encore que quelques pièces préparées pour former par la suite la bouche des insectes broyeurs. Dans les *aptères*, les deux valves de la trompe sont des pièces qui ailleurs formeront la lèvre inférieure, comme les deux soies du suçoir formeront des mâchoires dans d'autres insectes. Aucune pièce n'y existe donc encore pour former des mandibules.

Dans les *diptères*, la première et la deuxième famille sont encore dans le cas des aptères; deux valves sont aussi des pièces préparées pour une lèvre inférieure, et ensuite elles se réuniront pour former une gaîne univalve. En effet, la trompe univalve des autres *diptères* n'est que la réunion des deux valves des premiers insectes. Quant au suçoir des *diptères*, il est, dans les coriaces et les muscides, de deux pièces seulement, soit réunies, soit distinctes. Ce n'est que dans les syrphies qu'il commence à offrir quatre pièces; et alors deux de ces pièces sont préparées pour devenir des mâchoires, et les deux autres pourront ailleurs former des mandibules.

Ainsi, l'on voit une gradation évidente dans le nombre et le développement des parties qui doivent former la bouche des insectes en général.

En conséquence, après les coriaces et les rhipidoptères, la bouche des *diptères* offre un suçoir, d'abord de deux pièces, réunies ou distinctes, ensuite de quatre pièces, plus loin de cinq ou six; et ce suçoir se renferme toujours dans la rainure d'une gaîne non articulée qui constitue leur trompe. Cette gaîne, qui forme la trompe des diptères, et qui, dans les hémiptères, formera leur bec, est une pièce préparée pour devenir une lèvre inférieure dans les insectes broyeurs.

On peut regarder l'ordre des *diptères* comme un de ceux qui sont les plus naturels et les mieux caractérisés parmi les insectes; car cet ordre est fortement distingué de tous les autres tant par la bouche que par les ailes des insectes qui le composent.

Ainsi que dans les aptères, la métamorphose des *diptères* est de la première sorte, c'est-à-dire, de celle que je nomme *générale*. Leurs larves, en effet, ne présentent aucune des parties que doit avoir l'insecte parfait, et leur première transformation les réduit en chrysalides. Mais, dans cet ordre même, les caractères de la métamorphose commencent déjà à offrir des modifications ; puisque dans un grand nombre d'entr'eux la chrysalide est roide, un peu dure même, opaque, tout-à-fait inactive; tandis que dans d'autres, quoique pareillement inactive, elle montre quelques parties de l'insecte parfait; et que, dans d'autres encore, elle est véritablement active. La chrysalide des *diptères* est donc tantôt roide, tantôt molle, selon les races, et néanmoins ne cesse point d'appartenir à la métamorphose générale, la plus grande de toutes.

Les *diptères* diffèrent de tous les autres insectes, en ce qu'ils n'ont que deux ailes, sans que ce soient les suites d'aucun avortement, et ces ailes sont nues, membraneuses, veinées, étendues, jamais cachées sous des élytres.

Outre ces deux ailes, on remarque encore, dans la plupart, deux petites pièces mobiles, consistant chacune en un petit filet terminé par un bouton arrondi. Ces pièces sont placées un peu au-dessous de l'origine des ailes, et semblent tenir lieu des deux autres ailes qui manquent. On a donné à ces pièces le nom de balanciers [*halteres*], comme si elles servaient aux mêmes usages que les balanciers des danseurs de corde.

Indépendamment des ailes et des balanciers, beaucoup de *diptères* sont encore pourvus de deux autres petites pièces minces, membraneuses, élargies, en forme de cuiller. Ces pièces, non mobiles, sont placées au-dessus des balanciers qu'elles cachent entièrement ou en partie. On leur a donné le nom de *cuillerons* [*squamulæ*], à cause de leur forme. La plupart des cuillerons ressemblent chacun au commencement d'une aile qui aurait été tronquée près du corselet.

La bouche des *diptères* est, en général, une trompe univalve, jamais articulée, et dont la figure varie dans les différens genres. Cette trompe, dont les bords sont relevés en dessus, est comme creusée en gouttière à sa partie supérieure, et sert de gaîne à un suçoir composé de deux à six filets très-déliés, que l'insecte plonge dans la peau des animaux, dans les fleurs, ou dans le tissu des plantes, pour en sucer les liquides qui peuvent le nourrir. Elle est tantôt droite, tantôt coudée, tantôt plus ou moins rétractile, et a souvent son extrémité élargie, bifide, comme bilabiée.

La tête des *diptères* est munie de deux antennes, ordinairement fort courtes et composées de quelques articles peu distincts. Les deux yeux à réseau de ces insectes sont très-grands et occupent la majeure partie de la tête. Outre ces grands yeux, on voit encore dans la plupart des diptères deux ou trois petits yeux lisses, placés au sommet de la tête.

Le corselet est grand, plus ou moins arrondi, et souvent terminé par une espèce d'écusson qui y adhère. Antérieurement, il est séparé de la tête par un petit étranglement, et à sa partie postérieure les deux ailes sont attachées un peu latéralement.

L'abdomen est ordinairement conique, plus ou moins allongé, composé de plusieurs anneaux distincts.

Enfin, la larve des *diptères* est une espèce de ver mou, sans pattes, et dont la tête n'est point écailleuse.

Comme les *diptères* sont très-diversifiés et offrent des races extrêmement nombreuses, j'ai dû, pour distribuer et diviser convenablement ces insectes, non seulement consulter les ouvrages de M. *Latreille*, mais lui emprunter même la plupart des caractères qu'il assigne à ses différentes coupes parmi ces animaux. Néanmoins, pour conserver la simplicité de la méthode, je me suis efforcé de réduire le nombre des coupes, et surtout celui des genres, partout où j'ai cru pouvoir le faire.

En conséquence, je partage les *diptères* en neuf familles de la manière suivante.

DIVISION DES DIPTÈRES.

I.ère Section. *Deux valves distinctes, inarticulées, soit rapprochées en forme de bec, et servant de gaîne à un suçoir, soit écartées, et sans suçoir apparent.*

Les coriaces.
Les rhipidoptères.

II.e Section. *Une seule valve inarticulée, conformée en trompe, et renfermant un suçoir dans une gouttière de sa partie supérieure.*

* Trompe entièrement retirée dans l'inaction, quelquefois jamais apparente.

Les muscides.

Les syrphies.

Les stratiomides.

** Trompe toujours saillante, soit entièrement, soit en partie.

§ *Trois articles aux antennes, dont le dernier est quelquefois annelé.*

(1) Trompe coudée; suçoir de deux soies.

Les conopsaires.

(2) Trompe non coudée; suçoir de quatre à six soies.

+ Point de grandes lèvres à la trompe, et le 3.e article des antennes jamais annelé.

Les bombyliers.

++ Deux grandes lèvres à la trompe, ou le 3.e article des antennes annelé.

Les tabaniens.

§§ *Six articles ou davantage aux antennes.*

Les tipulaires.

PREMIÈRE SECTION.

Deux valves distinctes, inarticulées, soit rapprochées en forme de bec et renfermant un suçoir, soit écartées et sans suçoir apparent.

Cette section embrasse deux familles très-distinctes, presqu'isolées, peu nombreuses en races connues, et auxquelles se rapportent des insectes suceurs, tous parasites, soit hœmatophages, soit carnassiers : ces familles sont les deux suivantes : les *coriaces* et les *rhipidoptères*.

LES CORIACES.

Deux valves inarticulées, rapprochées en forme de bec, et servant de gaîne à un suçoir.

Insectes hœmatophages, les uns aptères, les autres munis de deux ailes. Point de balanciers dans la plupart. Larves apodes.

OBSERVATIONS.

Les *coriaces*, ainsi nommés par M. *Latreille*, parce que la peau de leur corps paraît seulement coriace, tiennent de très-près aux aptères par l'imperfection ou le peu de développement de la plupart de leurs organes, et par la gaîne bivalve qui contient leur suçoir. Ces insectes, la plupart encore aptères, ont des yeux souvent peu distincts, des antennes presqu'obsolètes, constituées chacune par un petit tubercule inarticulé, velu ou sétifère, et en général manquent de balanciers. Leur corselet se distingue à peine de leur tête.

La famille des *coriaces* est encore peu nombreuse en races connues. Elle a été formée aux dépens du genre *hippobosca* de Linné, et d'une espèce de son genre, *pediculus*. Les insectes de cette famille sont parasites des mammifères et des oiseaux. Je les divise en trois genres, qui sont les suivans.

NYCTÉRIBIE. (Nycteribia.)

Antennes très-petites, constituées chacune par un tubercule subovale et sétigère, et insérées antérieurement près du bord interne des yeux.

Bec bivalve, renfermant un suçoir. Tête confondue avec le corselet. Point d'ailes; point de balanciers.

Métamorphose inconnue, cachée.

Antennœ minimœ, è tuberculo subovato immerso et setigero constantes, anticè ad oculorum marginem internum insertœ.

Rostrum bivalve, inarticulatum, haustellum includens. Caput cum trunco coalitum. Alœ et halteres nullœ.

Metamorphosis ignota, abscondita.

OBSERVATIONS.

Les *nyctéribies*, rapportées au genre *pediculus* par Linné, et à celui de l'hippobosque par Voigt, constituent un genre très-distinct, établi par M. *Latreille*. Or, ce genre paraît devoir être compris parmi les diptères, quoique les insectes qui s'y rapportent n'aient jamais d'ailes, parce que leur bouche offre les caractères des autres coriaces.

Il y aurait lieu de croire qu'ils ne subissent aucune métamorphose, si des observations de Réaumur ne nous apprenaient, d'après l'hippobosque du cheval, que la métamorphose peut s'exécuter dans l'œuf même.

On doit regarder les *nyctéribies* comme des insectes très-imparfaits. Elles n'ont ni ailes, ni balanciers, ni cuillerons, et n'ont que des yeux peu distincts. Leur corps est brun, velu, et a l'aspect d'une araignée, à cause des pattes longues et arquées dont il est muni. Ces pattes sont au nombre de six.

ESPÈCE.

1. Nyctéribie d'Europe. *Nycteribia vespertilionis.* Latr.

Pediculus vespertilionis. Lin.
Acarus vespertilionis. Gmel.
Nyct. vespertilionis. Act. Soc. Linn. vol. XI. p. 11. t. 3. f. 5—6.

Habite sur les chauves-souris de nos climats.

M. *Latreille* en possède une autre espèce de l'Inde. M. *Olivier*, sous le nom de *nyctéribie biarticulée*, en cite une autre qui se trouve sur la chauve-souris fer à cheval. Encycl. p. 400.

MÉLOPHAGE. (Melophagus.)

Antennes constituées chacune par un tubercule inarticulé, sétifère. Valves du bec plus longues que la tête. Les yeux peu distincts. Point d'ailes.

Antennæ perparvæ, tuberculo setifero constantes. Rostrum valvis capite longioribus. Oculi vix distincti. Alæ nullæ.

OBSERVATIONS.

Les *mélophages* ont tant de rapports avec les hippobosques que Linné ne les en a point séparés. Nous suivrons cependant M. Latreille en adoptant ce genre, parce que ces insectes semblent faire la transition des nyctéribies aux hippobosques. Ils sont encore fort imparfaits, puisque leurs yeux sont peu distincts, et qu'ils n'ont point d'ailes.

Voici la seule espèce connue de ce genre.

ESPECE.

1. Mélophage des moutons. *Melophagus ovinus.* Latr.

M. capite thorace pedibusque ferrugineis.

Hippobosca ovina. Lin.

Cet insecte se tient caché dans la laine des moutons. Il est de couleur rougeâtre, et habite en Europe.

HIPPOBOSQUE. (Hippobosca.)

Antennes courtes, tuberculiformes, reçues dans des fossettes; à tubercule, soit velu, soit muni d'une soie dorsale.

Bec avancé, bivalve; à suçoir de deux soies réunies. Les yeux très-distincts.

Deux ailes horizontales.

Antennæ breves, tuberculiformes, in fossulis insertæ; tuberculo hirsuto, vel setigero.

Rostrum bivalve, productum; haustello setis duabus coalitis composito. Oculi distinctissimi.

Alæ duæ horisontales.

OBSERVATIONS.

Les *hippobosques* ont, comme les insectes des genres précédens, le corps aplati, couvert d'une peau coriace. Leur tête petite, leur corselet court, leur abdomen plat, arrondi ou ovale, et leurs pattes étalées leur donnent une apparence d'araignée; ce qui les a fait nommer vulgairement *mouches-araignées*. Elles ont deux ailes horizontales, un peu croisées, plus longues que l'abdomen. Les hippobosques de M. *Latreille* manquent de petits yeux lisses; ses ornithomyes en sont presque toutes pourvues; celles-ci se trouvent sur les oiseaux.

Notre genre hippobosque n'est qu'un démembrement du genre *hippobosca* de Linné, et n'en comprend que les espèces qui ont des ailes. Nous n'en connaissons encore qu'un petit nombre.

ESPÈCES.

1. Hippobosque du cheval. *Hippobosca equina.*

H. antennarum tuberculo setâ dorsali instructo; ocellis nullis.
Hippobosca equina. Lin. Fab. Latr.
Degeer. mém. 6. pl. 16. f. 1—20.
Panz. faun. ins. fasc. 7. tab. 23.
Habite en Europe, et attaque les chevaux avec obstination. Elle est brune, à corselet varié de jaune et de blanc. Selon Réaumur, la femelle pond une véritable nymphe au lieu d'un œuf.

2. Hippobosque de l'hirondelle. *Hippobosca hirundinis.*

H. antennarum tuberculo hirsuto; ocellis distinctis; corpore flavescente; aliis apice acutis.
Hippobosca hirundinis. Lin.
Ornithomya hirundinis. Lat.
(B.) *var. ocellis subnullis.* Panz. faun. ins. fasc. 7. t. 24.
Habite en Europe, dans les nids des hirondelles.

3. Hippobosque verte. *Hippobosca viridis.*

H. corpore virescente; thorace suprà nigro; alis subovalibus.
Hippobosca avicularia. Fab.
Ornithomya viridis. Latr. hist. nat. des crust. et des ins. vol. 14. p. 402. tab. 110. f. 9.
Habite en Europe, sur différens oiseaux.

4. Hippobosque australe. *Hippobosca australasiæ.*

H. fusca ; alis magnis subovatis ; proboscide brevissimâ ; ocellis distinctis.

Hippobosca australasiæ. Fab. syst. antl. p. 337.

Ornithomya australasiæ. Latr.

Habite les îles de l'océan austral, l'Ile de France. Elle est grande et a un peu plus de six lignes de longueur, depuis la tête jusqu'au bout des ailes.

LES RHIPIDOPTÈRES.

Deux valves labiales, maxilliformes, linéaires, très-étroites, croisées, ayant chacune un palpe à leur base. Suçoir nul, avorté. Antennes ayant deux ou trois articulations à leur base, et bifides dans leur partie supérieure.

Deux ailes découvertes, nues, membraneuses, plissées en rayons longitudinalement. Deux écailles linéaires, cochléariformes, insérées près de l'origine des pattes antérieures. Point de balanciers. Un écusson. Larve apode. Chrysalide [coque immobile].

OBSERVATIONS.

M. *Kirby*, savant zoologiste anglais, a nouvellement établi, avec le petit nombre d'insectes connus dont il est ici question, un nouvel ordre auquel il a donné le nom de *strepsiptères* [elytres tors]. Il a pris pour des élytres, les deux écailles coriaces et fort petites qui s'insèrent près de la hanche des deux pattes antérieures. Mais j'en ai jugé autrement, ainsi que l'avait déjà fait M. *Latreille ;* car jamais les élytres n'ont des points d'attache semblables à ceux des deux écailles dont il s'agit. Les leurs sont toujours immédiatement au-dessus de ceux des ailes, et elles recouvrent ces ailes en tout ou en partie.

Ainsi, non-seulement j'ai cru qu'il était plus convenable de donner à ces insectes le nom commun de *rhipidoptères* [ailes en éventails], mais j'ai pensé qu'ils ne devaient pas constituer un ordre particulier, puisqu'ils offrent les caractères principaux qui distinguent les *diptères*.

Il est certain que la bouche de ces insectes, quant à ses parties distinctes, paraît ne ressembler ni à celle des diptères, ni à celle des insectes des autres ordres; ce qui a dû tromper M. *Kirby*; car elle n'offre ni mandibules véritables, ni suçoir utile. En effet, la bouche des *rhipidoptères* présente seulement deux pièces étroites, linéaires, croisées, ayant chacune un palpe à leur base. M. *Kirby* a pris ces pièces pour des mandibules : elles seraient plutôt des mâchoires, puisqu'elles ont chacune un palpe. Mais, en étudiant les rapports de ces insectes avec ceux des diptères qui les avoisinent le plus, je reconnais que ces pièces ne sont que les parties d'une lèvre inférieure qui a aussi ses palpes.

En effet, si l'on considère que la bouche des diptères se compose d'une gaîne renfermant un suçoir; que cette gaîne est d'abord bivalve, comme dans les aptères et les diptères coriaces; et qu'ensuite elle devient univalve par la réunion de ses deux pièces, comme dans le plus grand nombre des diptères on sera convaincu que cette gaîne est le véritable produit d'une lèvre inférieure ou d'une partie qui la représente. Alors on sentira que, dans les *rhipidoptères* dont il s'agit, la bouche n'offre qu'une gaîne sans suçoir, et que cette gaîne n'est qu'une lèvre inférieure partagée en deux pièces ayant chacune leur propre palpe.

Les *rhipidoptères* parvenus à l'état parfait, n'ont probablement aucun autre acte à exécuter que celui qui concerne leur reproduction; et alors ils ne prennent aucune nourriture. Dans ce cas, leur bouche, qui devait offrir les instrumens propres à composer un suçoir, est restée sans développement, et le suçoir est avorté. Sa gaîne seule s'offre encore; mais elle est en quelque sorte altérée par un défaut d'emploi, et présente deux pièces distinctes, étroites, linéaires, qui ne sont assurément pas des mandibules, et que l'on doit plutôt considérer comme les parties d'une lèvre inférieure munie de ses palpes que comme des mâchoires. Ce sont donc des insectes suceurs; car ils le sont dans leur état de larve; et parvenus à l'état parfait, leur bouche sans emploi n'offre plus que des parties modifiées.

Si, comme je le pense, les *rhipidoptères* sont des diptères véritables, je conviens qu'ils offrent des singularités assez remarquables; car ils n'ont point de balanciers, et la plication de leurs ailes paraît leur être particulière. Mais les balanciers ne sont point essentiels aux diptères, comme le prouvent les diptères coriaces, et si la plication des ailes était un caractère assez important pour exiger la fondation d'un ordre, il en faudrait ailleurs établir encore de nouveaux.

Diverses considérations nous montrent que les *rhipidoptères* appartiennent réellement aux diptères par leurs rapports. Ils n'ont que deux ailes sans élytres, leur larve est apode, et leur chrysalide est une coque immobile qui paraît se former de la peau même de l'animal. Leurs yeux, portés sur des pédicules courts et épais, trouvent des exemples analogues dans certains diptères. Les deux ou trois articulations de la base de leurs antennes sont dans le même cas, et la bifurcation de ces antennes me paraît le produit d'une pièce correspondante à la soie latérale des antennes de la plupart des muscides. Enfin, les larves de certains diptères vivent dans le corps d'autres insectes, comme celles des *rhipidoptères* vivent dans le corps des polystes [famille de guêpes] ou dans celui des andrennes.

On ne connaît encore que deux genres qui se rapportent à cette famille : ce sont les suivans.

XÉNOS. (Xenos.)

Antennes triarticulées à leur base, et partagées en deux branches allongées, grêles, semi-cylindriques, égales, l'une et l'autre sans articulations.

Antennæ basi triarticulatæ, bipartitæ : ramis elongatis, semiteretibus, utrisque exarticulatis symetricis.

OBSERVATIONS.

Les *xénos* sont de petits insectes parasites des polystes d'Europe et d'Amérique. Leurs ailes déployées sont larges, arrondies, à plis rayonnans. Les deux branches de leurs antennes sont égales et sans articulations.

On connaît deux espèces de ce genre.

ESPECES.

1. Xénos de Rossi. *Xenos Rossii.*

X. ater, antennis ramis compressis, tarsis fuscis. Kirby act. soc. Linn. vol. XI. p. 116.
Hab. *in vespâ gallicâ.*

2. Xénos de Peck. *Xenos Peckii.*

X. nigro-fuscus, antennis ramis semiteretibus, dilutioribus, albo punctatis, ano pallido, pedibus luridis; tarsis fuscis. Kirby, act. soc. Linn. vol. XI. p. 116. tab. 8 et tab. 9.
Hab. *in polyste fuscatâ*, Fabr. Amérique sept.

STYLOPS. (Stylops.)

Antennes biarticulées à leur base, partagées en deux branches allongées, comprimées, inégales, et dont la supérieure est articulée.

Antennæ basi biarticulatæ, bipartitæ : ramis compressis, inæqualibus; superiori articulato.

OBSERVATIONS.

Les *stylops* ont des antennes fourchues comme les xénos, mais leurs branches sont inégales, et la plus grande ou la supérieure est articulée.

On n'en connaît qu'une espèce.

ESPÈCE.

1. Stylops de la mélitte. *Stylops melittæ.*

Kirby, act. soc. Linn. vol. XI. p. 112.
Hab. *larva in corpore melittarum* (des andrennes).

DEUXIÈME SECTION.

Trompe univalve, renfermant le suçoir dans une gouttière de sa partie supérieure.

Après les coriaces et les rhipidoptères, tous les autres diptères appartiennent à cette deuxième section; car, sauf l'*oëstre* dont la trompe n'est jamais apparente, tous les insectes de cette division, au lieu d'un bec bivalve, ont une trompe univalve, inarticulée, en général terminée par deux lèvres, et qui renferme le suçoir dans une gouttière de sa partie supérieure. Il faut partager cette section de la manière suivante:

* *Trompe entièrement retirée dans l'inaction, quelquefois jamais apparente.*

(1) Dernier article des antennes sans anneaux apparens.

(a) Suçoir de deux soies.

LES MUSCIDES.

Elles ont des antennes très-courtes, de 2 ou 3 articles, dont le dernier est le plus grand. Port de la mouche commune.

La famille des *muscides*, instituée par M. *Latreille*, a été ainsi nommée, parce qu'elle comprend le genre *musca* de Linné, que l'on a partagé en plusieurs genres distincts; mais que les rapports forcent de réunir dans la même famille.

Le caractère de cette famille est d'avoir une trompe entièrement retirée dans l'inaction, quelquefois jamais apparente; le suçoir composé seulement de 2 ou 3 soies, mais point de 4 comme dans les syrphies; et des antennes courtes, à 2 ou 3 articles, dont le dernier est sans anneaux, ce qui les distingue des stratiomides.

Les *muscides* sont extrêmement nombreuses, au moins quant à l'énorme quantité d'espèces qu'elles présentent. Leurs nymphes, comme dans les coriaces, sont inactives, à coque opaque, et ne montrent aucune partie de l'insecte parfait.

Considérant l'intérêt qu'on a de ménager la simplicité de la méthode, je ne diviserai cette famille qu'en huit genres, les analysant de la manière suivante.

DIVISION DES MUSCIDES.

(a) Trompe jamais apparente.

ŒSTRE.

(aa) Trompe apparente, surtout dans l'action.

(b) Les yeux sessiles.

(c) Antennes sétigères.

(d) Ailes écartées.

(1) Cuillerons grands, couvrant entièrement ou en grande partie les balanciers.

MOUCHE.

(2) Cuillerons petits, laissant à découvert la majeure partie des balanciers.

Téphrite.

(dd) Ailes couchées.

(1) Antennes plus courtes que la tête.

Myode.

(2) Antennes aussi longues ou plus longues que la tête.

Macrocère.

(cc) Antennes non sétigères.

Scénopine.

(bb) Les yeux pédiculés.

Diopsis.
Achias.

OESTRE. (Œstrus.)

Antennes courtes, composées chacune d'un globule subtriarticulé, muni d'une soie latérale.

Point de trompe apparente; trois tubercules à la place de la bouche.

Forme et aspect des grosses mouches.

Antennæ breves, globulo subtriarticulato compositæ; setâ laterali.

Proboscis nulla perspicua; ore tuberculis tribus obtecto.

Habitus muscarum domesticarum.

OBSERVATIONS.

Les antennes très-courtes, qui ressemblent chacune à i bouton sétifère, et la trompe en apparence tout-à-fait null distinguent suffisamment l'*oëstre* des autres muscides, même de tous les autres genres de diptères. On a présun que, quoique non apparente, la trompe de l'oëstre exi tait néanmoins, mais qu'elle rentre tellement dès que l'i secte n'en fait pas usage, qu'il n'en reste plus l'apparen Selon M. *Latreille*, deux des tubercules de la bouc sont des rudimens de palpes, et le troisième en est un la trompe.

Les *oëstres* ressemblent à de grosses mouches. Ils ont tête arrondie, transverse, vésiculeuse en devant, munie deux yeux à réseau et de trois petits yeux lisses. Leur cor est un peu velu, porte deux ailes couchées, et deux b lanciers assez saillans. On voit deux pelottes aux tarses leurs pattes. Leurs larves ressemblent à des vers court cylindriques, annelés, souvent garnis de cercles de soi courtes, couchées et dirigées en arrière.

C'est dans le corps des grands mammifères vivans qu' peut trouver les larves des oëstres. Les unes vivent dans fondement, les intestins, et même dans l'estomac des ch vaux; d'autres dans les cavités du nez des bœufs et d moutons; d'autres enfin sous la peau des bœufs, etc. C larves sont sans pattes et ont à leur partie postérieure de grands stigmates dont chacun présente souvent plusieu ouvertures.

La larve ayant pris toute sa croissance dans l'animal elle vit, en sort pour se métamorphoser, se laisse tomb à terre, s'enfonce sous quelque pierre, et s'y change nymphe.

L'*oëstre* devenu insecte parfait, vit peu sous cette dernière forme; peut-être ne prend-il plus de nourriture, ce qui peut influer sur l'état de sa bouche; aussi ne tarde-t-il pas à s'accoupler et à déposer ses œufs dans les lieux convenables pour la nourriture de ses petits.

ESPÈCES.

1. Œstre du cheval. *Œstrus equi.* Fab.

Œ. alis albidis, fascia punctisque duobus nigris, abdomine toto ferrugineo. Fab.
Œstrus equi. Oliv. dict. n.° 6.
Œstrus bovis. Lin. *Œstrus vituli.* Fab.
Œstrus hæmorrhoidalis. Gmel. p. 2810.
Habite en France, en Angleterre, en Italie, etc. La femelle dépose ses œufs sur les épaules et les jambes du cheval qui, en se léchant, fait éclore ces œufs et transporte les larves dans son estomac, où elles se nourrissent.

2. Œstre du bœuf. *Œstrus bovis.* Fab.

Œ. alis immaculatis fuscis, thorace flavo: fascia nigra; abdomine basi albo, apice fulvo.
Œstrus bovis. Oliv. dict. n.° 3.
Réaumur, ins. 4. p. 503. pl. 38. f. 5—3.
Habite en Europe et principalement en France. Sa larve vit sous la peau des bœufs.

3. Œstre hémorrhoïdal. *Œstrus hæmorrhoidalis.* Lin.

Œ. alis immaculatis, thorace nigro, scutello pallido, abdomine nigro basi albido, apice fulvo. Fab.
Œstrus hæmorrhoidalis. Oliv. dict. n.° 7.
Œstrus bovis. Gmel. p. 2809.
Habite en Europe. La femelle dépose ses œufs sur les lèvres des chevaux, et les larves vivent dans son estomac.

4. Œstre vétérinaire. *Œstrus veterinus.*

Œ. ferrugineus, alis immaculatis; lateribus thoracis abdominis-

que basi pilis albis. Clark, trans. of the Linn. soc. 3. p. 328. t. 23. f. 18—19.

Œstrus veterinus, Fab. *Œstrus nasalis,* Linn.

Œstrus veterinus, Oliv. dict. n.° 8.

Habite en Europe. Sa larve vit dans l'estomac et les intestins des chevaux. On croit que c'est à cette espèce qu'il faut rapporter l'habitude de déposer ses œufs sur le bord de l'anus des chevaux.

5. OEstre du mouton. *Œstrus ovis.*

Œ. alis pellucidis, basi punctatis; abdomine albo nigroque versicolore.

Œstrus ovis. Lin. Oliv. dict. n.° 11.

Clark, Act. Soc. Lin. 3. p. 329. t. 32. f. 16—17.

Geoff. 2. p. 456. n.° 2. t. 17. f. 1.

Habite en Europe, etc. La femelle dépose ses œufs sur le bord des narines des moutons. La larve vit dans les sinus frontaux et maxillaires de ces animaux.

Etc.

MOUCHE. (Musca.)

Antennes à palette sétigère. Trompe charnue, à orifice bilabié. Suçoir de deux soies réunies.

Deux palpes insérés sur la trompe. Ailes écartées. Cuillerons cachant les balanciers.

Antennæ articulo ultimo subspatulato setigero. Proboscis carnosa, apice bilabiata; haustello subbiseto. Palpi duo ad basim proboscidis.

Alæ divaricatæ. Halteres squamis obtecti.

OBSERVATIONS.

Je rapporte à ce genre toutes les muscides dont les antennes, à palette sétigère, sont composées de deux ou trois articles ; dont la trompe, rétractile en entier, contient un suçoir de deux soies ; et qui ont les yeux sessiles, les ailes écartées, et les cuillerons cachant les balanciers.

Malgré les réductions qu'entraînent ces caractères, le genre *mouche* est encore nombreux en espèces, et il serait peut-être utile de le réduire davantage si des caractères faciles à saisir en offraient la possibilité.

Les mouches sont des insectes des plus communs, que l'on rencontre partout, dans les maisons, dans les champs et les bois. Elles volent avec légèreté et rapidité, et la plupart font entendre en volant un bourdonnement monotone.

Celles que l'on voit dans les maisons, et qui y sont surtout très-abondantes pendant l'été, sont souvent très-incommodes, et même importunes. Elles se posent partout, sur les viandes, sur les matières sucrées, sur les fruits, sur les alimens de tout genre, et les sucent avec leur trompe. Elles salissent les boiseries, les glaces, les dorures sur lesquelles elles déposent leurs excrémens.

Les *mouches* ont des antennes courtes, composées de deux ou trois articles ; dont le premier ou les deux premiers sont fort petits, et dont le dernier est allongé en palette, avec une soie latérale, tantôt simple, tantôt plumeuse.

La trompe de ces insectes est rétractile en entier, comme charnue, bilabiée à son extrémité ; elle cache dans un repli de sa partie supérieure un suçoir qui n'a que deux soies, et qui les a probablement toutes deux, quoiqu'il paraisse n'en avoir qu'une. C'est avec cette trompe molle, et par le moyen du suçoir qui est reçu dans sa cannelure, que l'animal pompe les sucs dont il se nourrit.

Les larves des *mouches* ressemblent à des vers mous,

blanchâtres, sans pattes, et dont la tête est pareillement molle. Leur bouche est un suçoir accompagné de deux crochets qui servent à déchirer ou diviser les matières que la larve doit sucer. Elles vivent, les unes sur les plantes, dans l'intérieur des fruits, dans le parenchyme des feuilles qu'elles minent, etc.; les autres dans les chairs des animaux morts et dans d'autres matières en partie pouries; les autres encore dans les excrémens de l'homme et des animaux.

On sait combien l'on a de peine, pendant l'été, à préserver la viande des mouches bleues qu'on nomme *musca vomitoria*; elles y déposent leurs œufs, et c'est de ces œufs qu'éclosent ces vers blancs qu'on voit sur la viande qui commence à se corrompre. D'autres larves semblables, mais plus petites, vivent dans le fromage qui commence à se gâter (*musca putris.* Fab.) : ces larves ont la faculté de sauter. Les larves des *M. cœsar*, *M. cadaverina*, *M. mortuorum*, vivent dans les cadavres. La larve de la mouche commune (*M. domestica*) vit dans la fiente du cheval. Enfin il y en a qui vivent dans le corps des chenilles dont elles dévorent les parties internes (*Echinomye*, Latr.).

L'une des mouches les plus incommodes, est la mouche météorique (*Oliv.* Dict. n.° 79) qui paraît vers le milieu de l'été; elle vole en troupe nombreuse autour de la tête des chevaux et des bêtes à cornes, et tâche d'entrer dans leurs yeux, dans leurs oreilles, pour se nourrir de l'humeur qui s'y trouve. Elle se jette aussi dans les yeux de l'homme.

Le nombre des espèces de mouches connues, s'élevant déjà à plusieurs centaines, il faut tâcher de diviser le genre qui les comprend, par un caractère facile à reconnaître, comme celui d'avoir :

La soie des antennes simple.

La soie des antennes velue ou plumeuse.

Mais ici je ne citerai que quelques espèces qui appartiennent aux genres *musca*, *echinomya*, *ocyptera*, *phasia*, etc., de M. Latreille.

ESPÈCES.

1. Mouche ventre-bleu. *Musca vomitoria.* L.

M. thorace nigro, abdomine cæruleo-nitente, fronte fulvâ. Lin.
M. chrysocephala. Degeer ins. 6. p. 60. n.° 5.
Réaum. ins. 4. tab. 24. f. 13—15.
La mouche bleue de la viande. Geoff. 2. p. 524. n.° 59.
Habite en Europe. Elle est grosse et très-commune.

2. Mouche vert-doré. *Musca cæsar.* Lin.

M. antennis plumatis, pilosa viridi-nitens, pedibus nigris.
Réaum. ins. 4. t. 8. f. 1. et t. 19. f. 8.
La mouche dorée commune. Geoff. 2. p. 522. n.° 53.
Habite en Europe. Sa larve vit sur les cadavres.

3. Mouche carnassière. *Musca carnaria.* Lin.

M. antennis plumatis; pilosa, nigra; thorace lineis pallidioribus; abdomine nitido tessellato.
Roes. ins. 2. musc. t. 9. f. 10.
La grande mouche, etc., Geoff. ins. 2. p. 527. n.° 65.
Habite en Europe. Grosse mouche, fort commune.

4. Mouche domestique. *Musca domestica.* Lin.

M. antennis plumatis, thorace lineato, abdomine tessellato subtus pallido. Fab. 4. p. 315.
Degeer ins. 6. p. 72. n.° 10. tab. 4. f. 5—6.
La mouche commune. Geoff. 2. p. 528. n.° 66.
Habite en Europe. Elle est très-commune dans les maisons. Sa larve vit dans le fumier du cheval. J'en ai vu qui vécurent dans le corps de la chenille du psi (*noct. psi*), qui s'y changèrent en chrysalide, d'où sortit la mouche domestique; du moins je ne la reconnus pas pour le *musca larvarum*. La chenille, que je nourrissais, périt avant sa transformation.

5. Mouche latérale. *Musca lateralis.* Fab.

M. nigra, antennis setariis, abdominis lateribus basi sanguineis. Fab. 4. p. 328.

Degeer ins. 6. p. 28. n.° 7. tab. 1. f. 9.

Panz. faun. fasc. 7. tab. 22.

Ocyptera lateralis. Latr. gen. crust. et ins. 4. p. 344.

Habite en Allemagne.

6. Mouche brassicaire. *Musca brassicaria.* Fab.

M. nigra, antennis setariis, abdomine cylindrico: segmento secundo tertioque rufis. Fab. 4. p. 327.

Degeer, ins. 6. p. 20. pl. 1. f. 12—14.

Panz. faun. fasc. 20. t. 20.

Ocyptera brassicaria. Latr.

Habite en Europe. Sa larve vit dans les racines du chou.

7. Mouche arrondie. *Musca rotundata.* Lin.

M. antennis setariis, thorace lineato, abdomine subrotundo ferrugineo, lineâ longitudinali punctorum nigrorum. Fab. 4. p. 325.

Tachina. Fab.

Degeer. ins. 6. p. 28. pl. 1. f. 11.

Panz. faun. fasc. 20. t. 19.

Ocyptera. Latr.

Habite en Europe.

8. Mouche géante. *Musca grossa.* Lin.

M. nigra, pilosa; antennis setariis; alis basi ferrugineis. Lin.

Degéer, ins. 6. p. 21. pl. 1. f. 1.

Echinomya grossa. Latr.

Geoff. 2. p. 495. n.° 5.

Habite en Europe. Sa larve vit dans le fumier des bœufs.

9. Mouche sauvage. *Musca fera.*

M. antennis setariis; thorace nigro; abdominis lateribus testaceo-diaphanis.

Musca fera. Lin. Fab. 4. p. 324.

Harris, ins. angl. tab. 9. f. 2.

Geoff. 2. p. 509. n.° 33.

Echinomya fera. Latr.
Habite en Europe, dans les bois et les prés.

10. Mouche subcoléoptrée. *Musca subcoleoptrata.*

M. thorace nigro, alis cinereis : vittis duabus fuscis repandis.
Conops subcoleoptratus. Lin.
Thereva subcoleoptrata. Fab. suppl. p. 560.
Panz. faun. fasc. 74. tab. 13—14.
Phasia subcoleoptrata. Latr.
Hab. en Europe.

11. Mouche ailes-épaisses. *Musca crassipennis.*

M. thorace flavescente; alis disco albido : puncto distincto nigro.
Thereva crassipennis. Fab. suppl. p. 560.
Panz. faun. fasc. 74. tab. 15.
Phasia. Latr.
Habite en Europe.

12. Mouche flancs-fauves. *Musca affinis.*

M. thoracis lateribus fulvis; abdomine atro : lateribus testaceis.
Thereva affinis. Fab. suppl. p. 561.
Panz. faun. fasc. 74. tab. 16.
Phasia. Latr.
Habite en France, etc.

13. Mouche nébuleuse. *Musca nebulosa*

M. atra, nitida, pilosa; thorace basi striato; alis fusco-nebulosis; antennis setariis.
Thereva obesa. Fab. suppl. p. 561.
Panz. faun. fasc. 59. tab. 20.
Phasia. Latr.
Habite en Allemagne, en Italie.
Etc.

Voyez, pour les ocyptères de M. *Latreille* que je réunis ici, l'Encyclopédie, p. 4.

TÉPHRITE. (Tephritis.)

Antennes courtes, distantes, sétigères. Trompe plus ou moins saillante, à suçoir de deux soies.

Ailes écartées, vibrantes. Cuillerons petits.

Antennæ breves, remotæ, setigeræ. Proboscis plus minusve exserta.

Alæ divaricatæ, vibratiles. Squamæ halterum parvulæ.

OBSERVATIONS.

Sous le nom de *téphrite*, je réunis les téphrites, les platystomes et les micropèzes de M. *Latreille*, ces muscides ayant les ailes écartées comme les mouches, mais les cuillerons petits, laissant à nu la majeure partie des balanciers. Dans ces insectes, l'abdomen des femelles est terminé par une pointe.

ESPECES.

1. Téphrite solsticiale. *Tephritis solstitialis.*

T. antennis setariis; alis albis : fasciis quatuor connexis nigris; scutello flavo.

Musca solstitialis. Lin. Fab. 4. p. 359.

Geoff. 2. p. 499. n.o 14.

Habite en Europe, sur les fleurs des chardons.

2. Téphrite du chardon. *Tephritis cardui.*

T. nigra; antennis setariis; alis albis : fascia flexuosa fusca.

Musca cardui. Lin. Fab. 4. p. 359.

Geoff. 2. p. 496. n.° 8.
Habite les chardons et y produit des gales.

3. Téphrite vibrante. *Tephritis vibrans.*

T. antennis setariis; alis hyalinis apice nigris, capite rubro.
Musca vibrans. Lin. Fab. p. 351.
Geoff. 2. p. 494. n.° 4.
Habite en Europe, sur les arbustes. Elle élève et abaisse continuellement ses ailes.

4. Téphrite cynipsée. *Tephritis cynipsea.*

T. antennis setariis; alis apice puncto laterali nigro; abdomine cylindrico.
Musca cynipsea. Fab. 4. p. 351. Lin.
Micropeza. Latr.
Habite en Europe, sur les fleurs. Espèce fort petite.
Etc.

MYODE. (Myoda.)

Antennes sétigères, plus courtes que la tête. Trompe à orifice bilabié, à suçoir de deux soies. Les yeux sessiles.

Port des mouches. Ailes couchées, se recouvrant l'une l'autre plus ou moins complétement.

Antennæ setigeræ, capite breviores. Proboscis orificio bilabiato et haustello bisetoso. Oculi sessiles.

Habitus muscarum. Alæ incumbentes, non divaricatæ.

OBSERVATIONS.

Je rapporte, sous ce nom particulier, toutes les muscides à antennes sétigères plus courtes que la tête, à yeux sessiles, à trompe dont l'orifice est comme bilabié, et dont les ailes ne sont point divergentes. Ainsi les *myodes* diffèrent des mouches et des téphrites en ce que leurs ailes sont couchées, l'une recouvrant l'autre plus ou moins complettement. On les distingue des macrocères par leurs antennes plus courtes que la tête; de la scénopine par leurs antennes sétigères; enfin des diopsis, etc., parce que leurs yeux sont sessiles. Rien n'empêchera, pour l'étude des détails, qu'on ne sous-divise ce genre, et qu'on ne retrouve dans son cadre, les lipses, les anthomies, les scatophages, et les oscines de M. *Latreille.* J'en vais citer quelques espèces qui appartiennent à ces sous-divisions.

ESPÈCES.

1. Myode tentaculaire. *Myoda tentaculata.*

M. nigro-cinerea; fronte flavescente; abdomine albo-maculato.
Lipse tentaculata. Latr. gen. crust. et ins. 4. p. 347. et vol. 1. tab. 15. f. 9.
Habite aux environs de Paris, sur le bord des mares.

2. Myode pluviale. *Myoda pluvialis.*

M. antennis setariis, cinerea; thorace maculis quinque nigris; abdomine maculis obsoletis.
Musca pluvialis. Lin. Fab. 4. p. 329.
Geoff. 2. p. 529. n.o 68.
Anthomya. Latr. gen. crust. et ins. 4. p. 346.
Habite en Europe.

3. Myode stercoraire. *Myoda stercoraria.*

M. grisea, hirta; antennis setariis; alis puncto obscuro.
Musca stercoraria. Lin. Fab. 4. p. 345.
Geoff. 2. p. 530. n.o 69.
Scatophaga, Lat. gen. crust. et ins. 4. p. 558.
Habite en Europe. Elle est jaunâtre ou roussâtre, commune sur les ordures.

4. Myode scybalaire. *Myoda scybalaria.*

M. hirta rufo-ferruginea; antennis setariis; alis flavescentibus, puncto obscuriore.

Musca scybalaria. Lin. Fab. ibid.

Scatophaga. Latr.

Habite en Europe, sur les ordures. Elle ressemble à la précédente; mais elle est une fois plus grosse.

5. Myode élégante. *Myoda elegans.*

M. cinerea, antennis setariis, vertice sanguineo, abdomine fasciis quinque nigris, alis maculatis.

Musca formosa. Panz. faun. fasc. 59. tab. 21.

Oscinis. Latr. gen. crust. et ins. 4. p. 351.

Habite en France, en Autriche, etc., sur les arbres.

6. Myode transparente. *Myoda hyalina.*

M. nigra, antennis setariis, alis hyalinis nigro-maculatis.

Musca hyalina. Panz. faun. fasc. 60. tab. 24.

Oscinis. Latr.

Habite en Autriche.

7. Myode rayée. *Myoda lineata.*

M. subtus flava, supra nigra, lineis thoracis scutelloque flavis.

Musca lineata, Fab. 4. p. 356.

Oscinis lineata, Latr.

Habite en Europe sur les fleurs.

8. Myode de l'olivier. *Myoda oleæ.*

M. antennis setariis, thorace cinerascente, abdomine conico ferrugineo: lateribus atro-maculatis.

Musca oleæ, Fab. 4. p. 349.

Oscinis, Latr.

Habite l'Europe australe. Sa larve vit dans les fruits de l'olivier.

Etc.

MACROCÈRE. (Macrocera.)

Antennes triarticulées, sétigères, aussi longues ou plus longues que la tête.

Ailes couchées. Cuillerons petits.

Antennæ triarticulatæ, setigeræ, longitudine capitis vel capite longiores.

Alæ incumbentes. Squamæ halterum parvulæ.

OBSERVATIONS.

Les *macrocères* ont les ailes couchées comme les myodes, et sont en cela distinguées des mouches et des téphrites dont les ailes sont écartées ou divergentes. Mais les macrocères diffèrent des myodes par leurs antennes aussi longues ou plus longues que la tête. Sous cette coupe générique, je réunis les loxocères, les sépédons, les tétanocères de M. *Latreille*. Des sous-divisions du genre peuvent suffire pour les indiquer.

ESPÈCES.

1. Macrocère ichneumonée. *Macrocera ichneumonea.*

M. elongata, atra; antennis setariis; thorace postico rufo lineolis duabus nigris; pedibus flavis.
Musca aristata. Panz. faun. fasc. 73. tab. 24.
Loxocera ichneumonea. Latr. p. 356.
Habite aux environs de Paris.

2. Macrocère des marais. *Macrocera palustris.*

M. nigra; antennis elongatis setariis; pedibus rufis; posticis elongatis.
Syrphus sphegeus. Fab. 4. p. 298.
Musca rufipes. Panz. faun. fasc. 60. t. 23.
Sepedon palustris. Latr. 4. p. 350.
Habite en France, etc., dans les marais.

3. Macrocère réticulée. *Macrocera reticulata.*

M. cinereo-rufescens; antennis subplumatis; alis lineolis fuscis subdecussatis.

Tetanocera reticulata. Latr. gen. crust. et ins. 4. p. 350.
Habite en Europe, dans les lieux marécageux.
Etc.

SCÉNOPINE. (Scenopinus.)

Antennes de 3 articles, dont le dernier allongé, cylindrique-comprimé, sans soie latérale.

Ailes couchées; balanciers nus; pattes courtes.

Antennæ triarticulatæ; articulo ultimo elongato, tereti-compresso, absque setâ.

Alæ incumbentes; halteres nudi; pedes breves.

OBSERVATIONS.

Il est si général, dans les muscides, de voir les antennes munies d'une soie latérale, que les insectes dont il s'agit ici méritent d'être distingués comme genre, puisque leurs antennes ne sont point sétigères, et que cependant ce sont de véritables muscides.

Ainsi, nous avons dû adopter le genre scénopine de M. Latreille, parce que son caractère distinctif peut être facilement saisi.

ESPÈCE.

1. Scénopine des fenètres. *Scenopinus fenestralis.* Latr.

Sc.
Nemotelus fenestralis. Degeer.
Schell. t. 13. *Musca fenestralis.* L.
Habite en Europe. On la rencontre fréquemment sur les vitres des fenêtres. Sa marche est lente. On la prend avec facilité.

DIOPSIS. (Diopsis.)

Antennes très-petites, triarticulées, insérées sous les yeux au sommet des pédoncules qui les soutiennent; à troisième article sétigére à la base. Tête trigone, ayant supérieurement et antérieurement deux prolongemens cylindriques, très-longs, divergens, qui portent les yeux et les antennes à leur sommet.

Trompe des mouches. Corps allongé. Ailes écartées?

Antennæ minimæ, triarticulatæ, sub oculis, illorum pedunculorum apici insertæ; articulo tertio ad basim setigero. Caput trigonum, lateribus superis et anticis processibus duobus longissimis, cylindricis, divaricatis, apice oculiferis et antenniferis.

Proboscis muscarum. Corpus elongatum. Alæ divaricatæ?

OBSERVATIONS.

Les *diopsis* sont les insectes les plus singuliers de la famille des muscides. Leurs yeux portés à l'extrémité de longs pédoncules qui naissent des côtés supérieurs de la tête, semblent terminer des cornes latérales, et sont pour les insectes, ce que sont ceux des *podophthalmes* pour les crustacés.

Le corps des *diopsis* est allongé; leur corselet est épineux postérieurement; les ailes paraissent écartées ou relevées, et les balanciers sont nus.

Les diopsis vivent dans les Indes orientales, l'Afrique. Linné n'en a connu qu'une espèce.

ESPÈCE.

1. Diopsis ichneumonée. *Diopsis ichneumonea.* Lin.

Fuesl. archiv. tab. 6.
Latr. hist. des crust. et ins. vol. 14. pl. 112. f. 6 et 7.
Habite l'Afrique, les côtes de la Guinée. Quatre épines derrière le corselet.

ACHIAS. (Achias.)

Antennes insérées sur le front, couchées, triarticulées; à troisième article allongé, cylindrique. Les yeux portés sur des pédoncules plus longs que la tête. Deux palpes filiformes, insérés à la base de la trompe. Corselet plane. Ailes plus longues que l'abdomen.

Antennæ fronti insertæ, incumbentes; triarticulatæ; articulo tertio elongato, cylindrico. Oculi porrecti, utrinque pedunculo capite longiori insidentes. Palpi duo filiformes ad basim proboscidis inserti.
Thorax planus. Alæ abdomine longiores.

OBSERVATIONS.

Le genre *achias*, établi par Fabricius, est encore très-peu connu. Il paraît se distinguer principalement des diopsis, parce que les antennes s'insèrent sur le front de l'insecte, et non sur les pédoncules qui portent les yeux.

ESPÈCE.

1. Achias oculé. *Achias oculatus.* Fabr. Syst. antl. p. 247.

Habite l'île de Java.

Suçoir de quatre soies.

LES SYRPHIES.

Les *syrphies* ont la trompe entièrement retirée dans l'inaction, comme les muscides, mais leur suçoir est de quatre soies. Dans les unes, comme dans les autres, le dernier article des antennes n'est point annelé, ce qui les distingue principalement des stratiomides.

On remarque qu'en général les *syrphies* sont peu velues, volent rapidement, et qu'alors elles font entendre un bourdonnement plus ou moins considérable. On les trouve pendant la belle saison sur les plantes et sur les fleurs.

Leurs larves vivent les unes dans la boue ou dans les latrines, les autres dans les étangs, les mares, etc. Quelques-unes des premières sont munies postérieurement d'une longue queue par laquelle elles respirent lorsqu'elles sont enfoncées dans la boue.

Voulant toujours suivre mon plan de simplification, je n'ai divisé la famille des *syrphies* qu'en sept genres, au lieu de quatorze que l'on trouve dans les ouvrages de

M. *Latreille;* mais ces genres sont déterminés de manière que les coupes de M. *Latreille* peuvent facilement se retrouver. Voici le tableau de ces divisions.

DIVISION DES SYRPHIES.

[1] *Le devant de la tête avancé en bec, ou offrant une proéminence au-dessus de la cavité orale.*

[A] Trompe aussi longue que la tête et le corselet.

Rhingie.

[B] Trompe beaucoup plus courte que la tête et le corselet.

+ Antennes beaucoup plus courtes que la tête.

Syrphe.

++ Antennes aussi longues ou plus longues que la tête.

△ Antennes ayant une soie latérale.

Psare.
Chrysotoxe.

△△ Antennes sans soie latérale, mais terminées par une pointe ou une soie.

Cérie.

[2] *Le devant de la tête non avancé en bec et n'offrant aucune proéminence au-dessus de la cavité orale.*

Aphrite.
Milésie.

(1) *Le devant de la tête avancé en bec, ou offrant une proéminence au-dessus de la cavité orale.*

RHINGIE. (Rhingia.)

Antennes très-courtes, de trois articles, ayant une soie simple et latérale. Le devant de la tête avancé en bec conique. Trompe aussi longue que la tête et le corselet, reçue sous le prolongement antérieur de la tête.

Ailes couchées; port de la mouche commune.

Antennæ brevissimæ, triarticulatæ; setâ laterali simplici. Pars antica capitis in rostrum conicum porrecta. Proboscis sublinearis, capitis thoracisque longitudine, sub processu rostriformi capitis recepta.

Alæ incumbentes. Habitus muscæ domesticæ.

OBSERVATIONS.

La *rhingie* est si remarquable par le prolongement de la partie antérieure de sa tête, qu'on a dû la distinguer comme un genre particulier. On lui a donné le nom de mouche à bec; sa larve vit dans les bouses de vaches. On n'en connaît encore qu'une espèce.

ESPÈCE.

1. Rhingie à bec. *Rhingia rostrata.* Scop.

Conops rostrata. Lin.
Rhingia rostrata. Fabr. Latr. Panz. faun. ins. fasc. 87. t. 22. Schell. dipt. tab. 18. *Volucella.* Geoff.
Habite en Europe; rare aux environs de Paris.

SYRPHE. (Syrphus.)

Antennes plus courtes que la tête, à trois articles et à

soie latérale. Une saillie en bec court et obtus au-devant de la tête. Trompe seulement un peu plus longue que la tête.

Ailes écartées.

Antennœ capite breviores, triarticulatœ; setâ laterali. Processus brevis, obtusus, ad capitis partem anticam. Proboscis capite tantùm paulo longior.

Alœ divaricatœ.

OBSERVATIONS.

Les *syrphes* ont le port et l'aspect des mouches; mais, outre qu'ils en diffèrent par leur suçoir de quatre soies, ils ont le devant de la tête avancé en bec court et obtus. Leur trompe, quoique beaucoup plus courte que dans la rhingie, est seulement un peu plus longue que la tête. Enfin, leurs antennes triarticulées ont une soie latérale, soit simple, soit plumeuse, qui s'insère en général plutôt sous le troisième article, dans son articulation même, que sur le dos de cet article.

Sous cette coupe, je réunis les syrphes, les élophiles, les érisitales, les volucelles, et les séricomyes de M. *Latreille.*

ESPÈCES.

1. Syrphe de la Laponie. *Syrphus lapponum.*

S. tomentosus niger; scutello ferrugineo; abdomine cingulis tribus albidis interruptis; antennis plumatis.

Musca lapponum. Lin. *Syrphus lapponum.* Fab.

Degeer ins. 7. p. 141. pl. 8. f. 14.

Sericomya. Latr.

Habite les bois de la Laponie, et près de Paris.

2. Syrphe à bandes. *Syrphus inanis.*

S. antennis plumatis, thorace testaceo, abdomine pellucido: cingulis duobus nigris.

Musca inanis. Lin. *Syrphus inanis.* Fab.

Panz. faun. fasc. 2. tab. 6.

Némotèle. Geoff. 2. p. 543. n.º 1. t. 18. f. 4.

Volucella. Latr.

Habite en Europe, sur les fleurs.

3. Syrphe transparent. *Syrphus pellucens.*

S. niger, antennis plumatis, abdominis segmento primo albo pellucido.

Musca pellucens. Lin. *Syrphus pellucens.* Fab.

Volucella. n.º 1. Geoff. 2. p. 540. t. 18. f. 3.

Panz. faun. fasc. 1. t. 17.

Habite en Europe, dans les lieux ombragés.

4. Syrphe cul-roux. *Syrphus bombylans.*

S. tomentosus, niger; abdomine postice rufo; antennis plumatis.

Musca bombylans. Lin. *S. bombylans.* Fab.

Panz. faun. fasc. 8. t. 21.

Habite en Europe, dans les bois.

5. Syrphe noir. *Syrphus œstraceus.*

S. niger, scutello albido, abdominis apice lutescente; antennis setariis.

Musca œstracea. Lin. *S. œstraceus.* Fab.

Panz. faun. fasc. 59. t. 13. *S. rupestris.*

Erisitalis. Latr.

Habite en Europe.

6. Syrphe apiforme. *Syrphus tenax.*

S. tomentosus, antennis setariis, thorace griseo, abdomine fusco, tibiis posticis compresso-gibbis.

Musca tenax. Lin. *S. tenax.* Fab.

Mouche apiforme. Geoff. 2. p. 520. n.º 52.

Elophilus. Latr.

Habite en Europe. Sa larve vit dans les latrines; elle a une queue pour respirer.

7. Syrphe des bois. *Syrphus nemorum.*

S. tomentosus, antennis setariis, abdomine atro : cingulis tribus albis ; pedibus nigris : geniculis albis.

Musca nemorum. Lin. *S. nemorum.* Fab.

Musca... Geoff. 2. p. 511. n.o 36.

Habite en Europe.

8. Syrphe guêpe. *Syrphus festivus.* Fab.

S. nudus, antennis setariis, thorace lineis lateralibus, abdomine cingulis quatuor flavis interruptis.

Musca festiva. Lin.

Geoff. 2. p. 505. n.o 27. pl. 18. f. 1.

Syrphus. Latr.

Habite en Europe.

Etc.

PSARE. (Psarus.)

Antennes de la longueur de la tête, portées sur un pédoncule commun ; à troisième article muni d'une soie biarticulée. Un prolongement en bec court à la partie antérieure de la tête.

Ailes couchées.

Antennæ capitis longitudine, pedunculo communi insidentes ; articulo tertio setâ biarticulatâ instructo. Processus in rostrum brevem ad capitis partem anticam.

Alæ incumbentes.

OBSERVATIONS.

Ce genre est le même que celui qu'a établi M. *Latreille* sous le nom de *psare* ; il est remarquable en ce que les antennes sont portées sur un pédoncule commun, et en ce que leur troisième article est muni d'une soie latérale, un peu épaisse, styliforme, biarticulée à sa base. On n'en connaît encore que l'espèce suivante.

ESPÈCE.

1. Psare abdominal. *Psarus abdominalis.* Fab.

Latr. hist. nat. des crust. et des ins. vol. 14. p. 357.
Coqueb. illust. icon. ins. dec. 3. tab. 23. f. 9.
Mouche à antennes réunies. Geoff. 2. p. 519. n.o 50.
Habite aux environs de Paris.

CHRYSOTOXE. (Chrysotoxum.)

Antennes plus longues que la tête, séparées à leur base, triarticulées, à troisième article muni d'une soie latérale. Une proéminence courte à la partie antérieure de la tête.

Ailes écartées.

Antennæ capite longiores, basi separatæ, triarticulatæ; articulo tertio setâ laterali instructo. Prominentia brevis ad capitis partem anticam.

Alæ divaricatæ.

OBSERVATIONS.

Les *chrysotoxes* diffèrent médiocrement des syrphes; il n'y a guère que la longueur des antennes qui puisse les distinguer. Leur soie latérale s'insère à la base du troisième article. Leur corps, par ses couleurs, rappelle celui de la guêpe.

ESPÈCES.

1. Chrysotoxe à 2 bandes. *Chrysotoxum bicinctum.*

Ch. nigrum; thoracis lateribus punctis abdomineque cingulis duobus flavis.

Mulio bicinctus. Fab. suppl. p. 557.

Schellenb. dipt. tab. 22. f. 2.

Habite en Europe, sur les fleurs.

2. Chrysotoxe arqué. *Chrysotoxum arcuatum.*

Ch. nigrum; thorace maculis lateralibus, abdomine cingulis quatuor arcuatis flavis.

Mulio arcuatus. Fab. suppl. p. 558.

Mouche imitant la guêpe, etc. Geoff. 2. p. 506.

Habite en Europe, sur les fleurs.

CÉRIE. (Ceria.)

Antennes plus longues que la tête, triarticulées, sans soie latérale; à troisième article mucroné ou terminé par une soie. Un prolongement frontal et en bec plus ou moins saillant.

Les ailes le plus souvent écartées.

Antennæ capite longiores, triarticulatæ, setâ laterali destitutæ; articulo tertio apice mucronato vel setifero. Processus frontalis rostratus, plus minusve prominulus.

Alæ sæpius divaricatæ.

OBSERVATIONS.

Les antennes des *céries* n'ayant point de soie latérale, présentent un caractère qui distingue suffisamment ce genre des autres syrphies. Ce même genre comprend les céries et les callicères de M. Latreille. Dans les premieres, le troisième article des antennes est terminé par un stylet; il est terminé par une soie dans les secondes.

ESPÈCES.

1. Cérie conopsoïde. *Ceria conopsoides.* Latr.

C. abdomine atro : segmentis tribus margine flavis.
Ceria clavicornis. Fab. suppl. p. 557.
Musca conopsoides. Lin.
Syrphus conopseus. Panz. fasc. 44. tab. 20.
Habite en Europe, dans les bois.

2. Cérie dorée. *Ceria ænea.*

C. nigra tomentosa, abdomine æneo.
Callicera ænea. Meigen. Latr.
Panz. faun. fasc. 104. tab. 17.
Habite l'Allemagne, la France méridionale.

[2] *Le devant de la tête non avancé en bec, et n'ayant aucune proéminence au-dessus de la cavité orale.*

APHRITE. (Aphritis.)

Antennes beaucoup plus longues que la tête, triarticulées; à troisième article en palette conique, sétigère à sa base. Aucun prolongement devant la tête.

Ailes couchées.

Antennæ capite multò longiores, triarticulatæ; articulo tertio in spatulam conicam figurato, ad basim setigero. Caput anticè non productum.

Alæ incumbentes.

OBSERVATIONS.

Ce genre est le même que celui que M. Latreille a institué sous le même nom. Il a cela de particulier avec les milésies qui suivent, qu'il comprend des syrphies qui n'offrent aucune éminence au-dessus de la cavité orale.

ESPÈCE.

1. Aphrite duvet-doré. *Aphritis auro-pubescens.* Latr.

A. tomentosa, nigro-ænea ; pedibus flavis.
Musca mutabilis. Lin.
Mulio mutabilis. Fab. suppl. p. 558.
Stratiomys conica. Panz. fasc. 12. t. 21.
Habite en Europe.

MILÉSIE. (Milesia.)

Antennes beaucoup plus courtes que la tête, triarticulées ; à troisième article en palette subovale ou subtrigone, et sétigère vers sa base. Aucune proéminence devant la tête.

Ailes couchées.

Antennæ capite multò breviores, triarticulatæ ; articulo tertio in spatulam subovatam aut subtrigonam figurato, versus basim setigero. Caput anticè non productum.

Alæ incumbentes.

OBSERVATIONS.

Sous le nom de *milésie*, je comprends les milésies et les

mérodons de M. Latreille. Ces syrphies ont les ailes couchées, et n'offrent aucune proéminence frontale, ainsi que les aphrites; mais elles s'en distinguent principalement parce que leurs antennes sont beaucoup plus courtes que la tête.

ESPÈCES.

1. Milésie lunulifère. *Milesia lunata.*

M. tomentosa; thorace cinereo; abdomine arcubus albis, basi rufo apice atro; femoribus posticis incrassatis.

Syrphus lunatus. Fab. 4. p. 296.

Habite en Barbarie.

2. Milésie spinipède. *Milesia spinipes.*

M. tomentosa, abdomine atro: lineolis albis, segmento primo rufo; femoribus posticis dentatis.

Syrphus spinipes. Fab. 4. p. 296.

Habite en France.

3. Milésie annelée. *Milesia annulata.*

M. tomentosa; abdomine atro, segmentorum marginibus albis; femoribus posticis clavatis dentatis.

Syrphus annulatus. Fab. Panz. fasc. 60. t. 11.

Habite en Autriche.

4. Milésie mixte. *Milesia mixta.*

M. nudiuscula, nigra; abdominis segmentis secundo tertioque sanguineis, his quartoque lunulis albis.

Syrphus mixtus. Panz. faun. fasc. 60. t. 8

Habite en Autriche.

Etc.

Dernier article des antennes, annelé.

LES STRATIOMIDES.

Ainsi que les muscides et les syrphies, les *stratiomides*

ressemblent aux mouches par leur port; leur trompe de même est retirée dans l'inaction, à l'exception des lèvres qui la terminent; et leurs antennes n'ont aussi que trois articles. Mais, dans les *stratiomides*, le dernier article des antennes est annelé; ce qui n'a point lieu dans les antennes des muscides et des syrphies. D'ailleurs, ce troisième article des antennes ne porte jamais de soie latérale dans les stratiomides.

Ces insectes ont tous les ailes couchées, et beaucoup d'entr'eux ont leur écusson, ou la partie postérieure de leur corselet, armé d'épines ou de pointes couchées, dirigées en arrière; ce qui leur a fait donner le nom de *mouches armées*.

On les trouve le plus ordinairement dans les lieux aquatiques, au bord des eaux, des mares, des étangs; et, en effet, les larves de la plupart vivent dans l'eau. Ces larves sont allongées, quelquefois un peu aplaties, vont en grossissant antérieurement, et respirent par les stigmates de leur extrémité postérieure.

Je partage les stratiomides en quatre genres, de la manière suivante.

DIVISION DES STRATIOMIDES.

[1] *Le devant de la tête arrondi et point avancé en bec.*

[a] Antennes aussi longues ou plus longues que la tête, sans soie ni stylet au bout.

[+] Dernier article des antennes à huit anneaux.

—Xylophage.

[++] Dernier article des antennes à six anneaux ou moins.

—Stratiome.

[aa] Antennes plus courtes que la tête; le dernier article ayant une soie ou un stylet terminal.

—Oxycère.

[2] *Le devant de la tête avancé en bec.*

—Némotèle.

XYLOPHAGE. (Xylophagus.)

Antennes aussi longues ou plus longues que la tête, sans soie ni stylet au bout; le dernier article à huit anneaux. Le devant de la tête arrondi, et point en bec.

Ailes couchées.

Antennæ capitis longitudine vel capite longiores, apice nec mucronatæ nec setiferæ; articulo ultimo octo annulato. Caput anticè rotundatum, non rostratum.

Alæ incumbentes.

OBSERVATIONS.

Je rapporte à cette coupe les genres xylophage, hermétie et béris de M. *Latreille.* Ces stratiomides ayant le devant de la tête simplement arrondi, leur trompe n'est point retirée sous un museau pointu et avancé en bec. Le troisième article des antennes de nos *xylophages* est à huit anneaux.

Dans les xylophages et les béris de M. Latreille, le troisième article des antennes va en pointe; il est en palette allongée, très-comprimée et étranglée au milieu dans ses herméties. Citons une espèce de chacune de ces trois coupes.

ESPÈCES.

1. Xylophage tacheté. *Xylophagus maculatus.* Meig.

X. niger, maculis variis flavis ornatus.

Xylophagus ater. Latr. gen. crust. et ins. 1. p. 18. tab. 16. f. 9—10.

Habite aux environs de Paris, sur l'orme.

2. Xylophage luisant. *Xylophagus illucens.*

X. niger; abdominis segmentis pellucidis; tarsis albidis.

Hermetia illucens. Latr. gen. crust. et ins. 4. p. 271.

Habite l'Amérique méridionale.

3. Xylophage tarses-noirs. *Xylophagus nigritarsis.*

X. niger; scutello sexdentato; abdomine ferrugineo; tarsis nigris.

Beris nigritarsis. Latr. gen. crust. et ins. 4. p. 273.

Stratiomys. Geoff. 2. p. 483. n.° 8.

Stratiomys clavipes. Panz. fasc. 9. t. 19.

Habite aux environs de Paris, dans les bois.

STRATIOME. (Stratiomys.)

Antennes, en général, plus longues que la tête, sans stylet particulier au bout; le dernier article à cinq ou

six anneaux. Point d'avancement en bec devant la tête.
Ailes couchées.

Antennæ ut plurimùm capite longiores, apice stylo peculiari nullo; ultimo articulo sub sex annulato. Caput anticè non rostratum.
Alæ incumbentes.

OBSERVATIONS.

Le genre dont il s'agit ici comprend les stratiomes, les odontomies et les éphippies de M. *Latreille*. Ces stratiomides ont, comme les xylophages, les antennes aussi longues ou plus longues que la tête, sans soie ou stylet particulier au bout, quoique dans plusieurs elles se terminent insensiblement en soie allongée; mais, dans nos *stratiomes*, le dernier article des antennes n'a que cinq ou six anneaux, et non huit comme dans les xylophages.

ESPÈCES.

1. Stratiome rayé. *Stratiomys strigata.* Fab.
S. scutello bidentato; abdomine atro: subtùs strigis albis.
Latr. gen. crust. et ins. 4. p. 274.
Panz. faun. fasc. 12. tab. 20.
Habite en Europe.

2. Stratiome caméléon. *Stratiomys chamæleon.*
S. scutello bidentato luteo; abdomine nigro: fasciis lateralibus luteis.
Stratiomys chamæleon. Fabr. Panz. fasc. 8. t. 24.
Stratiomys. Geoff. 2. p. 479. pl. 17. f. 4.
Habite en Europe. Sa larve vit dans l'eau.

3. Stratiome fourchu. *Stratiomys furcata.* Fab.
S. scutello bidentato nigro: margine flavo; abdomine atro: lateribus flavo-maculatis.

Odontomya furcata. Meig. Latr. 4. p. 275.
Habite en Allemagne.

4. Stratiome éphippie. *Stratiomys ephippium.* Fab.

S. scutello bidentato ; thorace rufo utrinque spinoso.
Ephippium thoracicum. Latr. 4. p. 276.
Panz. faun. fasc. 8. tab. 23.
Habite en Europe, dans les bois.

5. Stratiome hydroléon. *Stratiomys hydroleon.*

S. nigra ; scutello bidentato ; abdomine viridi nigro angulato.
Musca hydroleon. Lin.
Stratiomys hydroleon. Fab.
Geoff. ins. 2. p. 481. n.° 4.
Odontomya. Latr.
Habite en Europe, dans les eaux.
Etc.

OXYCÈRE. (Oxycera.)

Antennes plus courtes que la tête ; à troisième article terminé par un stylet sétiforme ou par une soie particulière. Point d'avancement en bec devant la tête.

Ailes couchées.

Antennæ capite breviores, articulo tertio stylo setiformi vel setâ peculiari terminato. Caput anticè non rostratum.

Alæ incumbentes.

OBSERVATIONS.

Les antennes plus courtes que la tête, ayant leur troisième article terminé par un stylet ou par une soie particulière, c'est-à-dire, qui ne résulte point d'une atténuation insensible de ce troisième article, distinguent nos *oxycères* des autres stratiomides. A ce genre, je rapporte les oxycères, les sargus et les vappons de M. *Latreille.*

L'écusson, ou la partie postérieure du corselet, est épineux dans les oxycères de M. Latreille; il est mutique dans ses sargus et ses vappons.

ESPECES.

1. Oxycère hypoléon. *Oxycera hypoleon.* Meig.

O. scutello bidentato flavo ; corpore nigro flavo variegato.
Stratiomys, hypoleon. Fab. 4. p. 267.
Stratiomys, n.º 6. Geoff. 2. p. 481.
Panz. faun. fasc. 1. tab. 14.
Habite en Europe.

2. Oxycère cuivreuse. *Oxycera cupraria.*

O. glauco-ænea ; thorace viridi ; abdomine oblongo cupreo.
Sargus cuprarius. Fab. supp. p. 566.
Musca, n.º 61. Geoff. 2. p. 525.
Habite en Europe, sur les fleurs.

3. Oxycère noire. *Oxycera atra.*

O. nigra ; pedibus pallidis ; alis dimidiato-albis.
Vappo ater. Latr. Gen. crust. et ins. 4. p. 279.
Nemotelus ater. Panz. faun. fasc. 54. tab. 5.
Habite en Europe, dans les bois.

NÉMOTÈLE. (Nemotelus.)

Antennes plus courtes que la tête, insérées sur le bec de sa partie antérieure. Trompe allongée, renfermée sous ce bec. Le devant de la tête formant un prolongement pointu et en forme de bec.

Ailes couchées. Écusson mutique.

Antennæ capite breviores, lateri supero rostri capitis insertæ. Proboscis elongata, sub capitis rostro vaginata. Caput anticè processu acuto et rostriformi porrectum.

Alæ incumbentes. Scutellum muticum.

OBSERVATIONS.

Le genre *némotèle*, établi par Geoffroi, est adopté par les entomologistes, parce qu'il offre des caractères remarquables. En effet, le prolongement en forme de bec et antennifère de la partie antérieure de la tête de ces insectes, et la trompe allongée, renfermée sous ce bec, distinguent éminemment ce genre des autres stratiomides.

Les némotèles volent peu, paraissent lourdes, et se trouvent ordinairement sur les plantes aquatiques. Il paraît que leurs larves sont encore inconnues.

ESPÈCES.

1. Némotèle uligineuse. *Nemotelus uliginosus.* Fab.

N. niger; abdomine niveo, apice atro.
Panz. faun. ins. fasc. 46. tab. 21.
Némotèle à bande. Geoff. ins. 2. pl. 18. f. 4.
Habite aux environs de Paris, sur les fleurs dans les lieux aquatiques.

2. Némotèle ponctuée. *Nemotelus punctatus.* Latr.

N. niger; abdomine lineis tribus punctorum flavescentium.
N. punctatus. Fab. 4. p. 271.

Coqueb. illust. icon. ins. 3. tab. 23. f. 6.
Habite en Barbarie.

** *Trompe univalve, toujours saillante, soit entièrement, soit en partie.*

Sous cette division, l'on rapporte quatre familles distinctes, qui embrassent le reste des diptères. Ces familles sont les *conopsaires*, les *bombyliers*, les *tabaniens* et les *tipulaires*.

Les trois premières de ces familles présentent des rapports assez remarquables avec les muscides, les syrphies et les stratiomides, puisque les unes et les autres n'ont que trois articles à leurs antennes. Néanmoins leur trompe toujours saillante, les en distingue suffisamment. Parmi les rapports cités, on remarque que la famille des conopsaires a dû être placée la première, car les insectes qui la composent se rapprochent des muscides et autres familles précédentes par la métamorphose. En effet, ces insectes offrent tous des nymphes inactives, à coque opaque, et qui ne montrent aucune partie de l'insecte parfait.

Il n'en est pas tout-à-fait de même des bombyliers, des tabaniens et des tipulaires; car il paraît que, parmi ces diptères, on en a déjà observé qui ont, soit les nymphes actives, soit les nymphes qui montrent des parties de l'insecte parfait. Examinons d'abord les trois premières de ces quatre familles.

§ *Trois articles aux antennes, dont le dernier est quelquefois grenu.*

LES CONOPSAIRES.

Trompe coudée. Suçoir de deux soies.

Les *conopsaires* sont des diptères éminemment distingués de ceux qui précèdent, non-seulement parce que leur trompe est toujours saillante, mais parce qu'elle est *coudée* diversement selon les genres, et qu'elle est comme brisée une ou deux fois, et différemment dirigée. Cette trompe grêle et saillante, n'offre point de dilatation notable à son extrémité, et indique par là un rapport avec les bombyliers; mais dans ceux-ci la trompe n'est point coudée.

En général, les *conopsaires* ont la tête grosse, comme vésiculeuse antérieurement, et la plupart ont l'abdomen allongé, mince à son origine, et renflé ou en massue à son extrémité. Leur nymphe est inactive et à coque opaque. La plupart de ces insectes vivent sur les fleurs.

DIVISION DES CONOPSAIRES.

[1] *Trompe coudée deux fois, et repliée en arrière.*

[a] Corps allongé, étroit; abdomen en massue.

Myope.

[b] Corps court; abdomen non en massue.

Bucente.

[2] *Trompe coudée seulement à sa base, et ensuite dirigée en avant.*

[a] Corps court; abdomen non en massue.

Stomoxe.

[b] Corps allongé, étroit; abdomen en massue.

+ Antennes plus courtes que la tête.

Zodion.

++ Antennes beaucoup plus longues que la tête.

Conops.

MYOPE. (Myopa.)

Antennes courtes, triarticulées, à troisième article en palette, ayant une soie courte et latérale à sa base. Trompe longue, deux fois coudée, et repliée en arrière.

Tête large, subvésiculeuse; corps allongé, étroit.

Antennæ breves, triarticulatæ; articulo tertio subspatulato, basi setâ laterali brevique instructo. Proboscis longa, basi medioque geniculata, tunc subtùs inflexa.

Caput latum, subvesiculosum; corpus elongatum, angustum.

OBSERVATIONS.

Parmi les conopsaires qui ont la trompe coudée deux fois, les *myopes* sont remarquables par leur tête large, comme vésiculeuse, revêtue d'une peau blanche qui fait paraître leur front et leur bouche comme masqués. Leurs yeux sont grands, latéraux; leur trompe est longue, filiforme, coudée à sa base et vers son milieu; ce qui fait que son extrémité est dirigée en dessous ou en arrière; enfin, leur corps est allongé, étroit, et l'abdomen se termine en massue. Ces insectes vivent sur les fleurs.

ESPÈCES.

1. Myope dorsale. *Myopa dorsalis.* Fab.

M. ferruginea; thoracis dorso fusco; abdomine cylindrico hamoso; segmentorum marginibus albis.
Schœff. icon. ins. t. 49. f. 2—3.
Panz. faun. fasc. 22. tab. 24.
Habite en Europe.

2. Myope ferrugineuse. *Myopa ferruginea.* Fab.

M. ferruginea; abdomine cylindrico incurvo; fronte lutescente.
Conops ferruginea. Lin.
Asile n.o 14. Geoff. 2. p. 473.
Habite en Europe, dans les bois.

3. Myope noire. *Myopa atra.* Fab.

M. abdomine cylindrico incurvo; corpore atro; ore albo.
Panz. faun. fasc. 12. tab. 23.
Habite en Europe.
Etc.

BUCENTE. (Bucentes.)

Antennes avancées, triarticulées, latéralement sétigères; à troisième article en palette Trompe coudée deux fois, et ensuite dirigée en dessous.

Corps court; abdomen non en massue.

Antennæ porrectæ, triarticulatæ, setâ laterali instructæ; articulo tertio subspatulato. Proboscis bigeniculata; tunc subtùs inflexa.

Corpus breve; abdomine non clavato.

OBSERVATIONS.

Le genre *bucente*, établi par M. Latreille, embrasse des conopsaires qui ont la trompe des myopes, c'est-à-dire, coudée deux fois, d'abord à sa base et ensuite vers son milieu, et qui, après son dernier coude, se replie en dessous ou en arrière. Mais les bucentes ont le corps court, l'abdomen non en massue, et semblent, par leur port, se rapprocher des stomoxes. On ne connaît encore que l'espèce suivante.

ESPÈCE.

1. Bucente cendré. *Bucentes cinereus.*

Latr. gen. crust. et ins. 4. p. 339.
Musca geniculata. Degeer. 6. p. 38. pl. 2. f. 19—21.
Habite aux environs de Paris, dans les prés humides.

STOMOXE. (Stomoxis.)

Antennes courtes, terminées en palette, et munies d'une soie latérale plumeuse. Trompe coudée seulement à sa base, et ensuite dirigée en avant.

Corps court. Forme et aspect de la mouche domestique.

Antennæ breves, spatulâ terminatæ; setâ laterali

plumosâ. Proboscis tenuis, basi tantùm geniculata, tunc anticè porrecta.

Corpus breve. Habitus muscæ domesticæ.

OBSERVATIONS.

Les *stomoxes* ont exactement la forme et l'aspect de nos mouches communes, et leur ressemblent même par leurs antennes; mais leur trompe, toujours saillante, est coudée à sa base, ensuite dirigée en avant, et indique que ces insectes font partie de la famille des conopsaires.

Leurs antennes sont courtes, rapprochées et insérées au milieu du front. Leurs ailes sont couchées ou horizontales, un peu plus longues que l'abdomen.

Ces insectes sont carnassiers, et vivent en suçant le sang des animaux. Il paraît qu'on en connaît plusieurs espèces; néanmoins je citerai seulement les deux suivantes.

ESPÈCES.

1. Stomoxe piquant. *Stomoxis calcitrans.* Fab.

St. grisea; antennis subplumatis; pedibus atris.
Geoff. ins. 2. p. 539. pl. 18. f. 2.
Conops calcitrans. Lin.
Habite l'Europe et est commune en automne aux environs de Paris. C'est cette mouche qui pique si douloureusement les jambes, surtout lorsqu'il doit pleuvoir.

2. Stomoxe irritant. *Stomoxis irritans.*

St. subpilosa, cinerea; abdomine nigro maculato.
Panz. faun. ins. fasc. 5. pl. 24.
Conops irritans. Lin.
Habite l'Europe. Il se pose sur le dos des bestiaux pour les piquer.

ZODION. (Zodion.)

Antennes plus courtes que la tête, terminées en massue ovoïde. Trompe coudée à sa base, et ensuite dirigée en avant.

Corps allongé. Ailes couchées.

Antennæ capite breviores, in clavam subovatam terminatæ. Proboscis tenuis, basi tantum geniculata, dein anticè porrecta.

Corpus elongatum. Alæ incumbentes.

OBSERVATIONS.

Le *zodion* semble faire le passage des stomoxes aux conops. Il a le corps plus allongé que les stomoxes, et le troisième article de ses antennes ne porte qu'un stylet court sur son dos, au lieu d'une soie plumeuse.

Par son corps allongé, le zodion se rapproche des conops; mais il a trois petits yeux lisses, de très-petits palpes, et des antennes courtes, non terminées en pointe.

ESPÈCE.

1. Zodion conopsoïde. *Zodion conopsoides.* Latr.

Gen. crust. et ins. vol. 4. p. 337 et vol. 1. pl. 15. f. 8.

Myopa cinerea. Fab.

Habite l'Europe, et se trouve aux environs de Paris.

CONOPS. (Conops.)

Antennes plus longues que la tête, avancées, triarticulées, terminées en massue fusiforme. Trompe allongée, coudée seulement à sa base, et ensuite dirigée en avant.

Tête large; corselet bombé; abdomen allongé, terminé en massue; point de petits yeux lisses.

Antennæ capite longiores, porrectæ, triarticulatæ, in clavam fusiformem terminatæ. Proboscis elongata, basi tantùm geniculata, tunc anticè porrecta.

Caput latum; thorax gibbus; abdomen elongatum, posticè clavatum. Ocelli nulli.

OBSERVATIONS.

Les *conops* paraissent avoir des rapports avec les asiles; ce qui a engagé Geoffroi à les réunir. On doit néanmoins les en distinguer, comme l'ont fait Linné, Fabricius et les autres entomologistes, parce que leur trompe est coudée à sa base, et que leur corps est glabre.

La tête des conops est assez grosse, large, dépourvue de petits yeux lisses. Elle porte des antennes avancées, terminées en fuseau pointu, et qui n'ont pas de soie latérale. La forme et les couleurs de ces insectes peuvent les faire prendre pour des guêpes.

On trouve ces insectes sur les fleurs, dans les champs, les jardins et les prairies; ils volent facilement. On ne leur connaît point de palpes.

ESPÈCES.

1. Conops à aiguillon. *Conops aculeata.* Fab.

C. atra; abdominis incisuris thoracisque punctis duobus anticis flavis.

Conops aculeata. Lin. Gmel. p. 2893.
C. quadrifasciata. Degeer ins. 6. p. 261. pl. 15. f. 1.
Habite en Europe.

2. Conops flavipède. *Conops flavipes.*

C. nigra, glabra; abdomine cylindrico : segmentis tribus margine flavis.
C. flavipes. Lin. Fab. 4. p. 393.
Panz. faun. fasc. 73. tab. 21-22.
Habite en Europe.

3. Conops rufipède. *Conops rufipes.* Fab.

C. atra, abdomine basi ferrugineo, segmentorumque marginibus albis; pedibus ferrugineis.
Latr. hist. nat. des crust. et des ins. vol. 14. p. 347.
Asilus n.° 14. Geoff. 2. p. 473.
Habite en Europe.
Etc.

Trompe non coudée : le suçoir de 4 *à* 6 soies.

(a) Point de grandes lèvres à la trompe, et le troisième article des antennes non annelé.

LES BOMBYLIERS.

Je réunis, sous ce nom commun et comme famille particulière, des diptères qui paraissent avoisiner les conopsaires par leurs rapports, mais dont la trompe n'est point coudée, et sert de gaîne à un suçoir de plus de deux soies : il y en a ici ordinairement quatre.

La trompe des *bombyliers* est grêle, toujours saillante, quelquefois nulle, diversement dirigée selon les genres, et n'offre point de grandes lèvres à son extrémité, comme dans les muscides et les tabaniens. Le troisième article des antennes n'est jamais ici distinctement annelé.

Cette famille comprend les empides, les asiliques, les anthraciens, les bombyliers et les vésiculeux de M. *Latreille.* Ainsi, de ces 5 familles établies par ce savant, je n'en forme qu'une seule pour la facilité et la simplicité de la méthode.

Les *bombyliers* embrassent onze genres que j'analyse de la manière suivante.

DIVISION DES BOMBYLIERS.

[1] *Ailes couchées ; corps allongé, étroit* (empides et asiliques. *Latr.*).

(a) Trompe abaissée et perpendiculaire à l'axe du corps.

Empis.

(b) Trompe avancée dans la direction du corps.

* Antennes plus courtes ou à peine plus longues que la tête ; ne partant pas d'un pédoncule commun.

Asile.

** Antennes plus longues que la tête, partant d'un pédoncule commun.

Dioctrie.

[2] *Ailes écartées ; corps gros, raccourci* (bombyliers, anthraciens et vésiculeux. *Latr.*).

(a) Trompe toujours apparente.

+ Trompe dirigée en avant.

— Antennes rapprochées à leur base. Tête plus basse que le corselet.

Bombyle.

Ploas.

—— Antennes écartées à leur base. Sommet de la tête au niveau du dos.

Anthrax.

++ Trompe, soit abaissée et perpendiculaire, soit dirigée vers la poitrine.

— Trompe perpendiculaire.

Némestrine.

—— Trompe dirigée vers la poitrine.

Panops.

Cyrte.

(b) Trompe nulle ou non apparente.

✠ Antennes très-petites; le dernier article sétigère.

Acrocère.

✠✠ Antennes plus longues que la tête; le dernier article sans soie.

Astomelle.

EMPIS. (Empis.)

Antennes courtes, à deux ou trois articles; le dernier terminé par une soie ou un stylet. Trompe longue, grêle, perpendiculaire. Deux palpes relevés.

Corps allongé ; ailes couchées.

Antennæ breves, sub triarticulatæ ; ultimo setâ vel stylo setiformi terminato. Proboscis longa, tenuis, perpendicularis. Palpi erecti, proboscidi non incumbentes.

Corpus elongatum ; alæ incumbentes.

OBSERVATIONS.

Les *empis* ont la tête globuleuse, le corps allongé, menu, et les ailes couchées comme les asiles ; ils sont pareillement carnassiers et se nourrissent de petits insectes qu'ils saisissent avec leurs pattes antérieures, et qu'ils sucent avec leur trompe. Mais ils ont la trompe perpendiculaire ou dirigée en bas, au lieu que celle des asiles est avancée antérieurement.

Les pattes des empis sont assez longues ; leurs ailes sont ovales, croisées ; l'abdomen du mâle est terminé par une pince écailleuse.

Ces insectes sont petits en général, et se trouvent communément sur les arbustes, le long des haies.

ESPÈCES.

[*Antennes triarticulées.*]

1. Empis pennipède. *Empis pennipes.* Fab.

E. nigra ; pedibus posticis, elongatis, pennatis.
Sulz. ins. tab. 21. f. 137.
Panz. faun. fasc. 74. tab. 18.
Habite en Europe.

2. Empis livide. *Empis livida.* Fab.

E. livida ; thorace lineato ; alis basi pedibusque ferrugineis.
Asilus n.° 18. Geoff. 2. p. 474.
Empis livida. Lin. Gmel. p. 2889.
Habite en Europe.

3. Empis parqueté. *Empis tessellata.* Fab.

E. pilosa, cinerea; thorace lineato; abdomine tessellato.
Habite en Barbarie. *Desfontaines.*

[*Antennes biarticulées.*]

4. Empis mantispe. *Empis mantispa.*

E. flavescens; abdomine elongato supra fusco; femoribus anticis clavatis hispidis.
Sicus raptor. Lat. Panz. faun. fasc. 103. tab. 16.
Habite en Europe.

5. Empis cimicoïde. *Empis cimicoides.*

E. minimus, niger; alis incumbentibus albis: fasciis duabus nigris.
Sicus cimicoides. Latr.
Musca arrogans. Lin.
Habite en Europe.
Etc.

ASILE. (Asilus.)

Antennes courtes, à deux ou trois articles, dont le dernier est fusiforme-subulé. Trompe dirigée en avant, conique, de la longueur de la tête. Suçoir de quatre soies.

Corps allongé, souvent velu antérieurement. Ailes couchées.

Antennæ breves, subtriarticulatæ; articulo ultimo fusiformi-subulato. Proboscis anticè porrecta, conica, capitis longitudine. Haustellum quadrisetosum.

Corpus elongatum, anticè sæpius villosum. Alæ incumbentes.

OBSERVATIONS.

Les *asiles* ont la trompe dirigée en avant comme les bombyles; mais celle des premiers est courte, n'excède pas la longueur de la tête, tandis que celle des seconds est en général longue, grêle, presque sétacée. D'ailleurs, les asiles sont des insectes carnassiers, qui n'emploient leur trompe que pour piquer différens animaux et en sucer le sang; au lieu que les bombyles ne se servent de leur trompe que pour sucer le miel des fleurs.

Presque tous ces insectes ont le corps allongé, d'assez grandes pattes, les tarses terminés par deux crochets et deux pelottes, et les ailes couchées. Il faut les prendre avec précaution, parce qu'ils piquent assez bien avec leur trompe.

Les *asiles* incommodent beaucoup les troupeaux dans les prés où ils sont fréquens. Ils font aussi la guerre aux insectes, et les attrapent en volant. Leurs larves vivent dans la terre.

Je réunis à ce genre les *gonypes* de M. *Latreille*, dont les tarses sont terminés par trois crochets sans pelottes, et son *hybos*, dont les antennes n'ont que deux articles.

ESPÈCES.

1. Asile crabroniforme. *Asilus crabroniformis.* L.

A. abdomine tomentoso: antice segmentis tribus nigris, postice flavo inflexo.

Geoff. ins. 2. p. 468. 3. tab. 17. f. 3.

Habite en Europe.

2. Asile roux. *Asilus barbarus.*

A. fronte thorace pedibusque ferrugineis; alis flavis: apice margineque tenuiori nigris. Lin.

Asilus barbarus. Fab. 4. p. 377. Coqueb. illustr. ic. ins. dec. 3. t. 25. f. 7.

Habite en Afrique.

3. Asile gibbeux. *Asilus gibbosus.* Lin.

A. hirsutus niger, abdomine postice albo.
Laphria gibbosa. Fab.
Habite en Europe.

4. Asile ponctué. *Asilus punctatus.*

A. hirtus, subniger; abdomine punctis albis marginalibus.
Dasypogon punctatus. Fab. (*femina*). Panz. fauna, fasc. 45. t. 24.
Dasypogon diadema. Fab. (*mas*). Panz. ibid. fasc. id. tab. 23.
Habite en Allemagne.

5. Asile cylindrique. *Asilus cylindricus.*

A. abdomine longissimo; pedibus tarsis triunguiculatis.
Asilus cylindricus. Degeer, 6. p. 249. pl. 14. f. 13.
Gonypes tipuloides. Latr.
Habite en Europe. Ses ailes sont plus courtes que l'abdomen.

6. Asile hybos. *Asilus hybos.*

A. thorace gibboso fusco; antennis biarticulatis setâ terminatis.
Stomoxis asiliformis. Fab. 4. p. 395.
Hybos asiliformis. Latr.
Habite en Italie.

DIOCTRIE. (Dioctria.)

Antennes triarticulées, beaucoup plus longues que la tête, portées sur un pédoncule commun; à troisième article cylindracé, terminé par un stylet conique. Trompe des asiles.

Corps allongé; abdomen cylindrique; ailes couchées.

Antennæ triarticulatæ, capite duplò longiores, pedunculo communi insidentes; articulo tertio cylindraceo, stylo conico apicali. Proboscis asilorum.

Corpus elongatum ; abdomen cylindricum ; alæ incumbentes.

OBSERVATIONS.

Les *dioctries* avoisinent les asiles par leurs rapports, et ont pareillement leur trompe dirigée en avant, et les tarses terminés par deux pelottes. Mais leurs antennes sont presqu'une fois plus longues que la tête, et sont portées sur un tubercule ou pédoncule commun, ce qui les en distingue suffisamment. Ces insectes sont noirs et luisans.

ESPECES.

1. Dioctrie noire. *Dioctria œlandica.* Fab.

D. atra nuda ; pedibus halteribusque ferrugineis ; alis nigris.

D. œlandica. Latr. Schœff. icon. ins. tab. 8. f. 14 ?

Habite en Europe, dans les jardins.

2. Dioctrie frontale. *Dioctria frontalis.* Fab.

D. glabra atra ; fronte argenteâ ; pedibus rufis.

Meig. class. und. besch. t. 1. p. 257. tab. 13. f. 14.

Asilus rufipes. Degeer. mém. t. 6. p. 243. pl. 14. f. 2.

Habite à Kehl.

3. Dioctrie ailes-transparentes. *Dioctria hyalipennis.* F.

D. glabra atra ; pedibus flavis ; alis hyalinis.

Meig. dipt. 2. p. 555. 2.

Habite en Danemarck.

4. Dioctrie à bandes. *Dioctria cincta.*

D. abdomine nigro ; incisuris albis.

Dasypogon cinctus. Meig. class. und besch. tom. 1. p. 252. t. 13. f. 4.

Asilus cinctus. Gmel. p. 2899.

Habite l'Italie, l'Allemagne. Elle est noire, velue ; à ailes à peine plus longues que l'abdomen.

[2] *Ailes écartées ; corps gros, raccourci.*

(a) **Trompe avancée antérieurement.**

BOMBYLE. (Bombylus.)

Antennes courtes, subfiliformes, rapprochées à leur base, triarticulées ; à troisième article plus grand, pointu. Trompe fort longue, cylindrique, dirigée en avant. Suçoir de quatre soies.

Corps court, large, velu. Ailes très-ouvertes, horizontales.

Antennæ breves, subfiliformes, basi approximatæ, triarticulatæ ; articulo tertio majore acuto. Proboscis prælonga, cylindrica, anticè porrecta. Haustellum setis quatuor.

Corpus breve, latum, sæpius hirsutum aut tomentosum. Alæ divaricatæ.

OBSERVATIONS.

Les *bombyles* ont la trompe dirigée en avant comme les asiles, mais elle est plus longue que la tête. Leur corps est gros, large, presque toujours velu ou tomenteux. Leurs ailes sont horizontales, très-ouvertes, et non couchées comme dans les asiles.

Ces insectes ne sont point carnassiers, mais se nourrissent du miel des fleurs ; et on les voit souvent planer au-dessus d'elles sans s'y poser, et y enfoncer leur trompe.

Les *bombyles* dont il s'agit ici, embrassent les bombyles, les phthiries et les usies de M. *Latreille*. La trompe, dans tous ces insectes, est plus longue que la tête et dirigée en avant.

ESPÈCES.

1. Bombyle bichon. *Bombylus major.*

B. alis dimidiato-nigris sinuatis. Lin.
Bombylus major. Lin. Fab. Latr.
Geoff. 2. p. 466. n.o 1. *asilus.*
Schellenb. dipt. tab. 34. f. 2.
Habite en Europe.

2. Bombyle ponctué. *Bombylus medius.* Lin.

B. alis fusco-punctatis; corpore flavescente, postice albo. Lin.
Bombylus medius. Lin. Fab. Latr.
Degeer. ins. 6. p. 269. pl. 15. f. 12.
Schellenb. tab. 34. f. 1.
Habite en Europe.

3. Bombyle immaculé. *Bombylus minor.*

B. alis immaculatis; corpore flavescente hirto; pedibus testaceis. Lin.
Bombylus minor. Lin. Fab. Latr.
Schœf. ic. ins. tab. 112. f. 6.
Habite en Europe.

4. Bombyle pygmée. *Bombylus pygmœus.*

B. alis dimidiato punctisque nigris; thorace fusco basi apiceque albo. Fab.
Bombylus pygmæus. Fab. *Volucella pygmæa? ejusd.* antl.
Phthiria? Latr.
Habite l'Amérique septentrionale.
Etc.

PLOAS. (Ploas.)

Antennes rapprochées à leur base, triarticulées; à troisième article subconique. Trompe dirigée en avant, jamais plus longue que la tête.

Corps court, velu; ailes écartées.

Antennæ basi approximatæ, triarticulatæ; tertio articulo subconico. Proboscis anticè porrecta, capite nunquam longior.

Corpus breve, villosulum; alæ divaricatæ.

OBSERVATIONS.

Sous le nom de *ploas*, je réunis les *ploas* et les *cyllénies* de M. *Latreille*. Ces insectes ne se distinguent des bombyles que parce que leur trompe est courte, et n'excède point la longueur de la tête. Par cette trompe courte, les *ploas* tiennent aux anthraces; mais leurs antennes rapprochées à leur base les en font aisément distinguer.

ESPÈCES.

1. Ploas cornes-velues. *Ploas hirticornis.* Latr.

Pl. virescens, alis albis immaculatis; corpore hirto; rostro abbreviato.

Latr. hist. des crust. et des ins. t. 14. p. 300. et gen. crust. et ins. vol. 1. tab. 15. f. 7.

Ploas virescens. Fabr. antl. p. 136.

Habite en France, dans les provinces méridionales, en Espagne.

2. Ploas noir. *Ploas ater.* Latr.

Pl. niger, fusco-hirsutus; antennis pilosis; rostro brevissimo.

Bombylius maurus. Oliv. Encycl. n.o 15.

Habite les provinces méridionales de la France.

3. Ploas cyllénie. *Ploas cyllenia.*

Pl. cinereo-pubescens: pilis nigris sparsis; alis nigro-maculatis.

Cyllenia maculata. Latr. hist. des crust. et des ins. tom. 14. p. 301. et gen. crust. et ins. vol. 1. tab. 15. f. 3.

Habite aux environs de Bordeaux, sur les fleurs.

ANTHRACE. (Anthrax.)

Antennes écartées à leur base, de trois articles; le troisième se terminant en alène avec un stylet au bout. Trompe dirigée en avant, non plus longue que la tête, souvent même plus courte. Palpes retirés dans la cavité de la bouche.

Corps court; ailes écartées.

Antennæ basi distantes, triarticulatæ; articulo tertio subulato, apice stylifero. Proboscis anticè porrecta, capite non longior, sæpe etiam brevior. Palpi in oris cavitate recepti.

Corpus breve; alæ divaricatæ.

OBSERVATIONS.

Les *anthraces* ont la trompe dirigée en avant comme les bombyles; mais cette trompe n'est jamais plus longue que la tête, et souvent elle est plus courte, peu saillante. Ce qui les distingue principalement des bombyles, et surtout de nos ploas, c'est l'écartement de la base ou des points d'insertion des antennes.

Ces insectes ont la tête assez grosse, presque ronde, le corps velu, l'abdomen applati, le sommet de la tête au niveau du dos, et les ailes écartées. La plupart ressemblent à des mouches; mais leurs antennes n'ont point de soie latérale, et leur trompe, quoique peu saillante, est toujours dirigée en avant. Son suçoir est de quatre soies.

Je réunis dans ce genre les *anthrax* et le *mullio* de M. *Latreille* : en voici quelques espèces.

ESPECES.

1. Anthrace morio. *Anthrax morio.*

A. atra, hirta; alis nigris, apice hyalinis.

Musca morio. Lin. Geoff. 2. p. 439. n.° 2.

Anthrax morio. Fab. 4. p. 257.

Panz. fasc. 32. tab. 18.

Habite en Europe, dans les bois, les jardins. Ailes en partie noires, et en partie transparentes.

2. Anthrace maure. *Anthrax maura.*

A. atra, hirta, albo-fasciata; alis nigris: margine tenuiore sinuato hyalino.

Anthrax maura. Fab. 4. p. 258.

Panz. fasc. 32. tab. 19.

Schœf. ic. ins. rar. t. 76. f. 8.

Habite en Europe, dans les lieux ombragés, les jardins.

3. Anthrace hottentote. *Anthrax hottentota.*

A. flavescens, hirta; alis hyalinis: costâ fuscâ.

Musca hottentota. Lin.

Habite en Europe, sur les fleurs.

Etc.

---

[b] *Trompe, soit perpendiculaire, soit abaissée contre la poitrine.*

NÉMESTRINE. (Nemestrina.)

Antennes fort écartées à leur base, triarticulées; à dernier article terminé par un filet sétiforme. Trompe perpendiculaire, beaucoup plus longue que la tête. Palpes extérieurs.

Corps court, velu. Ailes grandes, écartées.

Antennæ inter se valdè dissitæ, triarticulatæ; articulo ultimo conico, stylo setiformi terminato. Proboscis capite multo longior, perpendicularis. Palpi exserti.

Corpus breve, hirsutum. Alæ magnæ, divaricatæ.

OBSERVATIONS.

Les *némestrines* sont très-distinguées des anthraces par leur trompe perpendiculaire, c'est-à-dire, dirigée en bas, presque perpendiculairement à l'axe du corps, comme dans les empis. Cette trompe est même assez longue, et les palpes sont saillans au-dehors. Ces insectes ont, néanmoins, comme les bombyles, le corps gros, court, velu; les ailes grandes, plus longues que l'abdomen, fort écartées. Leurs tarses ont trois pelottes.

ESPÈCE.

1. Némestrine réticulée. *Nemestrina reticulata.* Latr.

Latr. gen. crust. et ins. 4. p. 307. et vol. 1. t. 15. f. 5—6.
Habite la Syrie, l'Egypte.

PANOPS. (Panops.)

Antennes plus longues que la tête, triarticulées; à troisième article fort allongé, mutique au sommet. Trompe fort longue, abaissée contre la poitrine.

Corps court; corselet convexe; ailes écartées; trois pelottes aux tarses.

Antennæ capite longiores, subcylindricæ, triarticulatæ; articulo tertio longo, apice mutico. Proboscis longissima, sub pectore inflexa.

Corpus breve; thorax convexus; alæ divaricatæ; tarsi pulvillis tribus.

OBSERVATIONS.

Le *panops* a le port des bombyles; mais il en est fortement distingué par la longueur et la position de sa trompe. Cette trompe, abaissée contre la poitrine, dépasse l'origine des pattes postérieures. Les palpes sont très-petits, velus; les cuillerons sont grands. On ne connaît encore que deux espèces de ce genre.

ESPÈCES.

1. Panops de Baudin. *Panops Baudini.* Lam.

P. niger; antennis penitùs nigris; occellis tuberculo non impositis.

Annales du mus. d'hist. nat. vol. 3. p. 263. pl. 22. f. 3.

Lat. gen. crust. et ins. 4. p. 316. encycl. p. 710.

Habite la Nouvelle-Hollande. *Péron* et *le Sueur.* Son corps est long de six lignes, noir, avec un duvet grisâtre.

2. Panops flavipède. *Panops flavipes.* Latr.

P. æneo-niger; antennis basi flavicantibus; occellis tuberculo impositis.

Panops flavipes. Latr. Encycl. p. 710.

Habite la Nouvelle-Hollande. Il est de la grandeur du précédent.

CYRTE. (Cyrtus.)

Antennes très-petites, biarticulées; le deuxième article

terminé par une soie. Trompe longue, abaissée sur la poitrine.

Tête petite ; corselet court ; ailes un peu écartées.

Antennæ minimæ, biarticulatæ; articulo secundo setâ longiusculâ terminato. Proboscis longa, sub pectore inflexa.

Caput parvum; thorax brevis; alæ subdivaricatæ.

OBSERVATIONS.

Les *cyrtes* paraissent se rapprocher du panops par la position de leur trompe dans l'inaction; mais ils s'en distinguent éminemment, ayant des antennes très-petites, biarticulées, insérées sur le derrière de la tête et plus courtes qu'elle.

ESPECE.

1. Cyrte acéphale. *Cyrtus acephalus.* Latr.
   C.
   Latr. hist. nat. des crust. et des ins. vol. 14. p. 314.
   Et gen. crust. et ins. 4 p. 317.
   Empis acephala. Vill. entom. Lin. 3. tab. 10. f. 21.
   Habite en France, dans l'Angoumois.

Trompe nulle ou non apparente.

ACROCÈRE. (Acrocera.)

Antennes très-petites, biarticulées; à deuxième article terminé par une soie. Trompe non apparente.

Tête petite; corps court et large; abdomen subglobuleux; ailes écartées.

Antennæ minimæ, biarticulatæ; articulo secundo setâ terminato. Proboscis inconspicua.

Caput minimum; corpus breve, latum; abdomen subglobosum; alæ divaricatæ.

OBSERVATIONS.

Aux *acrocères* de M. *Latreille*, je réunis ses ogcodes, les unes et les autres n'ayant que deux articles aux antennes. Il est sans doute singulier de trouver dans ce genre, ainsi que dans le suivant, des diptères sans trompe apparente, et qui néanmoins ne tiennent nullement aux oëstres par leurs rapports. Probablement, ces insectes, parvenus à l'état parfait, ne prennent plus de nourriture, et alors leur trompe très-courte reste cachée dans la cavité orale.

ESPÈCES.

1. Acrocère sanguine. *Acrocera sanguinea.* Latr.

A. abdomine sanguineo, punctis dorsalibus nigris. Meig.
Meig. class. und. Besch. t. 1. p. 147. t. 8. f. 26.
Latr. gen. crust. et ins. 4. p. 318.
Habite la France, l'Allemagne.

2. Acrocère globule. *Acrocera globulus.* Latr.

A. subnuda; thorace nigro; abdomine globoso, flavo, fusco-fasciato, apice bipunctato.
Panz. faun. ins. fasc. 86. tab. 20.
Habite en Allemagne, sur les fleurs. Corselet noir, subglobuleux. Abdomen large, enflé, globuleux, jaunâtre.

3. Acrocère renflée. *Acrocera gibbosa.*

A. fusca tomentosa; abdomine subgloboso atro: cingulis quatuor albis.
Ogcodes gibbosus. Lat. gen. crust. et ins. 4. p. 318.
Panz. faun. ins. fasc. 44. tab. 21. *Syrphus.*

Musca gibbosa. Lin.
Habite aux environs de Paris et en Allemagne.

ASTOMELLE. (Astomella.)

Antennes plus longues que la tête, triarticulées; le troisième article sans soie. Trompe non apparente.

Corps comme dans les acrocères.

Antennæ capite longiores, triarticulatæ; articulo tertio setâ destituto. Proboscis inconspicua.

Corpus acrocerarum.

OBSERVATIONS.

Ce genre, seulement indiqué par M. *Latreille*, est encore inédit.

ESPÈCE.

1. Astomelle d'Espagne. *Astomella Hispaniæ.*
Habite en Espagne. *Dufour.* Il est d'un brun noirâtre, avec des bandes jaunes sur l'abdomen.

LES TABANIENS.

Deux grandes lèvres au bout de la trompe, où le troisième article des antennes distinctement annelé.

Les *tabaniens* ressemblent, en général, à de grosses mouches, ayant de grands yeux à réseau et souvent colorés. Ces insectes avoisinent par leurs rapports les bombyliers, et ont, comme eux, une trompe toujours saillante ; mais ici, la trompe présente deux grandes lèvres à son extrémité. Dans beaucoup de *tabaniens*, comme dans les stratiomides, le troisième article des antennes est distinctement annelé.

Ces diptères sont la plupart carnassiers : les uns tourmentent les chevaux et les bœufs ; les autres vivent en suçant d'autres insectes. On les rencontre le plus ordinairement dans les prés bas et humides, dans le voisinage des bois.

Je rapporte à cette famille sept genres que je divise de la manière suivante.

DIVISION DES TABANIENS.

* *Dernier article des antennes ayant quatre anneaux ou davantage.*

(1) Ailes couchées. Écusson épineux.

Cénomie.

(2) Ailes écartées. Ecusson mutique.

Pangonie.

Taon.

** *Dernier article des antennes ayant moins de quatre anneaux, et quelquefois n'en ayant point.*

(1) Ailes écartées.

Pachistome.

Rhagion.

(2) Ailes couchées.

Dolichope.

Midas.

CÉNOMIE. (Cœnomya.)

Antennes à peine plus longues que la tête, à trois articles, dont le dernier est allongé-conique, à 8 anneaux. Trompe courte, à lèvres grandes, avancées.

Corps allongé ; ailes couchées ; écusson épineux.

Antennæ capite vix longiores, triarticulatæ ; articulo tertio elongato-conico, octo-annulato. Proboscis brevis ; labiis magnis porrectis.

Corpus elongatum ; alæ incumbentes ; scutellum sæpius spinosum.

OBSERVATIONS.

Les *cénomies* tiennent aux tabaniens par les deux grandes lèvres de leur trompe et par le troisième article de leurs antennes distinctement annelé. Elles ont le corps allongé, la tête un peu plus étroite que le corselet, les ailes couchées, et dans la plupart l'écusson est muni postérieurement de deux épines réfléchies.

ESPECES.

1. Cénomie ferrugineuse. *Cœnomya ferruginea.* Latr.

C. scutello atro bidentato ; abdomine atro : segmento secundo tertioque lateribus albis.

Sicus ferrugineus. Fab. *et sicus errans ejusd.*

Panz. faun. ins. fasc. 58. t. 17.
Habite en Normandie, en Allemagne.

2. Cénomie bicolore. *Cænomya bicolor.*

C. scutello bidentato; corpore ferrugineo; alis flavis.
Sicus bicolor. Fab. suppl. p. 555.
Stratiomys macroleon. Panz. fasc. 9. tab. 20.
Habite en Allemagne.

PANGONIE. (Pangonia.)

Antennes à peine aussi longues que la tête, triarticulées; le troisième article à huit anneaux. Trompe un peu longue, grêle, presque pointue, à lèvres obsolètes.

Corps court; ailes écartées.

Antennæ capitis vix longitudine, triarticulatæ; articulo tertio octo-annulato. Proboscis longiuscula, gracilis, subacuta; labiis obsoletis.

Corpus breve; alæ divaricatæ.

OBSERVATIONS.

Les *pangonies* seraient des stratiomides, si leur trompe, au lieu d'être toujours saillante, était retirée dans l'inaction. Ces diptères sont plutôt moyens entre les tabaniens et les bombyliers. En effet, ils tiennent de très-près aux bombyliers et particulièrement aux bombyles, par leur trompe grêle, un peu avancée, et qui n'a point de grandes lèvres à son extrémité; mais le dernier article de leurs antennes est distinctement annelé, comme dans la plupart des taons. Ainsi ce genre doit être placé vers l'entrée des tabaniens, à la suite des bombyliers. On en connaît plusieurs espèces.

ESPÈCES.

1. Pangonie tachée. *Pangonia maculata.* Fab.

P. proboscide longâ subporrectâ ; abdominis segmento secundo maculâ nigrâ distincto.

Pangonia tabaniformis. Latr. gen. crust. et insect. 1. tab. 15. f. 4.

Habite dans le Piémont, la Barbarie.

2. Pangonie tabaniforme. *Pangonia tabaniformis.* Latr.

P. fusca rufo-pubescens ; abdominis dorso vitta obsoleta grisea.

Latr. hist. nat. des crust. et des insect. t. 14. p. 318.

Pangonia marginata. Fab.

Bombylius haustellatus. Oliv. Encycl.

Habite en Provence.

Etc.

TAON. (Tabanus.)

Antennes plus longues que la tête, triarticulées ; à troisième article annelé, terminé en alêne. Trompe à peine aussi longue que la tête, ayant deux grandes lèvres à son extrémité. Palpes presque aussi longs que la trompe.

Ailes écartées.

Antennæ capite longiores, triarticulatæ ; articulo tertio annulato, subulato. Proboscis capite vix longitudine, labiis magnis terminata. Palpi proboscidis ferè longitudine.

Alæ divaricatæ.

OBSERVATIONS.

Je rapporte ici les genres *tabanus*, *hæmatopota*, *heptatoma* et *chrysops* de M. *Latreille*. Les insectes qu'ils embrassent me semblent assez rapprochés par leurs rapports, pour pouvoir être réunis dans la même coupe. Ils se distinguent facilement des autres tabaniens par leurs antennes et leur trompe. Leur suçoir est en général composé de cinq ou six soies.

Les *taons* ressemblent à de grosses mouches, qui ont de grands yeux, souvent panachés. Ils sont carnassiers, et incommodent extrêmement les chevaux, les bœufs et autres quadrupèdes pendant l'été; ils les piquent de tous côtés, sucent leur sang, et les rendent comme furieux.

Dans les grandes espèces, les antennes ont leur troisième article un peu en croissant, et comme muni d'une dent latérale à sa base.

ESPECES.

1. Taon des bœufs. *Tabanus bovinus.*

T. oculis virescentibus; abdominis dorso maculis albis trigonis longitudinalibus.

Tabanus bovinus. Lin. Fab.

Latr. hist. nat. des crust. et des insect. 14. p. 323. t. 111. f. 2.

Geoff. ins. 2. p. 459. n.o 1.

Habite en Europe, et tourmente les troupeaux pendant l'été. C'est un des plus grands. Le troisième article des antennes est un peu en croissant, ainsi que dans les deux espèces qui suivent.

2. Taon noir. *Tabanus morio.*

T. oculis fuscis; corpore atro; alis obscuris.

Tabanus morio. Lin. Fab. Latr.

us.. .. Geoff. ins. 2. p. 461. n.o 4.

Habite en Europe, en Barbarie.

3. Taon d'automne. *Tabanus autumnalis.*

T. alis hyalinis; abdomine fusco, ordini triplici albido maculoso.

Tabanus autumnalis. Lin. Fab. Latr.

Tabanus.... Geof. ins. 2. p. 460. n.° 2.
Habite en Europe.

4. Taon aveuglant. *Tabanus cœcutiens.*

T. oculis viridibus nigro-punctatis; alis maculatis.
Tab. cæcutiens. Lin. Fab. Panz. fasc. 13. t. 24.
Geoff. ins. 2. p. 463. n.° 8.
Chrysops cæcutiens. Latr.
Habite en Europe. Il a les yeux d'un vert doré, tacheté de noir.

5. Taon pluvial. *Tabanus pluvialis.*

T. oculis fasciis quaternis undatis; alis fusco-punctatis.
Tabanus pluvialis. Lin. Fab. Geoff. n.° 5.
Panz. fasc. 13. tab. 23.
Hæmatopota pluvialis. Latr.
Habite en Europe.
Etc.

PACHISTOME. (Pachystoma.)

Antennes cylindracées, triarticulées, mutiques, divergentes; le troisième article à trois anneaux. Trompe presque de la longueur de la tête, terminée par de grandes lèvres. Palpes de la longueur de la trompe.

Ailes écartées.

Antennæ cylindraceæ, triarticulatæ, muticæ, divaricatæ; articulo tertio triannulato. Proboscis capitis ferè longitudine, labiis magnis terminata. Palpi proboscidis longitudine.

Alæ divaricatæ.

OBSERVATIONS.

Le *pachistome* se rapproche des rhagions par son suçoir qui n'a que quatre soies, et n'offre au dernier article de ses antennes que trois anneaux. Mais cet insecte est remarquable par ses palpes grands, comprimés, et par ses antennes mutiques, c'est-à-dire, sans soie ni stylet au bout.

On n'en connaît qu'une espèce; sa larve vit sous l'écorce du pin.

ESPÈCE.

1. Pachistome syrphoïde. *Pachystoma syrphoides.* Latr.
   Rhagio syrphoides. Panz. faun. ins. fasc. 77. t. 19.
   Habite en Allemagne.

RHAGION. (Rhagio.)

Antennes courtes, submoniliformes, à troisième article non annelé, terminé par une soie. Trompe saillante, presque de la longueur de la tête, à lèvres grandes, allongées.

Corps allongé; ailes horizontales, écartées.

Antennæ breves, submoniliformes, triarticulatæ; articulo tertio non annulato, apice setigero. Proboscis capite ferè longitudine; labiis magnis, elongatis, anticè porrectis.

Corpus elongatum; alæ horisontales, divaricatæ.

OBSERVATIONS.

Notre genre *rhagion* embrasse celles des rhagionides de M. *Latreille*, dont le troisième article des antennes se termine par une soie. Ces diptères ne tiennent aux tabaniens que par les deux grandes lèvres de leur trompe. Leur suçoir n'a que quatre soies; et le troisième article de leurs antennes n'est point distinctement annelé : dans certaines espèces, les palpes sont relevés, et dans d'autres, ils sont avancés.

ESPÈCES.

1. Rhagion ver-lion. *Rhagio vermileo.*

Rh. cinereus, abdomine trifariam nigro punctato, alis immaculatis, thorace maculato. Fabr.

Musca vermileo. Lin.

Réaumur act. Paris. 1763. 402. tab. 17.

Habite en France. Sa larve vit dans le sable et y creuse un entonnoir, à peu-près comme le *myrmeleon-formicaleo*, pour y attendre et saisir sa proie.

2. Rhagion bécasse. *Rhagio scolopaceus.*

Rh. cinereus, abdomine flavescente trifariam nigro punctato, alis nebulosis. Fab.

Musca scolopacea. Lin.

Réaumur. ins. 4. pl. 10. f. 5—6. Panz. fasc. 86. t. 19.

Habite en Europe.

3. Rhagion chevalier. *Rhagio tringarius.*

Rh. cinereus, abdomine flavescente trifariam nigro punctato, alis immaculatis; thorace unicolore. Fab.

Musca tringaria. Lin.

Habite en Europe, dans les bois.

Etc.

DOLICHOPE. (Dolichopus.)

Antennes ordinairement plus courtes que la tête, triarticulées, à troisième article non annelé, formant avec le second une espèce de palette, munie d'une soie apicale, quelquefois latérale. Trompe courte, à grandes lèvres.

Corps oblong; ailes couchées.

Antennæ capite plerùmque breviores, triarticulatæ; articulo tertio non annulato, sæpius cum præcedenti patellam formante; setâ apicali vel laterali. Proboscis brevis; labiis magnis.

Corpus oblongum; alæ incumbentes.

OBSERVATIONS.

Les *dolichopes* sont très-voisins des rhagions par leurs rapports; ils ont de même le troisième article des antennes non annelé, le suçoir de quatre soies, et deux grandes lèvres à la trompe; mais leurs antennes forment une espèce de palette avec les deux derniers articles, et leurs ailes sont couchées. Leurs palpes sont saillans.

Ces insectes ont le corps oblong, velu, souvent d'un vert ou d'un bleu très-brillant. Linné ne les a point distingués des mouches.

Ce genre peut être partagé en deux divisions; savoir :

1.° Ceux dont le troisième article des antennes est terminé par une soie;

2.° Ceux dont le troisième article des antennes porte une soie vers sa base.

ESPÈCES.

1. Dolichope fascié. *Dolichopus fasciatus.*

D. abdomine cinereo nigro fasciato; pedibus fuscis. Meig. class.
Und. Besch. 1. p. 310. t. 15. f. 9.
Panz. fasc. 103. t. 20.
Habite en Allemagne, dans les prés.

2. Dolichope à crochets. *Dolichopus ungulatus.*

D. viridi-æneus, antennis latere setigeris, pedibus elongatis lividis.

Musca ungulata. Lin.

Degeer ins. 6. p. 194. pl. 11. f. 19—20.

Habite en Europe, dans les lieux aquatiques, les bois.

3. Dolichope élégant. *Dolichopus elegans.*

D. ater; abdomine utrinque maculis duabus albis.

Calliomya elegans. Meig.

Panz. fasc. 103. tab. 18.

Habite en Europe, sur la Berce.

4. Dolichope vert. *Dolichopus virens.*

D. aurato-virens; antennis setariis; thorace lineis nigris; pedibus longis. Ross.

Musca virens. Panz. fasc. 54. tab. 16.

Dolichopus virens. Latr. hist. nat. des crust., etc. 14. p. 333.

Habite en Europe.

MIDAS. (Mydas.)

Antennes de la longueur de la tête ou plus longues, triarticulées, à troisième article portant un stylet au bout. Trompe courte, terminée par un renflement formé par de grandes lèvres. Palpes non saillans, plus ou moins distincts.

Corps oblong; ailes couchées.

Antennæ capitis longitudine, vel capite longiores, triarticulatæ, articulo tertio apice stylo subincluso vel exserto terminato. Proboscis brevis; labiis magnis capitulum formantibus. Palpi plus minusve distincti, non prominuli.

Corpus oblongum; alæ incumbentes.

OBSERVATIONS.

Sous le nom de *midas*, je réunis les thérèves et les midas de M. *Latreille*, quoique ces insectes aient des différences qui puissent servir à les distinguer. Ils diffèrent principalement des dolichopes en ce que leurs palpes, tantôt non apparens, et tantôt distincts, ne sont point saillans, mais intérieurs ou retirés dans la cavité orale.

Ceux dont on connaît les mœurs, comme les thérèves, sont des insectes carnassiers.

ESPÈCES.

1. Midas effilé. *Mydas filata.* Fab.

   M. nigra, abdominis lateribus segmenti secundi pellucidis.
   Nemotelus asiloides. Degeer mém. t. 6. p. 204. t. 25. f. 6.
   Habite la Caroline. *Bosc.*

2. Midas plébéien. *Mydas plebeia.*

   M. cinereo-hirta, abdominis segmentis margine albis.
   Bibio plebeia. Fab.
   Nemotelus hirtus. Degeer n.° 9.
   Thereva plebeia. Latr.
   Habite l'Europe, dans les prairies.

3. Midas rustique. *Mydas rustica.*

   M. ater, hirtus; thorace cinereo lineato; abdominis segmentis maculis cinereis marginalibus.
   Bibio rustica. Panz. fasc. 90. t. 21. *Thereva.* Latr.
   Habite en Allemagne.
   Etc.

---

§§ *Six articles ou plus aux antennes.*

LES TIPULAIRES.

La famille des *tipulaires* comprend des diptères dont

les antennes ont au moins six articles et souvent beaucoup plus. Leur trompe, toujours saillante, est tantôt en forme de museau court, tantôt en tuyau fort allongé. Leur corps est ordinairement allongé, étroit; leur corselet souvent est dur, bombé ou bossu; enfin leurs pattes sont en général fort longues. Ces insectes aiment et fréquentent les lieux humides, frais et ombragés. Les larves des uns vivent dans le sein des eaux, celles des autres vivent dans la terre.

Quoique ces insectes suceurs soient encore de véritables diptères, leur métamorphose, toujours générale néanmoins, présente des modifications même singulières. Il y en a parmi eux dont la larve n'est pas complétement apode, et semble munie de fausses pattes. Leur chrysalide est molle, et loin d'être inactive, elle s'agite et nage presqu'avec autant d'agilité que la larve : tel est le cas des cousins. Il y en a d'autres qui se transforment en momies inactives, lesquelles laissent voir, à travers leur peau molle, les parties de l'insecte parfait.

Comme cette famille est nombreuse et très-variée, qu'on l'a divisée en un grand nombre de genres, j'ai cru pouvoir réduire à seize le nombre de ces genres, afin de conserver à ma méthode la simplicité et la facilité qu'elle a pour but; et je l'ai divisée de la manière suivante.

DIVISION DES TIPULAIRES.

[1] *Antennes submoniliformes ou perfoliées, un peu épaisses, à peine plus longues que la tête [Corps épais, un peu court].*

Bibion.

Scathopse.
Simulie.

[2] *Antennes filiformes ou sétacées, plus longues que la tête [Corps en général allongé et menu].*

[A] De petits yeux lisses.

Asindule.
Céroplate.
Mycétophile.
Rhyphe.

[B] Point de petits yeux lisses.

(*) Trompe courte, à peine de la longueur de la tête.
— Ailes écartées.

Tipule.
Cténophore.

— — Ailes couchées horizontalement ou en toît.
= Antennes velues ou plumeuses.

Trichocère.
Psychode.
Moucheron.

== Antennes ni velues, ni plumeuses.

Limonie.
Héxatome.

(**) Trompe beaucoup plus longue que la tête.
— Trompe perpendiculaire. Ailes en toît.

Culicoïde.

— — Trompe dirigée en avant. Ailes couchées, croisées.

Cousin.

BIBION. (Bibio.)

Antennes épaisses, submoniliformes, perfoliées, à neuf articles lenticulaires. Trompe courte, avancée. Deux palpes courbés, aussi longs que les antennes. Trois petits yeux lisses.

Tête sessile; corps oblong, épais.

Antennæ crassæ, submoniliformes, perfoliatæ; articulis novem lenticularibus. Proboscis brevis, porrecta. Palpi duo arcuati, antennarum longitudine. Ocelli tres.

Caput sessile; corpus oblongum, crassum.

OBSERVATIONS.

Les antennes très-courtes, épaisses, submoniliformes et à neuf articles, rendent les *bibions* fort remarquables. Ce genre a été confondu avec celui des tipules par *Linné*, *Fabricius*, etc. Mais *Geoffroy* l'en a séparé avec beaucoup de raison; les insectes qui le composent en étant très-distingués, surtout par leurs antennes : ils ne ressemblent aux tipules que par les parties de la bouche.

Ces insectes ont le vol lourd, se rencontrent sur les arbres, et une de leurs espèces paraît de bonne heure au printemps. Ils déposent leurs œufs dans la terre.

ESPÈCES.

1. Bibion précoce. *Bibio hortulanus.*

   B. niger, alis albis margine exteriori nigricante in masculo : feminæ thorace abdomineque rubro, subluteo.

   Bibio hortulanus. Fourcr. Latr. Oliv.

Bibio n.° 3. Geoff. pl. 19. f. 3. vol. 2.
Tipula hortulana. Lin.
Habite en Europe, au printemps. Le mâle est noir, un peu velu ; la femelle est plus grosse, a le corselet rouge et le ventre jaunâtre.

2. Bibion caniculaire. *Bibio joannis*. Oliv.

B. niger, glaber; alis albis, puncto marginali nigro; pedibus rufis. Oliv.
Tipula joannis. Lin. Degeer. mém. 6. p. 425. pl. 27. f. 12-13.
Hirtea joannis. Fab. suppl. p. 552.
Habite en Europe.

3. Bibion noir. *Bibio febrilis*. Oliv.

B. ater, hirsutus; alis albis, margine exteriore nigro, in utroque sexu.
Tipula febrilis. Lin.
Hirtea febrilis. Fab. suppl. p. 553.
Bibio. Geoff. ins. 2. p. 570. n.° 2.
Habite en Europe : commun aux environs de Paris, au printemps.
Etc.

SCATHOPSE. (Scathops.)

Antennes à peine plus longues que la tête, moniliformes, à onze articles. Palpes très-courts. Les yeux en croissant. Trois petits yeux lisses.

Corps un peu court; ailes couchées.

Antennæ capite vix longiores, moniliformes, undecim articulatæ. Palpi brevissimi. Oculi reniformes. Ocelli tres.

Corpus breviusculum; alæ incumbentes.

OBSERVATIONS.

Les *scathopses* ressemblent à de petites mouches à ailes couchées sur le dos, et tiennent aux bibions par leurs antennes; mais ces antennes sont à onze articles. Leurs palpes sont très-courts, et semblent n'avoir qu'un article. Les larves de ces insectes sont sans pattes : elles vivent dans les latrines.

ESPÈCE.

1. Scathopse noir. *Scathops nigra.* Latr.

Scathops albipennis. Fabr.
Scathops nigra. Geoffr. vol. 2. p. 545. n.° 1.
Habite en Europe, dans les latrines. Ses ailes sont blanches, plus longues que le corps, couchées l'une sur l'autre. Cet insecte est noir, glabre, fort petit.

SIMULIE. (Simulium.)

Antennes cylindrico-coniques, grenues, à peine plus longues que la tête, crochues à l'extrémité, à onze articles. Les yeux lunulés. Point de petits yeux lisses.

Corps court et gros. Ailes horizontales.

Antennæ cylindrico-conicæ, granosæ, capite vix longiores, apice uncinatæ; articulis undecim. Oculi reniformes. Ocelli nulli.

Corpus breve, crassum; alæ horisontales.

OBSERVATIONS.

M. *Latreille*, qui a eu occasion d'observer les *simulies*, croit que ces insectes sont du même genre que les *mous-*

tiques d'Amérique dont la piqûre est extrêmement douloureuse, et qu'il ne faut pas les confondre avec les *maringouins* qui sont de véritables cousins.

Les *simulies* ont le corps gros et court; la tête sessile, presqu'aussi large que le corselet; les ailes grandes et horizontales; les pattes fortes et sans épines.

ESPECE.

1. Simulie tête-rouge. *Simulium reptans.* Latr.

Simulium. Latr. gen. crust. et insect. vol. 4. p. 268.

Culex reptans. Lin.

Tipula erythrocephala. Degeer mém. tome 6. p. 431. pl. 28. f. 5—6. *Bibio erythrocephalus.* Oliv. Encycl.

Habite en Suède. Cet insecte n'est guère plus grand qu'une puce.

ASINDULE. (Asindulum.)

Antennes sétacées, plus longues que la tête, à articles cylindriques, peu distincts. Trompe allongée, en forme de syphon, fléchie sous la poitrine, bifide au sommet. Trois petits yeux lisses.

Ailes couchées.

Antennæ setaceæ, capite longiores; articulis cylindricis, vix distinctis. Proboscis elongata, syphunculiformis, sub pectore inflexa, apice bifida. Ocelli trés.

Alæ incumbentes.

OBSERVATIONS.

L'*asindule* est une tipulaire fungicole, qui se rapproche des mycétophiles par ses rapports, mais qui en est bien distinguée par la longueur de sa trompe, laquelle est abaissée sur la poitrine et dépasse le corselet.

Cet insecte a la tête orbiculée, les antennes arquées en dehors, les ailes couchées. Sa larve vit dans les champignons.

ESPÈCES.

1. Asindule noire. *Asindulum nigrum.* Latr.

A. abdomine fusco-fasciato; alis fasciá transversali fuscá.
Asindulum nigrum. Latr. gen. crust. et ins. vol. 1. tab. 14. f. 1. et vol. 4. p. 261.
Platyura fasciata. Meigen. 1. tab. 5. f. 22.
Habite aux environs de Paris.

2. Asindule ponctuée. *Asindulum punctatum.*

A. abdomine luteo: punctis dorsalibus fuscis; alis immaculatis.
Platyura punctata. Meigen. 1. p. 101.
Tipula platyura. Fab. antl. p. 33.
Habite en Allemagne.

CÉROPLATE. (Ceroplatus.)

Antennes plus longues que la tête, subfusiformes, comprimées. Trompe très-courte. Palpes paraissant inarticulés, fort courts. Trois petits yeux lisses.

Corselet court; abdomen allongé; ailes couchées.

Antennæ capite longiores, subfusiformes, compressæ. Proboscis brevissima. Palpi subinarticulati, brevissimi. Ocelli tres.

Thorax brevis; abdomen elongatum; alæ incumbentes.

OBSERVATIONS.

Les *céroplates* sont fort remarquables par la forme de leurs antennes : elles sont allongées, presque fusiformes, comprimées, multiarticulées, et en forme de râpe ou de lime. Ces insectes ont assez le port des tipules. Leur abdomen est allongé en fuseau ; leur larve vit dans les champignons.

ESPÈCES.

1. Céroplate tipuloïde. *Ceroplatus tipuloides.* Bosc.

C. flavescens; antennis thorace abdomineque nigro-fasciatis.
Act. de la soc. d'hist. nat. de Paris, 1. tab. 7. f. 3.
Latr. gen. crust. et insect. vol. 4. p. 262.
Habite aux environs de Paris.

2. Céroplate noir. *Ceroplatus carbonarius.* Bosc.

C. ater, abdominis segmentis margine laterali albis.
Ceroplatus carbonarius. Fab. antl. p. 16.
Habite dans la Caroline. *Bosc.*

MYCÉTOPHILE. (Mycetophila.)

Antennes subsétacées, plus longues que la tête. Palpes subfiliformes, courbés, distinctement articulés. Petits yeux lisses écartés, à peine visibles.

Ailes couchées.

Antennæ subsetaceæ, capite longiores. Palpi subfiliformes, distinctè articulati, incurvi. Ocelli remoti, vix perspicui.

Alæ incumbentes.

OBSERVATIONS.

Les *mycétophiles* vivent dans les champignons lorsqu'ils sont dans l'état de larve. Ces tipulaires, devenues insectes parfaits, sont remarquables par l'écartement de leurs petits yeux lisses, dont les latéraux sont placés, un de chaque côté, derrière chaque œil. Ces yeux sont extrêmement petits. Ces insectes ont les antennes couchées sur le corselet, la trompe courte; leur larve est tout-à-fait apode.

ESPÈCES.

1. Mycétophile à lunules. *Mycetophila lunata.* Meig.

M. lutea; abdominis segmentis utrinque puncto nigro; alis puncto lunaque fuscis.

Mycetophyla lunata. Latr. gen. crust. et ins. p. 264.

Meig. classif. und. Besch. tom. 1. p. 90. t. 5. f. 2—3.

Sciara lunata. Fabr. antl. p. 58.

Habite en Europe, dans les Bolets.

2. Mycétophile ponctué. *Mycetophila punctata.*

M. lutea; abdomine serie dorsali punctorum fuscorum; alis immaculatis.

Meig. 1. p. 91. *sciara striata.* Fab. antl. p. 58.

Habite en Allemagne.

3. Mycétophile brun. *Mycetophila fusca.*

M. nigro-fusca; halteribus pedibusque luteis; alis immaculatis cinerascentibus. Meig. 1. p. 91.

Habite en Allemagne, dans le nord.

RHYPHE. (Rhyphus.)

Antennes sétacées, plus longues que la tête; à articles cylindriques, peu distincts. Trompe avancée, un peu plus courte que la tête. Trois petits yeux lisses, insérés sur un tubercule.

Ailes couchées.

Antennæ setaceæ, capite longiores; articulis cylindricis vix distinctis. Proboscis porrecta, capite paulò brevior. Ocelli tres tuberculo communi impositi.

Alæ incumbentes.

OBSERVATIONS.

Le *rhyphe* n'est point fungicole, comme les insectes des genres précédens, et se trouve particulièrement caractérisé par l'insertion des petits yeux lisses sur un tubercule commun. On n'en connaît qu'une espèce.

ESPECE.

1. Rhyphe des fenêtres. *Rhyphus fenestrarum.* Latr.

Hist. Nat. des crust. et des ins. 14. p. 291. et gen. crust. et ins. 4. p. 262.

Tipula fenestrarum. Scop. entom. carn.

Habite en Europe, dans les maisons.

TIPULE. (Tipula.)

Antennes filiformes ou subsétacées; simples dans les deux sexes. Trompe courte. Petits yeux lisses nuls.

Ailes écartées; pattes fort longues.

Antennæ filiformes vel subsetaceæ, in utroque sexu simplices. Proboscis brevis. Ocelli nulli.

Alæ divaricatæ. Pedes prælongi.

OBSERVATIONS.

Je nomme *tipule*, les insectes de la famille des tipulaires, qui ont les antennes simples dans les deux sexes, la trompe courte, les ailes écartées dans l'inaction, et qui manquent de petits yeux lisses. Ainsi, sous cette dénomination, je comprends les genres que M. *Latreille* nomme *tipule*, *perdicie*, *néphrotome*, *psychoptère*; genres qui me paraissent pouvoir se rapporter à la même coupe.

Les *tipules* sont terricoles, au moins quant à leurs larves. Ces larves, en effet, vivent la plupart sous la terre, au pied des arbres, où elles rongent les racines des plantes.

Dans l'état parfait, ces insectes ressemblent un peu à des cousins dont les antennes seraient simples et les ailes écartées dans le repos.

ESPECES.

1. Tipule commune. *Tipula oleracea.*

T. alis hyalinis; costâ marginali fuscâ. Lin.
Tipula oleracea. Lin. Fab.
Geoff. ins. 2. p. 555. n.o 3.
Degeer mém. 6. p. 339. pl. 18. f. 12—13.
Habite en Europe, dans les jardins, les prés.

2. Tipule des prés. *Tipula pratensis.*

T. thorace variegato, abdomine fusco: lateribus flavo maculatis; fronte fulvâ. Lin.
Tipula pratensis. Lin. Fab.
Geoff. n.o 2.
Habite en Europe, dans les prés.

3. Tipule des rives. *Tipula rivosa.*

T. alis hyalinis: rivulis fuscis maculâque niveâ. Lin.
Tipula rivosa. Lin. Fab.

Perdicia rivosa. Latr. gen. crust. et ins. 4. p. 255.
Habite en Europe, dans les lieux aquatiques.

4. Tipule dorsale. *Tipula dorsalis.*
T. flavescens, dorso fusco, alis hyalinis: maculâ marginali nigrâ.
Tipula dorsalis. Fab. 4. p. 237.
Nephrotoma dorsalis. Meig. 1. tab. 4. f. 8. Latr.
Habite en Allemagne, en Italie.

5. Tipule souillée. *Tipula contaminata.*
T. atra; alis albis: fasciis duabus punctoque nigris. Lin.
Tipula contaminata. Lin. Fab.
Geoff. n.° 6.
Psychoptera contaminata. Latr.
Habite en Europe, dans les lieux humides.
Etc.

CTÉNOPHORE. (Ctenophora.)

Antennes filiformes, pectinées dans les mâles, en scie dans les femelles. Trompe courte; petits yeux lisses nuls.
Ailes écartées; pattes fort longues.

Antennæ filiformes, in masculis pectinatæ, in feminis serratæ. Proboscis brevis. Ocelli nulli.
Alæ divaricatæ; pedes prælongi.

OBSERVATIONS.

Ce genre est le même que celui de M. *Latreille* et de plusieurs autres entomologistes. Il comprend de grandes tipulaires à ailes écartées, et à pattes fort longues, qui ont beaucoup de rapports avec nos tipules, mais qui en sont très-distinguées par leurs antennes. Leurs larves vivent sous terre, en rongeant les racines des plantes.

Les *cténophores*, comme les tipules, ont, en général, la tête petite, les antennes longues, le corselet court, renflé ou comme bossu, l'abdomen long et mince, les pattes fines et très-longues, et les balanciers très-apparens. La plupart de ces insectes sont panachés de couleurs diverses.

ESPÈCES.

1. Cténophore pectinicorne. *Ctenophora pectinicornis.*

Ct. antennis pectinatis, alis maculâ nigrâ; abdomine medio-flavo fasciato, apice nigro.

Tipula pectinicornis. Lin. Fab. 4. p. 233.

Schœff. ic. tab. 106. f. 5—6.

Habite en Europe. Grand et bel insecte panaché de jaune et de noir.

2. Cténophore ichneumonide. *Ctenophora atrata.*

Ct. alis glaucis : puncto marginali corporeque atris; abdominis basi pedibusque rufis.

Tipula atrata. Lin. Fab. 4. p. 238.

Degeer ins. 6. pl. 19. f. 10.

Habite en Europe.

3. Cténophore flavéolé. *Ctenophora flaveolata.*

Ct. alis maculâ fuscâ; abdomine atro : fasciis sex flavis.

Tipula flaveolata. Fab. 4. p. 238.

Meig. 1. tab. 4. f. 18.

Habite en Allemagne.

4. Cténophore bimaculé. *Ctenophora bimaculata.*

Ct. alis hyalinis : maculis duabus fuscis; abdominis medio maculato ferrugineo; antennis plumosis.

Tipula bimaculata. Lin. Fab. 4. p. 240.

Habite en Europe, dans les prés.

TRICHOCÈRE. (Trichocera.)

Antennes filiformes, submoniliformes, velues ou plumeuses. Trompe courte.

Ailes couchées horizontalement. Toutes les pattes à distance à-peu-près égale ; les antérieures ne s'insérant point près du cou.

Antennœ filiformes, submoniliformes, villosœ vel plumosœ. Proboscis brevis.

Alœ incumbentes et horisontales. Pedes alii ab aliis subœque distantes ; antici sub capite non inserti.

OBSERVATIONS.

Sous le nom de *trichocère*, je réunis les cératopogons et les cécidomies de M. *Latreille*. Ces tipulaires sont distinguées des cténophores par leurs ailes couchées, des tanypes par leurs pattes à distance à-peu-près égale, et des psychodes par leurs ailes horizontales.

ESPÈCES.

1. Trichocère grosses-cuisses. *Trichocera femorata.*

T. atra, nitida; femoribus posterioribus clavatis.
Ceratopogon femoratus. Meig. 1. p. 28. t. 2. f. 4.
Chironomus femoratus. Fab. antl. p. 45.
Habite en Allemagne.

2. Trichocère noir. *Trichocera communis.*

T. atra, halteribus niveis, pedibus fuscis.
Ceratopogon communis. Meig. 1. p. 27.
Chironomus communis. Fab. antl. p. 44.
Habite en Allemagne, sur les fleurs.

3. Trichocère barbicorne. *Trichocera barbicornis.*

T. nigra; alis albis ; antennis plumosis, apice simplicibus.
Chironomus barbicornis. Fab. antl. p. 42.
Habite en Europe.

4. Trichocère du pin. *Trichocera pini.*

T. nigro-fusca; antennis longis, nodosis, villosis; alis ovatis hirsutis.

Cecidomia pini. Meig. 1. p. 40. Latr.

Habite en Europe, dans le nord. Les antennes de cette tipulaire étant noduleuses, on peut la distinguer comme genre.

PSYCHODE. (Psychoda.)

Antennes filiformes, ou moniliformes, velues, de 14 à 16 articles. Toutes les pattes insérées à égale distance, les antérieures n'étant point près du cou. Ailes en toit incliné.

Antennæ filiformes, submoniliformes, pilosæ, 14 ad 16 articulatæ. Proboscis brevis.

Pedes alii ab aliis æquè distantes, antici sub capite non inserti. Alæ deflexæ.

OBSERVATIONS.

Ici se rapportent les psychodes de M. *Latreille*. Ces tipulaires sont distinguées des tanypes par la disposition de leurs pattes, et des trichocères par leurs ailes en toit.

ESPÈCES.

1. Psychode des murs. *Psychoda phalænoides.*

Ps. alis deflexis, cinereis, ovato-lanceolatis ciliatis.

Tipula phalænoides. Lin. Fab.

Bibio. Geoff. ins. 2. p. 572. n.° 4.

Degeer. ins. 6. pl. 27. f. 6—11.

Habite en Europe; commune sur les murs, les fenêtres; ailes sans taches.

2. Psychode hérissée. *Psychoda hirta.*

Ps. hirsuta; alis deflexis ovalis ciliatis albo nigroque tes sellatis.

Tipula hirta. Lin. Fab.

Geoff. 2. p. 572. n.o 5.

Trichoptera ocellaris. Meig.

Habite en Europe.

MOUCHERON. (Tanypus.)

Antennes filiformes ou moniliformes, velues ou plumeuses, de 12 à 14 articles. Pattes antérieures insérées sous le cou, à une grande distance des autres.

Antennœ filiformes, submoniliformes, pilosœ vel plumosœ, 12 ad 14 articulatœ. Proboscis brevis. Pedes antici ab aliis remoti, ferè sub capite inserti.

OBSERVATIONS.

Les moucherons dont il s'agit ici, embrassent les tanypes, les corèthres et les chironomes de M. *Latreille.* La plupart sont des tipulaires petites, délicates, et qui font partie de celles que l'on a nommées *tipules culiciformes.*

Ces insectes ont la poitrine grande et enflée, l'abdomen allongé, les ailes couchées, les pattes antérieures avancées, fort longues, quelquefois plus longues que les postérieures.

Ces petites tipulaires sont si délicates que lorsqu'on les touche, on les écrase. Il y en a qui volent vers la fin du jour en formant de petits nuages qui nous suivent au-dessus de nos têtes.

Les larves de ces tanypes vivent dans l'eau ou dans des trous enfoncés sous l'eau.

ESPECES.

1. Moucheron culiciforme. *Tanypus culiciformis.*

   T. fuscus, antennis filiformibus : maris plumosis; abdomine pedibusque griseis; costis alarum hirtis.

   Corethra culiciformis. Meig. 1. p. 9.

   Degeer ins. 6. p. 372. pl. 23. f. 11.

   Habite dans l'Europe boréale.

2. Moucheron à bosse. *Tanypus gibbus.*

   T. viridis; thorace gibbo, anticè producto; alis albis: fasciâ fuscâ.

   Corethra gibba. Meig. 1. p. 9.

   Chironomus gibbus. Fab. antl. p. 41.

   Habite à Hale, en Saxe.

3. Moucheron à bandes. *Tanypus cinctus.*

   T. lividus; alis maculis tribus marginalibus nigris; abdomine nigro, albo, annulato.

   Tipula cincta. Lin. Fab.

   Chironomus cinctus. Fab. antl.

   Habite dans la Suède.

4. Moucheron tacheté. *Tanypus maculatus.*

   T. cinereus, nigro-maculatus; antennis clavatis : maris plumosis; alis albidis; maculis pallidè nigris.

   Tanypus maculatus. Meig. 1. p. 21.

   Degeer ins. 6. pl. 24. f. 15—19.

   Habite en Europe, dans le nord.

5. Moucheron plumeux. *Tanypus plumosus.*

   T. thorace virescente; alis albis : puncto fusco; antennis plumosis.

   Tipula plumosa. Lin. Fab.

   Tipula. Geoff. 2. p. 560. n.° 16.

   Chironomus plumosus. Latr.

   Habite en Europe, dans les lieux aquatiques.

6. Moucheron motateur. *Tanypus motatrix.*

   T. pedibus anticis maximis, motatoriis : annulo albo.

Tipula motatrix. Lin. Fab.
Tipula. Geoff. 2. p. 562. n.° 18.
Chironomus motatrix. Meig. Fab. Latr.
Habite en Europe, dans les prés humides, les bois.

7. Moucheron latéral. *Tanypus lateralis.*
T. thorace ferrugineo, lateribus albis.
Corethra lateralis. Meig. dipt. 1. p. 8. tab. 1. f. 12.
Habite l'Europe boréale. Voyez *chironomus plumicornis.* Fab. antl. p. 42.

LIMONIE. (Limonia.)

Antennes sétacées, submoniliformes, glabres, à 15 ou 16 articles. Trompe courte. Petits yeux lisses nuls. Ailes couchées.

Antennæ setaceæ, submoniliformes, glabræ, 15 vel 16 articulatæ. Proboscis brevis. Ocelli nulli. Alæ incumbentes.

OBSERVATIONS.

Les *limonies* ont les antennes glabres, ce qui les distingue des trois genres précédens; et comme ces antennes ont au moins 15 articles, ce qui les rend presque moniliformes, elles distinguent éminemment ces insectes de l'hexatome. Ces tipulaires sont terricoles, ont la tête globuleuse, les ailes couchées.

ESPÈCES.

1. Limonie hiémale. *Limonia hiemalis.*
L. nigro-fusca; antennis longis, setaceis; alis amplissimis; pedibus longissimis.

Trichocera hiemalis. Meig. classif. und. Besch. 1. t. 3. f. 1-5.
Habite dans l'Europe boréale.

2. Limonie peinte. *Limonia picta.* Meig.

L. alis cinereis : annulis maculisque nigris.
Tipula picta. Fabr. antl. p. 29.
Habite à Hale, en Saxe.

3. Limonie à six points. *Limonia sexpunctata.*

L. alis albis : punctis 3 marginalibus fuscis; thorace compresso fulvo : lineâ dorsali nigrâ.
Meig. classif. und. Besch. 1. tab. 3. f. 15.
Tipula sexpunctata. Fabr. antl. p. 30.
Habite l'Italie et aux environs de Paris.

4. Limonie jaunâtre. *Limonia flavescens.*

L. lutea, antennis fuscis; alis flavescentibus.
Limonia flavescens. Meig. 1. p. 56.
Tipula flavescens. Lin. Fab.
Habite en Europe, dans les prés.

HEXATOME. (Hexatoma.)

Antennes subsétacées, glabres, à 6 articles : les 4 derniers cylindriques, fort longs. Point de petits yeux lisses. Ailes couchées.

Antennæ subsetaceæ, glabræ, 6 articulatæ; articulis quatuor ultimis prælongis, cylindraceis. Ocelli nulli. Alæ incumbentes.

OBSERVATIONS.

L'*hexatome* est, de toutes les tipulaires, l'insecte qui a le moins d'articles à ses antennes, ce qui le rend fort remarquable. On ne connaît de ce genre que l'espèce suivante.

ESPÈCE.

1. Héxatome noir. *Hexatoma nigra.* Latr.

Le front est bituberculé.

Habite aux environs de Paris.

COUSIN. (Culex.)

Antennes filiformes, velues ou pectinées dans les femelles, plumeuses dans les mâles, plus longues que la tête. Trompe longue, cylindrique ou sétacée, dirigée en avant. Suçoir de cinq pièces. Deux palpes courts dans les femelles, plus longs et velus dans les mâles. Petits yeux lisses nuls.

Tête petite; corselet gibbeux ; ailes rabattues, croisées ; pattes très-longues; larve aquatique.

Antennæ setaceæ aut filiformes, in feminis pilosæ vel pectinatæ, in masculis subplumosæ, capite longiores. Proboscis siphunculiformis, longa, cylindrico-setacea, porrectá. Haustellum è setis quinque compositum. Palpi duo, in feminis breves, in masculis longiores et villosi. Ocelli nulli.

Alæ incumbentes; pedes longissimi; truncus gibbus. Larva aquatica.

OBSERVATIONS.

Les *cousins* sont de petits insectes assez connus de tout le monde, par le bourdonnement incommode qu'ils font entendre pendant la nuit, et plus encore par leur piqûre et leur opiniâtreté à poursuivre pour piquer. Au rapport des voyageurs, qui en ont été cruellement tourmentés, ceux de l'Asie, de l'Afrique et de l'Amérique sont bien plus redoutables encore que les nôtres. On les connaît dans ces pays sous le nom de *maringouins*. Leur piqûre met le corps en feu; leur trompe, au moins le suçoir de cinq soies qu'elle contient, pénètre à travers les étoffes les plus serrées. Dans les pays chauds, les habitans, pour s'en garantir, sont souvent obligés de faire des feux et de s'envelopper dans des nuages de fumée.

Les larves des *cousins* vivent dans les eaux dormantes et croupissantes. Elles sont très-aisées à reconnaître, parce qu'on les voit presque toujours suspendues à la surface de l'eau, par leur partie postérieure, et ayant la tête en bas. C'est pour respirer qu'elles viennent ainsi fixer leur extrémité postérieure à la surface de l'eau. Dès qu'on agite l'eau ou même qu'on en approche, on les voit se précipiter au fond, avec une grande agilité, en faisant des zig-zags.

Le second état du *cousin* offre une modification très-particulière. Ce n'est ni une chrysalide, ni une momie, ni même une nymphe; car alors l'animal nage avec presqu'autant d'agilité que la larve, et cependant il ne montre pas les parties de l'insecte parfait et ne prend point de nourriture; il vient seulement respirer à la surface de l'eau.

Quoique les *cousins* semblent rapprochés des tipules par la forme de leur corps, leur trompe longue, aciculée et dirigée en avant, les en distingue fortement. On en connaît plusieurs espèces.

ESPÈCES.

1. Cousin commun. *Culex pipiens*. L.

C. cinereus; abdomine annulis fuscis octo. Lin.

Culex. Geoffr. 2. p. 579. pl. 19. f. 4.

Culex pipiens. Fab. Latr., etc.

Habite en Europe. Très-commun en automne, dans le voisinage des eaux, les lieux frais.

2. Cousin annelé. *Culex annulatus.*

C. fuscus; abdomine pedibusque albo-annulatis; alis maculatis.

Culex annulatus. Fab. 4. p. 400.

Habite en Europe, dans le nord.

3. Cousin pulicaire. *Culex pulicaris.*

C. fuscus; alis albis : maculis tribus obscuris. Fab.

Culex pulicaris. Lin. Fab. 4. p. 402.

Culex n.° 2. Geoff.

Habite en Europe. Il se trouve dans les bois, dès le printemps. Il est plus petit que le cousin commun, et l'on dit qu'il pique très-fort.

Etc.

ORDRE TROISIÈME.

LES HÉMIPTÈRES.

Une gaîne labiale, univalve, articulée, abaissée ou recourbée sous la poitrine, ressemblant à un bec aigu, et renfermant un suçoir de 4 soies. Point de palpes apparens.

Quatre ailes, dont les deux supérieures sont tantôt membraneuses comme les inférieures, et tantôt coriaces, plus ou moins crustacées, comme des élytres.

Larve hexapode, semblable à l'insecte parfait, mais sans ailes. La nymphe, en général, marche et mange.

OBSERVATIONS.

Dans le premier ordre des insectes [les aptères], la nature ne faisant que commencer le plan d'organisation de ces nombreux animaux, ne put leur donner des ailes; dans l'ordre qui vient ensuite [celui des diptères], elle ne put leur donner que deux ailes; enfin, ce ne fut que dans le troisième ordre, celui des *hémiptères* dont il s'agit maintenant, qu'elle parvint à leur en donner quatre; encore ne put-elle en faire avoir plus de deux aux gallinsectes, première famille de ces hémiptères. Désormais, sauf les avortemens, tous les insectes auront quatre ailes, soit toutes quatre servant au vol, soit seulement les deux inférieures.

Cette marche, du plus simple au plus composé, est évidemment celle de la nature : on la trouve partout clairement exprimée, malgré la cause connue qui l'a modifiée dans ses détails.

Ce n'est pas seulement dans la considération des ailes, qu'on remarque ici les progrès de cette marche de la nature; on les observe aussi dans la considération des parties de la bouche. En effet, quoique le plan de ces parties de la bouche soit le même pour tous les insectes, et doive se composer, en dernier lieu, de deux lèvres, de deux mandibules, de deux mâchoires, enfin, de quatre ou six palpes; la nature, dans les insectes des quatre premiers ordres, n'a fait qu'ébaucher ce plan, que préparer les pièces qui peuvent, en subissant des modifications, devenir propres à l'exécuter; mais, dans ces quatre premiers ordres, elle a approprié les parties

de la bouche à la seule fonction de *sucer* ou de prendr
des alimens liquides, accommodant ces parties aux besoin
de chaque cas particulier.

Ainsi, depuis que nous examinons ces animaux, tou
ceux que nous avons vus ont un suçoir de plusieurs pièces; et ce suçoir, dans l'inaction, est renfermé dans un
gaîne que la nature a variée dans sa composition et sa forme, selon les besoins. Cette gaîne du suçoir représent
la lèvre inférieure, ou du moins offre une partie qui
après sa transformation, pourra la constituer. Nous l'a-
vons trouvée bivalve dans les *aptères*; elle l'est encore dan
les deux premières familles des *diptères* [les coriaces e
les rhipidoptères]; mais, dans tous les autres diptères
nous ne l'avons plus trouvée qu'univalve et inarticulée. Enfin, dans les *hémiptères* dont il est ici question, la gaîn
du suçoir se retrouve encore, et se montre univalve
comme dans la plupart des diptères; mais elle est ici distinctement articulée, et ce ne sera plus que dans cet ordr
que nous l'observerons. Effectivement, la nature se pré-
parant à rendre la bouche des insectes propre à d'autre
fonctions, abandonne cette gaîne du suçoir dans l'ordr
suivant [les lépidoptères], et laisse ce suçoir à nu jusqu'à
ce qu'elle l'ait fait entièrement disparaître.

Quant aux *hémiptères* dont il s'agit actuellement, la
gaîne qui contient leur suçoir, se trouvant en général for
allongée et aiguë, a reçu le nom de bec (*rostrum*), pour
la distinguer de celle des diptères, qui ressemble plus à
une trompe.

Ce bec singulier, articulé, aigu, et abaissé ou recourbé
sous la poitrine, est composé de deux à cinq articulations.

Il sert de gaîne à un suçoir de quatre pièces, qui sont des soies fines, roides et aiguës. Deux de ces quatre soies sont souvent réunies, ce qui fait qu'elles ne paraissent alors qu'au nombre de trois. Ces pièces, en se réunissant, forment un tube grêle que l'insecte introduit dans les vaisseaux des animaux, ou dans le tissu des plantes, pour en extraire les fluides qui peuvent le nourrir.

Il y a apparence que les quatre soies fines qui composent le suçoir des hémiptères, sont les pièces destinées à produire les deux mandibules et les deux mâchoires des insectes broyeurs, et que la gaîne de ce suçoir, qui a ici la forme d'un bec, servira à former la lèvre inférieure de ces animaux. Pour cet objet, la nature n'aura qu'à raccourcir et modifier la forme de ces parties.

Dans les insectes à quatre ailes, on a donné le nom d'*élytres* aux deux ailes supérieures, lorsqu'elles sont coriaces ou crustacées, et qu'elles ne servent pas au vol. Mais, comme tout est nuancé dans les opérations de la nature, on rencontre nécessairement des cas où l'arbitraire décide à cet égard.

Les élytres des *hémiptères* diffèrent tellement les uns des autres, et offrent des nuances telles dans leurs différences, qu'on voit clairement que ces élytres ne sont que des ailes supérieures, plus ou moins utiles au vol.

En effet, dans les punaises, une partie de ces élytres est dure, coriace, opaque, et ressemble presque aux élytres des orthoptères ou même des coléoptères; tandis que l'autre partie est membraneuse et semblable à une partie d'aile véritable.

Dans les cigales, les pucerons, les psylles, etc., les

élytres sont transparens, et ressemblent à de véritabl aîles. Aussi prendrait-on ces hémiptères, au premie coup d'œil, pour des insectes à quatre ailes, égalemen utiles au vol.

Il résulte de ces considérations, que le caractère le plu remarquable, le plus constant et même le plus importan de cet ordre d'insectes, réside dans la forme très-parti culière de la bouche de ces animaux, et non dans le organes du mouvement, comme leurs ailes.

A la vérité, le caractère qu'on emprunterait de la mé tamorphose reporterait ailleurs ces insectes et les rappro cherait des orthoptères; mais j'ai fait voir que ce carac tère est réellement moins important que celui de la bou che, puisque des ordres très-naturels, tels que les *dip tères*, les *névroptères*, etc., comprennent des insecte qui diffèrent entr'eux par la métamorphose.

Enfin, le caractère qu'on obtiendrait de la considé-ration des ailes supérieures plus ou moins transformées en élytres, serait encore moins important que la mé-tamorphose, puisque la qualification d'élytres qu'on donne aux ailes supérieures des psylles, des pucerons ailés et de la plupart des cigales, est véritablement ar-bitraire. D'ailleurs, rien n'est plus variable que les ailes des insectes, à cause des avortemens ou des modi-fications que ces parties sont exposées à subir, selon les habitudes des races.

Ce qu'il y a de bien remarquable, c'est que les *hémip-tères*, qui diffèrent en général si fortement des *diptères* par la métamorphose, y tiennent cependant par la méta-morphose même dans certaines de leurs races.

En effet, dans les cochenilles, qui sont de véritables hémiptères, les mâles n'ont que deux ailes, et la larve de ces mâles se transforme en chrysalide dont la coque est formée par la peau même de l'animal. La larve de l'aleyrode est aussi dans le même cas; elle se transforme en chrysalide, ayant une coque formée par sa propre peau. Les *hémiptères* tiennent donc aux diptères, dans certaines de leurs races, même par la métamorphose.

Ainsi, dès que j'eus connu l'importance du système de nutrition dans les insectes, et par suite celle des caractères de leur bouche; que j'eus considéré les habitudes de ces êtres et la manière dont ils se nourrissent; en un mot, que j'eus suivi en eux la marche de la nature; je fus fondé, dans la distribution naturelle des insectes, à ne point confondre les suceurs parmi les broyeurs. J'ai donc dû placer les *hémiptères* après les diptères, et les éloigner des orthoptères, quoique ceux-ci ne subissent aussi qu'une métamorphose partielle.

En effet, la larve des *hémiptères* est munie de parties diverses qu'elle conserve les mêmes en passant à l'état de nymphe, et ensuite à celui d'insecte parfait. Ainsi elle ne subit que la métamorphose partielle, puisque, sans changer de forme, elle ne fait qu'acquérir de nouvelles sortes de parties. Cette larve est effectivement pourvue d'antennes, d'yeux à rézeau, d'une bouche semblable à celle de l'insecte parfait, et de six pattes.

Quelques espèces, telles que la punaise de lit, la punaise aptère, etc., restent toujours dans l'état de nymphe, quelquefois même dans l'état de larve, n'ont jamais d'ailes, n'acquièrent point de partie nouvelle ou n'obtiennent que des élytres imparfaits, et cependant peuvent se reproduire. Ces particularités, qui ne changent nullement la nature des rapports, sont dues à des avortemens de parties que la continuité des circonstances, qui tiennent à la manière de vivre de ces animaux, a perpétués et rendus habituels. Par des causes semblables, les cochenilles femelles sont aptères et sans élytres.

Dans beaucoup d'insectes de cet ordre, on voit un écusson : il est quelquefois fort grand, particulièrement dans les cimicides.

Le caractère le plus général que l'on puisse employer pour diviser primairement cet ordre, est celui qu'offre l'insertion du bec de l'animal; car, dans les uns, ce bec naît de la partie antérieure et supérieure de la tête, tandis que, dans les autres, il naît de sa partie inférieure, et quelquefois même il semble sortir de la poitrine de l'insecte.

D'après cette considération, je partage les *hémiptères* en deux sections qui comprennent quatre familles très-distinctes.

I.re Section. Hémiptères mentonales.

Leur bec est mentonal, et quelquefois semble pectoral.

Les Gallinsectes.
Les Aphidiens.
Les Cicadaires.

II.e Section. Hémiptères frontales.

Leur bec semble frontal, naissant de la partie antérieure et supérieure de la tête.

Les cimicides.

PREMIÈRE SECTION.

HÉMIPTÈRES MENTONALES.

Le bec paraît naître, soit de la poitrine, entre la première et la deuxième paire de pattes, soit de la partie inférieure de la tête.

Cette section embrasse trois familles, savoir : les *gallinsectes*, les *aphidiens* et les *cicadaires*. Ainsi, dans toutes les races qui composent ces familles, le bec de ces insectes paraît naître, soit de la poitrine, soit de la partie inférieure de la tête.

Par plusieurs particularités remarquables, ces insectes montrent qu'ils forment une espèce de transition de ceux qui n'ont naturellement que deux ailes, à ceux qui en ont quatre.

En effet, dans les gallinsectes, il n'y a que les mâles qui soient ailés, et leurs ailes ne sont toujours qu'au nombre de deux et bien transparentes. Les ailes varient aussi quant à leur présence, selon les sexes, dans plusieurs *aphidiens* ; et quoique ceux qui en sont munis en aient quatre, les deux supérieures ne ressemblent pas beaucoup à des élytres ; elles sont transparentes comme les autres.

Ce qui est fort remarquable, c'est que dans la première de ces trois familles, on observe des métamorphoses telles que les mâles ne parviennent à l'état parfait qu'en sortant d'une véritable coque (*pupa folliculata*), qui est fixée et immobile ; et dans la deuxième famille (les aphidiens), on voit des nymphes, quoique sans coque, devenir pareillement immobiles pour se métamorphoser ; et alors leur peau se fend pour laisser sortir l'insecte parfait. Ces particularités, très-différentes de ce qui a lieu dans les autres hémiptères, rappellent en quelque sorte le voisinage des insectes diptères et de leurs métamorphoses.

Ces trois familles, assez bien liées les unes aux autres par leurs rapports, offrent néanmoins de bons caractères pour les distinguer.

DIVISION DES HÉMIPTÈRES MENTONALES.

[1] *Un ou deux articles aux tarses.*

[a] Mâles n'ayant que deux ailes; femelles toujours aptères.

Les Gallinsectes.

——Cochenille.

——Dorthésie.

[b] Individus ailés ayant tous quatre ailes.

Les Aphidiens.

——Psylle.

——Aleyrode.

——Puceron.

——Thrips.

[2] *Trois articles aux tarses.*

Les Cicadaires.

[a] Antennes de trois articles; deux petits yeux lisses.

[+] Antennes insérées entre les yeux ou au-dessous de l'espace qui les sépare.

——Tettigone.

——Cercope.

——Membrace.

——Ætalion.

[++] Antennes insérées sous les yeux.

[±] Antennes de la longueur de la tête au moins, et insérées dans une échancrure des yeux.

——Asiraque.

[±±] Antennes beaucoup plus courtes que la tête, et point insérées dans une échancrure des yeux.

——Fulgore.

[b] Antennes de six articles ; trois petits yeux lisses.

——Cigale.

LES GALLINSECTES.

Mâles n'ayant que deux ailes. Femelles toujours aptères. Un article aux tarses.

Les *gallinsectes* n'ont qu'un seul article et un seul crochet aux tarses, selon M. *Latreille ;* leur bec paraît pectoral ; et ceux qui ont des ailes n'en ont que deux, et les ont transparentes. Ceux-là même subissent des métamorphoses dont la première est une coque immobile, de laquelle sort l'individu ailé [le petit mâle], en arrivant à l'état parfait. Ainsi, sous ces rapports, après les insectes essentiellement diptères, l'ordre des hémiptères nous paraît devoir commencer par les *gallinsectes.* Outre que ceux des gallinsectes qui sont ailés n'ont que deux ailes, ils tiennent tellement aux diptères par leurs rapports, qu'on en a observé parmi eux qui sont munis de balanciers.

Ce qu'il y a de bien singulier à l'égard de ces insectes, c'est que, dans le premier des deux genres qui composent cette famille, les femelles se fixent au moment de la ponte, prennent la plupart la forme d'une petite galle ou d'un petit bouclier, restent immobiles dans cet état, font passer leurs œufs sous leur corps à mesure qu'elles les pondent, et à la fin ce corps, vide et desséché, forme une couverture qui conserve ou protège ces gages de leur reproduction. Voici les deux genres qui constituent cette famille.

COCHENILLE. (Coccus.)

Antennes filiformes (de 10 ou 11 articles) plus courtes que le corps. Bec pectoral, apparent seulement dans les femelles.

Deux ailes débordant le corps dans les mâles. Femelles subtomenteuses, aptères, se fixant et prenant la forme d'une galle ou d'un bouclier. Les mâles seuls subissent une transformation dans une coque.

Antennæ filiformes, corpore breviores; articulis decem vel undecim. Rostrum pectorale, in feminis modo perspicuum.

Masculi aliis duobus, magnis, incumbentibus. Feminæ apteræ, subtomentosæ, tempore gravitationis in perpetuum defixæ, gallæ clypeive formam induentes. Metamorphoses masculis tantùm propriæ; larva in pupam fixam transit.

OBSERVATIONS.

Les *cochenilles* ont été partagées en deux genres par plusieurs entomologistes. Ils ont donné le nom de *kermès* à celles dont les femelles fixées perdent entièrement l'apparence d'insecte, et ils ont nommé cochenilles celles dont les femelles fixées, conservent toujours néanmoins la forme d'insecte, quoique plus ou moins altérée. A ce caractère, ils en ont ajouté quelques autres, mais qui ne sont pas exacts ou qui appartiennent à des insectes de genre différent. Linné, par exemple, attribue quatre ailes aux kermès mâles. Cette erreur ne vient que de ce qu'il ne distingue pas les psylles des kermès, quoique les femelles des psylles ne soient pas aptères et ne se fixent point.

Les jeunes *cochenilles* courent sur les feuilles et les tiges des plantes et ressemblent presque à de petits cloportes blanchâtres qui n'auraient que six pattes; mais, au bout de quelque temps, la femelle seule se fixe à un endroit de la plante sur laquelle elle vit. Elle reste dans ce même endroit, et y devient parfaitement immobile. Enfin son corps se gonfle peu-à-peu; sa peau se tend, devient lisse, se sèche, et les anneaux s'effacent plus ou moins selon l'espèce. En un mot, l'animal perd en général la forme et la figure d'un insecte, et ressemble en petit, à un bouclier, à un écusson, ou aux galles qu'on trouve sur les arbres. C'est de là qu'on lui a donné le nom de *galle-insecte*. Il termine sa vie dans cette situation, après avoir pondu ses œufs, et son corps desséché leur sert de couverture.

Il n'en est pas tout-à-fait de même de toutes les *cochenilles*. Dans certaines espèces, les femelles se fixent beaucoup plus tard sur les plantes, et lorsqu'elles sont fixées, elles ne changent point assez de forme pour qu'on ne puisse plus reconnaître la figure de l'insecte. Ses anneaux et ses différentes parties paraissent encore, lors même qu'il n'est plus vivant.

Les femelles fixées, comme on vient de le dire, tirent leur nourriture du lieu de la plante où elles sont attachées, par le moyen du suçoir de leur bec qu'elles introduisent dans sa substance. Elles croissent dans cet état d'immobilité et changent de peau sans faire aucun mouvement, leur peau se détachant et tombant par lambeaux. Elles acquièrent la grosseur d'un grain de poivre ou davantage. A mesure qu'elles pondent, elles font passer leurs œufs sous leur corps et semblent les couver.

Le mâle de cette singulière femelle ne lui ressemble guères que dans les commencemens, c'est-à-dire, que dans son état de larve. Bientôt après, il se fixe comme elle, devient immobile, ne prend plus de nourriture ni d'accroissement. Sa peau se durcit et se change en une espèce de coque, et l'insecte est transformé en chrysalide. Au bout d'un certain temps, l'animal en sort dans l'état d'insecte parfait, et alors il est très-différent de la femelle. Il est fort petit, muni de deux ailes plus longues que son corps, et de six pattes. Son corps est rougeâtre, souvent couvert d'une poudre blanche, et l'on voit deux filets blancs à sa queue. A peine ce petit mâle est-il insecte parfait, qu'il se sert de ses ailes pour voler vers les femelles. Comme elles sont beaucoup plus grandes que lui, il se promène sur elles, et parvient à les féconder.

Telle est l'histoire très-abrégée de ce singulier genre d'insectes, qui comprend un assez grand nombre d'espèces que l'on ne connaît guères que d'après les femelles, parce que les mâles sont difficiles à rencontrer et à observer.

ESPÈCES.

1. Cochenille du Mexique. *Coccus cacti.* L.

C. ovalis, subdepressus, transversè rugosus, albo-pulverulentus.

Coccus cacti coccinelliferi. Lin. Fab.

Traité de la culture du nopal, etc. Thiery de Menonv. p. 383.

Habite au Mexique, sur le cactier nopal. Cette cochenille est un des insectes les plus précieux par le grand usage qu'on en fait dans la teinture, et par la belle couleur écarlate et le beau pourpre qu'il nous donne. L'insecte qui les fournit est un peu déprimé, ridé, et couvert par une poudre blanche qui ne le cache point.

2. Cochenille sylvestre. *Coccus tomentosus.*

C. parvulus, subglobosus, tomento denso candidoque obtectus.

Cochenille sylvestre. Thiery, Traité du nopal et de la cochenille, p. 347.

Habite à l'Isle-de-France et dans les climats chauds de l'Amérique. Elle est une fois plus petite que la précédente, et couverte d'un duvet cotonneux très-blanc, qui cache entièrement son corps. Elle donne une aussi belle couleur que la première espèce, mais en moindre quantité. Cet insecte, apporté de l'Isle-de-France, a vécu dans les serres du muséum.

3. Cochenille de l'orme. *Coccus ulmi.* L.

C. sphœricus, fuscus, bacciformis.

Coccus ulmi campestris. Lin. Fab.

Geoff. ins. 1. p. 507. n.o 8.

Habite sur l'orme. M. *Latreille*, qui en a observé le mâle, dit que son corselet a deux espèces de balanciers comme les diptères.

4. Cochenille du figuier. *Coccus ficus caricæ.*

C. ovatus, convexus, cinereus: dorso circulo radiato fusco.

Coccus ficus caricæ. Oliv. Encycl. n.o 2.

Habite au midi de l'Europe, sur le figuier commun.

5. Cochenille du pêcher. *Coccus persicæ.*

C. oblongus, ferrugineus.
Coccus persicæ. Fab. 4. p. 222.
Geoff. 1. p. 506. n.o 4. pl. 10. f. 4.
Habite en Europe, sur le pêcher.

6. Cochenille des orangers. *Coccus hesperidum.*

C. hybernaculorum, oblongo-ovatus, fuscus; corpore posticè emarginato. Oliv.
Coccus hesperidum. Lin. Fab. Oliv.
Geoff. n.o 2.
Habite en Europe, sur les orangers, les citronniers.

7. Cochenille des serres. *Coccus adonidum.*

C. ovatus; corpore rufo, albo pulverulento. Oliv.
Coccus adonidum. Lin. Fab. Oliv.
Geoff. 1. p. 511. n.o 1.
Habite... On la dit étrangère à l'Europe; elle s'est naturalisée dans nos serres.
Etc.

DORTHÉSIE. (Dorthesia.)

Antennes subsétacées, à huit articles dans les femelles.

Mâles munis de deux ailes, et ayant l'abdomen terminé par de longs filets.

Femelles aptères, couvertes de faisceaux cotonneux, ne se fixant point, mais agissant avant et après la ponte.

Antennæ subsetaceæ, in feminis octo-articulatæ.

Masculi dipteri; abdomine valdè setoso.

Feminæ apteræ, fasciculis lamelloso-tomentosis obtectæ, antè et post partum vagantes.

OBSERVATIONS.

La *dorthésie* était rangée parmi les cochenilles; mais plusieurs particularités qui la concernent, et surtout celle de ne se point fixer, ayant été observées par M. *Dorthès*, on l'en a depuis séparée, et on l'a distinguée comme un genre particulier de la même famille.

ESPÈCE.

1. Dorthésie de l'euphorbe. *Dorthesia characias.* Bosc.
Journ. de phys. fév. 1784. p. 1—3. tab. 1. f. 2—3—4.
Panz. Faun. ins. fasc. 35. t. 21. *coccus characias.* Oliv. dict.
Habite dans les provinces méridionales de la France, sur différens euphorbes.

LES APHIDIENS.

Quatre ailes dans les individus ailés ; tarses à deux articles, et en général à deux crochets.

Les *aphidiens* sont de très-petits insectes qui vivent de sucs de végétaux. Ils tiennent de très-près aux gallinsectes par leurs rapports; mais, parmi eux, tous ceux des individus qui sont ailés, ont quatre ailes, et ces ailes en général transparentes, se ressemblent tellement entr'elles, que ce n'est qu'arbitrairement qu'on donne aux deux supérieures le nom d'élytres.

Dans le premier des quatre genres qui appartiennent à cette famille, le bec de l'insecte paraît encore pectoral, comme dans les gallinsectes; mais dans les autres, il est plutôt mentonal que pectoral.

On a donné le nom d'*aphidiens* aux insectes de cette famille, parce que, parmi eux, le genre le plus connu et le plus nombreux en espèces, est celui du puceron, en latin *aphis*. Cette famille embrasse quatre genres qui sont les suivans.

PSYLLE. (Psylla.)

Antennes subsétacées, à 10 ou 11 articles, dont le dernier terminé par 2 poils. Bec court, subperpendiculaire, pectoral.

Les mâles et les femelles ailés; les ailes transparentes et en toit; 2 articles aux tarses; pattes propres à sauter.

Antennæ subsetaceæ; articulis decem vel undecim: apicali bisetoso. Rostrum breve, subperpendiculare, pectorale.

Masculi et feminæ alati; alis 4 pellucidis, deflexis; pedes saltatorii; tarsi articulis duobus.

OBSERVATIONS.

Linné et Fabricius considérant que le bec des *psylles* paraît naître de la poitrine, c'est-à-dire, entre la première et la deuxième paire de pattes, les ont réunies aux *kermès*, qui font partie de nos cochenilles; mais les *psylles*, soit mâles, soit femelles, ont quatre ailes; au lieu que, dans les cochenilles, les mâles seuls en ont deux, et les femelles n'en ont point. D'ailleurs, les femelles des psylles ne se fixent jamais, ce qui est très-différent dans les cochenilles.

Ces insectes ont reçu le nom de psylle (*psylla*), à cause

de leur faculté de sauter comme les puces. Ils ont beaucoup de ressemblance avec les pucerons, et vivent comme eux du suc des plantes. Ils altèrent aussi la forme des feuilles et des autres parties des plantes qu'ils piquent; enfin, ils rendent par l'anus une matière sucrée.

La larve des psylles à six pattes, marche assez lentement, et ressemble à l'insecte parfait qui n'aurait point d'ailes; dans l'état de nymphe, ces insectes ont deux moignons aplatis qui renferment les ailes, et lorsque ces nymphes veulent se métamorphoser, elles restent immobiles sous quelques feuilles alors leur peau se fend sur la tête et le corselet, et l'insecte en sort avec ses ailes.

ESPECES.

1. Psylle du figuier. *Psylla ficus.*

P. fusca, antennis crassis pilosis, alarum nervis fuscis. G.
Kermes ficus Lin. Fab.
Psylla n.° 1 Geoff 1. p. 484. t. 10. f. 2.
Habite en Europe, sur le figuier.

2. Psylle de l'aulne. *Psylla alni.* Latr.

P. viridi-flavescens; thoracis segmento antico, scutello; elytrorum nervis viridibus. Latr. gen. crust. et ins. 3. p. 169.
sylle de l'aulne. Geoffr. 1. p. 486.
Habite en Europe, sur l'aulne, le bouleau.

3. Psylle des joncs. *Psylla juncorum.*

P. rubens; antennis infrà medium incrassatis.
Livia juncorum. Latr. gen. crust. et ins. 3. p. 170.
Habite aux environs de Paris, sur le jonc articulé. Ses antennes sont plus grosses inférieurement que dans les autres psylles.

4. Psylle du buis. *Psylla buxi.*

P. viridis, antennis setaceis, alis fusco flavescentibus. G.
Psylla. Geoff. 1. p. 485. n.° 2.

Chermes buxi. Lin. Fab.

Habite sur le buis, dans des feuilles concaves formant des espèces de boutons creux, aux extrémités des branches.

ALEYRODE. (Aleyrodes.)

Antennes filiformes, à peine plus longues que la tête, à six articles. Trompe courte. Les yeux partagés en deux.

Corps court, farineux. Quatre ailes ovales, presqu'égales, en toit écrasé. Nymphe inactive et dans une coque.

Antennæ filiformes, capite vix longiores, sex articulatæ. Rostrum breve. Oculi bipartiti.

Corpus breve, farinoso-tomentosum. Alæ quatuor, ovales, subæquales, latè deflexæ. Pupa quiescens, folliculata.

OBSERVATIONS.

L'insecte qui constitue ce genre avait été pris pour un lépidoptère à cause de la poussière farineuse dont il est chargé, principalement sur le corps. Mais M. *Latreille* considérant la nature de sa bouche, qui est un véritable bec à trois articulations, quoique peu distinctes, le reporta dans son véritable ordre, et en constitua le genre *aleyrode* dont il s'agit ici.

Geoffroi avait déjà remarqué que ce qu'on prenait pour une trompe ou une langue dans cet insecte, ne se roulait point en spirale; que cette partie était platte et restait droite; mais il n'attachait pas à la bouche toute l'importance qui lui appartient.

Ainsi, l'*aleyrode* est un genre de la famille des aphidiens, voisin des psylles et des pucerons, offrant quatre ailes dans les deux sexes, et dont les tarses ont deux articles. Si son corps est couvert d'une poussière farineuse, il tient par ce rapport aux gallinsectes et à plusieurs aphidiens ; mais ses ailes ne sont presque point farineuses, et débordent son corps de moitié.

ESPÈCE.

1. Aleyrode de l'éclaire. *Aleyrodes chelidonii.* Latr.
   Tinea proletella Lin.
   Phalène culiciforme de l'éclaire. Geoff. 2. p. 172.
   Aleyrode. Latr. hist. des crust. et des ins. 12. p. 347, et gen. crust. et ins. 3. p. 174.
   Habite en Europe, sur la chélidoine, quelquefois sur le chou. L'insecte n'a qu'un quart de ligne de longueur.

PUCERON. (Aphis.)

Antennes sétacées, plus longues que le corselet, à sept articles. Bec allongé, subperpendiculaire ou penché. Quatre ailes inégales, plus longues que le corps, transparentes, disposées en toit. Individus mâles ou femelles tantôt ailés, tantôt aptères, les femelles principalement. L'abdomen terminé par deux petites cornes.

Antennæ setaceæ, thorace longiores, septem articulatæ. Rostrum elongatum, subperpendiculare vel nutans.

Alæ quatuor, inæquales, corpore longiores, pellucidæ, deflexæ. Individua mascula aut feminea modò alata, modò aptera, feminæ præsertìm. Abdomen corniculis duobus versùs apicem instructum.

OBSERVATIONS.

Il y a peu d'insectes aussi communs et plus connus en général que les *pucerons*. On en trouve sur un grand nombre de plantes, presque toujours en société ou amassés par quantités considérables. Les deux tubercules ou espèces de petites cornes qu'ils ont presqu'à l'extrémité de l'abdomen, les font reconnaître au premier aspect. Leur corps est gros, court, massif et lourd : ils ne marchent qu'avec peine. Beaucoup de ces insectes restent très-long-temps comme immobiles sur les tiges et les feuilles des plantes, ou quelquefois cachés sous ces mêmes feuilles qu'ils ont courbées ou figurées en calotte ou en vessie par leur piqûre. Les ailes de ceux qui en ont, sont grandes, plus longues que le corps, transparentes, et disposées en toit aigu. Leur bec est long, plus ou moins abaissé, et paraît prendre son origine entre les pattes de la première paire; mais il part de la partie inférieure de la tête.

Le *puceron*, quoique très-commun, est cependant un des insectes qui offrent, pour le naturaliste, les singularités les plus remarquables. Dans la même espèce, on trouve des individus à l'état parfait qui sont ailés, tels que les mâles, et des femelles au même état qui sont ailées, tandis que d'autres sont sans ailes. Dans une saison de l'année, les femelles produisent des petits vivans, et dans une autre, elles pondent des œufs : elles sont si fécondes qu'elles produisent quinze à vingt petits par jour. Enfin, ce qui est le plus étonnant, c'est que les pucerons fécondent leur femelle pour plusieurs générations successives, selon les observations de *Réaumur*, *Bonnet* et *Lyonnet*.

Plusieurs espèces de pucerons sont couvertes d'une poudre blanche, quelquefois même d'un duvet cotonneux et blanc, comme dans différens gallinsectes.

On connaît plus de cinquante espèces de ce genre ; on les désigne par les noms des végétaux sur lesquels elles vivent. Voici la citation de quelques-unes d'entr'elles.

ESPÈCES.

1. Puceron de l'orme. *Aphis ulmi.*

   A. ferrugineus, albo tomentosus, cylindricus ; abdominis corniculis obsoletis.

   Aphis ulmi. Lin. Fab. Geoff. 1. p. 494. n.° 1.

   Habite sur l'orme. Il vit dans une vessie attachée aux feuilles de cet arbre.

2. Puceron du sureau. *Aphis sambuci.*

   A. atro-cæruleus, posticè obtusus ; corniculis longiusculis.

   Aphis sambuci. Lin. Fab. Geoff. n.° 3.

   Habite sur les jeunes branches du sureau, souvent en quantité considérable.

3. Puceron du tremble. *Aphis tremulæ.*

   A. abdomine virescente : corniculis nullis.

   Aphis populi. Lin. Fab.

   Habite sur le peuplier-tremble, renfermé dans des feuilles pliées et formant une vessie.

4. Puceron du rosier. *Aphis rosæ.*

   A. viridis ; antennis apice corniculisque nigris.

   Aphis rosæ. Lin. Fab.

   Habite sur le rosier.

5. Puceron du tilleul. *Aphis tiliæ.*

   A. elongatus, virescens ; alis, antennis, pedibusque nigro-punctatis.

   Aphis tiliæ. Lin. Fab. Geoff. n.° 6.

   Habite sur le tilleul d'Europe.

   Etc.

THRIPS. (Thrips.)

Antennes filiformes, de la longueur du corselet, à huit articles. Bec très-petit, à peine apparent. Deux palpes.

Corps allongé, étroit; ailes linéaires, horizontales; deux articles aux tarses dont le dernier est vésiculeux, sans crochets.

Antennæ filiformes, thoracis longitudine, octo articulatæ. Rostrum minimum, vix perspicuum. Palpi duo.

Corpus elongatum, angustum, depressum. Alæ lineares, horisontales. Tarsi biarticulati; articulo ultimo vesiculoso, exunguiculato.

OBSERVATIONS.

Les *thrips* paraissent convenablement rapportés à la famille des aphidiens, par M. Latreille; néanmoins, il faut les placer à la fin, parce qu'ils commencent à s'en éloigner, n'offrant plus la lenteur des mouvemens, ni le duvet subcotonneux ou farineux, ni les ailes en toit, des aphidiens et des gallinsectes.

Les insectes de ce genre sont les plus petits de tous les hémiptères; quelques-uns même échappent presque à la vue; aussi est-il difficile de bien distinguer leur caractère.

A la place de leur bouche, on ne voit, selon Geoffroi, qu'une petite fente longitudinale au dessous de la tête, dans laquelle le bec de l'animal, qui naît de la partie inférieure de la tête, se trouve caché. A la base du bec, il y a deux palpes très-petits : caractère étrange pour des hémiptères, et qui semble tenir un peu des diptères.

Les *thrips* courent assez vite et même sautent un peu ; ils vivent dans les fleurs et sous les écorces, et c'est dans ces derniers endroits qu'on rencontre leur larve.

ESPÈCE.

1. Thrips noir. *Thrips physapus.* Lin.

T. nigra, pilosa; alis albis immaculatis.

Thrips noir des fleurs. Geoff. 1. p. 385.

Degeer, mém. t. 3. p. 6. pl. 1. f. 1.

Habite en Europe. Il est très-agile. Ses ailes sont frangées sur les bords.

LES CICADAIRES.

Elytres, soit membraneux, soit crustacés, à-peu-près de même consistance partout. Trois articles aux tarses.

Les hémiptères dont il s'agit, composent une famille très-naturelle et nombreuse, qui tient en quelque sorte le milieu entre les farinacés, tels que les gallinsectes et les aphidiens, et la grande famille des cimicides.

Les *cicadaires* sont remarquables par leurs antennes courtes, presque cachées, insérées entre les yeux ou sous les yeux, et qui n'ont jamais plus de 5 ou 6 articles. Leurs élytres sont tantôt transparens et semblables aux ailes, et tantôt crustacés, plus ou moins opaques et colorés.

Ces insectes ne vivent que des sucs des végétaux qu'ils pompent à l'aide du suçoir de leur bec. Ce bec paraît naître de la tête à sa partie inférieure. Il est cylindrique, droit, triarticulé, et appliqué le long de la poitrine lorsque l'insecte n'en fait point d'usage.

Cette famille comprend sept genres, que l'on peut diviser de la manière suivante.

DIVISION DES CICADAIRES.

[1] *Antennes à trois articles; deux petits yeux lisses.* (Cicadaires muettes.)

[a] Antennes insérées entre les yeux, ou au-dessous de l'espace compris entre les yeux. (*Cicadelles.*)

[+] Antennes insérées entre les yeux.

± Écusson apparent, et point caché par le corselet.

× Corselet transversal, tronqué en ligne transverse postérieurement.

— Tettigone.

×× Corselet non transversal et à bord postérieur prolongé, subanguleux.

— Cercope.

±± Écusson non apparent; il est nul ou caché par l'extrémité postérieure du corselet.

— Membrace.

[++] Antennes subpectorales, ou insérées au-dessous de l'espace compris entre les yeux.

— Ætalion.

[b] Antennes insérées sous les yeux. (*Fulgorelles.*)

— Asiraque.

— Fulgore.

[2] *Antennes à six articles; trois petits yeux lisses.* (Cicadaires chanteuses.)

— Cigale.

Antennes à trois articles. Deux petits yeux lisses.

LES CICADAIRES MUETTES.

Les *cicadaires muettes* sont les plus petites, les plus diversifiées, et les plus nombreuses de la famille. Elles ne chantent point, c'est-à-dire, ne font point entendre ce bruit connu, qui est particulier aux vraies cigales, et qu'on nomme leur chant. La plupart des cicadaires muettes sont des sauteuses; elles ont les ailes supérieures coriaces, le plus souvent opaques et colorées comme des élytres.

Comme leur grande diversité rend fort difficile l'établissement des divisions qu'il faut employer pour les faire connaître, aucun caractère ne me paraît meilleur que celui de l'*insertion des antennes*, employé par M. *Latreille*. Ainsi, il convient de les distinguer d'abord en deux coupes principales, de la manière suivante :

1.° Celles qui ont les antennes insérées entre les yeux, ou au-dessous de l'espace compris entre les yeux; (*Les Cicadelles.* Latr.)

Tettigone.

Cercope.
Membrace.
Ætalion.

2.° Celles qui ont les antennes insérées sous les yeux.

(*Les Fulgorelles.* Latr.)

Asiraque.
Fulgore.

TETTIGONE. (Tettigonia.)

Antennes courtes ; subulées, triarticulées, et insérées entre les yeux. Deux petits yeux lisses.

Corselet transversal, plus large que long, à bord postérieur transverse, non prolongé. Un écusson distinct. Pattes propres à sauter dans plusieurs.

Antennœ breves, subulatœ, triarticulatœ, intrà oculos insertœ. Ocelli duo.

Thorax transversus, latior quàm longior; margine postico transversìm recto. Scutellum distinctum. Pedes saltatorii in pluribus.

OBSERVATIONS.

Sous le nom de *tettigone*, je comprends des cicadaires muettes, en général fort petites, qui ont les antennes insérées entre les yeux, sous le rebord de la tête, et seulement deux petits yeux lisses. Elles sont très-distinctes des vraies cigales qui ont cinq ou six articles aux antennes et trois petits yeux lisses. Elles le sont aussi des fulgores, en ce que les antennes de celles-ci s'insèrent sous les yeux.

Mais les cicadaires muettes sont très-nombreuses et fort diversifiées; elles varient singulièrement dans la forme de leur tête, de leur chaperon, et de leur corselet, ce qui a donné lieu à quantité de genres, selon le choix des parties considérées par les auteurs. Leurs ailes supérieures sont opaques, colorées et ressemblent à des élytres.

Ici, je me joins à M. Latreille, en donnant le nom de *tettigone* aux cicadaires muettes, qui ont les antennes insérées entre les yeux, et dont le corselet transversal est beaucoup plus large que long. Le bord postérieur de ce corselet est droit et paraît tronqué. Il est terminé par un écusson, à-peu-près triangulaire.

Ces insectes sont petits, la plupart sauteurs, à ailes supérieures opaques et colorées. On les trouve parmi les herbes.

ESPÈCES.

1. Tettigone boucher. *Tettigonia lanio.*

   T. viridis, capite thoraceque carneis.

   Jassus lanio. Fab. Panz. Faun. ins. fasc. 6. f. 23. et fasc. 32. f. 10.

   Habite en Europe.

2. Tettigone double-tache. *Tettigonia hœmorrhoa.*

   T. nigra; thorace maculis duobus sanguineis.

   Cicada hæmorrhoa. Panz. fasc. 61. f. 16.

   Habite en Autriche.

3. Tettigone verte. *Tettigonia viridis.*

   T. elytris viridibus, capite flavo : punctis nigris.

   Cicada viridis. Lin. Fab.

   Panz. fasc. 32. f. 9.

   Habite en Europe, sur les plantes.

   Etc.

CERCOPE. (Cercopis.)

Antennes de trois articles, insérées entre les yeux; le dernier article subulé. Deux petits yeux lisses.

Corselet non transversal, plus ou moins prolongé postérieurement en angle, soit pointu, soit tronqué. Un écusson.

Antennæ triarticulatæ, intrà oculos insertæ; articulo ultimo subulato. Ocelli duo.

Thorax non transversus, posticè plus minusve porrectus in angulum acutum vel truncatum. Scutellum distinctum.

OBSERVATIONS.

Les *cercopes* tiennent de très-près aux tettigones, et ne s'en distinguent guère que par le corselet non transversal, plutôt plus long que large, en sorte qu'on pourrait les y réunir.

Celles dont le corselet n'est point dilaté sur les côtés, sont les cercopes de M. Latreille, tandis que celles dont les côtés du corselet sont dilatés, constituent son genre *ledra*.

Les ailes supérieures ou élytres des cercopes sont encore opaques et colorées.

ESPECES.

1. Cercope sanguinolente. *Cercopis sanguinolenta*. Fab.
   C. atra; elytris maculis duabus fasciaque sanguineis.
   Cicada sanguinolenta. Lin.
   La cigale à taches rouges. Geoff. 1. p. 418. pl. 8. f. 5.
   Panz. Faun. ins. fasc. 33. f. 10.
   Habite en France, etc., dans les bois.

2. Cercope à oreilles. *Cercopis aurita.*

C. thorace biaurito; capitis clypeo anticè rotundato.

Cicada aurita. Lin.

Ledra aurita. Fab. Latr.

La cigale grand-diable. Geoff. 1. p. 422. pl. 9. f. 1.

Panz. Faun. ins fasc. 50. f. 18.

Habite en France, etc., sur le chêne.

3. Cercope écumeuse? *Cercopis spumaria?*

C. fusca, elytris fascia duplici, transversa, interrupta, albida.

Cigale n° 2. Geoffroi. 1. p. 415.

Habite aux environs de Paris. La larve rend par l'anus une liqueur écumeuse, qui ressemble à une masse de salive, et se tient cachée sous cette écume.

MEMBRACE. (Membracis.)

Antennes courtes, subulées, à trois articles, et insérées entre les yeux. Deux petits yeux lisses.

Corselet non transversal, gibbeux, prolongé postérieurement, souvent dilaté antérieurement ou sur les côtés, et cachant l'écusson ou en tenant lieu.

Antennæ breves, subulatæ, triarticulatæ, intrà oculos insertæ. Ocelli duo.

Thorax non transversus, gibbosus, posticè porrectus, anticè aut ex utroque latere dilatatus. Scutellum nullum vel obtectum.

OBSERVATIONS.

Les *membraces* dont il est question, sont les mêmes que celles ainsi nommées par M. *Latreille*. Leur corselet, quoique très-varié selon les races, n'est point transversal ; mais il est plus ou moins prolongé postérieurement et ne laisse voir aucun écusson. Ce corselet est souvent bossu, cariné, comprimé sur les côtés, et dilaté, soit antérieurement, soit latéralement.

Ces cicadaires sont fort nombreuses en espèces, et font partie de celles que Geoffroi nomme *procigales*. Elles sont petites, souvent sauteuses, à ailes supérieures opaques, colorées et semblables à des élytres. Elles avoisinent les cercopes, mais leur écusson est nul ou non apparent. On les trouve dans les herbes des prés, des jardins, etc.

ESPECES.

1. Membrace cornue. *Membracis cornuta*. Fab.

M. thorace bicorni subnigro, posterius subulato longitudine abdominis.

Cicada cornuta. Lin.

Geoff. 1. p. 423. n.° 18. t. 9. f. 2. Le petit-diable.

Panz. fasc. 50. f. 19.

Habite en Europe.

2. Membrace du genet. *Membracis genistæ*. Fab.

M. thorace inermi fusco, posticè producto, abdomine dimidio breviore.

Geoff. 1. p. 424. n.° 19. Le demi-diable.

Panz. fasc. 50. f. 20.

Habite en France, etc., sur le genet.

3. Membrace épineuse. *Membracis spinosa*. Fab.

M. thorace tricorni, posticè producto longitudine alarum.

Stoll. cicad. tab. 21. f. 116.

Habite dans les Indes.

Etc.

* ÆTALION. (Ætalion.) Latr.

Antennes insérées au-dessous de l'espace compris entre les yeux, c'est-à-dire, rapprochées de la poitrine.

Tête rétuse; ailes couchées, horizontales.

Antennæ sub spatio inter oculos interposito insertæ, ad pectus admotæ.

Caput retusum; alæ incumbentes, horisontales.

OBSERVATIONS.

La position tout-à-fait particulière des antennes, distingue l'*œtalion* de toutes les autres cicadaires. On n'en connaît encore qu'une espèce; elle a les élytres opaques et colorés.

ESPÈCE.

1. Ætalion réticulé. *Ætalion reticulatum.*

Æt. griseum; *thoracis linea alba*; *elytris albo reticulatis.*
Cicada reticulata. Lin. Gmel. p. 2098.
Tettigonia reticulata. Fab. *Lystra reticulata.* Fab.
Degeer ins. 3. p. 227. tab. 23. f. 15—16.
Habite l'Amérique méridionale. Mus. Voyez la Zoologie de M. *de Humboldt.*

Antennes insérées immédiatement sous les yeux.

Cette division comprend des cicadaires muettes, nombreuses et très-variées, qui sont singulièrement remarquables par l'insertion de leurs antennes. Ce sont les *fulgorelles* de M. *Latreille*; nous les partageons seulement en deux genres.

ASIRAQUE. (Asiraca.)

Antennes de trois articles, aussi longues ou plus longues que la tête, et insérées dans une échancrure inférieure des yeux.

Élytres coriaces, le plus souvent opaques et colorés.

Antennæ triarticulatæ, capitis longitudine vel capite longiores, in oculorum sinu infero insertæ.

Elytra coriacea, sæpiùs opaca, colorata.

OBSERVATIONS.

Sous ce nom, je réunis les *asiraques* et les *delphax* de M. Latreille. Ce sont encore des cicadaires muettes, pour la plupart petites, et à élytres coriaces, plus ou moins colorés; mais qui se rapprochent des fulgores, ayant leurs antennes insérées sous les yeux. Elles s'en distinguent en ce qu'ici l'insertion des antennes se fait dans une échancrure inférieure des yeux; tandis que, dans les fulgores, cette insertion se fait sans échancrure distincte.

ESPÈCES.

1. Asiraque clavicorne. *Asiraca clavicornis.* Latr.

A. fusca; elytris pellucidis, fusco-punctatis: fascia fusca apicali.

Delphax clavicornis. Fabr.

Coqueb. illust. ic. dec. 1. tab. 8, f. 7.

Habite en France.

2. Asiraque angulicorne. *Asiraca angulicornis.* Latr.

A. antennarum articulis inferioribus ancipitibus.

Latr. gen. crust. et insect. 3. p. 167.
Habite en Afrique. Palissot de Beauvois.

3. Asiraque transparent. *Asiraca pellucida.*
A. fusca, elytris albo-hyalinis immaculatis.
Delphax pellucida. Fab. Latr.
Coqueb. illus. icon. dec. 3. tab. 21. f. 4.
Habite en Europe.
Etc.

FULGORE. (Fulgora.)

Antennes plus courtes que la tête, triarticulées, insérées sous les yeux, non dans une échancrure. Deux petits yeux lisses.

Front ou partie antérieure de la tête, multiforme, le plus souvent en saillie.

Antennæ capite breviores, triarticulatæ, sub oculis insertæ, non in sinu infero. Ocelli duo.

Frons vel pars antica capitis multiformis, sæpiùs variè prominens.

OBSERVATIONS.

Ce genre comprend les *fulgores* et les *tétigomètres* de M. Latreille. Dans les unes et les autres, les antennes s'insèrent sous les yeux; mais point dans une échancrure de ces organes.

On a beaucoup varié dans l'établissement du genre *fulgore*, ainsi que dans celui des autres genres des cicadaires muettes. L'arbitraire dans le choix des considérations a tellement fait changer les déterminations de chaque auteur, qu'il est maintenant fort difficile de reconnaître ou de saisir les différens genres qui ont été présentés pour diviser cette famille, qui est cependant très-naturelle.

A cet égard, nous avons négligé toutes les particularités qu'offrent le corselet et surtout la partie antérieure de la tête de ces insectes, par ses prolongemens, ses bosses, ses angles ou ses autres irrégularités, pour ne considérer, avec M. Latreille, que l'insertion des antennes.

Quoiqu'en général plus petites que les cigales, les fulgores sont la plupart plus grandes que les autres cicadaires muettes. Presque toutes leurs espèces sont exotiques et fort nombreuses. Je n'en citerai que quelques-unes en deux divisions.

ESPÈCES.

1. Fulgore porte-lanterne. *Fulgora lanternaria.* Lin.

   F. fronte rostratâ rectâ, alis lividis : posticis ocellatis.

   Mérian. Surin. tab. 49.

   Réaum. ins. 5. t. 20. f. 6—7.

   Habite l'Amérique méridionale. On prétend que le prolongement vésiculeux du front de cette fulgore répand la nuit une lumière vive. C'est peut-être par ce moyen que, dans cette espèce, un sexe attire l'autre.

2. Fulgore dentée. *Fulgora serrata.* Fab.

   F. fronte quadrifariè serratâ adscendente.

   Seba mus. 4. tab. 77. f. 5—6.

   Habite à Surinam.

3. Fulgore européenne. *Fulgora europœa.* Fab.

   F. fronte conicâ, corpore viridi, alis hyalinis reticulatis.

   Fulgora europæa. Lin.

   Panz. fasc. 20. f. 16.

   Habite l'Europe australe.

---

4. Fulgore verdâtre. *Fulgora virescens.* Panz.

   F. virescens; elytris virescenti-hyalinis immaculatis; ore macula fusca; pedibus rufis.

Panz. fasc. 61. f. 12.
Tetigometra virescens. Latr.
Habite en France et en Allemagne. Sa tête est transverse et n'offre aucun prolongement antérieur.
Etc.

Antennes à six articles; trois petits yeux lisses.

LES CICADAIRES CHANTEUSES.

M. *Latreille* nomme ainsi ces cicadaires, parce que, parmi les espèces connues, celles qui habitent les pays chauds de l'Europe, font entendre, dans les temps de chaleur, un bruit continuel qu'on a nommé leur chant.

Ces cicadaires sont les plus grandes de la famille, au moins en général, et la plupart ont les ailes supérieures transparentes comme les inférieures. Elles ne constituent qu'un seul genre, dont voici les caractères.

CIGALE. (Cicada.)

Antennes courtes, sétacées, à six articles, insérées entre les yeux. Trois petits yeux lisses. Bec à trois articles, les deux premiers plus courts que le dernier.

Tête rétuse, plus large que longue. Deux opercules à la base et en dessous de l'abdomen, recouvrant l'organe du chant, dans les mâles. Quatre ailes longues, en toit écrasé, le plus souvent transparentes.

Antennæ breves, subulato-setaceæ, sex articulatæ, intrà oculos insertæ. Ocelli tres. Rostrum triarticula-

tum; articulo ultimo longiore. Oculi globosi, prominuli.

Caput transversum, retusum. Laminœ duœ (sive opercula) crustaceœ, suborbiculatœ, ad basim inferam abdominis, cavitatem ex utroque latere, et in masculis tympanum musicum includentem, operientes. Alœ quatuor longœ, subdeflexœ, ut plurimùm hyalinœ, nervosœ.

OBSERVATIONS.

Les cigales ont, en général, quatre ailes membraneuses, veinées, plus ou moins complétement transparentes, et dont les deux supérieures, un peu plus fortes, sont considérées comme des élytres; elles sont plus longues que l'abdomen.

La bouche de ces insectes présente un bec allongé, aigu, recourbé et appliqué contre la poitrine, lorsque l'insecte n'en fait pas usage. Ce bec est composé de trois articles, dont les deux premiers sont courts, surtout le second, tandis que le troisième est fort allongé et cylindrique. Il est, en outre, canaliculé à sa partie antérieure ou supérieure.

Ce même bec renferme le suçoir qui est formé de quatre soies très-déliées, mais dont deux sont réunies, et qui partent de la partie antérieure et inférieure de la tête. La portion du suçoir qui n'est pas renfermée dans la gaîne, est recouverte par la lèvre supérieure.

Les yeux sont arrondis, presque globuleux, très-saillans, fixés aux parties latérales de la tête. Sur le derrière de la tête, il y a trois petits yeux lisses.

La tête est obtuse; le corps court et épais; le corselet large, court, mutique, et ordinairement inégal. Les pattes antérieures ont les cuisses renflées et dentelées.

On remarque à la base de l'abdomen, deux opercules ou plaques coriaces, beaucoup plus grands dans les mâles que dans les femelles, et au-dessous desquels se trouve une membrane très-mince, recouvrant une cavité vésiculaire. C'est l'organe du bruit singulier que font les cigales mâles et qu'on a nommé leur *chant*.

Ces insectes sont fréquens dans les pays chauds exotiques, et dans les pays méridionaux de l'Europe. Voici la citation de quelques espèces.

ESPECES.

1. Cigale du Brésil. *Cicada grossa.*

C. thorace viridi nigro sublineato; alis albis: posticis macula baseos flava.

Tettigonia grossa. Fab.

Habite au Brésil.

2. Cigale tibicen. *Cicada tibicen.*

C. capite maculis quatuor nigris; elytrorum nervis ferrugineo-fuscis; scutello emarginato.

Tettigonia tibicen. Fab.

Cicada tibicen. Palissot de Beauvois. insect. 1. p. 131. pl. 20. f. 1.

Habite à Saint-Domingue.

3. Cigale hématode. *Cicada hœmatodes.*

C. nigra, abdominis incisuris alarumque nervis sanguineis.

Tettigonia hœmatodes. Fab.

Panz. fasc. 50. t. 21.

Habite l'Europe australe.

4. Cigale commune. *Cicada plebeia.* Lin.

C. nigra, thorace variegato, elytris alis abdomineque suprà immaculatis, operculis magnis.

Cicada plebeia. Oliv. dict. n.o 33.

Habite la France méridionale.

5. Cigale de l'orme. *Cicada orni.*

C. elytris intrà marginem tenuiorem punctis sex concatenatis, anastomosibusque interioribus fuscis. Oliv. dict. n.° 32.

Tettigonia orni. Fab.

Habite l'Europe australe.

Etc.

DEUXIÈME SECTION.

HÉMIPTÈRES FRONTALES.

Le bec naît de la partie antérieure et supérieure de la tête.

Aucun caractère connu n'est plus tranché, ni plus remarquable que celui qui distingue les hémiptères de cette section, de ceux de la précédente. Les insectes qui la composent, constituent une grande famille; savoir :

LES CIMICIDES.

Élytres en partie ou tout-à-fait crustacés : lorsqu'ils offrent une portion membraneuse, c'est toujours celle qui les termine.

Les *cimicides* forment une famille nombreuse, très-variée, et qui nous paraît naturelle. Comme d'autres, néanmoins, on peut la partager en plusieurs familles particulières; ce qu'a fait M. *Latreille*, en la divisant en *cimicides*, *corisies* et *hydrocorises*.

Cette grande famille est remarquable en ce que les élytres sont ici plus différens, plus distincts des ailes, que dans la plupart des autres hémiptères. Ces élytres sont toujours, soit en partie, soit tout-à-fait, crustacés; et lorsqu'ils ne le sont qu'en partie, leur portion membraneuse est uniquement la supérieure. Ces insectes ont, pour la plupart, un écusson, et en général il est fort remarquable par sa grandeur.

Les antennes des *cimicides* n'ont jamais plus de cinq articles, et dans le plus grand nombre, elles sont très-apparentes. Parmi ces insectes, ceux qui ont de petits yeux lisses, n'en ont jamais que deux. Le segment antérieur du corselet, celui qui porte la première paire de pattes, est le seul découvert, et beaucoup plus grand que le suivant. Ces hémiptères sont des suceurs comme les autres; mais beaucoup d'entr'eux se nourrissent en suçant le sang des animaux. On trouve parmi eux des races dont les individus manquent d'ailes et n'ont que des élytres; on en trouve même qui n'ont ni ailes, ni élytres en aucun temps; et en considérant les habitudes et les congénères de ces races, il est aisé de reconnaître que ces défauts sont le produit de véritables *avortemens*.

Je partage cette famille en quatre coupes principales ou sous-familles; savoir :

Cimicides labiales.

Cimicides vaginales.

Cimicides littorales.

Cimicides aquatiques.

DIVISION DES CIMICIDES.

* *Cimicides vivant hors de l'eau.*

Deux petits yeux lisses [dans les races en qui l'état parfait est distinct de l'état de larve].

[1] Bec de quatre articles, à prendre de la naissance de la lèvre supérieure.

CIMICIDES LABIALES.

Leur lèvre supérieure est longue et fort prolongée au-delà du museau.

[a] Antennes de cinq articles.

Scutellère.

Pentatome.

[b] Antennes de quatre articles.

Corée.

Lygée.

Myodoque.

[2] Bec de deux ou trois articles, engaînant la lèvre supérieure.

CIMICIDES VAGINALES.

Leur lèvre supérieure est courte et engaînée dans la rainure du bec.

[a] Bec courbé.

Réduve.

Ploïère.

[b] Bec droit.

Punaise.

Tingis.

Arade.

Phymate.

[3] Bec de deux ou trois articles, n'engaînant point la lèvre supérieure.

CIMICIDES LITTORALES.

Leur lèvre supérieure est tout-à-fait saillante hors de la rainure du bec.

Acanthie.

Galgule.

** *Cimicides vivant sur l'eau ou dans l'eau. Jamais de petits yeux lisses dans l'insecte parfait.*

CIMICIDES AQUATIQUES.

Elles sont distinguées des autres par le défaut de petits yeux lisses, et par leur habitation.

Hydromètre.

Vélie.

Gerris.

—

Ranatre.

Nèpe.

Notonecte.

Naucore.

Corise.

—

Bélostome.

CIMICIDES LABIALES.

Bec de quatre articles, à prendre de la naissance de la lèvre supérieure. Celle-ci est longue et fort prolongée au delà du museau. Deux petits yeux lisses.

Toutes les cimicides dont il s'agit, vivent hors de l'eau, et en général loin des eaux. Elles ont deux petits yeux lisses dans l'état parfait, et sont remarquables par leur bec de quatre articles, et par leur lèvre supérieure longue, fort prolongée au delà du museau. Dans les unes, les antennes sont de cinq articles, tandis que, dans les autres, elles n'en ont toujours que quatre.

On trouve ces insectes dans les champs, les bois, les jardins; ils se nourrissent en suçant le suc des plantes ou le sang des animaux. On les divise d'après le nombre d'articles de leurs antennes. Dans les deux genres qui suivent, les antennes ont cinq articles; elles n'en ont que quatre dans les trois autres.

SCUTELLÈRE. (Scutellera.)

Antennes filiformes, insérées devant les yeux, plus longues que la tête, à cinq articles. Lèvre supérieure fort longue. Deux petits yeux lisses.

Tête sessile, un peu saillante. Écusson très-grand, recouvrant presqu'entièrement les élytres.

Antennæ filiformes, antè aut suprà oculos insertæ, capite longiores, articulis quinque. Labrum prælongum. Ocelli duo.

Caput sessile, subproductum. Scutellum maximum, abdomen penitùs ferè obtegens.

OBSERVATIONS.

Les *scutellères* ont été jusqu'à présent confondues avec les pentatomes, dont elles se rapprochent effectivement beaucoup; mais leur écusson très-grand, convexe et recouvrant entièrement ou presqu'entièrement les élytres, m'a paru offrir une distinction suffisante pour les séparer. Ce genre a été adopté par M. Latreille.

ESPÈCES.

1. Scutellère noble. *Scutellera nobilis.*

S. oblonga cæruleo-aurata nigro-maculata.
Cimex nobilis. Lin. Fab.
Habite en Asie.

2. Scutellère rayée. *Scutellera lineata.*

S. rubra, lineis nigris ornata; abdomine flavo, nigro-punctato.
Cimex lineatus. Lin.
La punaise siamoise. Geoff. 1. p. 468.
Habite en Europe.

3. Scutellère fuligineuse. *Scutellera fuliginosa.* Latr.

S. scutello fuliginoso: lituris quinque nigris, postica alba.
Cimex fuliginosus. Lin.
Habite en Europe, parmi les graminées.

4. Scutellère globuleuse. *Scutellera globus.* Latr.

S. globosa, atra, nitida, abdominis margine ferrugineo.
Tetyra globus. Fab.
Habite l'Europe australe.

5. Scutellère stockère. *Scutellera stockerus.* Latr.

S. ovata, corpore viridi : maculis nigris ; abdomine ferrugineo.

Tetyra stockerus. Fab.

Habite le Bengale, la Chine.

6. Scutellère marquée. *Scutellera signata.* Latr.

S. oblonga, thorace scutelloque cœrulescentibus : maculis sex atris.

Tetyra signata. Fab.

Habite le Sénégal.

Etc.

PENTATOME. (Pentatoma.)

Antennes filiformes, insérées devant les yeux, plus longues que la tête, à cinq articles. Lèvre supérieure fort longue. Deux petits yeux lisses.

Tête sessile, un peu saillante. Corps déprimé. Ecusson laissant à découvert la plus grande partie du dos de l'abdomen.

Antennæ filiformes, antè aut suprà oculos insertæ, capite longiores, articulis quinque. Labrum prælongum, rostro incumbens. Ocelli duo.

Caput sessile, subproductum. Corpus depressum. Scutellum abdominis dorsi partem majorem non tegens.

OBSERVATIONS.

Geoffroi avait partagé son genre punaise en deux grandes divisions, d'après la considération du nombre d'articles des antennes; en sorte que toutes les punaises dont les antennes ont cinq articles, composaient sa seconde division ou famille. C'est avec cette division des punaises de Geoffroi, qu'Olivier a établi le genre *pentatome* que nous avons trouvé convenable de conserver, après en avoir séparé les scutellères.

Les *pentatomes* ont la tête petite, sessile, souvent un peu enfoncée dans le corselet ; la moitié antérieure du corselet inclinée en avant ; les côtés de ce corselet souvent anguleux ou comme épineux ; le corps déprimé, ovale ou arrondi ; l'écusson triangulaire, quelquefois un peu grand, mais laissant une grande partie de l'abdomen à découvert. Les tarses ont trois articles.

Les espèces de ce genre sont pour la plupart carnassières ; elles sucent les chenilles et autres insectes ; leur nombre est assez grand.

ESPÈCES.

1. Pentatome acuminé. *Pentatoma acuminata.*

P. anticè attenuata, ex albido flavescens, fusco striata ; antennis apice rufis.
Cimex acuminatus. Lin.
La punaise à tête allongée. Geoff. 1. p. 472. n.o 77.
Punaise à museau de rat. Degeer, t. 3. p. 271. pl. 14. f. 12—13.
Habite en Europe, parmi les herbes.

2. Pentatome des baies. *Pentatoma baccarum.*

P. subfulva, abdominis margine fusco maculato.
Cimex baccarum. Lin. Fab.
Geoff. 1. p. 466 n.o 64.
Habite en Europe, sur les arbres, souvent sur les groseillers.

3. Pentatome vert. *Pentatoma prasina.*

P. viridis, immaculata ; antennarum articulo ultimo rufo ; apice fusco.

Cimex prasinus. Lin. Fab.
Habite en Europe, dans les bois.
Etc.

Antennes de quatre articles.

CORÉE. (Coræus.)

Antennes filiformes, quadriarticulées, le plus souvent renflées à leur extrémité, et insérées au-dessus d'une ligne tirée des yeux à l'origine de la lèvre supérieure.

Tête ovale, sessile; corps oblong, déprimé.

Antennæ filiformes, quadriarticulatæ; suprà lineam ab oculis ad labri originem ductam insertæ; articulo ultimo sæpiùs crassiore.

Caput ovatum, sessile; corpus oblongum, depressum.

OBSERVATIONS.

Les *corées* dont il s'agit ici, sont les mêmes que celles de M. Latreille. On peut en distinguer ses néïdes, comme ayant le corps étroit, filiforme, etc.

Toutes ces cimicides ont un écusson assez grand et triangulaire; les élytres demi-coriaces, plus étroits que l'abdomen; et en général, les deux bords de l'abdomen dilatés dans leur partie moyenne, amincis, tranchans, souvent un peu relevés.

ESPECES.

1. Corée bordée. *Corœus marginatus.* Latr.
C. thorace obtusè spinoso, abdomine marginato acuto, antennis medio rufis.

Cimex marginatus. Lin.
Punaise à bec. Geoff. 1. p. 446. n.o 21.
Habite en Europe, sur les plantes.

2. Corée chasseur. *Coroeus venator.* Fab.

C. thorace obtusè spinoso, obscurè griseus, subtùs flavescens; antennis pedibusque ferrugineis.
Cimex. Geoff. n.o 22.
Habite en France, en Italie.

3. Corée quarrée. *Coroeus quadratus.* Fab.

C. thorace obtusè spinoso, suprà fuscus, subtùs flavescens, abdomine quadrato.
Wolf. Icon. cimic. fasc. 2. p. 70. tab. 7. f. 67.
Habite en Allemagne, en France, etc.

4. Corée folâtre. *Coroeus nugax.*

C. griseus, abdominis margine maculato; tibiis anticis femoribusque posticis basi pallidis.
Lygoeus nugax. Fab. Wolf. Icon. cimic. fasc. 1. tab. 3. f. 30.
Habite en France, aux environs de Paris.
Etc.

LYGÉE. (Lygæus.)

Antennes filiformes ou subsétacées, quadriarticulées, et insérées au-dessous d'une ligne tirée des yeux à l'origine de la lèvre supérieure.

Tête sessile ou enfoncée, sans cou apparent. Corps ovale ou allongé, déprimé.

Antennœ filiformes vel subsetaceœ, quadriarticulatœ, infrà lineam ab oculis ad labri originem ductam insertœ.

Caput sessile aut thoraci partìm intrusum; collo non distincto. Corpus ovatum vel elongatum, depressum.

OBSERVATIONS.

Les *lygées* dont il s'agit, sont des cimicides très-voisines des corées par leurs rapports. Elles n'ont aussi que quatre articles aux antennes, mais l'insertion de ces antennes se fait plus bas, c'est-à-dire, au-dessous d'une ligne tirée des yeux à l'origine de la lèvre supérieure. Ces insectes diffèrent des myodoques, en ce qu'ils n'ont point de cou apparent. Les *miris* et les *capses* de M. Latreille ont des antennes subsétacées, et néanmoins sont ici réunis à notre genre *lygée*. Ce genre comprend beaucoup d'espèces connues, dont voici la citation des principales.

ESPECES.

1. Lygée rouge. *Lygœus equestris.* Fabr.

L. rubro nigroque maculatus, alis atris albo maculatis.
Wolf. cimic. fasc. 1, p. 24 tab. 3. f. 24—26.
Panz. Faun ins. fasc. 79. f. 19.
Cimex equestris. Lin.
Habite en Europe; très-commune.

2. Lygée aptère. *Lygœus apterus.* Fab.

L. rubro nigroque varius, elytris rubris : punctis duobus nigris, alis nullis.
Cimex apterus. Lin.
Habite en Europe; fort commune.

3. Lygée de la jusquiame. *Lygœus hyoscyami.* Fab.

L. rubro nigroque varius, alis fuscis immaculatis.
Cimex hyoscyami. Lin.
Geoff. 1. p. 441. n.o 12.
Habite en Europe, sur la jusquiame.
Etc.

MYODOQUE. (Myodocha.)

Antennes quadriarticulées, sétacées ou filiformes, et

insérées au-dessous d'une ligne tirée des yeux à l'origine de la lèvre supérieure.

Tête ovale-allongée, portée sur un cou. Corselet divisé par une ligne transverse.

Antennæ quadriarticulatæ, setaceæ vel filiformes, infrà lineam ab oculis ad labri originem ductam insertæ.

Caput ovato-elongatum, collo elevatum. Thorax linea transversa subdivisus.

OBSERVATIONS.

C'est ici le même genre que celui qu'a ainsi nommé M. Latreille. Il comprend plusieurs espèces qui ont beaucoup de rapports avec les lygées, mais qui s'en distinguent parce que la tête de ces insectes est portée sur un cou très-apparent. Ces insectes sont étrangers à l'Europe.

ESPÈCES.

1. Myodoque tipuloïde. *Myodocha tipuloides.*

M. grisea, femorum apice rubro.
Cimex tipuloides. Degeer, mém. t. 3. p. 354. pl. 35. f. 18.
Habite à Surinam. Corps presque linéaire.

2. Myodoque trois-épines. *Myodocha tri-spinosa.*

M. fusca, dorso spinis tribus erectis.
Cimex tri-spinosus. Degeer ins. 3. p. 354. tab. 35. f. 19.
Habite à Surinam.
Etc.

CIMICIDES VAGINALES.

Bec de deux ou trois articles, engaînant la lèvre supérieure.—Lèvre supérieure courte, engaînée.—Deux petits yeux lisses [dans les races dont l'état parfait est distinct de l'état de larve].

Les *cimicides vaginales* sont très-distinctes des labiales, d'abord, parce que leur bec n'a que deux ou trois articles, à prendre de la naissance de la lèvre supérieure; ensuite, parce que cette lèvre supérieure est courte, qu'elle dépasse à peine le museau, et qu'elle est engaînée dans la rainure du bec. Elles ont naturellement deux petits yeux lisses dans l'état parfait; mais une de leurs races [la punaise des lits], subissant des avortemens de parties qui rendent son état parfait non distinct de son état de larve, n'en offre point.

Ces cimicides vivent hors de l'eau, et en général loin des eaux; elles sucent, les unes le sang des animaux, les autres le suc des plantes. Voici les six genres que j'y rapporte.

RÉDUVE. (Reduvius.)

Antennes sétacées, quadriarticulées, plus longues que la tête. Bec courbé ou arqué.

Tête conique-ovale, le plus souvent séparée par un cou. Corps oblong, quelquefois sublinéaire. Corselet inégal, subbilobé.

Antennæ setaceæ, quadriarticulatæ, capite longiores. Rostrum curvum vel arcuatum. Labrum inclusum.

Caput conico-ovatum, prominens; sæpius collo exserto. Corpus oblongum, vel sublineare. Thorax inæqualis, subbilobus.

OBSERVATIONS.

Les *réduves* sont des cimicides carnassières, à corps allongé, quelquefois presque linéaire, et, en général, terminé par un cou qui supporte la tête. Leurs antennes sont sétacées, un peu longues, quadriarticulées, et insérées au-dessus de la ligne qui va des yeux à la naissance de la lèvre supérieure. Leur corselet est inégal et comme divisé en deux dans sa longueur. Ces insectes vivent de rapine.

Je n'en sépare pas les *nabis* et les *zelus* de M. Latreille, quoiqu'ils puissent en être distingués.

ESPÈCES.

1. Réduve à masque. *Reduvius personatus.* Fab.

R. antennis apice capillaribus, corpore subvilloso fusco.
Cimex personatus. Lin.
La punaise mouche. Geoff. 1. p. 436. t. 9. f. 3.
Panz. fasc. 88. tab. 22.
Habite en Europe, dans les maisons. Cet insecte vole bien, pique fort et a de l'odeur. On prétend que sa larve suce et fait périr les punaises de lit.

2. Réduve annelée. *Reduvius annulatus.* Fab.

R. antennis apice capillaribus; corpore nigro, subtùs sanguineo maculato.
Cimex annulatus. Lin. Geoff. 1. p. 437. n.° 5.
Panz. fasc. 88. tab. 23.
Habite en Europe, dans les bois.

3. Réduve ensanglantée. *Reduvius cruentus.* Fab.

R. rufus, capite pectore abdominisque striis macularibus nigris.

Schœff. Icon. tab. 5. f. 9—10.

Panz. fasc. 88. tab. 24.

Habite en France et en Allemagne, dans les bois.

4. Réduve stridule. *Reduvius stridulus.* Fab.

R. niger, glaber, elytris rufis : margine tenuiori cinereo, nigro punctato.

Wolf. cimic. fasc. 3. tab. 119.

Habite en France, à terre, dans les champs.

5. Réduve égyptienne. *Reduvius ægyptius.*

R. corpore villoso griseo; abdominis margine variegato.

Reduvius ægyptius. Fab. Wolf. cimic. fasc. 2. t. 8. f. 80.

Coqueb. ill. Ic. 3. tab. 21. f. 7.

Habite en France, dans les provinces méridionales.

6. Réduve colère. *Reduvius iracundus.*

R. niger, thorace abdominisque marginibus rufo-maculatis, elytris rufis.

Reduvius iracundus. Fab.

Habite en France et en Allemagne.

Etc.

PLOIÈRE. (Ploiaria.)

Antennes longues, sétacées, de quatre articles. Bec recourbé en dessous.

Corps long et étroit. Pattes antérieures ravisseuses, à hanches fort longues.

Antennæ longæ, setaceæ, quadriarticulatæ. Rostrum ad pectus incurvum.

Corpus longum, angustum. Pedes antici raptorii; coxis valdè elongatis.

OBSERVATIONS.

Les *ploières*, quoique remarquables par leur corps presque linéaire et leurs pattes très-longues, pourraient être réunies aux réduves, si leurs pattes antérieures ravisseuses et à hanches fort allongées, ne les en distinguaient. Leur corps vacille et se balance presque continuellement.

ESPÈCE.

1. Ploière vagabonde. *Ploiaria vagabunda.* Latr.

P. elytris alisque fusco alboque variis, pedibus longissimis cinereo annulatis.
Gerris vagabundus. Fab.
Punaise culiciforme. Degeer, ins. 3. p. 332. pl. 17. f. 1—2.
Geoff. 1. p. 462. n.o 58.
Habite en France, etc., sur les arbres.

PUNAISE. (Cimex.)

Antennes filiformes-sétacées, quadriarticulées, un peu plus longues que le corselet, insérées devant les yeux. Bec triarticulé, fléchi sur la poitrine, non courbé.

Corps ovale, rétréci antérieurement, aplati, à bords latéraux tranchans. Abdomen orbiculé; élytres quelquefois apparens, très-courts; ailes nulles.

Antennæ filiformi-setaceæ, quadriarticulatæ, thorace paulò longiores, antè oculos insertæ. Rostrum triarticulatum, sub pectore inflexum, rectum.

Corpus ovatum, anticè angustius, depressum; marginibus acutis. Abdomen orbiculatum; elytra interdùm perspicua, brevissima; alæ nullæ.

OBSERVATIONS.

Par les nombreuses distinctions établies, le genre *punaise* se trouve presque réduit à la seule espèce qu'on eût souhaité ne jamais connaître. Mais cette espèce, qui ne doit son état singulier qu'à la circonstance particulière de ses habitudes, semble ne subir presqu'aucune métamorphose ; et s'il n'était prouvé que ce sont les habitudes qui ont amené la forme et l'état des parties des animaux, on pourrait à peine la ranger parmi les insectes. En effet, immobile et cachée dans sa retraite pendant le jour, elle n'en sort que la nuit pour aller prendre sa nourriture et n'a jamais besoin de voler. Aussi presque toutes les parties qu'elle devrait acquérir, pour son état parfait, avortent constamment, même ses petits yeux lisses ; elle est cependant une hémiptère évidente, une véritable cimicide.

J'eusse réuni la *punaise* dont il s'agit, avec les *tingis* qui suivent, si les habitudes de part et d'autre eussent été moins différentes. Comme insecte carnassier ou qui se nourrit du sang qu'il suce, la *punaise* a des rapports avec les phymates qui sont aussi des suceurs de sang. Elle diffère des réduves en ce que son bec n'est point courbé.

ESPECES.

1. Punaise de lit. *Cimex lectularius.* Lin.

   C. depressus, ferrugineus, glaber.

   Latr. gen. crust et ins. 3. p. 137.

   Acanthia lectularia. Fab.

   Punaise des lits. Geoff. 1. p. 434.

   Habite en Europe, dans les appartemens. Ses tarses ont trois articles.

2. Punaise de l'hirondelle. *Cimex hirundinis.*

   C. parvulus, pubescens.

Espèce non décrite, observée dans un nid d'hirondelle par M. Latreille.

TINGIS. (Tingis.)

Antennes filiformes, quadriarticulées, à troisième article plus long que les autres; le dernier plus épais. Bec reçu dans un canal.

Corps aplati, membraneux; élytres larges, enveloppant les côtés de l'abdomen.

Antennæ filiformes, quadriarticulatæ; articulo tertio aliis longiore; ultimo crassiore. Rostrum vaginatum.

Corpus depressum, membranaceum; elytra lata, lateribus subtùs fornicatis, abdominis margines vaginantibus.

OBSERVATIONS.

Les *tingis* semblent se rapprocher de la punaise par leur corps aplati, membraneux, leur bec droit, leurs pattes toutes de formes ordinaires; mais ils ne se nourrissent qu'en suçant des végétaux. Ils se rapprochent des arades sous plusieurs rapports, et néanmoins ils en sont très-distincts par le troisième et le dernier article de leurs antennes, ainsi que par leurs élytres larges, enveloppant le plus souvent les côtés de l'abdomen. D'ailleurs, leur manière de vivre paraît différente.

Le corps de ces insectes est réticulé, tantôt bordé, tantôt muni de crête. On trouve les tingis sur les plantes, et certaines espèces y forment des altérations presque comme des galles.

ESPECES.

1. Tingis à crète. *Tingis cristata.*
   T. fusca, capite bispinoso, thorace scutelloque cristato; elytris reticulatis.
   Tingis cristata. Panz. Faun. ins. fasc. 99. f. 19.
   Habite en Europe.

2. Tingis marginé. *Tingis marginata.*
   T. antennis clavatis, thorace elytrisque corpore latioribus diaphanis reticulatis; fasciâ duplici transversâ.
   La punaise à fraise antique. Geoff. 1. p. 461.
   Habite aux environs de Paris, sous les feuilles du poirier.

3. Tingis ponctué. *Tingis punctata.*
   T. nigro alboque cinerea; elytris reticulato-punctatis.
   Cimex clavicornis. Lin. *Acanthia clavicornis.* Fab.
   Panz. fasc. 23. tab. 23.
   La punaise tigre. Geoff. 1. p. 461. n.° 56.
   Habite en Europe, dans les fleurs de la germandrée.

ARADE. (Aradus.)

Antennes filiformes, quadriarticulées, insérées sur les côtés du devant de la tête. Bec reçu, à sa base, dans une rainure.

Corps aplati, membraneux. Élytres plus étroits que l'abdomen, n'enveloppant pas ses côtés.

Antennæ filiformes, quadriarticulatæ, capitis anticè lateribus insertæ. Rostrum basi in canali inclusum.

Corpus depressum, membranaceum; elytra abdomine angustiora, abdominis margines non vaginantia.

OBSERVATIONS.

Les *arades* se tenant sous les écorces des arbres ou dans des fentes de pieux, sont peut-être des cimicides carnassières. Elles n'ont point, comme les *tingis*, les antennes terminées en bouton, ni le troisième article de ces antennes beaucoup plus long que les autres. Enfin, leurs élytres n'embrassent point les côtés de l'abdomen.

ESPÈCES.

1. Arade lunulée. *Aradus lunatus.* Fab.

A. thorace lunato, margine prominente, abdomine serrato.
Stoll. cimic. tab. 13. f. 84.
Habite dans les Indes.

2. Arade du bouleau. *Aradus betulæ.* Fab.

A. thorace denticulato, capite muricato; elytris anterius dilatatis.
Degeer, mém. tom. 3. p. 305 pl. 15. f. 16.
Habite l'Europe boréale, sur le bouleau.

3. Arade corticale. *Aradus corticalis.*

A. fusco-niger, thorace denticulato, quadriaristato.
Aradus corticalis. Latr. hist. nat. des crust. et des ins. 12 p. 247.
Wolf. Ic. cimic. 3. tab. 9. f. 81.
Habite en Europe, sous les écorces des bouleaux, etc.
Etc.

PHYMATE. (Phymata.)

Antennes presque contiguës à leur base, quadriarticulées, à dernier article plus épais, presqu'en tête. Bec triarticulé, reçu dans un canal.

Corps ovale, membraneux ; élytres plus étroits que l'abdomen ; pattes antérieures ravisseuses.

Antennæ ad basim subcontiguæ, quadriarticulatæ ; articulo ultimo crassiore, subcapitato. Rostrum triarticulatum, vaginatum.

Corpus ovatum, submembranaceum ; elytra abdomine angustiora ; pedes antici raptorii.

OBSERVATIONS.

Les *phymates* paraissent tenir aux tingis par plusieurs rapports ; savoir : par l'insertion et le dernier article de leurs antennes et par leur bec reçu dans un canal. Ils en diffèrent néanmoins par leurs élytres plus étroits que l'abdomen ; cet abdomen ayant ses côtés dilatés et quelquefois relevés. Enfin, ils s'en distinguent surtout par leurs pattes antérieures ravisseuses, les cuisses de ces pattes étant renflées, comprimées et terminées par un grand crochet mobile. Ces pattes annoncent dans les phymates des habitudes fort différentes de celles des tingis.

Je crois pouvoir réunir le *macrocéphale* de M. Latreille à son genre *phymate*, les pattes antérieures étant ravisseuses dans ces différens insectes, qui s'avoisinent d'ailleurs par plusieurs rapports.

ESPÈCES.

1. Phymate crassipède. *Phymata crassipes.* Latr.

Ph. oblonga, fusca ; thoracis abdominisque marginibus elevatis.

La punaise à pattes de crabe. Geoff. 1. p. 447.
Syrtis crassipes. Fab.
Habite en Europe, sur les plantes.

2. Phymate scorpion. *Phymata erosa.* Latr.

Ph. membranacea, abdomine flavo: fasciâ nigrâ; thoracis margine sinuato.

Cimex erosus. Lin.

Habite dans l'Amérique méridionale.

3. Phymate macrocéphale. *Phymata macrocephalus.*

Ph. capite elongato; abdominis lateribus in angulum medio dilatatis; scutello maximo.

Macrocephalus cimicoides. Latr. gen. crust. et ins. 3. p. 138.

Syrtis manicata. Fab.

Habite en Amérique, dans la Géorgie, la Caroline.

CIMICIDES LITTORALES.

Bec de deux ou trois articles, n'engaînant point la lèvre supérieure. — Lèvre supérieure tout-à-fait saillante hors de la rainure du bec. — Deux petits yeux lisses.

Les *cimicides littorales* vivent habituellement dans le voisinage des eaux, sans néanmoins habiter, soit dans l'eau, soit sur sa surface. Elles ont, comme les cimicides vaginales, le bec à deux ou trois articles; mais ce bec n'engaîne point la lèvre supérieure, cette lèvre étant tout-à-fait saillante hors de sa rainure. Les cimicides labiales en sont distinguées par leur bec de quatre articles.

Ces insectes n'ont que trois ou quatre articles aux antennes; leurs races connues ne sont pas encore fort nombreuses; et, en effet, je n'y rapporte que les deux genres suivans; savoir: acanthie et galgule.

ACANTHIE. (Acanthia.)

Antennes courtes, filiformes, à quatre articles. Bec

droit. Lèvre supérieure non engaînée, saillante hors de la rainure du bec.

Corps ovale, aplati, submembraneux. Pattes ambulatoires et saltatoires.

Antennæ breves, filiformes, quadriarticulatæ. Rostrum rectum. Labrum non vaginatum, exsertum.

Corpus ovatum, depressum, submembranaceum. Pedes ambulatorii, saltatorii.

OBSERVATIONS.

Les *acanthies* ne diffèrent guère des cimicides vaginales que parce qu'elles ont leur lèvre supérieure tout-à-fait saillante hors de la rainure du bec; qu'elles vivent habituellement dans le voisinage des eaux; qu'elles forment une transition aux cimicides aquatiques; qu'elles courent vite et sautent facilement. Ces insectes ont deux petits yeux lisses, dans l'état parfait.

ESPECES.

1. Acanthie tachetée. *Acanthia maculata.*

A. nigra; elytris striatis; alis posticè flavo-maculatis.

Latr. hist. nat. des crust. et des ins. 12. p. 243.

Lygæus saltatorius. Fab.

Habite en France, etc.

2. Acanthie littorale. *Acanthia littoralis.*

A. nigra; elytris obsoletè maculatis: maculis fusco-flavis.

Degeer, ins. 3. t. 14. f. 17—18.

Latr. hist. nat. des crust. et des ins. p. 242.

Salda littoralis. Fab.

Habite en Europe, dans la Suède, etc., sur les bords de la mer.

3. Acanthie de la zostère. *Acanthia zosteræ.* Fab.

A. nigra; elytris coriaceis abdomine longioribus, apice hyalino-striatis.

Salda zosteræ. Fab.

Habite en Europe, aux bords de la mer.

GALGULE. (Galgulus.)

Antennes filiformes, subtriarticulées, insérées sous les yeux; à dernier article plus épais. Bec conique, triarticulé. Lèvre supérieure saillante. Deux petits yeux lisses.

Corps ovale-arrondi, aplati. Pattes ambulatoires : les antérieures ravisseuses.

Antennæ filiformes, subtriarticulatæ, sub oculis insertæ; articulo ultimo crassiore. Rostrum conicum, triarticulatum. Labrum exsertum. Ocelli duo.

Corpus ovato-rotundatum, depressum. Pedes ambulatorii : antici raptatorii.

OBSERVATIONS.

Le genre *galgule* paraît appartenir plutôt aux cimicides littorales, qu'aux cimicides aquatiques. Ces insectes n'ayant point de pattes natatoires, ne vivent point dans l'eau, et, d'après la forme de leur corps, leurs pattes ambulatoires ne sauraient leur servir à marcher sur l'eau, mais seulement sur les plantes des rivages.

ESPÈCE.

1. Galgule oculé. *Galgulus oculatus.* Latr.

Latr. hist. nat. des crust. et des ins. 12. p. 286. pl. 95. f. 9.

Naucoris oculata. Fab.
Habite la Caroline. Bosc.

CIMICIDES AQUATIQUES.

Elles vivent sur l'eau ou dans l'eau ; et l'insecte parfait n'a jamais de petits yeux lisses.

Toutes ces cimicides vivant sur l'eau ou dans l'eau, et n'ayant jamais de petits yeux lisses, peuvent donc être distinguées des autres cimicides, puisqu'elles offrent un caractère particulier et d'autres habitudes. Cette distinction n'empêche pas que les unes et les autres ne soient de la même famille ; ce qui a toujours été senti.

Parmi les *cimicides aquatiques*, quelques-unes ont les antennes saillantes et bien apparentes ; tandis que les autres ont les leurs très-courtes et presque cachées. Cette considération fournit la division suivante.

DIVISION DES CIMICIDES AQUATIQUES.

[1] *Antennes très-apparentes, posées devant les yeux.*

Hydromètre.
Vélie.
Gerris.

[2] *Antennes peu ou point apparentes, insérées et cachées sous les yeux.*

[a] Antennes à articles simples.

Ranatre.

Nèpe.
Notonecte.
Corise.
Naucore.

[b] Antennes demi-pectinées, trois de leurs articles étant rameux d'un côté, à rameaux saillans à l'extérieur.

Bélostome.

HYDROMÈTRE. (Hydrometra.)

Antennes sétacées, quadriarticulées, posées devant les yeux à l'extrémité du museau. Petits yeux lisses nuls.

Tête prolongée antérieurement en un museau long et étroit. Une rainure sous le museau, recevant le bec qui paraît inarticulé.

Corps filiforme; corselet cylindrique; pattes propres à marcher sur l'eau.

Antennæ setaceæ, quadriarticulatæ, ante oculos et ad extremitatem processus capitis insertæ. Ocelli nulli.

Caput anticè porrectum, processu angusto et subcylindrico elongatum, et canali infero rostrum subinarticulatum vaginans.

Corpus filiforme; thorax cylindricus; pedes ad vagandum super aquas idonei.

OBSERVATIONS.

Les *hydromètres* sont des cimicides aquatiques, qui ont la singulière faculté de courir sur la surface de l'eau, comme sur un plan solide. Leur corps est long, grêle, presque filiforme; leurs pattes, surtout les postérieures, sont fort longues; et leurs tarses sont à deux et trois articles. Ils n'ont que des élytres courts, et un écusson très-petit.

ESPÈCE.

1. Hydromètre des étangs. *Hydrometra stagnorum.*
Latr. gen. crust. et ins. 3. p. 131.
Cimex stagnorum. Lin.
La punaise aiguille. Geoff. 1. p. 463. n.o 60.
Habite en Europe, dans les lieux aquatiques. Il est noirâtre, linéaire, aplati, à pattes antérieures très-courtes.

VÉLIE. (Velia.)

Antennes filiformes, quadriarticulées.

Tête oblongue-ovale, à partie antérieure fléchie verticalement en bas. Bec biarticulé.

Corselet subdeltoïde. Pattes ambulatoires; les antérieures ravisseuses.

Antennæ filiformes, quadriarticulatæ.

Caput elongato-obovatum; parte anticâ verticaliter inflexâ. Rostrum biarticulatum.

Thorax subdeltoideus. Pedes ambulatorii: antici raptorii.

OBSERVATIONS.

Les *vélies* marchent et courent sur la surface de l'eau, comme les hydromètres; mais elles en sont très-distinguées par la forme particulière de leur tête, par leur corselet deltoïde tronqué antérieurement; enfin par leurs antennes non sétacées. Leur bec a deux articles et s'insère dans un canal situé sous la partie antérieure de la tête, lorsqu'il n'agit point.

ESPÈCES.

1. Vélie des ruisseaux. *Velia rivulorum.* Latr.

   V. nigra, albo-punctata; abdomine fulvo.
   Cimex rivulorum. Lin. *Gerris rivulorum.* Fab.
   Habite en France, sur les ruisseaux.

2. Vélie vagabonde. *Velia currens.* Latr.

   V. aptera, fusca, abdominis margine elevato fulvo nigro-punctato.
   Gerris currens. Fab. *Hydrometra currens* ejusd.
   Coqueb. illustr. Ic. 2. tab. 19. f. 11.
   Habite en France, en Italie, sur les eaux des ruisseaux.

GERRIS. (Gerris.)

Antennes filiformes, quadriarticulées.

Tête oblongue-ovale, à partie antérieure non inclinée, mais dirigée en avant. Bec à trois articles.

Insertion des quatre pattes postérieures, écartée de celle des pattes de devant. Les pattes propres à ramer.

Antennæ filiformes, quadriarticulatæ.

Caput elongato-ovatum, antice subrectâ porrectum. Rostrum articulis tribus distinctis. Pedes ad remigandum idonei: antici ab aliis valdè remoti.

OBSERVATIONS.

Les *gerris* ne courent point sur la surface des eaux comme les hydromètres et les vélies; mais elles y nagent à la surface et rament avec leurs pattes. Leurs mouvemens sont comme par saccades ou par secousses. Ainsi, voilà d'autres habitudes qui indiquent la nécessité de les distinguer. Leur bec d'ailleurs offre trois articulations distinctes, ce qui suffit pour les faire reconnaître.

ESPÈCES.

1. Gerris des marais. *Gerris paludum.*

G. niger, subtùs argentatus; abdominis margine subferrugineo.

Gerris paludum. Fab. Latr.

Habite en France, dans les eaux stagnantes.

2. Gerris écusson-roux. *Gerris rufo-scutellata.* Latr.

G. suprà fusco-nigricans, infrà argenteo-sericea; thoracis parte posticâ, abdominisque lateribus pallido-rufescentibus.

Latr. gen. crust. et insect. 3. p. 134.

Stoll. cimic. tab. 15. f. 108.

Habite en France, dans les eaux.

3. Gerris des lacs. *Gerris lacustris.* Latr.

G. niger, depressus; pedibus anticis brevissimis.

Cimex lacustris. Lin.

Gerris lacustris. Fab.

La punaise naïade. Geoff. 1. p. 463. n.° 59.

Habite en Europe, dans les lacs, les fossés aquatiques.

---

[2] *Antennes peu ou point apparentes, cachées sous les yeux.*

Ce sont ici les *hydrocorises* de M. *Latreille.* Ces cimicides sont véritablement aquatiques, et très-distinctes, par leurs antennes, de celles qui marchent ou rament à la surface des eaux.

Les antennes de ces insectes n'ont que trois ou quatre articulations, sont à peine de la longueur de la tête, et souvent ne paraissent point, étant cachées sous les yeux dans une cavité.

Je rapporte à cette division les six genres qui suivent.

RANATRE. (Ranatra.)

Antennes très-courtes, cachées sous les yeux. Bec avancé. Pattes antérieures dirigées en avant, formant la tenaille : les *hanches antérieures longues.*

Corps linéaire. Corselet allongé, échancré postérieurement. Tarses uniarticulés.

Antennæ brevissimæ, sub oculis occultatæ. Rostrum porrectum.

Corpus lineare; thorax elongatus, posticè suprà scutellum emarginatus. Pedes antici porrecti, forcipati; coxis femoribusque valdè elongatis. Tarsi uniarticulati.

OBSERVATIONS.

Les *ranatres* ne sont qu'un démembrement du genre *nepa* de Linné, et y tiennent effectivement par les plus grands rapports. Néanmoins, outre qu'elles ont le corps plus étroit et linéaire, on les en distingue facilement par leur bec avancé, non courbé, et par les hanches très-longues de leurs pattes antérieures. Les quatre pattes postérieures de ces insectes sont longues, filiformes, peu ou point natatoires. Aussi nagent-ils lourdement et lentement, et le plus souvent ils se tiennent au fond de l'eau, dans la vase.

ESPÈCE.

1. Ranatre linéaire. *Ranatra linearis.*

R. cauda biseta corporis longitudine; thorace unicolore.

Ranatra linearis. Fab. Latr. hist. nat. des crust. et des insect. 12. p. 282. pl. 96. f. 4.

Nepa linearis. Lin. Geoff. 1. pl. 10. f. 1.

Habite en Europe, dans les eaux des fossés, des étangs, etc. Ses œufs sont allongés et ont, à une extrémité, deux filets ou deux soies.

NÈPE. (Nepa.)

Antennes très-courtes, subtriarticulées, cachées sous les yeux. Bec court, conique, courbé ou incliné presque perpendiculairement. Pattes antérieures dirigées en avant, formant la tenaille et ayant les *hanches courtes.*

Corps ovale, fort aplati. Corselet presque carré. Tarses uniarticulés.

Antennæ brevissimæ, subtriarticulatæ, sub oculis occultatæ. Rostrum breve, conicum, incurvum aut subperpendiculariter inflexum.

Corpus ovatum, valdè depressum. Thorax subquadratus. Pedes antici porrecti, forcipati; coxis brevibus. Tarsi uniarticulati.

OBSERVATIONS.

Les *nèpes*, ainsi que les ranatres, s'avoisinent par leurs rapports. Les unes et les autres ont deux filets sétacés à l'extrémité de l'abdomen, et les pattes antérieures avancées et formant la tenaille. Geoffroy prit ces deux pattes pour les antennes qu'il n'apercevait pas. Néanmoins, les *nèpes* diffèrent des ranatres par leur bec incliné presque perpendiculairement, et par les hanches des pattes antérieures qui sont bien plus courtes que dans les ranatres. On les en distingue d'ailleurs par leur corps ovale, à corselet qui n'est point plus long que large, et qui est échancré antérieurement pour recevoir la tête.

Ces insectes nagent lentement et difficilement, se tiennent souvent au fond des eaux, et ont leurs pattes postérieures peu ou point natatoires. Ils se nourrissent en suçant les insectes et les vers qu'ils peuvent saisir.

Les œufs des nèpes sont terminés à un de leurs bouts, par deux ou pluseursi filets piliformes.

ESPÈCES.

1. Nèpe cendrée. *Nepa cinerea.* L.

N. cauda biseta corpore dimidio breviore; corpore ovali-oblongo.

Nepa cinerea. Fab. Latr. hist. nat. des crust. et des ins. 12. p. 284. pl. 95. *fig.* 8. Le scorpion aquatique. Geoff.

Habite en Europe, dans les eaux. Corps ovale-oblong.

2. Nèpe d'Amérique. *Nepa grandis.*

N. maxima, depressa, fusca, flavo-maculata.

Nepa grandis. Lin. Fab.

Habite en Amérique, à Surinam, dans les eaux. Corps ovale. Etc.

NOTONECTE. (Notonecta.)

Antennes plus courtes que la tête, quadriarticulées, insérées et cachées sous les yeux. Bec court, conique, triarticulé, incliné sur la poitrine.

Corps ovale-oblong; tête sessile; un écusson. Pattes

postérieures plus longues, natatoires, et en forme de rames.

Antennæ capite breviores, quadriarticulatæ, sub oculis insertæ et suboccultatæ. Rostrum breve, conicum, triarticulatum, sub pectore inflexum.

Corpus ovato-oblongum; caput sessile; scutellum. Pedes quatuor antici subæquales: postici longiores, natatorii, remiformes.

OBSERVATIONS.

Les *notonectes* ont tous les tarses à deux articles; mais il paraît que les quatre antérieurs seulement sont bionguiculés.

On a donné à ces insectes le nom vulgaire de punaise à aviron, parce que d'une part ce sont des cimicides, et que de l'autre, en nageant, ils se servent de leurs deux pattes postérieures comme d'avirons ou de rames pour diriger leurs mouvemens. Ces pattes sont, en effet, plus longues que les quatre autres, ouvertes ou écartées comme deux rames, et leur tarse est élargi par une frange de poils serrés qui facilite leur usage.

La manière de nager des *notonectes* est assez singulière: l'animal est sur le dos, et présente en haut le dessous de son ventre. Leur écusson est assez grand, et les distingue principalement des corises. Ces insectes se meuvent avec beaucoup de vivacité dans l'eau, et se nourrissent de proie.

ESPÈCES.

1. Notonecte glauque. *Notonecta glauca.* Lin.

N. elytris griseis: margine fusco-punctato; apice bifidis.
Latr. hist. nat. des crust. et des ins. 12. p. 291. pl. 97. f. 4.
La grande punaise à avirons. Geoff. 1. p. 476. pl. 9. f. 6.
Habite en Europe, dans les eaux dormantes.

2. Notonecte pygmée. *Notonecta minutissima.*

N. grisea; capite fusco; elytris trigonis, postice truncatis.
Notonecta minutissima. Lin. Panz. fasc. 2, tab. 14.
Notonecta n.° 2. Geoff.
Habite en Europe, dans les eaux.

NAUCORE. (Naucoris.)

Antennes très-courtes, quadriarticulées, insérées et cachées sous les yeux. Bec court, conique, subbiarticulé, incliné sur la poitrine.

Corps ovale, déprimé; tête transverse; les deux pattes antérieures courtes, à jambes et tarses réunis, formant pour chacune un grand crochet. Les quatre postérieures ciliées et natatoires. Un écusson.

Antennæ brevissimæ, quadriarticulatæ, sub oculis insertæ et occultandæ. Rostrum breve, conicum, subbiarticulatum, sub pectore inflexum.

Corpus ovatum, depressum; caput sessile, transversum; pedes duo antici breves, subraptorii; tibiis tarsisque conjunctis uncum magnum efficientibus: postici quatuor ciliati, natatorii. Scutellum.

OBSERVATIONS.

Quoique Linné ait confondu les *naucores* avec les *nepa*, c'est avec les notonectes qu'elles ont le plus de rapports. Néanmoins on les distingue facilement des notonectes, par leurs pattes antérieures qui paraissent ravisseuses, la jambe et le tarse de chacune de ces pattes étant réunis et formant un grand crochet qui se replie sous la cuisse. On les en distingue aussi par leur bec qui n'offre que deux articles bien apparens, le troisième, qui est à la base, étant très-court. Enfin, on les en distingue par leur corps ovale, très-aplati, et par les quatre pattes postérieures ciliées, natatoires. L'écusson des naucores les distingue de la corise.

Les naucores sont carnassières, voraces, et se nourrissent en suçant d'autres insectes aquatiques.

ESPECES.

1. Naucore cimicoïde. *Naucoris cimicoïdes*. Fab.

N. abdominis margine serrato, capite thoraceque flavo, fuscoque variis. G.

Nepa cimicoïdes. Lin.

La naucore. Geoff. 1. p. 474. tab. 9. f. 5?

Latr. hist. nat. des crust. et des ins. 12. p. 285. pl. 97. f. 3.

Habite en Europe, dans les étangs.

2. Naucore tachetée. *Naucoris maculata*.

N. abdominis margine serrato, capite thoraceque virescentibus, fusco-maculatis; elytris fuscis.

Naucoris maculata. Fab. supp. p. 525.

Habite en France, dans les eaux. Bosc. M. Latreille croit que c'est ici qu'il faut rapporter la naucore de Geoffroy.

3. Naucore estivale. *Naucoris æstivalis*.

N. abdominis margine serrato, capite thoraceque albo-lutescentibus.

Naucoris æstivalis. Fab.

Coqueb. Ill. ic. tab. 10. f. 1.

Habite en France, dans les eaux. Bosc.

CORISE. (Corixa.)

Antennes très-courtes, sétacées, quadriarticulées, insérées sous les yeux. Bec court, conique, subbivalve par son union avec la lèvre supérieure, et comme fendu ou percé au sommet pour la sortie du suçoir.

Corps oblong, déprimé. Point d'écusson. Pattes antérieures très-courtes, courbes, à tarses à un seul article. Les quatre postérieures allongées, à tarses biarticulés, subnatatoires.

Antennæ brevissimæ, setaceæ, quadriarticulatæ, sub oculis insertæ et occultandæ. Rostrum breve, conicum, nutans, labro coadunato subbivalve, apice fissum aut subperforatum pro setis haustelli exerendis.

Corpus oblongum, depressum. Scutellum nullum. Pedes duo antici breves, incurvi; tarsis uniarticulatis: quatuor postici longiores, subnatatorii; tarsis biunguiculatis.

OBSERVATIONS.

Les *corises* ressemblent un peu aux notonectes par leur forme, leurs antennes, leurs ailes, etc. Mais elles manquent d'écusson, et leur manière de nager est différente. Leur bec est court, conique, et semble percé, à son extrémité, d'un trou qui donne issue au suçoir. Il paraît que c'est la lèvre supérieure qui, par sa réunion avec le bec, complète son canal. Ces insectes viennent souvent à la surface des eaux où ils se tiennent suspendus par le derrière pour respirer; mais, au moindre mouvement, ils se précipitent vers le fond, et peuvent y rester quelque temps. Les tarses des deux pattes antérieures n'ont qu'un article, et paraissent même sans crochets.

ESPECES.

1. Corise striée. *Corixa striata.*

C. elytris pallidis: lineolis transversis, undulatis, numerosissimis, fuscis.

La corise. Geoff. 1. p. 478. pl. 9. f. 7.
Corise striée. Latr. hist. nat. des crust. et des ins. 12. p. 289.
Ejusd. gen. crust. et ins. 3. p. 151.
Notonecta striata. Lin. *Sigara striata.* Fab.
Habite en Europe, dans les eaux douces et tranquilles.

2. Corise brune. *Corixa coleoptrata.*
C. elytris totis coriaceis fuscis : margine exteriori flavo.
Sigara coleoptrata. Fab. Panz. fasc. 50. t. 24.
Habite en Suède et aux environs de Paris.

BÉLOSTOME. (Belostoma.)

Antennes quadriarticulées, demi-pectinées, insérées et se cachant sous les yeux. Bec en cône allongé, biarticulé.

Corps ovale, très-déprimé. Un écusson. Pattes antérieures ravisseuses, terminées par un seul crochet. Tous les tarses biarticulés et onguiculés.

Antennœ quadriarticulatœ, semi-pectinatœ, sub oculis insertœ et occultandœ. Rostrum elongato-conicum, biarticulatum.

Corpus ovatum, valdè depressum. Scutellum. Pedes antici raptorii, uni unguiculati. Tarsi omnes distinctè biarticulati.

OBSERVATIONS.

Les *bélostomes* sont des insectes exotiques, qui ont quelques rapports avec les naucores; mais leurs antennes semi-pectinées les en distinguent, ainsi que de presque toutes les autres cimicides aquatiques. Ces insectes diffèrent aussi des cimicides aquatiques à antennes insérées sous les yeux, en ce qu'ils ont tous les tarses biarticulés et onguiculés.

ESPÈCE.

1. Bélostome briqueté-pâle. *Belostoma testaceo-pallidum.*

Latr. gen. crust. et insect. 3. p. 145.
Habite l'Amérique méridionale.

ORDRE QUATRIÈME.

LES LÉPIDOPTÈRES.

Une trompe tubuleuse, de deux pièces, constituant un suçoir nu, et roulée en spirale dans l'inaction. Deux ou quatre palpes apparens. — Quatre ailes membraneuses, recouvertes d'écailles colorées, peu adhérentes, semblables à une poussière fine.—Larve vermiforme, munie de dix à seize pattes. Chrysalide inactive, à peau non transparente.

OBSERVATIONS.

Cet ordre, très-naturel, comprend une série nombreuse d'insectes bien caractérisés par leur bouche et leurs ailes, et qui tiennent les uns aux autres par les plus grands rapports. Ces insectes intéressent non-seulement par les particularités de leur métamorphose, qui est des plus complètes, mais en outre par leur beauté, leur élégance et l'admirable variété de leurs couleurs. Aussi ce sont eux probablement qui ont, les premiers, attiré les regards et l'attention de l'homme, parmi les animaux de leur classe; mais, comme leur série est très-naturelle, et que nos collections sont très-avancées à leur égard, ce sont aussi ceux, peut-être, qui sont les plus difficiles à distinguer entr'eux, en un mot, à caractériser génériquement et spécialement.

Voyons d'abord ce qui les caractérise en général.

Dans l'état parfait, ces insectes ont quatre ailes étendues, membraneuses, veinées, et couvertes de petites écailles qui ressemblent à une poussière farineuse. Ces écailles sont ovales ou allongées, découpées en leur bord, et disposées en recouvrement les unes à la suite des autres, à-peu-près comme les tuiles d'un toit. Elles sont implantées par une espèce de pédicule, se détachent avec facilité au moindre frottement, et alors l'aile, qui était opaque et diversement colorée par ces écailles, reste transparente et presque semblable aux ailes membraneuses des autres insectes.

On sait, par les intéressantes observations de M. *Savigny*, que la bouche des *lépidoptères* a réellement deux mandibules, deux mâchoires, quatre palpes, une lèvre supérieure et une inférieure. Mais, ici, ces parties sont, les unes simplement ébauchées, et les autres accommodées à l'usage qu'en fait l'insecte, selon sa manière de vivre; c'est-à-dire, que les unes, non utiles, sont très-réduites, sans développement, et fort difficiles à apercevoir; tandis que les autres, véritablement employées, ont acquis une forme appropriée, et des dimensions qui les mettent en évidence. Il en résulte que, dans ses parties bien apparentes, la bouche des lépidoptères parvenus à l'état parfait, n'offre qu'une espèce de trompe ou plutôt un suçoir nu, tubuleux, composé de deux pièces réunies, et auquel on a donné le nom de langue (*lingua spiralis*). Ce suçoir ou cette langue leur sert à pomper le suc mielleux des fleurs dont ils font alors leur nourriture. Les deux pièces qui le forment sont les deux mâchoires de l'animal. Elles sont transformées en lames étroites, fort allongées, convexes d'un côté, concaves de l'autre, et qui constituent un cylindre creux par leur réunion, cylindre dont la cavité est quelquefois triple par l'enroulement d'un des bords de chaque lame, selon M. *Latreille*. Ce suçoir, lorsque l'insecte n'en fait pas usage, est roulé en spirale, et placé entre les deux palpes inférieurs ou labiaux qui sont velus et le cachent plus ou moins complettement. La longueur de ce suçoir varie selon que l'insecte parvenu à l'état parfait, prend encore plus ou moins de nourriture.

La tête des *lépidoptères* est pourvue de deux antennes insérées entre les yeux, multiarticulées, plus ou moins longues, mais excédant toujours la longueur de la tête. Elles sont tantôt sétacées, soit simples, soit pectinées, tantôt prismatiques, et tantôt filiformes, plus ou moins en massue à leur extrémité.

Les trois petits yeux lisses, placés au sommet de la tête, se distinguent difficilement à cause des poils dont la tête est couverte.

Les quatre ailes de l'insecte parfait sont attachées à la partie postérieure et latérale du corselet, et dans l'inaction, elles sont tantôt couchées sur le corps, soit en toit, soit horizontalement, soit de manière à l'envelopper, et tantôt elles sont plus ou moins relevées.

Les six pattes sont toujours divisées en cinq pièces, dont

la dernière est terminée par deux onglets très-petits. Il y a quelques papillons qui ne font usage en marchant que des quatre pattes postérieures, quoiqu'ils en aient réellement six.

La poitrine et le ventre des *lépidoptères* sont pourvus latéralement de stigmates en forme de petites boutonnières. Les parties de la génération, dans les deux sexes, sont placées à la partie postérieure et terminale de l'abdomen. Enfin, dans certains *lépidoptères*, la trompe est si courte qu'il est très-difficile de l'apercevoir, ces insectes, parvenus à l'état parfait, ne prenant plus de nourriture.

La larve des lépidoptères est connue sous le nom de *chenille*. Sa bouche est armée de fortes mâchoires, par le moyen desquelles elle ronge les feuilles, les fleurs et les fruits des végétaux, ainsi que les pelleteries, etc. Ainsi, dans l'état de larve, le lépidoptère est un rongeur, tandis qu'il ne peut être qu'un suceur lorsqu'il a acquis son dernier état.

Dans la larve, on aperçoit à la partie inférieure de la bouche, au moyen du microscope, un petit trou auquel on a donné le nom de *filière*, trou par lequel elle fait passer le fil ou la soie dont elle se sert pour construire sa coque lorsqu'elle veut se changer en chrysalide.

Le corps des chenilles est allongé en forme de ver, mou, charnu, soit glabre, soit hérissé de poils ou de piquans, et composé de douze ou treize anneaux. On aperçoit très-distinctement les stigmates qui se trouvent sur chaque anneau, un de chaque côté, mais le troisième et le quatrième anneau en sont dépourvus. En grossissant, les chenilles muent ou changent de peau plusieurs fois (environ trois ou quatre fois), et parvenues à leur entier accroissement, elles deviennent stationnaires et se changent en chrysalide. Dans cet état, l'animal est tout-à-fait méconnaissable, immobile, ne prend pas de nourriture, et ne laisse point apercevoir les parties de l'insecte parfait.

Il y a des chenilles qui ont seize pattes : six pattes écailleuses, huit intermédiaires, et deux postérieures, qui ne manquent jamais, non plus que les six écailleuses : les plus grandes espèces et les plus communes sont dans ce cas. D'autres chenilles n'ont que six pattes intermédiaires, d'autres n'en ont que quatre, enfin d'autres n'en ont que deux ; en sorte que ces dernières n'ont en tout que dix pattes. Ces chenilles ont une démarche très-différente de celle des chenilles à seize pattes. Elles élèvent en bosse la partie de leur corps qui n'a point de pattes, la courbent en arc, et rapprochent par ce moyen leurs quatre pattes postérieures des six antérieures ou écailleuses. Ensuite, rétablissant leur figure en ligne droite, en portant en avant la partie antérieure de leur corps, elles semblent, en marchant ainsi, mesurer le chemin qu'elles parcourent ; ce qui leur a fait donner le nom de *chenilles arpenteuses*.

Les chenilles dont l'extérieur est le plus simple, sont celles dont la peau n'est point chargée de poils ou de corps saillans analogues ; on les appelle *chenilles rases*. Il y en a dont la peau est si mince et si transparente (comme dans le ver à soie), qu'elle laisse apercevoir une partie de l'intérieur de l'animal. Parmi les chenilles rases, il s'en trouve qui ont des poils, mais en petit nombre ou fort écartés, ou peu sensibles ; d'autres ont le corps granuleux ou comme chagriné; d'autres enfin sont remarquables par des tubercules arrondis, distribués régulièrement sur les anneaux. Plusieurs des grosses espèces de chenilles et de celles qui donnent les plus beaux papillons sont dans ce cas.

Des chenilles rases et chagrinées, si nous passons à l'examen de celles qui sont véritablement hérissées, nous verrons qu'elles ont des poils nombreux, et souvent si gros, si durs et si semblables à des épines, qu'on les a nommées *chenilles épineuses.* Ces gros poils, qui sont assez durs pour être piquans, sont quelquefois composés comme les épines des plantes.

Ce qui est particulièrement remarquable dans les chenilles, en général, ce sont les couleurs différentes dont elles sont communément ornées. On voit sur leur corps une infinité de nuances, dont il serait difficile de trouver ailleurs des exemples. Les unes ne sont que d'une seule couleur; plusieurs couleurs différentes, très-vives, très-tranchées, servent de parure à d'autres. Tantôt elles y sont distribuées par raies, par bandes qui suivent la longueur du corps; tantôt par raies ou bandes qui suivent le contour des anneaux. Quelquefois elles sont par ondes ou par taches, soit de figure régulière, soit irrégulière; et quelquefois par points ou avec des variétés qu'il est difficile de décrire.

La manière de vivre des chenilles est presqu'aussi variée que les espèces. Il y en a qui aiment à vivre seules dans des retraites qu'elles se choisissent; d'autres se plaisent ensemble et forment des sociétés. On trouve des espèces qui vivent dans la terre, dans l'intérieur des plantes, dans les racines, dans les troncs d'arbres : le plus grand nombre se plaît sur les feuilles des herbes et des arbres, à portée des alimens qui leur sont nécessaires. Elles n'ont d'autres précautions à prendre, pour se garantir des injures du temps, que de se cacher sous les feuilles ou sous les branches, jusqu'à ce qu'elles puissent reparaître sans danger. Quelques-unes, pour se mettre en sûreté, roulent des feuilles pour se retirer dans la cavité formée par les plis. D'autres, d'une très-petite espèce, habitent et vivent même dans l'intérieur des feuilles qu'elles minent, et où elles ne sont point aperçues des ennemis qu'elles ont à craindre. Il y en a enfin qui se forment une sorte de fourreau qui les cache et les accompagne partout.

Parmi les faits que les chenilles nous font voir dans le cours de leur vie, il n'en est guère qui méritent plus d'être examinés et qui soient plus dignes de nous étonner que leurs changemens de peau et leur transformation. Le changement de peau n'est pas seulement commun à toutes les chenilles; il l'est aussi à tous les insectes qui, avant de parvenir à leur dernier terme d'accroissement, doivent se dépouiller une ou plusieurs fois. La plupart des chenilles ne changent que trois ou quatre fois de peau avant de se transformer en chrysalide; mais il en est qui en changent jusqu'à huit et même jusqu'à neuf fois. Les chenilles qui donnent les papillons de jour, c'est-à-dire, les vrais papillons, ne changent communément que trois fois de peau, au lieu que celles d'où sortent les papillons de nuit ou phalènes, la changent au moins quatre fois. Ce sont ces mues qu'on nomme maladies dans le ver à soie, et qui

le sont effectivement, puisque quelquefois elles lui f
perdre la vie.

Ce qu'il est important de remarquer, c'est que la
pouille que la chenille rejette à chaque mue, est si co
plète, qu'elle paraît elle-même une véritable chenille.
lui trouve toutes les parties extérieures de l'insecte : la
pouille d'une chenille velue est toute hérissée de poils ;
fourreaux des pattes, tant écailleuses que membraneus
y restent attachés ; on y voit les ongles, tous les croch
de leurs pieds, et il est même bien singulier d'y trouv
toutes les parties dures de la tête.

Lorsque les chenilles ont pris tout leur accroissemen
et que le temps de leur métamorphose approche, ell
quittent souvent les herbes ou les arbres sur lesquels ell
ont vécu, et se préparent à la transformation en cessa
de prendre des alimens. Elles se vident entièrement et r
jettent même la membrane qui double tout le canal d
leur estomac et de leurs intestins. Alors, celles qui saver
se filer des coques, se mettent à y travailler, et s'y ren
ferment, comme pour se mettre à l'abri des impressio
de l'air pendant leur changement de forme. On les voi
dans cette enveloppe, se courber, se raccourcir, para
tre dans un état languissant, et après des mouvemens a
ternatifs d'allongement et de contraction, se dégager enfi
du fourreau de chenille qui enveloppait leur chrysalide

Cette opération, à laquelle les chenilles se préparent
est dans le fond semblable à celle qu'elles ont subie toute
les fois qu'elles ont changé de peau : c'est encore une dé
pouille que l'insecte doit quitter, mais aussi c'est une dé
pouille bien plus considérable. Elles parviennent donc à

un état particulier dont j'ai déjà parlé, état dans lequel elles prennent le nom de *chrysalide* ou de *fève*, à cause de leur forme singulière. Cet état est le second par où la chenille doit passer pour parvenir au dernier, et paraître sous la forme de papillon.

On peut, en quelque sorte, considérer toute *chrysalide* comme une espèce d'œuf dans lequel le papillon se développe et se perfectionne. Il y reste jusqu'à ce qu'il soit entièrement formé, et qu'une douce chaleur l'invite à en sortir. Le jeune papillon averti par l'instinct, qu'il a acquis assez de force pour rompre ses fers, fait un puissant effort qui lui ouvre une seconde fois les portes de la vie. Tous ses organes deviennent plus sensibles et en quelque sorte plus parfaits. Ses ailes, qui d'abord ne paraissent presque pas, ou qui sont si petites qu'on les prendrait pour celles d'un papillon manqué, sont encore couvertes de l'humidité du berceau et plissées, chiffonnées ou repliées sur elles-mêmes ; mais aussitôt qu'elles sont à l'air libre, les liqueurs qui doivent circuler dans leurs canaux, s'élançant avec rapidité, les forcent à s'étendre et à se développer. Pour accélérer ce développement et lui donner plus de force, le papillon nouvellement éclos et impatient de voler, les agite de temps en temps et les fait frémir avec vitesse. En même temps, tous ceux qui ont une trompe qui était étendue et allongée sous le fourreau de la chrysalide, la retirent et la roulent en spirale pour la loger dans le réduit qui lui est préparé. Si quelque cause, soit intérieure, soit extérieure, s'oppose à l'extension des ailes dans le temps qu'elles sont encore aussi flexibles que des membranes, la sécheresse qui les surprend dans cet état, arrêtant la suite du développement, ces ailes restent imparfaites, incapables de servir, et le pauvre animal se voit condamné à périr, faute de pouvoir chercher sa nourriture.

C'est ainsi que tous les papillons sortent de leur état de chrysalide et subissent la métamorphose la plus étonnante qu'on connaisse parmi les êtres vivans. Ces animaux singuliers ne conservent plus rien de leur premier état. Figure, organes, industrie, tout est changé; de sorte que l'animal qui commença par être chenille, n'en a plus la moindre apparence et, en effet, n'est plus reconnaissable. Ce n'est plus cet être pesant, réduit à ramper, à brouter avec avidité la nourriture la plus grossière, et sujet à des maladies continuelles et périodiques. Le papillon, au contraire, est, en général, l'agilité même : orné des plus belles couleurs, il ne tient plus à la terre, ne se nourrit plus que de miel, et semble ne connaître que le plaisir.

L'ordre des *lépidoptères* n'a été divisé qu'en trois genres par *Linnœus*; savoir : celui de la phalène, celui du sphinx, et celui du papillon. Les Entomologistes ont presque tous conservé le troisième de ces genres, celui du *papillon*, et comme il est très-nombreux en espèces, ils se sont contentés de le sous-diviser en plusieurs sections, avec des déterminations vagues. M. *Latreille* est le premier qui ait essayé de le partager en plusieurs genres.

Quant aux genres *sphinx* et *phalena* de Linné, les Entomologistes les ont distingués en un assez grand nombre de genres particuliers. Nous les avons imités à cet égard, sans adopter néanmoins la totalité des genres qu'ils ont établis, étant convaincu que l'abus dans l'art de diviser les productions de la nature, est une des causes qui nuisent le plus aux progrès des sciences naturelles; tandis qu'une sage économie dans l'institution des divisions indispensables, est le vrai moyen d'en avancer les progrès.

D'après cette considération, qu'il me semble qu'on ne doit jamais perdre de vue, je partage primairement l'ordre des *lépidoptères* en trois grandes coupes réunies sous deux sections, comme dans le tableau suivant.

DIVISION DES LÉPIDOPTÈRES.

I.ère Section. — Un crochet subulé au bord externe des ailes inférieures, servant de frein pour retenir celles de dessus. Aucune aile élevée dans le repos.

* Antennes sétacées : elles diminuent d'épaisseur de la base à la pointe. (*Les lépidoptères nocturnes.*)

(1) Ailes enveloppantes, se roulant autour du corps, ou très-inclinées. Chenilles non vagabondes, vivant ordinairement à couvert, soit dans des fourreaux mobiles, soit dans des parties de végétaux.

Les Rouleuses.

(2) Ailes non enveloppantes, mais conformées, soit en chappe, soit en triangle allongé, et le plus souvent horizontales.

Chenilles non vagabondes, vivant à couvert, et roulant les feuilles ou les fleurs pour y fixer leur demeure, ou habitant dans des fruits.

Les Pyralites.

(3) Ailes non enveloppantes, ni conformées en chappe. Chenilles la plupart vagabondes, et vivant ordinairement à découvert.

Les Phalénides.

** Antennes en massue allongée, prismatique ou en fuseau. Elles ont dans leur longueur quelqu'épaississement plus grand qu'à leur base. (*Les lépidoptères crépusculaires.*)

Les Sphingides.

II.e SECTION. — Point de crochet ou de frein quelconque au bord externe des ailes inférieures. Les quatre ailes, ou au moins deux, élevées dans le repos. (*Les Lépidoptères diurnes.*)

Les Papilionides.

LÉPIDOPTÈRES NOCTURNES.

Les *lépidoptères nocturnes*, qu'on a aussi nommés *papillons de nuit*, parce que la plupart ne volent que le soir, comprennent tous les lépidoptères dont les antennes sont sétacées, c'est-à-dire, diminuent d'épaisseur de la base à la pointe ; mais ces antennes sont simples dans les uns, ciliées, dentées ou pectinées dans les autres.

Ces *lépidoptères nocturnes* n'ont jamais les ailes élevées vers la verticale dans l'état de repos, comme le plus grand nombre des papilionides ; volent peu pendant le jour; et presque tous enveloppent leur chrysalide dans une coque, ou s'enfoncent dans la terre pour s'y transformer, s'ils la laissent à nu.

Cette coupe, très-remarquable par l'énorme quantité de races diverses qu'elle embrasse, l'est encore plus par l'extrême difficulté de la diviser clairement, et d'y instituer des genres convenablement circonscrits par des caractères faciles à saisir. Tel est, et sera partout, l'inconvénient des familles naturelles dans lesquelles nos collections se trouveront fort enrichies : j'en ai suffisamment indiqué la cause.

L'observation constate que, dans la nombreuse série des races de cette coupe, ce sont les larves ou chenilles qui offrent le plus de particularités intéressantes, soit sous le rapport des habitudes diverses, soit sous celui de leur forme et du nombre de leurs parties; tandis que, parvenues à l'état d'insectes parfaits, on ne leur trouve plus qu'un petit nombre de particularités différentes; encore sont-elles peu propres à les faire diviser nettement. En effet, si ces animaux présentent encore beaucoup de diversité, ce n'est guère que dans leur taille, les couleurs qui les ornent, et les nuances des proportions de leurs parties.

Cependant, comme il est indispensable de les diviser et de les sous-diviser bien des fois, puisque ces insectes sont si nombreux, il faut donc faire concourir la considération de la chenille avec celle de l'insecte parfait, afin d'établir parmi eux les diverses sortes de divisions qui peuvent faciliter l'étude de ces nombreux nocturnes, et les faire aisément reconnaître.

Poursuivant toujours la simplicité de la méthode, tant qu'elle est compatible avec ce qu'exigent les distinctions essentielles, je partage les *lépidoptères nocturnes* en trois familles, de la manière suivante.

DIVISION DES LÉPIDOPTÈRES NOCTURNES.

1. *Ailes enveloppantes* : Elles sont roulées autour du corps, ou très-inclinées dans l'inaction.

Chenilles non vagabondes, vivant ordinairement à couvert, soit dans des fourreaux, soit dans des parties de plantes ou de toiles.

Les Rouleuses.

2. *Ailes non enveloppantes* : Elles sont peu ou point inclinées dans l'inaction, mais couchées sur le corps sans l'envelopper, et sont conformées en chappe ou en triangle-allongé.

Chenilles non vagabondes, vivant en général à couvert, et roulant, soit les feuilles, soit les fleurs pour y fixer leur demeure, ou habitant dans des fruits.

Les Pyralites.

3. *Ailes non enveloppantes* : Elles sont horizontales ou en toit dans l'inaction, sans envelopper le corps, et ne sont ni en chappe, ni en triangle allongé.

Chenilles la plupart vagabondes, et vivant ordinairement à découvert.

Les Phalénides.

LES NOCTURNES ROULEUSES.

[*Nocturnœ tortrices.*]

Ailes enveloppantes, se roulant autour du corps ou très-inclinées. — Chenilles non vagabondes, vivant ordinairement à couvert, soit dans des fourreaux, soit dans des parties de plantes ou de toiles.

Sous le nom de *nocturnes rouleuses*, je réunis ici, comme formant une famille particulière, des lépidoptères qui me paraissent avoir entr'eux d'assez grands rapports. M. *Latreille* les avait pareillement rassemblés sous la dénomination de *rouleuses*, dans son histoire naturelle des crustacés et des insectes (vol. 14, p. 232.); mais il y joignait les *pyralites* que j'en sépare, parce que leurs ailes, plus souvent horizontales qu'inclinées, ne sont véritablement pas enveloppantes.

Ainsi les insectes dont il s'agit, sont assez remarquables en ce que leurs ailes se roulent plus ou moins complettement autour du corps lorsque l'animal n'en fait pas usage, et en ce qu'elles sont en général longues, étroites et plumeuses ou frangées. Ce sont pour la plupart de petits lépidoptères, ornés le plus souvent de couleurs vives et brillantes. Leurs chenilles vivent à couvert, soit en se formant des fourreaux (assez souvent portatifs) aux dépens des étoffes ou des parties de plantes, soit en minant l'intérieur des feuilles, etc.

A la vérité, les chenilles des pyralites vivent aussi presque toutes à couvert; mais les insectes parfaits qui en proviennent, sont toujours distingués de nos *rouleuses*, par la forme et la disposition de leurs ailes. Au reste, ces différens lépidoptères ne sauraient être fort écartés entr'eux.

On peut sous-diviser ces *rouleuses* en plusieurs sous-familles, comme l'a fait M. Latreille qui les distingue en

Ptérophorites.
Tinéites.
Crambites.

Voici la division des *nocturnes-rouleuses*, et la distinction des trois sous-familles qu'elles embrassent.

DIVISION DES NOCTURNES ROULEUSES.

---

* *Les quatre ailes, ou au moins deux, fendues en autant de digitations qu'elles ont de côtes.* (Ptérophorites. *Latr.*)

Ptérophore.
Ornéode.

** *Les quatre ailes entières et point fendues, malgré leurs nervures principales ou leurs côtes.*

[1] Deux palpes apparens. (*Tinéites.* Latr.)

(a) Les antennes et les yeux écartés.

(✠) Trompe non distincte et comme nulle.

Teigne.

(✠✠) Trompe allongée et distincte.

Yponomeute.

Œcophore.

Lithosie.

(b) Les antennes et les yeux contigus, ou très-rapprochés.

Adèle.

[2] Quatre palpes apparens. (*Crambites.* Latr.)

Alucite.

Crambus.

Gallérie.

PTÉROPHORE. (Pterophorus.)

Antennes sétacées, simples. Deux palpes, non plus longs que la tête, un peu écailleux. Trompe distincte.

Les quatre ailes, ou deux au moins, fendues en digitations plumeuses. Pattes longues, épineuses. Chrysalide nue, suspendue par des fils.

Antennæ setaceæ, simplices. Palpi duo, breviter squamati, capite non longiores. Proboscis distincta.

Alæ quatuor, aut ex illis duæ, in plumulas fissæ. Pedes longi, spinosi. Pupa nuda, filis suspensa.

OBSERVATIONS.

Le corps des *ptérophores* est allongé, grêle, et ses ailes, dans le repos, sont enveloppantes. Mais ce qui rend ces ailes singulièrement remarquables, c'est qu'elles sont fendues plus ou moins profondément en digitations barbues ou plumeuses. Quelquefois même les digitations sont subdivisées, en sorte que l'aile paraît rameuse. Outre les barbes ou franges latérales de ces digitations, les ailes n'en sont pas moins couvertes de petites écailles colorées, comme celles des autres lépidoptères.

Geoffroy est le premier qui ait distingué comme genre les *ptérophores*, que Linné a confondus parmi ses phalènes; et M. Latreille en a séparé l'ornéode à cause de la différence de sa métamorphose.

En effet, il est bien singulier que la chrysalide des *ptérophores* soit nue et suspendue à des fils, comme celle des papillons, tandis que celle de l'ornéode est enfermée dans une coque, comme dans les phalènes.

ESPÈCES.

1. Ptérophore brun. *Pterophorus didactylus.*

Pt. fuscus; alis fissis: strigis albis, anticis bifidis, posticis tripartitis.

Pterophorus didactylus. Fab.

Pterophorus n.° 2. Geoff. 2. p. 92.

Habite en Europe. Sa chenille vit sur le liseron; elle est verdâtre.

2. Ptérophore fauve. *Pterophorus pterodactylus.*

Pt. alis patentibus, fissis, testaceis: puncto fusco.

Pterophorus pterodactylus. Fab.

Habite en Europe. Sa chenille est bleuâtre, avec une raie pourpre sur le dos.

3. Ptérophore pentadactyle. *Pterophorus pentadactylus.*

Pt. alis niveis: anticis bifidis, posticis tripartitis.

Pterophorus pentadactylus. Fab.

Le ptérophore blanc. Geoff. 2. p. 91. n.° 1.

Habite en Europe. Sa chenille est verte, avec des points noirs et quelques poils.

Etc.

ORNÉODE. (Orneodes.)

Antennes sétacées. Deux palpes plus longs que la tête, relevés; à dernier article presque nu.

Ailes larges, en éventail, fendues en digitations, très-frangées. Larve à seize pattes. Chrysalide dans une coque.

Antennæ setaceæ. Palpi duo, capite longiores, erecti; articulo ultimo subnudo.

Alæ latæ, flabellatæ, fissæ, valdè fimbriatæ. Eruca pedibus sexdecim. Pupa folliculata.

OBSERVATIONS.

L'*ornéode* faisait partie du genre des ptérophores; mais le caractère de la coque qui renferme la chrysalide a autorisé M. Latreille à en former un genre particulier. Le nom d'*ornéode* qu'il lui a donné, exprime l'espèce de ressemblance qu'il trouve à l'insecte parfait avec un oiseau.

Les ailes des ornéodes sont divisées, comme celles des ptérophores, en autant de parties qu'elles ont de nervures. Mais dans les ornéodes, les ailes sont plus larges et à divisions moins profondes. Ces ailes et leurs divisions sont garnies sur les côtés, de poils fins, fort longs.

ESPÈCE.

1. Ornéode hexadactyle. *Orneodes hexadactylus.* Latr.

Latr. hist. nat. des crust. et des ins. 14. p. 288.

Pterophorus hexadactylus. Fab.

Le ptérophore en éventail. Geoff. 2. p. 92. n.° 3.

Habite en Europe. Les ailes cendrées; fendues en six lanières. Sa chenille vit dans les fleurs du chèvre-feuille.

TEIGNE. (Tinea.)

Antennes sétacées, simples, quelquefois ciliées, écartées à leur insertion. Deux palpes apparens. Trompe non distincte. Un toupet d'écailles sur le chaperon.

Ailes allongées, enveloppantes. Larves à seize pattes, vivant solitairement et s'enveloppant chacune dans un fourreau.

Antennæ setaceæ, simplices, in nonnullis ciliatæ, insertione remotæ. Proboscis S. lingua minima, non distincta. Palpi duo distincti. Clypeus squamis in fasciculum prominulis.

Alæ elongatæ, convolutæ. Erucæ pedibus sexdecim, solitariæ, folliculo vestitæ.

OBSERVATIONS.

Les *teignes* sont les plus petits, les plus brillans et les plus richement ornés des lépidoptères. L'or, l'argent, mélangés avec les plus vives couleurs, sont répandus sur les ailes d'un grand nombre de ces insectes.

Dans la teigne des draps, les ailes sont très-plumeuses sur les bords, et les inférieures sont les plus larges. C'est la même chose dans la teigne des pelleteries. Ces teignes sont d'un gris satiné, fort brillant.

La chenille de la teigne se fabrique un fourreau dans lequel elle vit à couvert, et ensuite se métamorphose. Ce fourreau, dans certaines espèces, n'est point fixé, et la chenille le transporte avec elle dans ses déplacemens. Elle l'élargit et l'allonge, en y mettant des pièces, à mesure que cela devient nécessaire.

Les *teignes* sont si remarquables par leur aspect et leur forme particulière, qu'il est facile de les distinguer des diverses phalénides. Geoffroy est le premier qui les ait séparées des phalènes avec lesquelles Linné les confondait. Maintenant, leur genre est réduit aux espèces qui ont la trompe très-courte et comme nulle; ce qui les distingue des yponomeutes, des œcophores et des lithosies.

ESPÈCES.

1. Teigne des pelleteries. *Tinea pellionella.*

T. alis canis : puncto medio nigro; capite griseo. Lin.
Tinea pellionella. Fab. 5. p. 304. Gmel. 4. p. 2593.
Réaum. ins. 3. tab. 6. f. 12—16.
Habite en Europe, sur les pelleteries.

2. Teigne des draps. *Tinea sarcitella.*

T. alis cinereis : thorace utrinque puncto albo. Lin.
Réaum. ins. 3. tab. 6. f. 9—10.
Habite en Europe, dans les appartemens, sur les draps, les étoffes de laine.

3. Teigne des tapisseries. *Tinea trapezella.*

T. alis nigris, posticè albis; capite niveo. Lin.
Tinea trapezella. Fab. 5. p. 303.
Geoff. 2. p. 187. n.° 13.
Habite en Europe, sur les étoffes de laine. Sa chenille vit sous une voûte immobile qu'elle allonge en avançant et rongeant l'étoffe.

4. Teigne des grains. *Tinea granella.*

T. alis albo nigroque variis; capite niveo.
Tinea granella. Fab. suppl. p. 494. Gmel. p. 2608.
Geoff. 2. p. 186. n.° 11.
Habite en Europe, dans les greniers. La larve lie ensemble avec des fils plusieurs grains, s'établit au milieu du paquet et dévore les grains qui l'avoisinent.

5. Teigne tête-fauve. *Tinea flavi-frontella.*

T. alis anticis cinereis, immaculatis; capite fulvo.

Tinea flavi-frontella. Fab. 5. p. 305.

Habite en Europe. Sa chenille fait de grands dégats dans nos collections d'insectes, d'oiseaux, etc.

6. Teigne du bolet. *Tinea boletella.*

T. alis oblongis nigris: dorso margineque postico albidis.

Phycis boleti. Fab. suppl. p. 463.

Habite en Europe.

Etc.

YPONOMEUTE. (Yponomeuta.)

Antennes sétacées, simples. Deux palpes de la longueur de la tête. Trompe distincte.

Ailes se roulant autour du corps en demi-cylindre. Chenilles à seize pattes, vivant en société sous un abri commun.

Antennæ setaceæ, simplices. Palpi duo capitis longitudine. Proboscis distincta.

Alæ convolutæ, semi-cylindricæ. Erucæ pedibus sexdecim, sub tentorio communi sociatæ.

OBSERVATIONS.

Les chenilles des *yponomeutes* ne s'enveloppent point dans des fourreaux particuliers comme celles des teignes; mais elles vivent en société dans de grandes toiles qu'elles filent sur différens arbres, tels que le fusain, le padus, etc.; d'autres néanmoins vivent dans l'épaisseur du parenchyme des feuilles.

ESPÈCES.

1. Yponomeute du fusain. *Yponomeuta evonymella.*

Y. alis primoribus niveis ; punctis 50 nigris, posteribus fuscis.

Phalæna evonymella. Lin. Gmel. p. 2586.

Geoff. 2. p. 183. n.° 4.

Habite en Europe, sur le fusain, etc.

2. Yponomeute du padus. *Yponomeuta padella.*

Y. alis primoribus lividis : punctis 20 nigris, posteribus fuscis.

Phalæna padella. Lin. Gmel. p. 2586.

Habite en Europe, sur les arbres fruitiers, dans les bois.

3. Yponomeute du rosier. *Yponomeuta rajella.*

Y. alis auratis : maculis septem argenteis ; secunda tertiaque connatis.

Tinea rajella. Fab.

Degeer, mém. 1. tab. 31. f. 11—12.

Habite en Europe, sur les rosiers.

OECOPHORE. Œcophora.

Antennes sétacées, simples. Palpes beaucoup plus longs que la tête, recourbés. Trompe distincte.

Ailes frangées, demi-enveloppantes. Chenilles à seize pattes, vivant à couvert dans le parenchyme des feuilles ou des grains.

Antennæ setaceæ, simplices. Palpi duo capite longiores, recurvi. Proboscis distincta.

Alæ fimbriatæ, semi-convolutæ. Erucæ pedibus sex-

decim, intrà substantiam foliorum, aut seminum, latitantes.

OBSERVATIONS.

Les *œcophores* se distinguent des teignes par leur trompe apparente, la longueur des deux palpes en saillie, et parce qu'au lieu de se former des fourreaux particuliers et portatifs, leurs chenilles vivent à couvert dans des parties végétales. C'est à ce genre qu'appartient l'espèce dont la larve mange le grain (le froment, l'orge, etc.), et fait quelquefois beaucoup de tort dans un grenier, et même dans un champ. La larve s'introduit même dans l'intérieur des grains.

ESPECES.

1. Œcophore doré. *Œcophora Linneella.*

OE. alis fusco-auratis : punctis quatuor argenteis elevatis.
Phalæna Linneella. Gmel. p. 2604.
Tinea. Geoff. 2. p. 200. n.º 45.
Habite en Europe, sur les arbres fruitiers.

2. Œcophore du pommier. *Œcophora Roesella.*

OE. alis nigro-auratis : punctis novem argenteis, convexis, submarginalibus.
Phalæna Roesella. Gmel. p. 2604.
Habite en Europe, dans le parenchyme des feuilles du pommier.

3. Œcophore des jardins. *Œcophora Leuwenhockella.*

OE. alis auratis : striga baseos punctisque quatuor oppositis argenteis.
Phalæna Leuwenhockella. Gmel. p. 2602.
Habite dans les jardins.

4. Œcophore des céréales. *Œcophora cerealella.*

OE. cinerea, alis planis incumbentibus pallidè testaceis.
Alucita cerealella. Oliv. dict. n.º 15.

Réaum. mém. de l'acad. année 1761. t. 2. pl. 39 f. 18—19.
Habite au midi de l'Europe. Sa larve ronge les grains de blé en s'introduisant dans leur intérieur.

LITHOSIE. (Lithosia.)

Antennes sétacées, simples ou ciliées, écartées. Deux palpes plus courts que la tête. Trompe distincte.

Ailes allongées, couchées sur le corps, plus longues que l'abdomen. Larve à seize pattes.

Antennæ setaceæ, simplices aut ciliatæ, insertione distantes. Palpi duo capite breviores. Proboscis distincta.

Alæ elongatæ, dorso incumbentes, abdomine longiores. Eruca pedibus sexdecim.

OBSERVATIONS.

Les *lithosies* ont les ailes beaucoup plus longues que larges, couchées sur le corps presqu'horizontalement, et moins enveloppantes que celles des yponomeutes. On les distingue des œcophores par leurs palpes apparens, qui sont plus courts que la tête.

Les chenilles de ces insectes vivent solitairement et ne se font point de fourreaux.

ESPÈCES.

1. Lithosie du lichen. *Lithosia quadra.*

L. alis depressis luteis : anticis punctis duobus cyaneis. Fab.

Phalœna (*noctua*) *quadra*. Gmel. p. 2553.
Roes. ins. 1. phal. 2. tab. 17.
Habite sur les lichens du chêne, du pin.

2. Lithosie veuve. *Lithosia rubricollis.*
L. atra, collari sanguineo, abdomine flavo.
Bombix rubricollis. Lin. Fab. 4. p. 486.
La veuve, Geoff. 2. p. 148. n.° 79. tab. 12. f. 6.
Habite sur le lichen olivacé du pin, du hêtre.

3. Lithosie ponctuée. *Lithosia pulchella.*
L. alis albis : primoribus nigro sanguineoque punctatis, posterioribus apice nigris.
Bombix pulchella. Fab. 4. p. 479. Petiv. gaz. t. 3. f. 3.
Habite en Europe, sur le *solanum tomentosum*, l'héliotrope, etc.

ADÈLE. (Adela.)

Antennes sétacées, fort longues, très-rapprochées à leur insertion. Les yeux presque contigus postérieurement. Trompe allongée. Deux palpes cylindriques, velus.

Ailes allongées, élargies postérieurement, couchées, presqu'en toit.

Antennæ setaceæ, longissimæ, ad basim valdè approximatæ. Oculi posticè ferè contigui. Proboscis elongata. Palpi duo cylindrici, pilosi.

Alæ elongatæ, posticè latiores, incumbentes, subdeflexæ.

OBSERVATIONS.

Les *adèles*, comme les lithosies, ont les ailes allongées, mais moins enveloppantes que celles des autres rouleuses.

Elles appartiennent néanmoins à la même famille ; car les chenilles des adèles se forment une espèce de fourreau avec des fragmens de plantes, et se déplacent avec cette enveloppe, comme le font les teignes.

Ces rouleuses sont éminemment distinguées des autres par leurs longues antennes, très-rapprochées à leur base, et par leurs yeux presque contigus. Elles se nourrissent de la substance des feuilles. On les voit souvent voler, en grand nombre, dans les bois, pendant le jour.

ESPECES.

1. Adèle dorée. *Adela Degereella.*

A. alis atro-aureis : fascia flava ; antennis albis, basi nigris.
Alucita Degereella. Fab.
La coquille d'or. Geoff. 2. p. 193. pl. 12. f. 5.
Habite en Europe, dans les bois.

2. Adèle noire-bronzée. *Adela Reaumurella.*

A. alis nigris, extrorsùm deauratis.
Alucita Reaumurella. Fab.
La teigne noire-bronzée. Geoff. 2. p. 193. n.° 29.
Habite en Europe, voltigeant au printemps autour des arbres.

3. Adèle pâle. *Adela Swammerdamella.*

A. alis pallidis, immaculatis.
Alucita Swammerdamella. Fab.
Clerk. phal. tab. 12. f. 1.
Habite en Europe.

4. Adèle jaune-d'or. *Adela Latreillella.*

A. alis aureis : punctis duobus niveis oppositis.
Alucita Latreillella. Fabr. suppl. p. 502.
Habite en France, sur les arbustes. Les antennes très-longues, noires, blanches au sommet.

GALLÉRIE. (Galleria.)

Antennes sétacées. Quatre palpes distincts, dont les deux supérieurs sont cachés. Trompe très-courte, presque nulle.

Ailes étroites, allongées, et un peu moulées autour du corps.

Antennæ setaceæ. Palpi quatuor distincti : superi squammis clypei occultati. Proboscis brevissima, subnulla.

Alæ angustæ, elongatæ, dorso incumbentes, extùs deflexæ.

OBSERVATIONS.

Les *galléries* ne se distinguent des teignes que parce qu'elles ont quatre palpes distincts, dont les deux supérieurs sont cachés sous les écailles du chaperon, qui forme une sorte de voûte. Leur larve a seize pattes et vit dans les ruches où elle mange la cire des gâteaux d'abeilles.

ESPECES.

1. Gallérie de la cire. *Galleria cereana.*

G. alis griseis, posticè emarginatis : dorso canaliculato fusco.

Fab. suppl. p. 462.

Tinea mellonella. Lin. *et phalæna cereana ejusd.*

Réaum. ins. 3. tab. 19. f. 14—15.

Roes. ins. 3. tab. 41. Hubn. tin. tab. 4. f. 25.

Habite en Europe, dans les ruches des abeilles.

2. Gallérie alvéolaire. *Galleria alveolaria.*

G. alis fusco-cinereis, immaculatis; capite flavo.

Fab. suppl. p. 463.

Réaum. ins. 3. t. 19. f. 7—9.

Habite en Europe, dans les ruches. Elle est plus petite que la précédente.

CRAMBUS. (Crambus.)

Antennes sétacées. Quatre palpes saillans et distincts : les inférieurs souvent très-grands et en forme de bec. Trompe apparente. Les écailles de la tête ne formant point de toupet.

Ailes allongées, enveloppantes ou moulées autour du corps.

Antennæ setaceæ. Palpi quatuor exserti, perspicui : inferi sœpius maximi, rostrum simulantes. Capitis squamæ appressæ.

Alæ elongatæ, convolutæ.

OBSERVATIONS.

Les *crambus* ont, comme les galléries, le port des teignes; mais ils ont quatre palpes tous apparens dont souvent les inférieurs sont très-grands. Leurs ailes sont étroites, plus longues que larges, enveloppent le corps, et lui donnent une forme presque cylindrique. On croit que leurs larves ont seize pattes.

ESPECES.

1. Crambus incarnat. *Crambus carneus.*

C. alis anticis flavis : lateribus sanguineis.

Fab. suppl. p. 470.

Tinea carnella. Lin.
Schœff. Icon. ins. tab. 147. f. 2—3.
Habite en Europe, dans les prairies, sur le tréfle. Palpes inférieurs recourbés.

2. Crambus des pins. *Crambus pineti.*
C. alis anticis flavis : maculis duabus albissimis, anteriore oblonga, posteriore ovata.
Fab. suppl. p. 470.
Tinea pinetella. Lin. Panz. fasc. 6. tab. 22.
Habite en Europe, dans les bois de pin.

3. Crambus des graminées. *Crambus culmorum.*
C. alis cinereis : linea unica abbreviata, albissima.
Fab. suppl. p. 471.
Tinea culmella. Lin.
Réaum. ins. 1. tab. 17. f. 13—14.
Habite en Europe, sur les graminées.

4. Crambus des prés. *Crambus pratorum.*
C. alis anticis cinereis : linea albissima, posticè ramosa, apice striis albis.
Fab. suppl. p. 471.
Tinea pratella. Lin.
Habite en Europe, dans les prés.

5. Crambus des pâturages. *Crambus pascuum.*
C. alis cinereis : linea albissima, margine postico nigro-punctato.
Fab. suppl. p. 471.
Tinea pascuella. Lin.
Habite en Europe, dans les prairies.
Etc.

ALUCITE. (Alucita.)

Antennes sétacées, un peu courtes, écartées à leur insertion. Quatre palpes distincts : les supérieurs couverts;

les inférieurs écailleux, avancés. Trompe apparente. Un toupet d'écailles sur la tête.

Ailes allongées, étroites, très-inclinées.

Antennæ setaceæ, breviusculæ, insertione remotæ. Palpi quatuor distincti : superi obtecti ; inferi squammulosi, porrecti. Proboscis distincta. Caput altè cincinnatum.

Alæ elongatæ, angustæ, valdè deflexæ.

OBSERVATIONS.

Les *alucites* ressemblent assez aux teignes par leur taille, et quelquefois par leurs belles couleurs. Mais elles ont quatre palpes apparens, quoique les deux supérieurs soient couverts, et leur trompe ou langue est bien distincte. Leurs chenilles ont seize pattes et en général le corps lisse.

Ces insectes vivent dans les feuilles de différens arbres et arbrisseaux et les lient ensemble pour s'en former une couverture, ou les replient par les bords pour s'en faire une enveloppe subcylindrique. Leurs antennes sont simples, sétacées, un peu courtes, distantes.

Les chenilles des alucites se nourrissent du parenchyme des feuilles qui les couvrent, et n'en attaquent que le côté intérieur, afin de rester cachées dans leur enveloppe. On en connaît un assez grand nombre d'espèces.

ESPÈCES.

1. Alucite xylostelle. *Alucita xylostei.*

A. alis cinereo-fuscis : vitta dorsali communi alba sinuata.
Fab. suppl. p. 508. *Ypsolophus.*
Alucita xylostella. Lin.

Teigne à bandelette blanche. Geoff. 2. p. 195. n.o 35.
Habite en Europe, sur le chèvre-feuille.

2. Alucite des bois. *Alucita nemorum.*

A. alis viridi-flavescentibus : anticis strigis duabus abbreviatis dorsalibus, obscurioribus.

Ypsolophus nemorum. Fab. suppl. p. 508.
Habite aux environs de Paris. *Bosc.*

3. Alucite dentée. *Alucita dentata.*

A. alis fuscis apice falcatis : vitta dorsali communi unidentata, alba.

Ypsolophus dentatus. Fab. suppl. p. 508.
Habite sur le chèvre-feuille d'Europe.

4. Alucite des jardins. *Alucita vittata.*

A. alis deflexis, albis, fusco-lineatis : punctis margineque postico atris.

Ypsolophus vittatus. Fab. suppl. p. 506.
Habite dans les jardins de l'Europe, sur la julienne.
Etc.

LES PYRALITES.

Ailes non enveloppantes, mais conformées, soit en chappe, soit en triangle allongé, et le plus souvent horizontales. — Chenilles vivant en général à couvert, et roulant, soit les feuilles, soit les fleurs pour y fixer leur demeure, ou habitant dans des fruits.

Par leurs rapports, les *pyralites* paraissent tenir d'assez près aux rouleuses, en ce que, de part et d'autre, leurs chenilles ne sont point vagabondes, et en général, ne vivent point à découvert. En effet, celles de la plupart des pyralites roulent les feuilles ou les fleurs pour s'y établir à demeure fixe et cachée, ou vivent dans des fruits. Mais les *pyralites* n'ont point les ailes enveloppantes ou roulées autour du corps. Elles sont plutôt horizontales, planes, les unes en *chappe* ou formant, par leur réunion, un rhombe curviligne, tronqué à l'extrémité, les autres en triangle allongé. Ces dernières sont remarquables en ce qu'elles ont leurs quatre palpes apparens, comme dans les crambites de M. Latreille.

Les chenilles connues des pyralites ont quatorze ou seize pattes ; elles sont rases ou légèrement velues. Voici l'analyse principale des caractères de ces insectes.

DIVISION DES PYRALITES.

[1] *Quatre palpes apparens. Les ailes en triangle-allongé.*

Botys.

Aglosse.

[2] *Deux palpes apparens.*

(a) Ailes en chappe. Chenille à seize pattes.

Pyrale.

(b) Ailes non en chappe. Chenille à quatorze pattes.

Herminie.

Platyptérix.

BOTYS. (Botys.)

Antennes sétacées. Quatre palpes saillans. Trompe ou langue apparente.

Ailes formant un triangle allongé et aplati. Chenille à seize pattes.

Antennæ setaceæ. Palpi quatuor exserti. Proboscis seu lingua conspicua.

Alæ triangulum elongatum et subhorisontale efficientes. Eruca sexdecimpoda.

OBSERVATIONS.

Par leurs quatre palpes apparens, les *botys* se rapprochent des crambites de M. Latreille; mais ces insectes appartiennent à la division des pyralites par leurs ailes non enveloppantes, formant un triangle aplati, presqu'horizontal, lorsque l'insecte est en repos. Ainsi, par leur port, les *botys* ressemblent à de petites phalènes. Il en est de même des aglosses, qui paraissent ne s'en distinguer que parce que leur trompe n'est nullement apparente.

ESPECES.

1. Botys pourpré. *Botys purpuraria.*

B. pectinicornis; alis luteis: margine anticarum fasciis duabus purpureis.

Phalæna purpuraria. Lin. Fab. 5. p. 161.

Habite en Europe, sur le chêne, le prunier épineux.

2. Botys de l'épi d'eau. *Botys potamogata.*

B. seticornis; alis cinereis, albo maculatis: anticis obsoletè reticulatis.

Phalæna potamogata. Lin. Fab. 5. p. 213.

Réaum. ins. 2. t. 32. f. 11.

Habite en Europe, sur le *potamogeton natans.*

3. Botys vertical. *Botys verticalis.*

B. alis glabris, pallidis, subfasciatis subtùs fusco-undatis.

Phalæna verticalis. Lin. Fab. 5. p. 227.
Habite en Europe, sur l'ortie.

4. Botys du chou. *Botys forficalis.*

B. alis glabris, pallidis : strigis obliquis, ferrugineis.
Phalæna forficalis. Lin. Fab. 5. p. 223.
La bande esquissée. Geoff. 2. p. 166. n.° 111.
Habite en Europe, sur le chou.
Etc.

AGLOSSE. (Aglossa.)

Antennes sétacées. Quatre palpes saillans. Trompe ou langue nulle.

Ailes formant un triangle aplati, presqu'horizontal.

Antennæ setaceæ. Palpi quatuor exserti. Proboscis nulla.

Alæ subhorisontales, triangulum planum efficientes.

OBSERVATIONS.

L'*aglosse* paraît ne se distinguer des botys que parce que cet insecte n'a point de trompe ou de langue apparente. Il serait peut-être convenable de le réunir au genre précédent.

ESPÈCE.

1. Aglosse de la graisse. *Aglossa pinguinalis.*

A. palpis recurvatis; alis cinereis : margine crassiori nigro subfasciato.
Aglossa. Latr. gen. crust. et ins. 4. p. 229.
Phalæna pinguinalis. Lin. Fab. 5. p. 230.
Habite en Europe, dans les graisses, le lard, le beurre.

PYRALE. (Pyralis.)

Antennes sétacées, simples. Deux palpes ordinairement courts. Trompe ou langue distincte.

Ailes en rhombe tronqué, dont les côtés de la base sont arqués. (Ailes en chappe.) Larve à seize pattes.

Antennæ setaceæ, simplices. Palpi duo ut plurimùm breviusculi. Proboscis conspicua.

Alæ rhombum truncatum efficientes, lateribus ad basim arcuatis. Eruca sexdecimpoda.

OBSERVATIONS.

Les *pyrales*, par leur petitesse et surtout par leurs habitudes, c'est-à-dire, par leur manière de vivre à couvert dans l'état de larve, tiennent aux rouleuses ou tinéides; mais, par leurs ailes en chappe et point roulées autour du corps, elles se rapprochent des phalénides. Ce sont de petits insectes en général fort jolis, dont les couleurs sont vives et variées.

On reconnaît les *pyrales* à des ailes peu allongées, larges, coupées quarrément à leur sommet, et arquées ou presqu'arrondies à leur base. Ce sont les *porte-chappe* de Geoffroy.

Leurs chenilles ont seize pattes. La plupart tordent ou roulent les feuilles des plantes, les lient avec de la soie, et se mettent à couvert dans leur cavité. Elles en rongent la surface intérieure. D'autres vivent dans l'intérieur des fruits.

ESPECES.

1. Pyrale verte. *Pyralis viridana.*

P. alis rhombeis : anticis viridibus immaculatis.

Phalœna viridana. Lin.

Pyralis viridana. Fab. 5. p. 244.

La chappe verte. Geoff. 2. p. 171. n.º 123.

Habite en Europe, sur le chêne, et s'enveloppe dans ses feuilles.

2. Pyrale du saule. *Pyralis clorana.*

P. alis rhombeis : anticis viridibus, margine albo.

Phalœna clorana. Lin.

Pyralis clorana. Fab. 5. p. 244.

Habite en Europe, sur le saule.

3. Pyrale du hêtre. *Pyralis fagana.*

P. alis viridibus : strigis tribus obliquis albis; antennis pedibusque fulvis.

Pyralis fagana. Fab. 5. p. 243.

Petiv. gaz. tab. 7. f. 11.

Habite en Europe, sur le hêtre.

4. Pyrale des pommes. *Pyralis pomana.*

P. alis nebulosis, posticè macula rubro-aurea.

Pyralis pomana. Lin. fab. 5, p. 279.

Roes. ins. phal. 4. tab. 10.

Habite en Europe. Sa chenille vit dans les pommes.

HERMINIE. (Herminia.)

Antennes sétacées, le plus souvent ciliées ou subpectinées dans les mâles. Trompe allongée. Deux palpes recourbés, comprimés.

Ailes en triangle allongé et presqu'horizontal. Chenille à quatorze pattes.

Antennæ setaceæ, in masculis sæpius ciliatæ, subpectinatæ. Proboscis seu lingua elongata. Palpi duo compressi recurvi.

Alæ incumbentes, triangulum elongatum subhorisontale efficientes. Eruca pedibus quatuordecim.

OBSERVATIONS.

Les *herminies* n'ont point les ailes en chappe comme les pyrales, car le bord extérieur des supérieures est droit, et point arqué à sa base. Leur chenille n'a que quatorze pattes, et c'est la première paire des pattes membraneuses qui leur manque. On voit de là qu'elles constituent un genre bien distinct parmi les pyralites. Ces insectes, qui se rapprochent des phalènes, ont deux palpes apparens, recourbés, très-comprimés, souvent fort grands, du moins dans un des sexes. On en connaît plusieurs espèces.

ESPECES.

1. Herminie barbue. *Herminia barbalis.* Latr.

   H. alis cinerascentibus; strigis tribus fuscis; femoribus anticis barba porrecta.

   Phalæna barbalis. Lin. Gmel. p. 2519.

   Crambus barbatus et crambus tentacularis. Fab. suppl. p. 464.

   Clerk. phal. tab. 5. f. 3.

   Habite en Europe, sur le trèfle.

2. Herminie rostrale. *Herminia rostralis.* Latr.

   H. alis subgriseis: punctis duobus muricatis lineaque apicis nigris.

   Phalæna rostralis. Lin. Gmel. p. 2520.

   Crambus rostratus. Fab. supp. p. 466.

   Le toupet à pointe. Geoff. 2. p. 168. n.o 116.

   Habite en Europe, dans les bois.

3. Herminie proboscidale. *Herminia proboscidalis.* Latr.

H. alis griseis : strigis ferrugineis.

Phalœna proboscidalis. Lin. Gmel. p. 2520.

Crambus proboscideus. Fab. suppl. p. 465. *C. ensatus ejusd.*

Habite en Europe, dans les bois.

4. Herminie sagittale. *Herminia sagittalis.*

H. alis deflexis griseis : maculâ magnâ marginali atrâ ; posticis flavis apice fuscis.

Phalœna sagittalis. Lin.

Hyblœa sagitta. Fab. 5. p. 128.

Habite dans l'Inde.

Etc.

PLATYPTÈRE. (Platypterix.)

Antennes sétacées, pectinées dans les mâles. Deux palpes très-courts. Trompe très-courte, presque nulle.

Ailes larges, en toit. Chenilles à quatorze pattes.

Antennœ setaceœ, in masculis pectinatœ. Palpi duo brevissimi. Proboscis seu lingua brevissima, subnulla.

Alœ latœ, deflexœ. Eruca pedibus quatuordecim.

OBSERVATIONS.

Les *platyptères* font en quelque sorte la transition des pyralites aux phalènes, et ressemblent à ces dernières par leur port. Elles paraissent néanmoins tenir encore de très-près aux herminies, leur chenille n'ayant que quatorze pattes, par défaut des pattes anales, et les antennes des mâles étant pectinées. Mais leur trompe ou langue est fort courte, presque nulle, et leurs ailes, non en chappe ni en triangle horizontal, sont fort inclinées en toit. Leurs chenilles vivent dans des feuilles qu'elles plient et roulent.

ESPÈCES.

1. Platyptère en faulx. *Platypterix falcataria.*

P. alis falcatis glaucis : anticis undis fasciaque griseis; puncto fusco.
Phalæna falcataria. Lin. Fab. 5. p. 133.
Schæff. Ic. tab. 64. f. 1—2.
Habite sur l'aulne, le bouleau commun.

2. Platyptère lacertine. *Platypterix lacertinaria.*

P. alis erosis lutescentibus : strigis duabus punctoque medio fuscis; posticis immaculatis.
Phalæna lacertinaria. Lin. Fab. 5. p. 135.
Schæff. icon. tab. 66. f. 2—3.
Habite sur le chêne, le bouleau.

3. Platyptère du prunellier. *Platypterix compressa.*

P. alis compresso-adscendentibus niveis : maculâ communi fuscâ, centrali griseâ : lunula alba.
Bombix compressa. Fab. 4. p. 455.
Panz. Faun. fasc. 1. tab. 6.
Habite sur le prunier épineux.

4. Platyptère jaune. *Platypterix cultraria.*

P. pectinicornis, alis subfalcatis luteis : fasciâ saturatiore; antennis apice setaceis.
Phalæna cultraria. Fab. 5. p. 133.
Habite en Allemagne.

Ailes non enveloppantes, ni conformées, soit en chappe, soit en triangle allongé. — Chenilles la plupart vagabondes, et vivant ordinairement à découvert.

LES PHALÉNIDES.

Sous la dénomination de *phalénides*, je comprends le reste des lépidoptères nocturnes, c'est-à-dire, ceux qui peuvent être distingués de nos rouleuses et de nos pyralites. Ces insectes, dans le repos, n'ont point les ailes roulées autour du corps, comme les rouleuses, et ne les ont point en chappe, comme la plupart des pyralites. Enfin leurs chenilles vivent ordinairement à découvert, et sont comme vagabondes.

Les *phalénides* dont il s'agit, sont très-nombreuses, très-diversifiées, et fort difficiles à partager en genres bien distincts. Pour y parvenir, je suivrai les principales coupes formées par M. *Latreille*, et j'emploîrai à-la-fois la considération de la chenille et celle de l'insecte parfait : ainsi, je divise les phalénides de la manière suivante.

DIVISION DES PHALÉNIDES.

[1.] *Chenilles à dix ou douze pattes : elles sont arpenteuses dans leur marche. Les ailes inférieures plus étroites ou à peine aussi larges que les supérieures.*

(Phalénides géométrales.)

✠ Chenilles à dix pattes.

Phalène.

✠✠ Chenilles à douze pattes.

Campée.

2. *Chenilles à 14 ou 16 pattes. La plupart ne sont point arpenteuses ; les autres ne le sont qu'incomplètement.*

[a] Trompe allongée dans tous. Chenilles à 16 pattes. (*Phalénides-noctuelites.*)

✠ Deux palpes très-comprimés.

Noctuelle.

✠✠ Deux palpes cylindracés.

Callimorphe.

[b] Trompe très-courte, tantôt comme nulle, tantôt un peu apparente. (*Phalénides-bombycites.*)

✠ Chenilles vivant à découvert : elles ont 14 ou 16 pattes.
— Chenilles à seize pattes.

Bombice.

—— Chenilles à quatorze pattes, et à queue fourchue.

Furcule.

✠✠ Chenilles vivant à couvert. Elles ont 16 pattes.
— Antennes beaucoup plus courtes que le corselet, moniliformes ou subdentées.

Hépiale.

—— Antennes aussi longues ou plus longues que le corselet, en partie pectinées.

Cossus.

PHALÈNE. (Phalæna.)

Antennes sétacées. Deux palpes apparens. Trompe ou langue distincte.

Ailes couchées, horizontales ou en toit : les inférieures le plus souvent en partie découvertes, et colorées comme les supérieures. Chenilles arpenteuses, n'ayant que dix pattes.

Antennæ setaceæ. Palpi duo conspicui. Proboscis seu lingua distincta.

Alæ incumbentes, horisontales aut deflexæ : inferioribus sæpè partìm detectis ; superioribus uti coloratis. Erucæ geometricæ, pedibus decem.

OBSERVATIONS.

Les *phalènes* dont il s'agit ici, sont des lépidoptères nocturnes dont les chenilles n'ont que dix pattes, et qui ont été appelées *arpenteuses*, parce qu'en marchant elles semblent mesurer le terrain. Ce genre serait le même que celui ainsi nommé par M. Latreille, dans son dernier ouvrage intitulé *Considérations générales*, etc., si je n'en séparais les espèces dont la chenille a douze pattes.

Dans des insectes aussi variés et aussi nombreux que les lépidoptères nocturnes, la considération des antennes, celle de la trompe, enfin celle de la forme et de la situation des ailes, n'out pas suffi pour fournir les coupes nécessaires au besoin de l'étude. Il a fallu considérer les larves mêmes de ces insectes, puisque la nature nous offrait en elles des moyens de distinction non variables, et en cela très-solides, quoique peu commodes pour l'observateur qui se trouve obligé d'attendre la connaissance de la larve pour prononcer sur le genre de l'espèce qu'il étudie. Là, comme ailleurs, nous ne saurions toujours éviter cet inconvénient, parce qu'avant tout, l'emploi des rapports contraint notre marche, nos associations, et ne nous laisse d'arbitraire qu'à l'égard des lignes de séparation que nous croyons devoir établir.

Les *phalènes* ont, en général, le corps grêle, les ailes inférieures plus étroites que les supérieures ou à peine aussi larges, et la plupart, dans le repos, ont les quatre ailes étendues de manière que les inférieures sont en partie découvertes. Dans ce cas, leur partie découverte est à-peu-près colorée comme le dessus des ailes supérieures. Il y a néanmoins quelques phalènes à corps épais, et quelques autres dont les ailes supérieures recouvrent les inférieures.

Les espèces connues de ce genre sont déjà fort nombreuses : voici la citation de quelques-unes des principales.

ESPÈCES.

1. Phalène du bouleau. *Phalœna betularia.*

Ph. pectinicornis; alis omnibus albis : atomis nigris; thorace fasciâ nigrâ; antennis apice setaceis.

Ph. betularia. Lin. Fab. 5. p. 158.

Panz. Faun. fasc. 31. tab. 24.

Habite en Europe, sur le bouleau. Corps épais.

2. Phalène double-bande. *Phalœna prodromaria.*

Ph. pectinicornis; alis albis, nigro-punctatis : fasciis duabus latis, fuscis.

Ph. prodromaria. Fab. 5. p. 159.

Habite en Europe, sur le chêne, le tilleul. Corps épais.

3. Phalène hérissée. *Phalœna hirtaria.*

Ph. pectinicornis; alis hirtis canis : strigis tribus nigris; posterioribus approximatis; antennis atris.

Ph. hirtaria. Fab. 5. p. 149.
Habite en Autriche.

4. Phalène du lilas. *Phalæna syringaria.*

Ph. pectinicornis; alis suberosis : omnibus griseo-flavescentibus; strigis repandis, fuscis albisque.
Ph. syringaria. Lin. Fab. 5. p. 136.
La phalène jaspée. Geoff. 2. p. 125. n.° 32.
Habite en Europe, sur le lilas, le jasmin. Corps grêle.

5. Phalène de l'aulne. *Phalæna alniaria.*

Ph. pectinicornis; alis erosis, flavis, fusco-pulverulentis; strigis duabus fuscis.
Ph. alniaria. Lin. Fab. 5. p. 136.
Panz. Faun. fasc. 62. tab. 22.
Habite en Europe, dans les vergers.

6. Phalène du sureau. *Phalœna sambucaria.*

Ph. pectinicornis; alis caudato-angulatis, flavescentibus : strigis duabus obscurioribus, posticis apice bipunctatis.
Ph. sambucaria. Lin. Fab. 5. p. 134.
La soufrée à queue. Geoff. 2. p. 138. n.° 58.
Habite en Europe, sur le sureau.

7. Phalène du groseiller. *Phalæna grossulariata.*

Ph. seticornis; alis albidis : maculis rotundatis, nigris, anticis strigis luteis.
Ph. grossulariata. Lin. Fab. 5. p. 174.
La mouchetée. Geoff. 2. p. 136. n.° 56.
Habite en Europe, sur le groseiller.

8. Phalène lunaire. *Phalœna lunaria.*

Ph. pectinicornis; alis angulato-dentatis basi rufis : lunulâ albâ, postice cinereis.
Ph. lunaria. Fab. 5. p. 136.
Habite en Allemagne, sur le poirier, le bouleau, le saule.

9. Phalène atomaire. *Phalœna atomaria.*

Ph. pectinicornis; alis omnibus lutescentibus : strigis atomisque fuscis.

Ph. atomaria. Lin. Fab. 5. p. 144.

Habite sur la centaurée scabieuse.

10. Phalène dolabraire. *Phalœna dolabraria.*

Ph. pectinicornis : alis angulatis, flavis; strigis ferrugineis, angulo ani violaceo.

Phalœna dolabraria. Lin. Fab. 5. p. 138.

Sulz. hist. ins. tab. 22. f. 9.

Habite en Europe, sur le chêne.

11. Phalène piniaire. *Phalœna piniaria.*

Ph. pectinicornis : alis fuscis, flavo-maculatis; subtùs nebulosis; fasciis duabus fuscis.

Ph. piniaria. Lin. Fab. 5. p. 141.

Clerk. phal. tab. 1. f. 10.

Habite en Europe, sur le pin, le bouleau, etc.

12. Phalène treillissée. *Phalœna clathrata.*

Ph. seticornis : alis omnibus flavescentibus; lineis nigris decussatis.

Phalœna clathrata. Lin. Fab. 5. p. 183.

Clerk. phal. tab. 2. f. 11.

Les barreaux. Geoff. 2. p. 135. n.° 53.

Habite en Europe, dans les bruyères.

Etc.

CAMPÉE. (Campæa.)

Antennes sétacées, souvent simples. Deux palpes subconiques. Trompe ou langue distincte, souvent fort longue.

Ailes couchées ou en toit. Chenille à douze pattes, un peu arpenteuse.

Antennœ setaceœ, sæpè simplices. Palpi duo subconici. Proboscis seu lingua conspicua, sæpè prælonga.

Alœ incumbentes aut deflexœ. Eruca subgeometrica, duodecimpoda.

OBSERVATIONS.

Les chenilles des *Campées* ayant constamment douze pattes, ce caractère me paraît un motif suffisant pour en former un genre à part, et les séparer des phalènes qui n'en ont toujours que dix. A la vérité, les insectes de ces deux genres, dans l'état parfait, se distinguent difficilement entr'eux; mais puisque, dans l'un et l'autre de ces genres, le nombre des espèces connues qui s'y rapportent est déjà assez considérable, je vois en eux deux groupes particuliers véritablement distingués par la nature.

ESPÈCES.

1. Campée perlée. *Campœa margaritaria.*

C. pectinicornis; alis angulatis, albidis, fasciâ saturiore, strigâ albâ terminatâ.

Phalæna margaritaria. Fab. 5. p. 131.

Habite en Europe, sur le charme, le bouleau. Chenille à queue fourchue.

2. Campée large-bande. *Campœa fasciaria.*

C. pectinicornis; alis omnibus rufescentibus : fasciâ latâ ferrugineâ ; margine albo.

Phalæna fasciaria Lin. Fab. 5. p. 157.

Habite en Europe, sur le pin.

3. Campée gamma. *Campœa gamma.*

C. cristata; alis deflexis dentatis : anticis fuscis Y aureo inscriptis.

Noctua gamma. Lin. Fab. Gmel. p. 2555.

Le lambda. Geoff. 2. p. 156. n.° 92.

Habite en Europe, sur l'aurone, l'oseille. Chenille verte.

4. Campée mi. *Campœa mi.*

C. lævis ; alis deflexis, fusco cinereoque variegatis, subtùs W nigro.

Noctua mi. Lin. Fab. 5. p. 34.

Hybn. Beytr. 3. tab. 2. *fig.* F.

Habite sur le *medicago falcata.*

5. Campée glyphique. *Campœa glyphica.*

C. lævis ; alis deflexis, cinereo fuscoque variegatis, subtùs luteis fusco-fasciatis.

Noctua glyphica. Lin. Fab. 5. p. 33.

La doublure jaune. Geoff. 2. p. 136. n.° 35.

Habite en Europe, sur le bouillon blanc.

6. Campée de la fétuque. *Campœa festucæ.*

C. cristata; alis deflexis : anticis flavo fuscoque variis, maculis tribus argenteis.

Noctua festucæ. Lin. Fab. 5. p. 78.

Habite en Europe, sur la fétuque flottante.

7. Campée ondée. *Campœa circumflexa.*

C. cristata ; alis deflexis : anticis fuscescentibus; charactere flexuoso argenteo.

Noctua circumflexa. Lin. Fab. 5. p. 78.

Hybn. Beytr. 3. tab. 4. *fig.* V.

Habite en Allemagne, sur la millefeuille.

8. Campée de l'ortie. *Campœa interrogationis.*

C. cristata ; alis deflexis : anticis fusco cinereoque variis, signo albo ? inscriptis.

Noctua interrogationis. Lin. Fab. 5. p. 80.

Clerk. ic. tab. 6. f. 7.

Habite en Europe, sur l'ortie.

9. Campée vert-doré. *Campœa chrysitis.*

C. cristata ; alis deflexis, orichalceis, margine fasciâque griseis.

Noctua chrysitis. Lin. fab. 5. p. 76.

Le volant doré. Geoff. 2. p. 159. n.° 97.

Ernst. pap. d'Europe. pl. 335. n.° 588.

Habite en Europe, sur les chardons, etc.

Etc.

On peut y ajouter les *noctua bractea*, *illustris*, *triquetra* de Fabricius.

NOCTUELLE. (Noctua.)

Antennes sétacées, le plus souvent simples, quelquefois ciliées ou subpectinées. Deux palpes très-comprimés. Trompe ou langue apparente, souvent fort longue.

Ailes horizontales ou en toit. Chenille à seize pattes.

Antennæ setaceæ, sæpiùs simplices, interdùm ciliatæ aut subpectinatæ. Palpi duo valdè compressi. Proboscis seu lingua conspicua, sæpè longissima.

Alæ horisontales aut deflexæ. Eruca pedibus sexdecim.

OBSERVATIONS.

Les *noctuelles*, ainsi que les bombices, les cossus et les hépiales, sont distinguées des phalènes en ce que leurs chenilles ont plus de douze pattes et ne sont pas de vraies arpenteuses. Les chenilles de ces lépidoptères nocturnes ont, en effet, réellement seize pattes; mais, dans quelques races, les deux pattes membraneuses antérieures sont si courtes, que ces chenilles paraissent n'en avoir que quatorze.

Dans les *noctuelles*, comme dans les phalènes, la trompe ou langue est bien apparente, allongée, quelquefois même très-longue. On y avait cherché un moyen de distinction entre ces deux genres, en considérant la trompe des phalènes comme simplement membraneuse, tandis que l'on regardait celle des *noctuelles* comme dure, presque cornée;

mais ces caractères sont sans valeur positive. La forme et la situation des ailes n'en offrent guère de meilleurs pour distinguer ces deux genres. On sait seulement qu'en général les ailes inférieures sont, dans la plupart des *noctuelles*, autrement colorées que les supérieures; qu'elles sont plus rarement et moins découvertes; qu'en un mot, elles n'affectent point une forme étroite.

Les antennes des *noctuelles* sont plus souvent simples que ciliées ou pectinées, et les deux palpes apparens sont très-comprimés, ce qui aide beaucoup à reconnaître le genre.

Ce genre est nombreux en espèces. Dans les unes, pendant le repos de l'animal, les ailes sont simplement horizontales, et dans les autres, elles sont inclinées en toit. Il y en a qui ont le corselet simple, et d'autres dont le corselet est surmonté de huppes ou de crêtes écailleuses; enfin, il y en a qui sont demi-arpenteuses, parce que leurs premières pattes membraneuses sont sensiblement plus courtes que les autres. Ces différens caractères peuvent servir à diviser le genre.

ESPÈCES.

1. Noctuelle du frêne. *Noctua fraxini.*

N. cristata, alis dentatis cinereo-nebulosis: posticis suprà nigris; fasciâ cærulescente.

Noctua fraxini. Lin. Fab. 5. p. 55.

La lichenée bleue. Geoff. 2. p. 151. n.o 83.

Habite en Europe, sur le frêne, le peuplier.

2. Noctuelle fiancée. *Noctua sponsa.*

N. cristata, alis planis cinerascentibus fusco-undulatis: posticis rubris; fasciis duabus nigris; abdomine undique cinereo.

Noctua sponsa. Lin. Fab. 5. p. 53.

La lichenée rouge. Geoff. 2. p. 150. n.o 82.

Habite en Europe, sur le chêne.

3. Noctuelle mariée. *Noctua nupta.*

N. cristata, alis planis cinerascentibus : posticis rubris; nigro-fasciatis; abdomine cano, subtùs albo.

N. nupta. Lin. Fab. 5. p. 53.

Engr. pap. d'Europe. pl. 323. n.os 564—565. c. d. ?

Habite en Europe, en France, sur l'osier.

4. Noctuelle choisie. *Noctua pacta.*

N. cristata, alis grisescentibus subundatis: posticis rubris; fasciis duabus nigris; abdomine suprà rubro.

Noctua pacta. Lin. Fab. 5. p. 54.

Engr. pap. d'Europe pl. 324, n.o 566.

Habite en Europe, sur le chêne.

5. Noctuelle maure. *Noctua maura.*

N. cristata; alis incumbentibus dentatis, cinereo nigroque variis, subtùs margine albo.

Noctua maura. Lin. Fab. 5. p. 63.

Engr. pap. d'Europe. pl. 319. n.o 561.

Habite en Allemagne, en Angleterre.

6. Noctuelle lunaire. *Noctua lunaris.*

N. cristata, alis incumbentibus dentatis, fuscescentibus in medio griseis : puncto atro lunulâque fuscâ.

N. lunaris. Fab. 5. p. 63.

Latr. hist. nat. des crust. et des ins. 14. p. 202. pl. 108. f. 1.

Habite en Autriche, etc.

7. Noctuelle hibou. *Noctua pronuba.*

N. cristata; alis incumbentibus : posticis testaceis; fasciâ nigrâ submarginali.

N. pronuba. Lin. Fab. 5. p. 56.

La phalène hibou. Geoff. 2. p. 146. n.o 76.

Habite en Europe, sur diverses plantes.

8. Noctuelle collier-blanc. *Noctua albicollis.*

N. lœvis, alis deflexis, basi albis apice fuscis : litturâ duplici albâ.

Noctua albicollis. Fab. 5. p. 36.

Engr. pap. d'Europe. pl. 318. n.o 559.

Habite en Europe ; commune aux environs de Paris.

9. Noctuelle Batis. *Noctua Batis.*

N. lævis, alis deflexis : anticis fuscis ; maculis quinque carneis ; posticis albis.

Noctua batis. Lin. Fab. 5. p. 30.

Engr. pap. d'Europe. pl. 231. n.o 333.

Habite en Europe, sur la ronce.

10. Noctuelle du bouillon-blanc. *Noctua verbasci.*

N. cristata ; alis deflexis dentatò-erosis : margine laterali fusco immaculato.

N. verbasci. Lin. Fab. 5. p. 120.

La striée brune. Geoff. 2. p. 158. n.o 96.

Habite sur le bouillon-blanc, la scrophulaire.

11. Noctuelle psi. *Noctua psi.*

N. cristata ; alis deflexis cinereis : anticis lineolâ baseos characteribusque nigris, pedibus immaculatis.

N. psi. Lin. Fab. 5. p. 105.

Engr. pap. d'Europe, pl. 212. n.o 286.

Le psi. Geoff. 2. p. 155. n.o 91.

Habite en Europe ; commune dans les jardins.

CALLIMORPHE. (Callimorpha.)

Antennes sétacées, simples ou ciliées. Deux palpes cylindracés. Trompe apparente, un peu longue.

Corps presque grêle ; ailes couchées, un peu en toit : les supérieures en triangle. Chenille à seize pattes.

Antennæ setaceæ, simplices aut ciliatæ. Palpi duo cylindracei. Proboscis conspicua, longiuscula.

Corpus subgracile ; alæ incumbentes, subdeflexæ : superiores trigonæ. Eruca pedibus sexdecim.

OBSERVATIONS.

Les *Callimorphes* sont en quelque sorte moyennes entre les noctuelles et les bombices. Elles n'ont pas les palpes très-comprimés des noctuelles, ni la langue très-courte des bombices. J'ai suivi M. *Latreille* qui les sépare des bombices avec lesquels Fabricius et Olivier les confondent. Ce sont de jolis lépidoptères à ailes trigones, en général bigarrées de couleurs vives, avec des taches en rivules ou en damier. Leur chenille est ordinairement velue ou hérissonnée.

ESPÈCES.

1. Callimorphe chinée. *Callimorpha hera.*

C. alis incumbentibus, virescenti-nigris : rivulis flavis, posticis rubicundis ; maculis tribus nigris.
Bombyx hera. Fab. 4. p. 474.
La phalène chinée. Geoff. 2. p. 145. n.o 74.
Habite l'Europe méridionale.

2. Callimorphe marbrée. *Callimorpha dominula.*

C. alis incumbentibus atris : maculis albo flavescentibus, posticis rubris nigro-maculatis.
Phalœna dominula. Lin. *Bombyx dominula.* Fab.
L'écaille brune. Geoff. 2. p. 109. n.o 10.
Ernst. pap. d'Europe. pl. 142. n.o 197.
Habite en Europe.

3. Callimorphe martre. *Callimorpha caja.*

C. alis deflexis fuscis : rivulis albis ; posticis purpureis, nigro punctatis.
Phalœna caja. Lin. *Bombyx caja.* Fab.
L'écaille martre. Geoff. 2. p. 108. n.o 8.
Habite en Europe. Chenille fort hérissée.

4. Callimorphe rosette. *Callimorpha rosea.*

C. alis incumbentibus roseis : strigis tribus fuscis : secundâ undatâ, tertiâ punctatâ.

Bombyx rosea. Fab. 4. p. 485.

La rosette. Geoff 2. p. 121. n.° 25.

Habite en Europe, dans les bois.

5. Callimorphe obscure. *Callimorpha obscura.*

C. alis incumbentibus, concoloribus fuscis : anticis punctis tribus hyalinis; abdomine flavo, lineâ nigrâ.

Bombyx obscura. Fab. 4. p. 487.

Phalæna ancilla. Lin.

Habite en Europe.

Etc.

BOMBICE. (Bombyx.)

Antennes bipectinées, surtout dans les mâles. Deux palpes courts. Trompe très-courte, le plus souvent non apparente, et comme nulle.

Le corps gros, couvert de poils serrés ou laineux. Ailes, soit horizontales, soit inclinées en toit. Larve à seize pattes. Chrysalide dans une coque.

Antennæ bipectinatæ, saltem in masculis. Palpi duo breves. Proboscis seu lingua brevissima, sæpiùs inconspicua, subnulla.

Corpus crassum, densè hirsutum aut lanuginosum. Alæ horisontales, vel deflexæ. Eruca sexdecimpoda. Pupa folliculata.

OBSERVATIONS.

Dans la très-grande famille des lépidoptères nocturnes,

ce sont les *bombices* qui offrent les plus grands lépidoptères connus.

Ces insectes ont, en général, le corps gros, épais, un peu court et fort velu. Leurs ailes sont horizontales ou en toit, et les inférieures sont à-peu-près aussi larges que les supérieures. Elles sont le plus souvent très-plissées au côté interne. Comme les insectes de ce genre, et même des deux suivans, vivent très-peu, après leur dernière transformation, et qu'alors ils ne prennent plus de nourriture, leur trompe ou langue ne se développe point; en sorte qu'elle est très-courte, non apparente et presque nulle.

Ayant séparé des bombices des auteurs, les races dont les chenilles n'ont que quatorze pattes, pour en former mon genre *furcule*, tous mes bombices ont la chenille à seize pattes et la queue simple. Ce genre est extrêmement nombreux en espèces.

ESPECES.

* *Ailes horizontales.*

1. Bombice atlas. *Bombyx atlas.*

   B. alis patentibus, falcatis luteo variis : macula fenestrata anticis sesquialtera. Fab. 4. p. 407.

   Phalœna atlas. Lin.

   Oliv. dict. p. 24. n.° 1.

   Habite la Chine, les Moluques, etc. Très-grand, à ailes vitrées, fauves ou ferrugineuses.

2. Bombice éthra. *Bombyx ethra.*

   B. alis patentibus, subfalcatis, rufis : strigis duabus albis, macula fenestrata. Oliv. dict. n.° 2.

   Phalœna aurota. Cram. pap exot. 1. pl. 8. *fig.* A.

   Bombyx aurotus? Fab. 4. p. 408.

   Habite à Cayenne, à Surinam.

3. Bombice des orangers. *Bombyx hesperus.*

B. alis patentibus, falcatis luteo-variis : macula fenestrata, posticis rotundatis. Fab. 4. p. 408.

Cram. pap. exot. 1. p. 105. tab. 68. f. A.

Habite dans l'Amérique méridionale, sur les orangers, les citronniers.

4. Bombice cécropie. *Bombyx cecropia.*

B. alis patentibus, griseis : fascia fulva, anticis ocello subfenestrato ferrugineo. Fab. 4. p. 408.

Phalæna cecropia. Lin.

Drury, ins. 1. tab. 18. f. 2.

Habite la Caroline, etc.

5. Bombice paphie. *Bombyx paphia.*

B. alis patentibus, falcatis concoloribus flavis : strigis rufis ocelloque fenestrato. Fab. 4. p. 409.

Phalœna paphia. Lin.

Petiv. gaz. tab. 29. f. 3.

Habite l'Asie, *Fab.*; l'Amérique septentrionale, *Olivier.*

6. Bombice Polyphême. *Bombyx Polyphemus.*

B. alis patentibus, falcatis griseo-carneis : fascia atra ocelloque fenestrato posticarum majori. Fab. 4. p. 410.

Phalæna Polyphemus. Cram. pap. exot. 1. tab. 5. *fig.* A—B.

Habite la Jamaïque, l'Amérique septentrionale.

7. Bombice Sémiramis. *Bombyx Semiramis.*

B. alis patentibus, caudatis versicoloribus : puncto-fenestrato, caudis longissimis. Fab. 4. p. 413.

Phalœna Semiramis. Cram. pap. exot. 1. pl. 13. *fig.* A.

Habite l'Amérique méridionale.

8. Bombice Argus. *Bombyx Argus.*

B. alis patentibus, caudatis pallidè ferrugineis : punctis ocellaribus fenestratis numerosis, caudis longissimis. Fab. 4. p. 414.

Phalæna brachyura. Cram. (Drury) 3. t. 29. f. 1.

Habite en Afrique, à Sierra Leona.

9. Bombice grand-paon. *Bombyx pavonia.*

B. alis patentibus, rotundatis, griseo-nebulosis, subtùs fasciatis : ocello nictitante subfenestrato. Fab. 4. p. 416.

Phalæna pavonia. Lin.

Habite en Europe, en France, etc. C'est le plus grand lépidoptère d'Europe. Il offre plusieurs variétés. Sa chenille est très-belle.

** *Ailes en toit et reverses : les inférieures débordent celles de dessus.*

10. Bombice feuille-morte. *Bombyx quercifolia.*

B. alis reversis, dentatis, ferrugineis ; ore tibiisque nigris. Fab. 4. p. 420.

Phalæna quercifolia. Lin.

La feuille-morte. Geoff. 2. p. 110. n.o 11.

Ernst. pap. d'Europe, 4. p. 199. pl. 166. n.o 217.

Habite en Europe. Il est commun.

11. Bombice minime. *Bombyx quercus.*

B. alis reversis ferrugineis : striga flava, anticis puncto albo. Fab. 4. p. 423.

Phalæna quercus. Lin.

Le minime à bande. Geoff. 2. p. 111. n.o 13.

Ernst. pap. d'Europe, 5. pl. 174 et 175. n.o 225.

Habite en Europe ; assez commun aux environs de Paris.

12. Bombice processionnaire. *Bombyx processionaria.*

B. alis reversis, cinereo-fuscis : fœmine striga obscuriore, maribus tribus. Fab. 4. p. 430.

Phalœna processionaria. Lin.

La processionnaire du chêne. Réaum. 2. p. 179. pl. 10 et 11.

Ernst. pap. d'Europe, 5. p. 41. pl. 184. n.o 238.

Habite en Europe, sur le chêne. Sa chenille vit en société et a des habitudes singulières.

13. Bombice du mûrier. *Bombyx mori.*

B. alis reversis, pallidis : strigis tribus obsoletis, fuscis. Fab. 4. p. 431.

Phalæna mori. Lin.
Le ver à soie. Geoff. 2. p. 116. n.o 18.
Habite à la Chine. On l'élève dans l'Europe méridionale pour sa production de la soie, objet important pour le commerce et les manufactures.

14. Bombice livrée. *Bombix neustria.*

B. alis reversis, griseis : strigis duabus ferrugineis, subtùs unica. Fab. 4. p. 432.
Phalæna neustria. Lin.
La livrée. Geoff. 2. p. 114. n.o 16.
Habite en Europe ; très-commun dans les jardins, dont il dévore les feuilles des arbres fruitiers et autres.

*** *Ailes inclinées et recouvrantes : les inférieures ne dépassent pas celles de dessus.*

15. Bombice pieds-laineux. *Bombyx lagopus.*

B. alis deflexis flavescentibus : atomis strigisque duabus fuscis ; pedibus anticis porrectis hirsutissimis. Fab. 4. p. 435.
Habite à la Chine.

16. Bombice impérial. *Bombyx imperialis.*

B. alis flavis fusco-maculatis : omnibus macula subocellari ferruginea. Fab. 4. p. 435.
Drury, ins. 1. tab. 9. f. 1.-2.
Habite dans l'Inde, *Fab.* dans l'Amérique septentrionale, *Oliv.*

17. Bombice disparate. *Bombyx dispar.*

B. alis deflexis : masculis griseo fuscoque nebulosis, fœmineis albidis, lituris nigris. Fab. 4. p. 437.
Phalæna dispar. Lin.
Le zig-zag. Geoff. 2. p. 112. n.o 14.
Ernst. pap. d'Europe, 4. p. 106. pl. 138. n.o 186.
Habite en Europe ; assez commun dans les jardins. Le mâle ne ressemble nullement à la femelle.

18. Bombice patte-étendue. *Bombyx pudibunda.*

B. alis deflexis cinereis : strigis tribus undatis fuscis. Fab. 4. p. 438.

Phalœna pudibunda. Lin.

La patte étendue. Geoff. 2. p. 113. n.° 15.

Ernst. pap. d'Europe, 4. p. 170. pl. 160. n.° 207.

Habite en Europe. Sa chenille est velue, polyphage. Etc.

FURCULE. (Furcula.)

Antennes subpectinées, surtout dans les mâles. Trompe ou langue non apparente.

Ailes, soit reverses, soit recouvrantes. Chenille à quatorze pattes et à queue fourchue. Chrysalide dans une coque.

Antennœ subpectinatœ, saltem in masculis. Proboscis seu lingua inconspicua.

Alœ reversœ aut incumbentes. Eruca quatuordecimpoda, caudâ furcatâ. Pupa folliculata.

OBSERVATIONS.

Je crois devoir former un genre particulier avec les bombices des entomologistes, dont la chenille n'a que quatorze pattes, les deux pattes anales étant transformées en queue fourchue. Ce caractère donne aux chenilles dont il s'agit, un aspect particulier et même des habitudes un peu singulières. D'ailleurs la séparation de ces lépidoptères donne plus d'uniformité au genre des bombices.

La campée perlée n.° 1 a aussi la queue fourchue ; mais

sa chenille n'a que douze pattes, et l'insecte parfait a une langue allongée.

ESPÈCES.

1. Furcule du hêtre. *Furcula fagi.*

F. alis reversis rufo-cinereis : fasciis duabus linearibus luteis flexuosis.

Bombyx fagi. Fab. 4. p. 422.

Albin. ins. tab. 58.

Ernst. pap. d'Europe, 5. pl. 205. n.° 270.

Habite en Europe, sur le hêtre, le noisettier.

2. Furcule tachetée. *Furcula vinula.*

F. alis subreversis, fusco-venosis striatisque; corpore albo, nigro punctato.

Bombyx vinula. Fab. 4. p. 428.

La queue fourchue. Geoff. 2. p. 104. n.° 5.

Habite en Europe.

3. Furcule du saule. *Furcula salicis.*

F. thorace variegato; alis griseis, basi apiceque albis, nigro-punctatis.

Bombyx furcula. Fab. 4. p. 475.

Panz. fasc. 4. tab. 20.

Ernst. pap. d'Europe, 5. pl. 206. n.° 273.

Habite en Europe, sur le saule. Chenille verte.

HÉPIALE. (Hepialus.)

Antennes moniliformes, subdentées, beaucoup plus courtes que le corselet. Deux palpes très-petits, tuberculiformes, poilus. Trompe très-courte.

Ailes oblongues, en toit. Anneaux de la crysalide dentelés sur les bords. Chenille vivant à couvert sous la terre.

Antennæ moniliformes, subserratæ, thorace multò breviores. Palpi duo brevissimi, valdè pilosi, tuberculiformes. Proboscis brevissima.

Alæ oblongæ, subdeflexæ. Eruca in terrâ vivens. Pupa segmentis margine denticulatis.

OBSERVATIONS.

Les *hépiales* ont beaucoup de rapports avec les *cossus*, et leurs larves vivent pareillement à couvert; mais dans la terre ou dans les racines des plantes ligneuses qu'elles rongent et détruisent. Leurs antennes très-courtes et moniliformes les distinguent d'ailleurs des cossus.

Linné et la plupart des auteurs ont confondu ces insectes avec les phalènes, et cependant ils tiennent plus aux bombices qu'aux phalènes, par leur trompe très-courte, à peine apparente.

Les chenilles des hépiales sont presque rases, comme celles des cossus. Parmi les espèces de ce genre, je citerai:

ESPÈCES.

1. Hépiale du houblon. *Hepialus humuli.*

   H. alis flavis fulvo-striatis, maris niveis. Fab. 5. p. 5.
   Phalæna noctua humuli. Lin.
   Sulz. hist. ins. tab. 22. f. 1.
   Ernst. pap. d'Europe, 5. p. 74. pl. 191. f. 248.
   Habite en Europe. Sa chenille ronge et détruit les racines du houblon.

2. Hépiale louvette. *Hepialus lupulinus.*

   H. alis cinereis, strigâ albidiore. Fab. 5. p. 6.
   Phalæna lupulina. Lin.
   Clerck. ic. tab. 9. f. 4.
   Ernst. pap. d'Europe, 5. p. 84. pl. 193. f. 252.
   Habite en Europe.

3. Hépiale variolée. *Hepialus hectus.*

H. luteus, alis deflexis : anticis fasciis duabus albidis, obliquis, punctato-interruptis.

Phalœna noc. hecta. Lin.

Ernst. pap. d'Europe, 5. p. 81. pl. 193. f. 251. a—b—c.

Habite en Europe, dans les bois.

4. Hépiale croix. *Hepialus crux.*

H. alis rufo-luteis : lineis duabus obliquis albis; antennis serratis. Fab. 5. p. 7.

Habite en Danemarck.

Etc.

COSSUS. (Cossus.)

Antennes sétacées, aussi longues ou plus longues que le corselet, en partie pectinées dans les mâles, ou demi-pectinées dans les deux sexes. Deux palpes distincts. Trompe très-courte.

Ailes oblongues, couchées. Chenille vivant dans le tronc des arbres.

Antennœ setaceœ, thoracis longitudine vel thorace longiores, in masculis partìm pectinatœ, vel semi-pectinatœ in utroque sexu. Palpi duo distincti. Proboscis seu lingua brevissima.

Alœ oblongœ, incumbentes. Eruca intrà truncos arborum vivens.

OBSERVATIONS.

Les *cossus* tiennent aux bombices par leur trompe très-courte, et aux hépiales par les habitudes de leurs larves. Leurs antennes sont moins pectinées que dans les bombices, et plus longues que dans les hépiales. Quant à leurs chenilles ou larves, elles vivent toujours à couvert dans le trone des arbres dont elles rongent la substance, et sont très-redoutables par le tort qu'elles occasionnent, en faisant périr les arbres qu'elles habitent.

Des deux espèces que je vais citer, la première est célèbre par l'anatomie admirablement détaillée qu'en a faite *Lyonnet*.

J'ai cru devoir réunir ici le *cossus* et le *zeuzera* de M. Latreille, afin de simplifier, et à cause des rapports et des habitudes de ces lépidoptères.

Néanmoins, dans son genre cossus, les antennes sont, dans les deux sexes, semipectinées dans presque toute leur longueur, c'est-à-dire, n'ont qu'une rangée de dents, tandis que, dans son genre *zeuzera*, les antennes sont simples dans leur partie supérieure, mais pectinées ou cotonneuses, inférieurement, selon les sexes.

ESPECES.

1. Cossus gâte-bois. *Cossus ligniperda.*

C. alis nebulosis; thorace postice fasciâ atrâ. Fab. 5. p. 1.
Phalæna bombyx cossus. Lin.
Le cossus. Geoff. 2. p. 102. n.o 4.
Ernst. pap. d'Europe, 15. p. 63. pl. 183. et 190. n.o 246.
Lyonn. monogr. hog. 1762. phil. 80. t. 18. id. Lesser tab. 1. f. 17-22.
Habite en Europe. Sa chenille est rougeâtre, et vit dans le tronc de différens arbres Les antennes, dans les deux sexes, sont semi-pectinées ou n'ont qu'une seule rangée de dents.

2. Cossus du marronnier. *Cossus œsculi.*

C. niveus; alis punctis numerosis cæruleo-nigris, thorace senis. Fab. 5. p. 4.
Phalæna n. æsculi. Lin.

Roes. ins. 3. tab. 48. f. 5—6.

Ernst. pap. d'Europe, 16. p. 69. pl. 190. n.o 147.

Zeuzera. Latr. gen. crust. et ins. 4. p. 217.

Habite en Europe, dans le tronc du marronier et de plusieurs autres arbres. Les antennes des mâles sont pectinées inférieurement et simples à leur sommet. Celles des femelles sont seulement cotonneuses inférieurement.

FIN DU TROISIÈME VOLUME.

13 avril

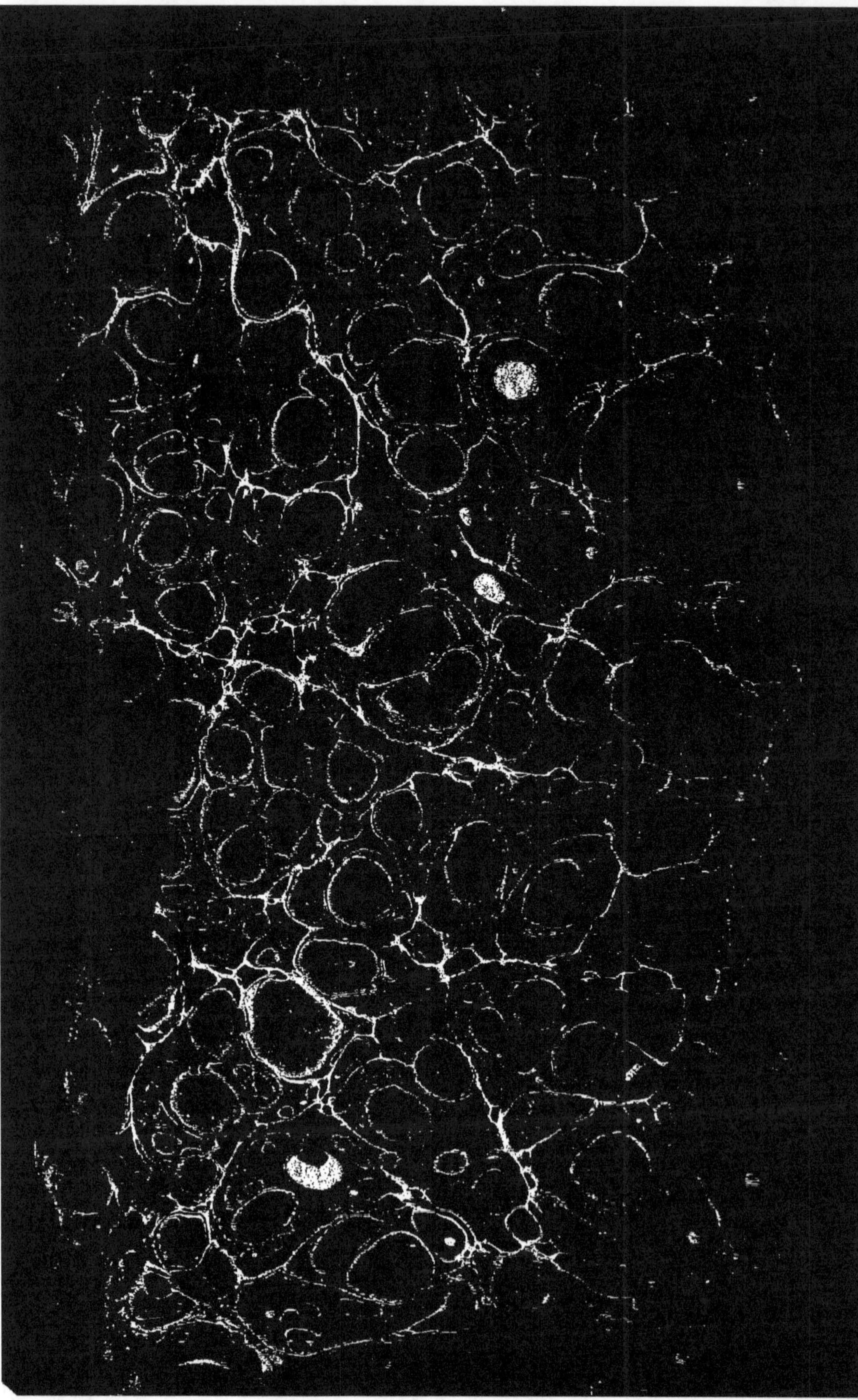